ENCYCLOPÉDIE AGRICOLE

Publiée sous la direction de G. WERY

Georges BONNEFONT

ÉLEVAGE ET DRESSAGE

DU CHEVAL

Encyclopédie Agricole

40 volumes in-18 de chacun 400 à 500 pages, illustrés de nombreuses figures.
Chaque volume : broché, **5 fr.** ; cartonné, **6 fr.**

I. — CULTURE ET AMÉLIORATION DU SOL

Agriculture générale, 2 vol. :
    1. *Le sol et les labours* .....   M. P. Diffloth, professeur spécial d'agriculture.
    2. *Les semailles et les récoltes.*

Engrais .... M. Garola, prof. départ. d'agricult. d'Eure-et-Loir.

II. — PRODUCTION ET CULTURE DES PLANTES

Botanique agricole .... MM. Schribaux et Nanot.

Céréales .... M. Garola, professeur départemental d'agriculture
Plantes fourragères .... d'Eure-et-Loir.

Plantes industrielles .... M. Hitier, propriétaire agriculteur, maître de conf. à l'Institut agronomique.

Culture potagère .... M. Léon Bussard, s.-directeur de la station d'essais de semences à l'Institut agronomique.
Arboriculture fruitière .... MM. Léon Bussard et G. Duval.

Sylviculture .... M. Fron, inspecteur adjoint des eaux et forêts.
Viticulture .... M. Pacottet, propriétaire viticulteur, répétiteur à l'Institut agronomique.

Cultures méridionales .... MM. Rivière, directeur du jardin d'essais, à Alger, et Lecq, propr. agric., insp. de l'agric.

III. — ZOOLOGIE, PRODUCTION ET ÉLEVAGE DES ANIMAUX, CHASSE ET PÊCHE

Zoologie agricole ....
Entomologie et Parasitologie agric.   M. G. Guénaux, répétiteur à l'Institut agronomique.

Zootechnie générale ....
    —   *spéciale* ....
    —   *Races bovines* ....   M. P. Diffloth, professeur spécial d'agriculture.
    —   *Races chevalines* ....
    —   *Moutons, Chèvres, Porcs.*

Alimentation des Animaux .... M. Gouin, propriétaire agriculteur, ing. agronome.
Aquiculture .... MM. Deloncle et G. Guénaux.
Apiculture .... M. Hommell, professeur régional d'apiculture.
Aviculture .... M. Voitellier, prof. spécial d'agriculture à Meaux.
Sériciculture .... M. Vieil, ancien sous-directeur du Rousset.
Chasse, Élevage, Piégeage .... M. A. de Lesse, ing. agronome, propriétaire agric.
Élevage et Dressage du Cheval ... M. Bonnefont.

IV. — TECHNOLOGIE AGRICOLE

Technologie agricole (Sucrerie, Meunerie, Boulangerie, Féculerie, Amidonnerie, Glucoserie) ... M. Saillard, professeur à l'École des industries agricoles de Douai.

Industries agric. de fermentation, La Brasserie .... M. Boullanger, chef de Laboratoire à l'Institut Pasteur de Lille.

La pomme à cidre et la cidrerie. M. Warcollier.

Vinification .... M. Pacottet, propr. viticulteur, répétiteur à l'Institut agronomique.

Laiterie .... M. Ch. Martin, ancien directeur de Mamirolle.
Microbiologie agricole .... M. Kayser, maître de conf. à l'Inst. agronomique.

V. — GÉNIE RURAL

Machines agricoles, 2 vol. ......
Moteurs agricoles .... M. Coupan, répétiteur à l'Institut agronomique.

Constructions rurales .... M. Danguy, direct. des études à l'École de Grignon.
Arpentage et Nivellement .... M. Muret, professeur à l'Institut agronomique.

Drainage et Irrigations .... M. Risler, directeur hon. de l'Institut agronomique, M. Wery, s.-directeur de l'Institut agronomique.

Électricité agricole .... MM. H.-P. Martin et Petit, ingénieurs électriciens.

VI. — ÉCONOMIE ET LÉGISLATION RURALES

Économie rurale ....
Législation rurale .... M. Jouzier, professeur à l'École d'agriculture de Rennes.

Comptabilité agricole .... M. Convert, professeur à l'Institut agronomique.

Associations agricoles (Syndicats et Coopératives) .... M. Tardy, répétiteur à l'Institut agronomique.

Hygiène de la ferme .... M. le Dr Regnard, dir. de l'Inst. agronomique. M. le Dr Portier, répétiteur à l'Inst. agronomique.

Le Livre de la Fermière .... Mme O. Bussard.

Le Livre agricole des Instituteurs. M. Charles Seltensperger.

ENCYCLOPÉDIE AGRICOLE

Publiée par une réunion d'Ingénieurs agronomes
SOUS LA DIRECTION DE G. WERY

ÉLEVAGE ET DRESSAGE

DU CHEVAL

PAR

Georges BONNEFONT

INGÉNIEUR AGRONOME
OFFICIER DES HARAS

Introduction par le Dr P. REGNARD

DIRECTEUR DE L'INSTITUT NATIONAL AGRONOMIQUE
MEMBRE DE LA SOCIÉTÉ N^{le} D'AGRICULTURE DE FRANCE

Avec 214 figures intercalées dans le texte

PARIS

LIBRAIRIE J.-B. BAILLIÈRE ET FILS

19, rue Hautefeuille, près du boulevard Saint-Germain

1908

INTRODUCTION

Si les choses se passaient en toute justice, ce n'est pas moi qui devrais signer cette préface.

. L'honneur en reviendrait bien plus naturellement à l'un de mes deux éminents prédécesseurs :

A Eugène TISSERAND, que nous devons considérer comme le véritable créateur en France de l'enseignement supérieur de l'agriculture : n'est-ce pas lui qui, pendant de longues années, a pesé de toute sa valeur scientifique sur nos gouvernements et obtenu qu'il fût créé à Paris un Institut agronomique comparable à ceux dont nos voisins se montraient fiers depuis déjà longtemps ?

Eugène RISLER, lui aussi, aurait dû, plutôt que moi, présenter au public agricole ses anciens élèves devenus des maîtres. Près de douze cents ingénieurs agronomes, répandus sur le territoire français, ont été façonnés par lui : il est aujourd'hui notre vénéré doyen, et je me souviens toujours avec une douce reconnaissance du jour où j'ai débuté sous ses ordres et de celui, proche encore, où il m'a désigné pour être son successeur (1).

Mais, puisque les éditeurs de cette collection ont voulu que ce fût le directeur en exercice de l'Institut agronomique qui présentât aux lecteurs la nouvelle *Encyclopédie*, je vais tâcher de dire brièvement dans quel esprit elle a été conçue.

Des Ingénieurs agronomes, presque tous professeurs d'agriculture, tous anciens élèves de l'Institut national agronomique, se sont donné la mission de résumer, dans une série de volumes, les connaissances pratiques absolument nécessaires aujourd'hui pour la culture rationnelle du sol. Ils ont choisi pour distribuer, régler et diriger la besogne de chacun, Georges WERY, que j'ai le plaisir et la chance d'avoir pour collaborateur et pour ami.

L'idée directrice de l'œuvre commune a été celle-ci : extraire de notre enseignement supérieur la partie immédiatement utilisable par l'exploitant du domaine rural et faire connaître du même coup à celui-ci les données scientifiques définitivement acquises sur lesquelles la pratique actuelle est basée.

Ce ne sont donc pas de simples Manuels, des Formulaires irraisonnés que nous offrons aux cultivateurs; ce sont de brefs Traités, dans lesquels les résultats incontestables sont mis en évidence, à côté des bases scientifiques qui ont permis de les assurer.

Je voudrais qu'on puisse dire qu'ils représentent le véritable esprit de notre Institut, avec cette restriction qu'ils ne doivent ni ne peuvent contenir les discus-

---

(1) Depuis que ces lignes ont été écrites, nous avons eu la douleur de perdre notre éminent maître, M. Risler, décédé, le 6 août 1905, à Calèves (Suisse). Nous tenons à exprimer ici les regrets profonds que nous cause cette perte. M. Eugène Risler laisse dans la science agronomique une œuvre impérissable.

sions, les erreurs de route, les rectifications qui ont fini par établir la vérité telle qu'elle est, toutes choses que l'on développe longuement dans notre enseignement, puisque nous ne devons pas seulement faire des praticiens, mais former aussi des intelligences élevées, capables de faire avancer la science au laboratoire et sur le domaine.

Je conseille donc la lecture de ces petits volumes à nos anciens élèves, qui y retrouveront la trace de leur première éducation agricole.

Je la conseille aussi à leurs jeunes camarades actuels, qui trouveront là, condensées en un court espace, bien des notions qui pourront leur servir dans leurs études.

J'imagine que les élèves de nos Écoles nationales d'agriculture pourront y trouver quelque profit, et que ceux des Écoles pratiques devront aussi les consulter utilement.

Enfin, c'est au grand public agricole, aux cultivateurs, que je les offre avec confiance. Ils nous diront, après les avoir parcourus, si, comme on l'a quelquefois prétendu, l'enseignement supérieur agronomique est exclusif de tout esprit pratique. Cette critique, usée, disparaîtra définitivement, je l'espère. Elle n'a d'ailleurs jamais été accueillie par nos rivaux d'Allemagne et d'Angleterre, qui ont si magnifiquement développé chez eux l'enseignement supérieur de l'agriculture.

Successivement, nous mettons sous les yeux du lecteur des volumes qui traitent du sol et des façons qu'il doit subir, de sa nature chimique, de la manière de la corriger ou de la compléter, des plantes comestibles ou industrielles qu'on peut lui faire produire, des animaux qu'il peut nourrir, de ceux qui lui nuisent

Nous étudions les manipulations et les transforma-
tions que subissent, par notre industrie, les produits
de la terre : la vinification, la distillerie, la panifica-
tion, la fabrication des sucres, des beurres, des fro-
mages.

Nous terminons en nous occupant des lois sociales
qui régissent la possession et l'exploitation de la propriété rurale.

Nous avons le ferme espoir que les agriculteurs
feront un bon accueil à l'œuvre que nous leur offrons.

Dʳ PAUL REGNARD,

Membre de la Société nationale
d'Agriculture de France,
Directeur de l'Institut national
agronomique.

PRÉFACE

Les Directeurs de l'*Encyclopédie agricole* ont pensé que l'élevage du cheval et sa mise en valeur, par le dressage et la condition, avaient pour l'Agriculture une importance considérable. La distribution géographique sur tout le territoire français de la production chevaline, sa très grande variété montrent, en effet, les éléments de richesse que l'élevage bien dirigé suivant les lois économiques et complété par un dressage, au moins sommaire, fait chez l'éleveur, mais rationnel et reposant sur des bases solides, peut apporter à nos populations rurales.

C'est pour répondre au désir de ces Messieurs qu'a été écrit ce livre, le fruit de près de quinze années d'études et de pratique journalière de l'élevage et du dressage du cheval.

Il s'adresse à tous ceux qui aiment le cheval et s'en servent aussi bien par goût et passe-temps que par profession ou nécessité.

Je crois utile d'exposer, à la première page de ce livre, le but que je me suis proposé et le plan que j'ai adopté.

Dans la *première partie* ÉLEVAGE, on trouvera l'exposé de la question hippique à l'heure actuelle, ainsi que la description des institutions hippiques publiques et privées qui exercent une influence marquée sur l'élevage.

Résumer les *principes*, les *procédés* et les *méthodes de dressage* les plus usuels, ceux qu'une pratique déjà longue m'a montrés les meilleurs, les plus simples, les plus en rapport avec l'utilisation du cheval, telle qu'on la conçoit aujourd'hui, voilà le plan de la *seconde partie*.

La *première partie* de cet ouvrage, consacrée à l'élevage du cheval en France, ne fait pas, dans l'*Encyclopédie agricole*, double emploi avec la *Zootechnie* de M. P. Diffloth. Les matières qui y sont traitées ne sont en général pas les mêmes et, en tout cas, sont envisagées à un point de vue tout à fait différent. En effet, tandis que M. P. Diffloth s'occupe tout spécialement de la théorie et de la pratique de l'élevage, je ne m'attache qu'à l'économie générale de celui-ci.

C'est ainsi que dans un premier chapitre, où les différents types de chevaux sont passés en revue, ceux-ci sont groupés exclusivement au point de vue de leur adaptation et en dehors de toute classification zoologique.

Les chapitres suivants traitent de nos *principales institutions hippiques* et s'efforcent d'en faire connaître les rouages trop souvent ignorés des éleveurs eux-mêmes; *haras, remontes, courses, concours hippiques* font l'objet de chapitres successifs que termine un chapitre spécial réservé à l'étude des *débouchés* ouverts à l'élevage du cheval, à son état actuel, et au sort qui l'attend dans un avenir vraisemblablement rapproché.

La *seconde partie* est consacrée à la *mise en valeur du cheval, par son* DRESSAGE, *sa mise en condition et les soins accessoires de toilette, de ferrure, de présentation, etc.*

L'ordre des chapitres découle de la conception même de cette seconde partie.

Définir ce qu'est le dressage rationnel et pratique, en donner les principes et les bases, en indiquer la progression par une sorte de résumé de tous les chapitres qui vont suivre, tel est le plan du premier chapitre. Après les notions les plus élémentaires d'extérieur, on trouve une étude très claire de la *mécanique du cheval* et de sa *locomotion* empruntée au capitaine de Brignac, et l'exposé de l'*éducation du cheval* depuis sa naissance jusqu'au jour de sa vente commencé. *Apprivoisement, débourrage* au moyen de la longe ou des guides Mauléon, *premier dressage à la selle* ou *dressage d'utilisation, dressage plus soigné* ou *dressage de mise en valeur, haute école, dressage à l'obstacle, redressage et défenses, accessoires de harnachement* généralement utilisés dans ce cas; *attelage, description des harnais et voitures* pour l'attelage, *principes généraux pour l'attelage, progression du travail pour le dressage à l'attelage; mise en condition et entraînement, soins aux membres, ferrure, toilette, présentation,* telles sont les matières étudiées successivement dans cette seconde partie et l'appendice qui lui fait suite.

Qu'il me soit permis de rendre un hommage de reconnaissance à tous ceux qui, de près ou de loin, par leurs leçons, leurs conseils, leurs conversations, leurs écrits ou leurs clichés, m'ont mis à même d'écrire et d'illustrer ce livre : à l'écuyer distingué d'abord, aujourd'hui défunt, qui fut mon maître et qui sut toujours joindre à un brillant, à une finesse, à une précision d'exécution que je n'ai jamais rencontrés depuis, un enseignement plein d'intérêt basé sur le raisonnement et qui faisait de l'équitation un exercice auquel l'esprit finissait par prendre autant de part que le corps; aux chefs éclairés et bienveillants sous lesquels j'ai eu l'honneur de servir et qui ont bien voulu guider mes premiers pas dans la carrière hippique ensuite; à tous ceux, enfin, aux ouvrages desquels j'ai fait quelques emprunts et parmi lesquels je cite, au courant de la plume: commandant Champion, marquis de Mauléon, comte de Gontaut-Biron, comte de Comminges, Gobert, marquis d'Oilliamson, Lenoble du Theil, Diffloth, etc.; mais surtout au capitaine de Brignac, qui a eu la courtoise obligeance de m'autoriser à puiser, à pleines mains, dans son remarquable ouvrage *l'Équitation pratique*, et à reproduire les croquis faits pour lui par le capitaine Le Hagre.

Janvier 1908.

GEORGES BONNEFONT.

ÉLEVAGE ET DRESSAGE
DU CHEVAL

I

ÉCONOMIE GÉNÉRALE DE L'ÉLEVAGE

Nous nous proposons d'étudier ici, non pas la technique et la pratique de l'élevage, qui sont du domaine de la zootechnie, mais son économie générale et les conditions d'existence qui lui sont faites actuellement.

Nous commencerons par passer en revue les différents types de chevaux, les groupant suivant leurs aptitudes et leur spécialisation, en dehors de toute idée de classification zoologique ; nous examinerons ainsi le cheval de selle dans ses différentes variétés : pur sang, hunter, cob, cheval d'armes de grosse cavalerie et de cavalerie légère, trotteur, carrossier, poney, et enfin le cheval de trait.

Puis nous passerons au régime actuel de l'élevage en France, ce qui nous amènera à parler des haras, de leur mission, de leurs moyens d'action, des étalons particuliers, des remontes militaires, des courses et des concours hippiques.

Enfin nous étudierons les débouchés qui s'offrent à l'élevage du cheval, et nous examinerons ce qu'ils étaient hier, ce qu'ils sont aujourd'hui, ce qu'ils seront probablement demain.

I. — TYPES DE CHEVAUX

Le pur sang.

Pour tout cavalier digne de ce nom et dont le poids ne dépasse pas sensiblement la moyenne, on peut dire, sans crainte d'être démenti, que le cheval de selle par excellence est le pur sang. Aussi — à tout seigneur tout honneur — est-ce par lui que nous allons commencer cette courte description des différents types de chevaux.

Une description du pur sang ici est inutile ; tout le monde connaît cet animal au suprême cachet de distinction, aux formes élégantes et étendues, aux tissus fins et denses, qui, sélectionné depuis près d'un siècle et demi, présente avec fixité un ensemble de caractères et d'aptitudes que l'on ne rencontre dans aucune autre race (fig. 1).

Sa production. — Le pur sang est élevé à peu près exclusivement en vue des courses, qui seules, dans l'état actuel, peuvent présenter un débouché suffisamment rémunérateur à un élevage aussi coûteux. Issu d'une mère représentant elle-même souvent un gros capital et d'un père dont les services se paient le plus souvent plusieurs milliers de francs, nourri dès son jeune âge avec abondance de denrées de première qualité, entouré de soins qui nécessitent un personnel entendu, le poulain de pur sang revient à son éleveur comme yearling à quinze ou dix-huit mois à un prix bien supérieur à celui qu'il atteindrait jamais dans toute sa vie comme cheval de selle. Pour indemniser l'éleveur, pour l'engager à faire de tels sacrifices, il faut l'espoir de trouver l'acheteur qui, croyant deviner dans le yearling un « racer » d'avenir, le paiera un prix évidemment supérieur à la valeur intrinsèque de l'animal à ce moment, mais proportionnel à la carrière fructueuse qu'on attend de lui et à la valeur qu'il pourra acquérir plus tard de ce fait. Aussi est-ce à cette période

de ieur existence que les chevaux de pur sang ont le plus
de marché. Les grands établissements Chéri-Halbronn et
le Tattersall organisent à cet effet chaque année pendant
le meeting de Deauville des ventes importantes où presque tous les studs importants envoient leurs élèves. Les
ventes publiques ont toujours des caprices ; certains

Fig. 1. — *Pascaline*, par *Champ de Mars* et *Manon*, pur sang.
(Cliché de l'auteur.)

poulains atteignent des prix fantastiques, tel *le Souvenir*,
vendu 85000 francs en 1900 ; d'autres, au contraire, sont
retirés par leur propriétaire faute d'enchères suffisantes.

Nous extrayons d'un article du journal *l'Acclimatation*
du 14 octobre 1906 les lignes suivantes qui nous paraissent
contenir des appréciations pleines de justesse et d'à-
propos :

« Ces réunions (ventes de yearlings) présentent le plus
grand intérêt parce qu'on y trouve réunis des poulains

sortant de tous les élevages, et sinon tous brillants de
forme, du moins presque toujours issus de parents ayant
fait leurs preuves. Ces ventes permettent aussi de tirer
de l'examen des chiffres des remarques et des conclusions
d'un intérêt particulier dans l'étude de la question du
cheval de pur sang.

« Ce qui frappe tout d'abord, c'est l'augmentation crois-
sante du total des ventes. C'est ainsi qu'en 1903 il était
de 725 275 francs ; en 1904, de 910 540 francs ; en 1905, de
1 433 620 francs ; cette année, la progression a continué et
le total s'élève à 1 563 360 francs. D'ailleurs, cette augmentation n'est que le corollaire du nombre des animaux
vendus. En 1903, il y eut 163 vendus ; en 1904, 203 ;
en 1905, 248 ; en 1906, 260.

« Il faut aussi tenir compte que le nombre de sujets
retirés par leurs propriétaires parce que les enchères ne
leur ont pas paru suffisantes et non vendus n'a fait aussi
que croître ; c'est ainsi qu'en 1903 il y eut 84 retirés ; en
1904, 121 ; en 1905, 129 ; et cette année 237.

« Quelles conclusions peut-on tirer de l'examen de ces
chiffres. Doit-on considérer que la progression formidable
dans l'offre en l'espace de quatre ans est due à un développement parallèle de notre élevage ? Non, la vérité c'est
que Deauville concentre tous les marchés, c'est que les
vendeurs qui présentaient autrefois des animaux aux vacations qui ont lieu à Paris en juillet et août préfèrent
aller sur la plage normande où se trouvent réunis tous
les sportsmen. Tous les acheteurs se portent à Deauville,
alors qu'autrefois ils s'éparpillaient. Peut-être le tact et
la bonne organisation de M. Chéri-Halbronn, qui dirige
ces ventes, sont-ils à mettre en ligne pour expliquer le
succès de ces réunions ? Aussi n'a-t-on pas le droit de
croire, d'après ces chiffres, que notre élevage soit plus
prospère en ce moment que dans le passé.

« Ceci dit, une chose frappe bien nettement : c'est que
cette année le nombre des animaux retirés est énorme.

Sur 497, il y en eut 260 vendus et 237 retirés. Ce chiffre de 237 pourrait nous donner à penser que notre élevage est en décadence ; mais non, puisqu'en résumé il a été vendu cette année 12 sujets de plus que l'année dernière, 57 de plus qu'en 1904 et 97 de plus qu'en 1903 ; on doit conclure que l'élevage du pur sang n'est ni en progression ni décadent, mais qu'il est stationnaire en réalité.

« Certains sportsmen prétendent que l'élevage subit en ce moment une crise, et ils se basent, entre autres raisons, sur le grand nombre de chevaux retirés cette année.

« Mais, en outre des conclusions que nous avons pu tirer tout à l'heure, montrant l'inexactitude de cette interprétation, il faut dire que le déchet est dû aussi à la médiocrité de la marchandise produite en excès. Les bons sujets n'ont pas à redouter cette crise dont parlent quelques-uns. C'est ainsi que 50 chevaux ont été payés cette année 10 000 francs et au-dessus, alors qu'on n'en comptait que 41 l'année dernière, 28 en 1904, 13 en 1903. Parmi ces 50 chevaux, le prix le plus fort a été atteint par *Poor Boy*, qui a été acheté 66 000 francs pour l'Angleterre. »

Puis viennent : *Montavalle*, 56 000 francs ; *Holly Hock*, 41 000 francs ; *Susinak*, 32 000 francs ; *Valda*, 30 500 francs ; *Rip Rip*, 28 000 francs ; *Romania*, 26 500 francs.

On compte ensuite 9 chevaux vendus entre 25 000 et 20 000 francs, 13 entre 20 000 et 15 000 francs, 21 entre 15 000 et 10 000 francs.

« Parmi les éleveurs, au nombre de 109, ayant amené des animaux à Deauville, 20 n'étaient possesseurs que d'un seul yearling et 18 de deux seulement.

« La conclusion à tirer de tout ceci, c'est que l'élevage du pur sang ne subit pour l'instant aucune crise : les bons chevaux, ou plutôt ceux qu'on croit tels, se vendent toujours à de bons prix. Les grands éleveurs, ceux qui peuvent engager des capitaux, ne craignent rien ; ceux qui ont le plus à redouter la fameuse crise, ce sont ceux qui ne peuvent immobiliser les fonds nécessaires pour devenir possesseurs de juments de classe. »

Après ces ventes de Deauville où l'on voit défiler, on peut le dire, l'élite de la production, d'autres vacations sont organisées pendant le courant de l'automne par les mêmes établissements à Paris et à Saint-James. Mais à ces ventes d'automne il est rare de voir des yearlings atteindre des prix vraiment rémunérateurs.

Parmi les chevaux non vendus, quelques-uns sont cédés à l'amiable, ou donnés en location pour leur carrière de courses ; mais le plus grand nombre devient des laissés-pour-compte qui encombrent les écuries des éleveurs et seront presque toujours vendus à perte.

Les mieux réussis comme conformation sont alors préparés en vue de la remonte. Avec un simulacre d'entraînement à deux ans, et s'ils ont le modèle du cheval de tête, ils sont achetés par celle-ci à la fin de leur deuxième année ; élevés parcimonieusement jusqu'au mois de juillet de leur troisième année, ils peuvent alors lui être présentés au bout de la longe sans aucun dressage. Dans l'un comme dans l'autre cas, ils seront payés de 12 à 1800 francs ; ce qui, comme nous le disions plus haut, est loin de rembourser l'éleveur des frais que lui a occasionnés son poulain.

Ses aptitudes. — En dehors des courses et de la remonte, le cheval de pur sang n'a pour ainsi dire pas de débouchés et il est véritablement étonnant de ne pas le voir d'un usage plus répandu comme cheval de service, de chasse ou de promenade (fig. 2).

Et, cependant, que peut-on bien lui reprocher, à ce merveilleux animal ? Sa suprême élégance, sa vigueur, son extrême souplesse sont indiscutables. On l'accuse bien parfois de manquer d'ampleur et d'importance, mais se rend-on bien compte alors de ce qu'est le pur sang retiré de l'entraînement, mis en condition de service, et qui acquiert alors un volume au moins égal à celui de bien

des demi-sang? Combien y en a-t-il, de ces pur sang, qui,
les crins rasés et la queue coupée, passent ainsi pour
irlandais ou traînent journellement la voiture et sont des
serviteurs modèles aussi bons que beaux ; ayant perdu la
trop grande sécheresse de lignes de l'animal à l'entraînement, ils ne conservent que la pureté de celles-ci rendues

Fig. 2. — *Cœur de Lion* pur sang, par *Mirabeau* et *Dauphine*. — Pur
sang en condition de service. (Cliché de l'auteur.)

plus harmonieuses par une musculature plus développée.

Oserait-on reprocher au pur sang le manque d'endurance, après les résultats concluants fournis par les raids
de ces dernières années, depuis Bruxelles-Ostende jusqu'à Vittel-Vittel? Quelle preuve plus manifeste d'endurance de vitesse et de fond pourrait-on souhaiter?

Le manque de rusticité est un grief plus sérieux en apparence. Le cheval que l'on voit les jambes bandées, ouatées, le corps enveloppé de couvertures, n'éveille pas, il est vrai, l'idée d'un animal de tempérament robuste; mais ne nous laissons pas devenir victimes d'une illusion trop fréquente et cessons une fois pour toutes de confondre le pur sang de service avec le pur sang à l'entraînement et de voir sans cesse celui-ci à la place de celui-là. N'oublions pas que l'entraînement substitue pour l'animal, au milieu ambiant, un milieu purement factice, destiné à exalter au plus haut degré les facultés de celui-ci. Rendu à une vie plus normale, il perd volontiers les habitudes de raffinement exagéré qu'il avait contractées à l'entraînement et qui alors lui étaient indispensables (fig. 3).

Le cheval de pur sang a, il est vrai, souvent des défectuosités d'aplombs qu'exagèrent encore les fatigues de l'entraînement ; mais ce défaut d'esthétique ne nuit pas autrement à sa qualité, et n'est heureusement pas général, tant s'en faut. On pourrait en dire autant du feu dont sont affligés beaucoup de chevaux de pur sang arrivés à un certain âge, feu qui, bien mis et bien consolidé, n'enlève rien à leurs moyens et à leur incroyable résistance comme chevaux de service.

On conteste aussi souvent au pur sang l'aptitude à porter du poids; est-ce à la vue des pygmées qui les montent en courses plates? Mais il faut tenir compte de l'âge auquel ces épreuves sont disputées, et on ne saurait nier qu'un cheval fait, apte à disputer sous 70 ou 75 kilogrammes un steeple-chase, est en état de porter à la promenade et à la chasse un cavalier de 80 ou 90 kilogrammes; ceux qui dépassent ces poids sont encore assez rares.

Du caractère, nous ne dirons qu'une chose; il est généralement plus doux, plus froid que celui des demi-sang ayant quelque qualité. Habitué de bonne heure à être manié, à voyager, il s'apprivoise vite et, par la suite, n'a pas de ces étonnements stupides, de ces défenses bêtes

qu'ont souvent les autres chevaux qui, si l'on peut
s'exprimer ainsi, ont moins d'expérience de la vie que
lui. Si parfois, pendant sa période d'entraînement, sa nervosité se trouve développée à l'extrême, si une certaine
susceptibilité, une certaine irritabilité en résultent, elles

Fig. 3. — Étalon pur sang retiré de l'entraînement et n'ayant pas encore
fait la monte.

passent généralement lorsque le cheval se trouve soumis
à un régime moins excitant.

Au sortir de l'entraînement, le pur sang n'est souvent
pas encore une monture agréable. Bien débourré,
habitué au cavalier et aux rênes, familiarisé avec les
objets extérieurs, mis dans le mouvement en avant,
il ne lui manque que d'être équilibré pour le nouveau

1.

travail qu'on va lui demander. C'est l'affaire d'un peu de dressage, rendu plus facile — oh ! combien ! — par toute la préparation qu'a subie déjà le cheval, préparation qui l'a mis en état de supporter la fatigue et, par conséquent, les exigences du dresseur, et celui-ci ne se trouve pas paralysé à tout instant par la nécessité de ne pas imposer à son élève une fatigue qui parfois serait nécessaire à son dressage, mais risquerait de le tarer. Aussi, avec quelle rapidité voit-on se transformer le cheval de pur sang !

L'encolure, raide au commencement, devient bientôt souple et bien portée ; le poids, d'abord sur les épaules, reflue en arrière, l'allure rasante se relève, le trot piqué se cadence, le galop s'assoit et, de l'avis de tous les écuyers, le pur sang devient un incomparable cheval d'école.

Veut-on l'atteler ? A condition de ne pas le brusquer et de savoir le bien mener, il se prête généralement à ce genre de service nouveau pour lui ; une charrette traînée par un pur sang ne manque pas d'un bon chic, et, s'il n'a pas les allures relevées qui font le carrossier de haut luxe, il est du moins presque toujours *carrioleux* infatigable.

Peut-être, au point de vue du saut, pourrait-on lui adresser un reproche plus sérieux ; sur le gros obstacle en hauteur, à une allure modérée, il se montre souvent peu adroit et peu prudent. Peut-être est-ce là le motif du peu de chevaux de pur sang que l'on rencontre parmi les lauréats des concours hippiques.

Nombreux sont les pur sang qui, dans le train, sautent avec aisance et prudence des obstacles qu'ils sont incapables de franchir correctement au galop de chasse. Ils ne savent ou ne peuvent sauter que de volée, en utilisant la vitesse acquise. Mais c'est là un défaut qu'il faut, croyons-nous, imputer moins à la race qu'au mode de dressage adopté dans les écuries d'entraînement, et surtout à l'insuffisance de celui-ci. Mais si on n'aspire pas au cheval de concours, si on borne son ambition au bon cheval d'extérieur pour la plupart de nos contrées, on arrive assez vite à faire du pur sang un sauteur très suffisant, capable de franchir assez sûrement les obstacles naturels courants.

Élevage du pur sang. — Tel est le cheval de pur sang : le plus onéreux à élever, le moins cher à se procurer. Aussi, en présence de son prix de revient comme élevage d'une part, de ses qualités comme cheval de service d'autre part, est-on en droit de se demander s'il n'y aurait pas lieu de créer, parallèlement à l'élevage du pur sang de course, celui du pur sang de service et d'armes. L'idée peut paraître séduisante au premier abord, mais demande à être étudiée de près.

Dans l'élevage du pur sang de courses, les accouplements se font sur le papier, en tenant compte des origines et des performances des générateurs, le plus souvent sans nul souci de leur conformation. Il en résulte, à coup sûr, une sélection de plus en plus grande sur la vitesse, mais au détriment de la conformation. Les courses de chevaux de deux ans, d'autre part, en favorisant la précocité de la race, tendent à en fixer le modèle dans la formule de chevaux de cet âge; autre motif qui éloignera de plus en plus le pur sang actuel de l'ampleur et de la longueur de lignes des animaux de l'ancienne race. Les sujets doués d'une membrure suffisante et d'une conformation utile, qui se rencontrent encore en assez grand nombre aujourd'hui, deviendront plus rares.

La solution du problème paraît simple et facile : employer comme reproducteurs les individus les mieux conformés, les plus osseux, les plus amples, sans tenir compte de leurs performances, et en élever les produits pastoralement et rustiquement comme les poulains de races plus communes.

Une telle façon de faire pourrait, il est vrai, donner à l'éleveur des résultats avantageux à la première génération ; car, dans l'état actuel de la race, point n'est besoin de grands performers pour produire de bons serviteurs, et les plus médiocres des *thorough-breds* ont actuellement plus de qualité qu'il n'en faut pour engendrer d'excellents pur sang de service, qui, issus de parents grands et forts, pourront à l'âge de trois ans avoir acquis, sans nourriture transcendante, un volume et une taille suffisants. Mais, au bout de très peu de générations, la dégénérescence ne tarderait pas à frapper une famille ainsi constituée. En effet, les reproducteurs, ne se trouvant plus soumis à la sélection par les courses, deviendraient des animaux quelconques doués du modèle, mais souvent peut-être dénués de qualité, et, de plus, l'atavisme ramènerait insensiblement et infailliblement la race aux dimensions plus réduites de l'arabe dont elle provient, dès que cesseraient les influences de nourriture et de milieu qui l'ont grandie.

Pour nous résumer, l'élevage du pur sang de courses peut être fait à peu près partout, la qualité des pâturages, les conditions atmosphériques important peu, par suite des soins constants et de la nourriture substantielle et concentrée qui sont prodigués au poulain et le soustraient pour ainsi dire aux influences du milieu ambiant. Mais, pour être rémunérateur, cet élevage nécessite avant tout des reproducteurs de grosse valeur, d'origine fashionable et doit avoir un renom favorable sur le marché. Alors seulement on pourra espérer vendre quelques-uns de ces poulains à des prix susceptibles de laisser quelques bénéfices, après avoir couvert les pertes consenties sur les autres bénéfices auxquels pourront venir s'ajouter par la suite les primes aux éleveurs, si les poulains remportent des succès sur les hippodromes. Ainsi pratiqué, il est certain que cet élevage donne dans certaines mains des résultats très rémunérateurs, mais on ne saurait nier qu'il comporte une très grosse mise de fonds et de très grands aléas.

Quant à l'élevage du pur sang simplement en vue de la remonte, nous n'en parlerons pas ici, cet élevage étant exactement le même que celui de tout autre cheval de remonte, avec une chance cependant plus grande d'écouler les produits, grâce à la vogue considérable dont jouissent les chevaux de pur sang auprès des commissions d'achat.

Le hunter.

Tout d'abord, qu'est-ce qu'un *hunter*? C'est un cheval capable de porter gaillardement et à bonne allure son cavalier à travers la campagne et sans encombre par-dessus les obstacles les plus variés que l'on puisse rencontrer. C'est, on le voit, une définition qui s'applique tout aussi bien au cheval d'armes, et on pourrait même presque dire à tout cheval de selle, aujourd'hui que l'équitation d'école est tombée en désuétude, et que le cheval de selle n'a plus guère d'adeptes que parmi les officiers et les veneurs.

Un tel cheval appartient-il, comme certains le croient, à une race spéciale d'outre-Manche ? Nullement ; il est des hunters de pur sang ; il en est de demi-sang. Parmi ceux-ci, les uns sont élancés, d'autres sont trapus, d'autres encore sont des cobs et même de simples ponies ; mais ce qui caractérise tous ces chevaux si différents, c'est l'aptitude commune au même service.

Nous n'envisagerons ici que le hunter pour gros poids, celui qui fait rêver nos veneurs et nos officiers de grosse cavalerie, celui que voudrait être ce fameux demi-sang galopeur pour lequel ont été versés tant de flots d'encre ces dernières années. Il doit avoir tout à la fois de la taille, du volume, de l'os, de bons membres, de bons aplombs, des lignes et, par-dessus tout, un bon degré de sang. Cet ensemble de conditions ne semble pas impos-

sible à réaliser en France; il semble même l'être sur certains points, particulièrement dans le Centre et la
Vendée (fig. 4); il le serait également en Normandie, si
les éleveurs de ce pays le voulaient; mais, comme avait
coutume de le dire le vicomte Henri de Chezelles :
« Quand le Normand fait un cheval de selle, c'est qu'il s'est

Fig. 4. — Hunter français provenant du dépôt de Fontenay-le-Comte.
(Cliché de l'auteur.)

trompé; heureusement que c'est une erreur que, tout fin
qu'il est, le Normand commet encore assez souvent »
(fig. 5).

Et cependant, malgré cela, le cheval français ne répond souvent pas au type rêvé, comme l'irlandais, par
exemple, qui est considéré comme le modèle du genre.

Le hunter irlandais. — Mais l'irlandais (fig. 7) est le
produit d'un sol spécial, d'une campagne très coupée,

Fig. 5. — Hunter français provenant du dépôt de remonte de Caen.

Fig. 6. — Hunter français, type charolais.

et surtout d'une civilisation spéciale, par suite d'un élevage en rapport avec elle. Toujours élastique, couvert d'une herbe abondante et nutritive, le sol est favorable non seulement à l'élevage du cheval, mais encore et surtout à son exercice sans danger de souffrance pour ses membres. Obligés dès le jeune âge de franchir, dans les pâturages, les

Fig. 7. — Hunter irlandais pour gros poids.

multiples obstacles qui s'offrent à eux, et plus tard sous le cavalier derrière les chiens, les chevaux deviennent naturellement adroits et francs. Tout le monde montant à cheval, même les paysans, l'éducation du cheval est forcément dirigée dans ce sens ; et le cheval de selle, même peu réussi, trouvant son emploi, l'éleveur ne craint pas, dans le but de produire un sujet d'élite qui atteindra le gros prix, d'en produire plusieurs médiocres ; aussi procède-t-il par métissage ou croisement industriel, mode

de production très irrégulier qui peut donner naissance
à des prodiges et à des monstres, mais préférable au
croisement continu pour obtenir dans un même individu
les multiples qualités qui caractérisent le vrai hunter.
En effet (1), « s'il est relativement facile de développer
les aptitudes d'une espèce dans un sens unique, il n'en
est pas de même quand il s'agit de réunir dans le même
animal des qualités opposées, telles que la force et la
vitesse. A prétendre les fixer à la fois, on risquerait soit
de n'obtenir qu'une moyenne insuffisante, soit de ne développer l'une de ces qualités qu'aux dépens de l'autre.

« Les Anglais n'admettent pas qu'un cheval destiné à
un service de selle quelconque ne soit pas, non seulement
fils d'un étalon de pur sang approprié, mais issu, s'il est
possible, de plusieurs générations de ce croisement successivement répété, mais à condition qu'on ne compro-
mette ni l'aptitude à porter le poids ni la régularité des
aplombs, conditions sans lesquelles il n'est pas de véritable cheval de service.

« Voilà la vérité. Il est incontestable que les trésors de
vitesse et d'énergie que possède le pur sang sont tels que
la supériorité lui est acquise dans toute épreuve, qu'elle
soit de vitesse ou de fond, de quelques minutes ou de
plusieurs heures. Il n'existe donc pas de reproducteur
qui lui soit comparable pour transmettre au produit cette
qualité que j'appellerai *positive*, celle qui donnera l'avantage dans une épreuve donnée.

« Mais au cheval de service on doit demander encore et au
même degré les qualités négatives, celles qui ne font pas le
bon cheval, mais sans lesquelles l'animal le plus généreux
ne sera jamais qu'un serviteur décevant : puissance
osseuse et musculaire qui lui permettra de porter le
cavalier sans s'en apercevoir, parce qu'il le portera non
pas avec son courage, mais avec sa charpente; pieds

(1) Marquis d'Oilliamson, *France hippique.*

solides s'accommodant de tous les terrains; articulations larges et bien ajustées sans lesquelles il n'est pas de service durable, puisque c'est, neuf fois sur dix, par les membres que périt le cheval consacré aux allures vives. »

L'étalon le plus généralement employé est un pur sang très puissant, très étoffé, souvent sans grandes performances, qui est allié, soit à une jument de chasse ayant elle-même beaucoup de sang, soit à une jument de charrette parfois très commune, mais douée d'ossature et de points de force, soit même à une simple poneyte bien établie. De là, la très grande diversité de types que l'on rencontre en Irlande ayant tous comme caractère commun d'être « de selle », mais ne constituant ni une race, ni une famille, ni une variété.

Cette méthode de production pourrait tout aussi bien être suivie en France d'une façon générale. Elle ne l'est que sur certains points, et cela se comprend assez : comme nous avons eu déjà l'occasion de le dire, elle occasionne beaucoup de déchets, que l'on peut accepter lorsque le prix moyen des animaux réussis varie, comme en Irlande, de 6 à 8 000 francs, mais qu'il est bien naturel de redouter alors que c'est à grand'peine qu'on peut obtenir 2 ou 3 000 francs d'un sujet d'élite.

Il ne faut pas non plus s'exagérer l'importance de l'éducation et du dressage que reçoivent les irlandais et qui légitiment surtout à nos yeux la vogue dont jouissent ceux-ci. Entre les mains d'un peuple cavalier, les chevaux acquièrent forcément dans leur ensemble les qualités du cheval de selle, mais il faudrait bien se garder de conclure qu'il suffit d'avoir un irlandais pour posséder un bon sauteur. Il n'y a, pour prouver le contraire, qu'à jeter les yeux sur les résultats du dernier *horse show* de Dublin, la plus grande manifestation hippique de ce pays. 1262 chevaux étaient inscrits au catalogue dans la classe des hunters. Tous prirent part à l'épreuve obligatoire par reprise de 25. Tout comme dans nos concours de dressage et de majoration, celle-ci consistait en une exhibition au pas, au trot et au petit galop. Dans l'ensemble, ils étaient bons au pas, coulants au petit galop, mais médiocres au trot qui était en général traînant et sans ressort. Les lauréats de cette première exhibition reparurent le lendemain dans une épreuve au galop allongé ; beaucoup, contrairement à l'idée que l'on s'en fait en France, galopaient haut et rond, pas mieux que des normands, comme dut le reconnaître d'ailleurs un spectateur, bien connu cependant pour son anglomanie et sa normandophobie en matière hippique.

Enfin, dans les *jumping-classes* (concours d'obstacles). 78 chevaux seulement entrèrent en lice. Le parcours se composait d'un tour de piste avec six obstacles naturels d'un mètre environ : *talus avec fossé, fossé avec talus, mur en pierre, banquette, rivière* et *haie*.

Les concurrents effectuaient leurs parcours deux par deux ; les juges, au nombre de deux et d'un arbitre, faisaient connaître immédiatement, au moyen d'une boule rouge ou blanche hissée au haut d'un mât, ceux qui étaient exclus ou admis à refaire le parcours pour une nouvelle élimination. Le classement se faisait ainsi par barrages successifs.

La plupart des chevaux sautaient avec adresse, mais plusieurs firent des fautes vraiment impardonnables pour des chevaux soi-disant prêts à chasser derrière les chiens dans un pays coupé.

Le championnat du mur de 1^m,60 de haut réunissait des spécialistes comme le sont nos chevaux de concours français pour les épreuves similaires.

Le hunter français. — Ces chiffres se passent de commentaires. Qu'il nous soit permis de mettre en regard la statistique suivante relative aux chevaux français ayant figuré dans les concours hippiques, et parue dans les colonnes du *Sport universel illustré* sous la signature de Donatien Levesque :

« On peut faire toutes les théories qu'on voudra pour ou contre le cheval français de demi-sang : rien n'est probant comme un fait. Au Concours hippique central à Paris, le prix Mornay est réservé aux chevaux ayant fait leurs preuves sur les obstacles, puisque, pour y être admis, il faut qu'ils aient remporté dans un concours de la Société hippique française un premier, deuxième ou troisième prix dans une des épreuves suivantes : la Prévoyance, l'Urbaine et la Seine, les Habits-Rouges, l'Omnium, la Haye-Jousselin, les Dames, la Coupe, Wimereux, la Chambre de Commerce. Les chevaux ayant remporté la Coupe de Paris peuvent y prendre part.

« Le cheval classé premier ne peut plus être engagé au Concours de Paris que dans le prix du Barrage.

« Voici le résultat de ce prix Mornay disputé au Concours hippique de Paris le 8 avril 1906 sur une distance de 900 mètres avec 17 obstacles :

« 1er : *Lutin*, demi-sang français, né dans la Nièvre, monté par M. G. Crousse, a fait le parcours en 2'46". C'est un train de 19kil,565 à l'heure, 326 mètres à la minute, le kilomètre en 3'4.

« 2e : *Silvio*, pur sang français, par *Mourle* et *la Frileuse*, monté par M. Daguilhon-Pujol, parcours en 2'31", 21kil,456 à l'heure, 357 mètres à la minute, le kilomètre en 2'47".

« 3e : *Clear-Glen*, demi-sang irlandais, monté par M. Haentjens, parcours en 2'34", 21kil,052 à l'heure, le kilomètre en 2'51", 350 mètres à la minute.

« 4e : *Rupin*, demi-sang français né dans le Médoc, comme le bon vin, son père *Korrigan* par *Lavater*, sa mère jument de demi-sang, monté par Dominique Cossé qui l'avait acheté sur le coupé qu'il traînait à Bordeaux. Parcours en 2'38", 20kil,571 à l'heure, le kilomètre en 2'55", 342 mètres à la minute.

« Le premier et le quatrième sont donc deux chevaux français de demi-sang. Le second, *Silvio*, pur sang, est français aussi, car sa qualité de pur sang ne lui enlève pas sa nationalité. *Clear-Glen*, classé troisième, est irlandais ; avec un nom pareil, il ne pouvait guère faire autrement. *Silvio*, *Clear-Glen*, et *Rupin* ont marché plus vite que *Lutin* ; mais ils avaient chacun un quart de faute et *Lutin* n'en avait pas.

« Parmi les dix chevaux qui ont obtenu des flots de rubans, quatre sont français :

« *Archet*, demi-sang français ;

« *Vendéen*, par *Oran*, sa mère fille de *Valdempierre* et d'*Australiana*, pur sang (il vient d'être vendu 5 000 francs. Si le cheval est français, ce prix a l'air assez anglais) ;

« *Irlande*, demi-sang française ;

« *Guyenne*, demi-sang anglo-arabe, née en Bretagne, chez le duc de Feltre, et par conséquent française.

« En tout cas, le résultat du prix Mornay est tout à l'honneur des chevaux français de demi-sang, puisque ce sont eux qui triomphent, et non sans péril et sans gloire, car ils avaient pour adversaires les irlandais : *Lorna Done*, à M. Vignole ; *Black Fly*, à M. Henry Leclerc ; *Rocket* et *Snob*, au comte de Fleurieu ; *Golden Fly*, au comte de Bourbon et M. Félix Petit ; *Little Eva*, *Louisiana-Lou*, *Prince Paul* et *Goosy-Gander*, à MM. G. Kryn et L. de Champsavin ; tous quatre bénéficiant de l'excellente monte de M. de Champsavin ; *London*, présenté par son propriétaire ; *Buster*, au vicomte J. de Saisy, et les quatre représentants de la superbe écurie de M. Lœvenstein, *Glette*, *Conquérant*, *Timber-Topper* et *Storm King* ; et *Boy* à M. Bompard ; et les extraordinaires américains *Cokie-Game-Cock* et *Conspirateur*.

« Dans la coupe, les deux premières places étaient prises par *Ratz-Fana*, demi-sang français, et *Pauline*, présumée de demi-sang, jument de réforme. Le premier a fait le parcours en 2'25", le second en 2'29". Il était de 900 mètres avec 18 obstacles, dont le triple.

« Dans les épreuves militaires, les résultats sont identiques. Le Grand Prix de Paris (850 mètres, 17 obstacles) est effectué sans faute par les huit premiers et avec un quart seulement par les deux suivants. Sur ces dix chevaux, le premier, le septième, le neuvième et le dixième sont d'origine inconnue. Les six autres sont français, trois demi-sang, deux pur sang et un anglo-arabe. »

Que conclure de tout ce qui précède, sinon que les chevaux français, bien choisis, bien dressés, bien entraînés et bien montés, ne le cèdent en rien à ces fameux **hunters** d'outre-Manche? Aussi est-ce à multiplier le **nombre de** nos chevaux de selle, à mettre leurs qualités en évidence que devraient tendre nos efforts, beaucoup plus encore qu'à les perfectionner.

Mais, pour généraliser nos chevaux de selle, il faudrait leur créer des débouchés rémunérateurs en même temps que des épreuves sérieuses les forçant à **déployer leurs** qualités. Les différents concours organisés depuis quelques années, tant par l'administration que par les remontes, sont un premier pas dans cette voie. Mais ces concours se réduisent à de simples exhibitions où la qualité réelle du cheval n'est nullement éprouvée; d'autre part, le chiffre d'ensemble des récompenses ainsi attribuées à l'élevage du cheval de selle est trop faible pour créer un stimulant puissant à cette production. Bien plus efficaces seraient, croyons-nous, des courses bien dotées sur des parcours sévères comme obstacles, très longs et sous de gros poids. On objecte à cela que, partout où il y a course, le pur sang montre une telle supériorité que peu à peu ceux-ci seront seuls à les disputer sous de frauduleuses qualifications de demi-sang. Le danger, croyons-nous, est plus apparent que réel, car, dans les conditions spéciales de poids et de parcours que nous indiquons, l'aptitude pourra primer la classe, et, si des thorough-breds y prennent part, ce ne seront vraisemblablement que des animaux extraordinairement puissants et charpentés. Qu'importe alors qu'ils soient de pur sang ou de demi-sang, pourvu qu'ils répondent au type cherché du hunter pour gros poids.

Ce vrai cheval de selle existe un peu partout en France ; s'il est si peu apprécié et si peu connu, c'est qu'il faut savoir le découvrir d'abord et le dresser ensuite.

Normandie. — Au milieu de son énorme production de

Fig. 8. — Cheval de selle anglo-normand de type hunter, par *Jolibois*, trotteur, et une fille de *Fontenay*, trotteur.

trotteurs et de carrossiers, la Normandie fait aussi des chevaux de selle. D'un joli profil généralement, avec un bon tissu, ils pèchent souvent par leur épaule placée trop en avant, le manque de profondeur de poitrine et d'écartement de hanches. Réguliers dans leur ensemble, ils paraissent avoir une charpente et une ossature insuffisantes, surtout parce qu'ils ont généralement la côte ronde. Il existe cependant de fort beaux chevaux de selle en Normandie ; nous en voyons chaque année dans les concours. Mais il faut bien souvent les deviner, parce que ce qui leur manque presque toujours c'est l'âge, la condition, le dressage et, pour beaucoup d'observateurs superficiels, la toilette (fig. 8).

Centre. — Le Centre, grâce en partie aux efforts de la

Fig. 9. — Type de cheval de selle du Centre.

Société hippique de Saône-et-Loire, grâce peut-être surtout à une école de dressage ayant à sa tête un homme qui connaît bien le cheval de selle et sait à merveille le présenter, possède des chevaux ayant un bon genre. Plus heurtés, plus petits en général que les normands, ils ont plus d'os, plus d'écartement de hanches, plus de poitrine. Quoique plus trapus, ils dénotent beaucoup de sang (fig. 9). Les juments livrées à la reproduction dans cette région sont le plus souvent des réformes de l'armée, de selle par conséquent ; elles sont très fréquemment données à l'étalon de pur sang ou au demi-sang bien équilibré, les éleveurs de cette région n'étant pas, autant que les Normands, hypnotisés par le record.

BRETAGNE. — La Bretagne, elle aussi, fait naître d'excellents chevaux de selle variant du type très distingué, ressemblant au pur sang parfois à s'y méprendre, jusqu'au gros cob trapu. Mais le Breton est resté encore un peu cavalier ; il adore le cheval et a la passion des courses. Celles-ci sont très nombreuses en Bretagne et il est rare que dans chaque réunion il n'y ait pas au moins une épreuve au galop ou à obstacles exclusivement réservée aux chevaux du pays, le plus souvent montés par les éleveurs eux-mêmes, leurs fils ou leurs domestiques. Il est aisé de comprendre l'influence énorme que possède sur la production un goût pareil, inné dans la population. L'orgueil de vaincre, plus encore que l'amour du gain, est pour le paysan breton un puissant stimulant. Aussi n'hésite-t-il pas à conserver pour la livrer à la reproduction la jument qui lui a fait connaître l'ivresse de la victoire et à lui donner l'étalon sinon de pur sang, du moins très près du sang. De là ces demi-sang galopeurs bretons ayant tout le galbe du pur sang et n'ayant, pour légitimer leur qualification de *demi-sang*, qu'une trace plus ou moins éloignée de sang autochtone. Le plus souvent c'est le cheval si endurant des landes de Corlay, possédant lui-même quelques gouttes de sang arabe dans ses veines, que l'on retrouve à la base de ces pedigrees. A côté de ces individus très affinés se trouvent, avons-nous dit, d'autres types très différents de chevaux de selle (fig. 10). C'est que, sur le corlaisien aussi bien que sur le bidet breton plus commun, ont été pratiqués tous les croisements. Du pur sang au carrossier, sans oublier le norfolk et le trotteur, tous les étalons se sont vu réclamer leurs services, laissant chacun un peu de leur qualité propre à une race déjà renommée par sa rusticité et son endurance.

Il existe aussi, ce cheval de selle, en Anjou. *Ratz-Fana* (gagnant de la Coupe à Paris en 1906 et vainqueur du raid militaire de Fontainebleau en 1907) et *Rustique*, tous deux bien connus des habitués des concours, en sont

Fig. 10. — Type breton de selle.

deux spécimens; il existe en Vendée et dans les Charentes.

Les sujets de cette variété ont généralement un beau bout de devant, mais sont souvent trop horizontaux dans leur arrière-main. Ils sont cependant généralement appréciés dans les régiments et à l'Ecole de cavalerie qui en compte un assez grand nombre parmi ses chevaux de carrière (fig. 11, 12, 13).

Fig. 11. — Jument charentaise, par *Studgard*, pur sang, et jument charentaise par *Quinola*, demi-sang. (Cliché Perier.)

Fig. 12. — Cheval charentais, par *Athys*, pur sang, et jument charentaise
par *Bohémien*, demi-sang. (Cliché Perier.)

Le Limousin, et particulièrement les environs du Dorat, produit aussi un excellent cheval de selle qui n'est, en somme, qu'un anglo-arabe avec plus de volume et plus de taille (fig. 14 et 15).

Fig. 13. — Jument charentaise, par *Turlupin*, pur sang AA, et jument charentaise par *Barsac*, demi-sang. — 2ᵉ prix concours de selle, à Rochefort. (Cliché Perier.)

Le Midi est la vraie patrie du cheval de selle en France (fig. 16), mais il y présente un type très différent. Quelques citations empruntées au commandant Champion vont nous le faire connaître :

« Légers souvent, ardents, infatigables toujours, tels sont les chevaux de là-bas. Qu'on les appelle *chevaux*

Fig. 14. — Pouliche limousine, par *Derby*, limousin, et une fille d'*Actéon*, pur sang arabe. (Cliché de *la France hippique*.)

de Tarbes, chevaux des Pyrénées, même *chevaux des Landes*, ils font partie de ce noyau que je classe « chevaux du « Midi ».

« Qu'est le cheval du Midi comme cheval de selle ? Et, tout d'abord, quel est exactement son pays ? Nous avons déjà délimité sa zone par la Garonne au nord, laissant comme intermédiaires les chevaux du Limousin, du Cantal, de la Dordogne.

Fig. 15. — *Caïda*, limousine, par *Caïd*, pur sang arabe, et fille de *Chérubin*. (Cliché de *la France hippique*.)

« Avons-nous besoin de dire que le sang oriental domine dans notre Midi hippique ? Les invasions sarrasines, le retour des croisades, le voisinage de l'Espagne suffisent pour l'expliquer.

« La latitude, le climat, la nature du sol ont continué à maintenir presque pur le cachet primitif.

« Si on ajoute à ces considérations l'amour du cheval inné chez le paysan, le revenu qu'il n'a jamais cessé de se faire avec ses poulinières, revenu qu'il cherche à augmenter

en produisant le cheval du moment, le cheval actuel, on
se rendra compte de l'importance de notre élevage méridional.

« Sans vouloir diviser ce qui n'est guère divisible, on
peut dire que dans le Midi on élève actuellement des

Fig. 16. — Demi-sang anglo-arabe, *Fosthena*, jument grise, 5 ans, 1m.50.
par *Arassi* et *Djelma*. (Cliché Michaud.)

chevaux de pur sang anglais, des chevaux de pur sang
arabe, des chevaux de pur sang anglo-arabe, des demi-
sang anglo-arabes avec leurs innombrables variétés, enfin
des chevaux de demi-sang proprement dits plus éloignés
de la race pure.

« Je ne saurais trop le répéter : tous, ou, si l'on veut,

presque tous les chevaux du Midi sont chevaux de selle.

« En 1660, le célèbre écuyer anglais le marquis de Newcastle écrivait, en parlant des chevaux de la plaine de Tarbes : « Les spécimens réussis de cette race sont les « plus nobles chevaux de la terre, car chez eux tout est

Fig. 17. — Demi-sang du Midi, par *Sir de Granoux*.

« beau, des oreilles aux pieds de derrière. Moins légers que « le cheval barbe, moins lourds aussi que le cheval napo- « litain, résistants, courageux et intelligents, ils brillent « encore par de superbes allures. Leur pas, leur trot et leur « galop ne laissent rien à désirer. » Je crois que cette appré- ciation serait encore vraie aujourd'hui. En tout cas, ce sont ces chevaux décrits par le marquis de Newcastle qui ont servi de base aux demi-sang anglo-arabes actuels, c'est à eux qu'on a infusé et dosé graduellement le sang anglais et arabe pour les mettre à même de répondre aux exigences modernes (fig. 17).

« Le pur sang arabe issu d'une jument arabe pure avec un étalon importé ou lui-même déjà né en France au haras de Pompadour ou chez un particulier n'est pas très répandu et ne présente pas grand intérêt, sauf comme reproducteur.

« Le pur sang anglo-arabe est le produit d'un pur sang anglais et d'une mère arabe, ou, inversement, d'un pur sang anglais et d'une mère anglo-arabe, ou, inversement enfin, de deux ascendants anglo-arabes.

« Le type varie là et la marge se trouve grande. Tantôt c'est le beau cheval anguleux, grand, distingué, se rapprochant du pur sang anglais par sa taille, l'élégance de formes, la vitesse et le caractère ; tantôt c'est l'arabe presque pur dans ce qu'il a de moins bon : c'est alors le petit cheval rond de partout, à petits moyens, empâté dans son garrot. C'est le cheval « saucisson ». Je dois dire que ce dernier modèle ne se rencontre pas trop fréquemment, et cela est fort heureux.

« On le voit pourtant dans l'armée où il vient échouer, n'étant pas propre à d'autres services. Quand le cœur y est, et il y est d'habitude, ce saucisson marche, suit comme il peut et, en fin de compte, arrive toujours rond soit à l'étape, soit à la fin de la manœuvre. C'est ce qu'il est convenu d'appeler un *bon troupier*.

« Je le répète : ce pur sang anglo-arabe sans qualité, sans allures, sans modèle, est l'exception. Presque toujours l'anglo-arabe pur est un beau et brillant cheval de selle, coquet, très résistant. C'est un hunter parfait quand il a été dressé et, dans son pays d'origine, aux chasses et drags de Pau, il a souvent fait ses preuves (fig. 18).

« Nous en avons tous vu sur les hippodromes et quelques-uns d'entre eux se sont affirmés bons steeple-chasers. »

Le cheval de pur sang anglo-arabe est élevé en vue des courses, presque exclusivement d'ailleurs de celles qui lui sont réservées dans le Midi, et surtout dans l'espoir de le voir acheter par les haras. Parmi ceux qui n'ont pu parvenir à cet honneur, les uns partent à l'étranger, d'autres à Saumur, mais le plus grand nombre, une fois castrés, sont achetés par la remonte ou le commerce.

Fig. 18. — *Kettina*, jument baie, 5 ans, 1ᵐ,60. — Pur sang anglo-arabe, par *le Nouvion* et *Le Thullier*, achetée au haras de Pompadour.
(Cliché de M. Michaud, directeur de l'École de dressage de Toulouse.)

Le demi-sang anglo-arabe (fig. 19) est issu d'une mère plus ou moins près du sang ; aussi voit-on le produit retourner, suivant les influences occultes de l'atavisme, soit au type anglais presque pur, soit à l'arabe, soit, au contraire, à la race indigène.

« En deux mots, les demi-sang du Midi près du sang
ont toutes ou à peu près toutes les qualités du pur sang
anglo-arabe avec les diversités (qualités et défauts) du
sang qui domine chez chaque individu. »

C'est surtout comme cheval de remonte pour la cavalerie légère que le demi-sang du Midi trouve un ample

Fig. 19. — *Esclave*, par *Leonce* et *Esmeralda*, demi-sang anglo-arabe
de la Dordogne, 4 ans, 1ᵐ,60. (Cliché Michaud.)

débouché ; mais pour la promenade, pour la chasse, il peut
rendre aussi d'utiles services. On le trouve trop petit, trop
léger ; nos veneurs, toujours hypnotisés par l'irlandais,
s'imaginent ne pouvoir monter que de gros et forts
hunters ; mais ce demi-sang du Midi qui porte gaillardement nos cavaliers en paquetage de campagne à travers
champs ne peut-il pas aussi bien galoper derrière les

chiens avec le poids de la majorité des cavaliers (fig. 20)?
« De plus, faut-il le dire? refusé par la remonte pour

Fig. 20. — Demi-sang du Midi, fils d'anglo-arabe, né dans le Gers
(bon type de hunter pour poids moyen).

un motif quelconque, motif qui n'est pas toujours à son
détriment, sa valeur marchande n'est pas très grande et,
à notre époque, ce n'est pas à dédaigner. »

Le cob.

On entend par *cob* un cheval de taille moyenne (1^m,50
à 1^m,56) environ, mais bien membré, près de terre, étoffé,
bien roulé, harmonieux, bien équilibré et possédant une
bonne dose de sang. Le cob doit allier la force à la distinc-

tion. C'est le véritable cheval à deux fins ayant le volume
nécessaire pour tirer, mais ayant aussi, sous une musculature puissante, la conformation, la direction de
rayons, l'équilibre et le sang qui seuls font le cheval de
selle. Voilà le vrai cob ; il n'a rien de commun avec
cet animal sans lignes, bouffi, noyé dans ses contours,

Fig. 21. — Cob léger.

rond de partout, sans énergie et bon tout au plus pour la
boucherie, que les marchands nous présentent le plus
souvent sous la pompeuse dénomination de *cob* dans
l'espoir d'en imposer à leurs clients. Mais on voit aussi
que le vrai cob, tout en répondant à la définition que
nous en avons donnée, correspond à deux types extrèmes
entre lesquels s'intercale toute la gamme des variétés
possédant les mèmes qualités essentielles. Le cob léger
doit suer le sang par tous les pores de la peau. C'est en
somme un cheval très près du sang, parfois même de pur

sang, mais petit, membré, près de terre, profond de poitrine, court de dessus et large de hanches. Le gros cob, lui, au contraire, par sa masse, ressemble presque à un cheval de trait, mais il en diffère essentiellement par la disposition de ses rayons, la densité de ses tissus et l'influx nerveux, ensemble de qualités qu'il doit au sang.

Par ce qui précède, on comprendra que le cob se trouve dans les pays où la population chevaline est le résultat de croisements multiples et variés et où le sang pur s'est trouvé fréquemment allié à des races plus fortes et plus communes. La Bretagne et le Gers sont les deux pays où on trouve le plus généralement le cob en France, bien qu'il se rencontre encore parfois ailleurs, dans l'Avranchin, par exemple, où il paraît plutôt dû à l'indigénat (fig. 22).

Dans le Gers, c'est le cob léger qui domine. Le pays est constitué par un vaste plateau sillonné de vallées qui s'étendent en éventail du sud au nord-est et au nord-ouest. Les prairies permanentes sont en général situées dans les fonds, sur un terrain d'alluvions à sous-sol imperméable qui retient l'humidité jusque pendant l'été et permet par suite une végétation luxuriante en toute saison. A flanc de coteau se trouvent des prairies sèches qui offrent d'excellents pâturages pendant les temps humides.

La population chevaline y est d'environ 25 000 têtes. Les meilleurs chevaux se trouvent dans la plaine de l'Adour, l'arrondissement de Mirande et autour de Jû-Belloc. Ils se rencontrent également dans les vallées que dominent les collines de l'Armagnac.

Le cob du Gers, c'est le cheval du Midi avec son cachet et ses courants de sang arabe et anglo-arabe ; mais le cheval du Midi rendu plus osseux, plus charpenté, plus épais par un sol plus fertile, plus calcaire, par des eaux plus chargées en carbonates et aussi par quelques infusions de sang norfolk et anglo-normand dont l'effet s'est surtout fait sentir par le relèvement des allures.

« Les norfolks ont rencontré d'une façon très heureuse avec les chevaux du pays (fig. 23). Le sol si phosphaté, les eaux riches en carbonates ont permis à l'ossature du norfolk de se développer dans leurs fils issus de juments du pays. De plus, la dose de sang oriental que ces dernières comportent toutes a favorisé la fusion des deux types à

Fig. 22. — Cob normand avec du volume et du sang.

première vue si dissemblables. On sait que l'arabe a la faculté de s'allier avec presque toutes les races de chevaux sans produire de ces animaux décousus auxquels l'anglais donne parfois naissance.

« La prééminence de ce sang oriental s'est d'ailleurs fait sentir dans la plupart des cas, et bien des cobs gersois issus directement du norfolk tiennent toute leur silhouette du côté maternel, leur père leur ayant donné un peu plus de gros et surtout des actions. » (*Sport universel illustré.*)

Le gros cob se rencontre surtout en Bretagne, concur_

Fig. 23. — Cob demi-sang norfolk du Gers, fils de *Mercury*.
(Cliché de M. Michaud, directeur de l'École de dressage de Toulouse.)

remment d'ailleurs avec le cob léger et toutes les variétés intermédiaires qui séparent celui-ci de celui-là, suivant le caprice des hérédités multiples des différents éléments reproducteurs qui ont présidé à sa formation, lui léguant tout ou partie de leurs caractères propres.

Les deux vieilles races autochtones se retrouvent à la

base des divers croisements dont proviennent les chevaux
bretons actuels. C'est tantôt le cheval courtaud et commun
du Léon simplement harmonisé et animé par un sang
plus fashionable ; tantôt c'est le norfolk (fig. 24) qui se

Fig . 24. — Cob breton.

montre presque pur, mais amélioré dans son dessus ;
tantôt enfin c'est le poney anguleux et rustique de Corlay
qui réaparaît sous les formes plus amples et plus harmonieuses du cob actuel de la montagne bretonne.

Le cheval de remontes.

Le cheval de remontes n'est pas un type spécial. Tout
ce que nous avons dit du cheval de selle lui est applicable.
Partout où l'on produit celui-ci, on le rencontre, et en
plus grande abondance, car il n'en est que le deuxième

choix ; aussi sa production se trouve-t-elle intimement liée à celle du cheval de sang élevé en vue des courses, des haras ou du commerce. Nous verrons plus loin, en parlant des débouchés en général, dans quel cas il peut être l'objet d'une industrie spéciale.

Le trotteur.

La question du trotteur est une de celles qui ont le plus violemment passionné l'opinion dans le monde de l'élevage ces dernières années et soulevé les polémiques les plus véhémentes. Avant de le discuter, rappelons sommairement ce qu'il est. De taille élevée en général, dénotant du sang, puissant et énergique, il est souvent un peu haut sur jambes, manquant de profondeur de poitrine, d'écartement de hanches et de finesse dans la tête. Descendant de la vieille race normande améliorée par des infusions de sang anglais norfolk et pur à l'origine, puis par une sélection d'un demi-siècle sur l'aptitude au trot d'hippodrome avec d'assez fréquents retours au pur sang, le trotteur d'aujourd'hui paraît à peu près fixé dans le type que nous avons décrit plus haut. Souvent il a une tendance à l'affinement, surtout dans certaines familles, en particulier celle de *Phaéton* et *The Heir of Linne*, bien que l'on trouve encore très fréquemment des sujets courtauds, lourds et communs faisant retour à l'ancien type normand. Les individus de ce genre se rencontrent plus souvent dans la descendance de *Lavater* et *Tigris*.

Quant à *Fuschia*, le plus grand chef de famille de nos jours, il a légué d'une façon à peu près absolue à toute sa descendance une aptitude trotteuse extraordinaire, mais aussi un aspect commun, une tête lourde, des tissus lymphatiques, sauf quand il s'est trouvé accouplé avec des juments de pur sang ou du moins très près du sang, avec lesquelles il a très bien réussi (fig. 25).

Voilà ce qu'est le trotteur pour et contre lequel on a

rompu tant de lances et fait couler tant de flots d'encre.
Mais il est curieux, pour un observateur impartial, de voir
combien la question a toujours été traitée de part et
d'autre avec parti pris, toujours à un point de vue étroit
et spécial et jamais dans son ensemble et sous ses diverses

Fig. 25. — *Moonlighter*, par *Fuschia* et *Niniche*, pur sang.

faces. Les partisans du trotteur, tous plus ou moins
directement intéressés à sa production, le proclament,
sans hésiter, le seul cheval digne d'intérêt et d'encouragements ; pour eux, il répond à tous les besoins ; c'est le
cheval à deux fins parfait : bon cheval d'attelage, puisqu'il
a la force et le poids nécessaires pour tirer ; bon cheval
de selle aussi, puisqu'on le voit monté sur les hippodromes
sous de gros poids ; bon reproducteur enfin, puisqu'il se

reproduit lui-même avec ses qualités dans sa descendance sans qu'on ait besoin de recourir à de nouveaux croisements.

Ses ennemis, au contraire, tout en lui reconnaissant ses qualités comme cheval d'attelage et reproducteur de carrossiers, lui nient toute espèce d'aptitude pour la selle. Pour eux, c'est un animal lourd, mal équilibré et déformé par l'allure du trot pendant un demi-siècle, au point d'être incapable de galoper; par suite, son élevage est néfaste, puisqu'il transmet à sa descendance ses vices de conformation et son inaptitude au service de la selle. Le cheval de selle manque en France, disent-ils; la cause en est facile à trouver : c'est le développement de l'élevage du trotteur pour lequel il n'y a pas assez d'anathèmes dans la bouche de certains sportsmen pratiquant ou du moins se disant tels. Lui seul est responsable de la pénurie d'un type de chevaux dont ils seraient les seuls et, hélas! trop peu nombreux consommateurs.

Comme toujours, la vérité ne se trouve pas dans les opinions extrêmes : *in medio stat virtus*, et, s'il est vrai que le trot de courses, le flying-trot, est une allure anti-cavalière, que le trotteur tel qu'il est soit loin d'être le cheval de selle rêvé, il est non moins vrai qu'avec un dressage approprié il devient un cheval de selle possible, parfois même agréable, en rapport avec les capacités équestres de la majorité des cavaliers en France; et, si son élevage n'est assurément pas celui du vrai cheval de selle, il est du moins incontestable que, dans les conditions économiques de la France, il a rendu de très réels services et qu'il serait tout à fait injuste de lui imputer tous les méfaits dont on l'accuse.

Il y a quelques années, on reprochait au trotteur, non sans raison, d'être court d'encolure, droit d'épaules, long de dessus. Depuis, M. de Gasté lui a découvert un autre caractère : celui d'avoir l'angle de l'épaule fermé et le bras horizontal!! Outre que ce caractère est loin

d'avoir la généralité que lui attribue son inventeur, il
paraît être dû plutôt à l'atavisme normand qui se trouve
dans la race trotteuse, qu'à une conformation acquise
par l'allure du trot; il est en tout cas très loin de présenter l'intérêt qu'on a voulu lui attribuer. Il est certain,
au contraire, qu'à mesure que la race trotteuse se fixe les
défectuosités qu'elle tenait surtout de ses ancêtres normands vont en s'atténuant, et qu'elle-même tend de plus
en plus vers un type à lignes étendues et accusant du
sang. Le trot lui-même a changé de forme : de rond,
relevé et répété qu'il était, reste des allures nor-
mandes et norfolk de l'origine, il est devenu le plus souvent long et étendu, parfois même rasant comme celui
du pur sang, le mouvement de l'épaule remplaçant celui
du genou. Les fréquentes infusions de sang pur dans la
race trotteuse, ainsi que les *in breeding* sur *The Heir of
Linne*, ne doivent pas être étrangers à ce résultat. Il est
permis en tout cas de croire que cette fermeture de
l'angle de l'épaule enregistré, prétend M. de Gasté, sur un
grand nombre de trotteurs, était infiniment plus fréquente
autrefois, et que c'est là encore un caractère qui va en
s'atténuant.

Ce dont nous sommes persuadé, c'est que, parmi les
trotteurs distingués, ayant du sang (et il en existe beaucoup aujourd'hui), la plupart peuvent par le dressage
devenir chevaux de selle ; ils ont pour cela le sang qui
abonde en général dans leur pedigree, l'influx nerveux,
la nourriture à l'avoine dès le jeune âge, l'entraînement :
mais ils ont contre eux un dressage spécial à une allure
sans nom qui en fait les plus insupportables montures
que l'on puisse rêver. Mais qu'un cavalier reprenne leur
éducation, les décontracte, leur apprenne à étendre leur
encolure et à répartir leur poids au gré de celui qui les
monte; qu'il les calme, en un mot, en leur faisant comprendre qu'ils peuvent marcher autrement que comme
des affolés, sans pour cela être battus et martyrisés dans

3.

leur bouche, et on les voit s'assouplir, se cadencer, s'équilibrer, et le galop, cessant pour eux d'être le prélude d'une correction généralement brutale, leur devient familier, puis de plus en plus aisé. L'expérience n'est plus à faire; elle a été faite et a été concluante. Mais, pour accomplir ce redressage, il faut du temps, de la patience et une certaine dose de science équestre; aussi trouve-t-on plus simple de poser en principe que le trotteur est totalement inapte à la selle. On accuse le trotteur alors qu'on ne devrait s'en prendre qu'à l'indolence ou à la propre maladresse de celui qui l'emploie.

Avec le poulain trotteur n'ayant subi aucun entraînement, le dressage est simplifié de plus de moitié et les résultats plus satisfaisants.

Ce qui est et ce qui restera la pierre d'achoppement pour le trotteur comme cheval de selle, c'est cette nécessité de le dresser. Le consommateur aime en général à pouvoir jouir de son cheval dès qu'il l'achète, et ce n'est pas le cas; aussi ne peut-on guère lui reprocher de s'adresser ailleurs pour trouver un cheval de moindre qualité peut-être, mais plus prêt ou plus vite prêt pour le service qu'on lui demande.

Mais cette nécessité d'un redressage n'est pas un défaut exclusivement propre au trotteur; il le partage avec les autres chevaux de courses, car le cheval de service, qu'il soit cheval d'armes, hunter ou hack, a besoin de bonnes qualités moyennes aussi éloignées du galop de courses et du saut de steeple que du flying-trot. L'éducation d'un steeple-chaser comme cheval de chasse est bien souvent à refaire; et ce travail n'effraie pas certains cavaliers que l'idée seule du redressage d'un trotteur mettrait en fuite?

Une autre cause de discrédit pour le trotteur est la confusion souvent faite, par les officiers en particulier, du trotteur et du cheval normand non trotteur vulgairement appelé *bourdon*, animal tardif sans origine et bien souvent sans qualité.

Pour juger sainement du trotteur et de son utilité au point de vue général, c'est à ce bourdon qu'il faut le comparer, bourdon qu'il devrait supplanter partout où il existe, parce qu'il lui est à tous points de vue cent fois supérieur ; et non pas au vrai galopeur de demi-sang ou de pur sang avec lequel il lui est impossible de rivaliser comme cheval de selle, mais dont le nombre est et ne peut être que très limité en France, comme nous le verrons plus loin.

Le véritable mal réside dans les habitudes antisportives du peuple français. La véritable cause de la pénurie du cheval de selle en France est la pénurie des cavaliers. Le vrai cheval de selle est rare en France, mais non moins rare le cavalier. S'il en était autrement, l'éleveur ferait le cheval de selle parce qu'il pourrait le vendre ; et cette branche de l'industrie hippique se développerait sans porter préjudice au trotteur et sans que celui-ci nuise à son extension, car alors le trotteur serait relégué à sa vraie place de carrossier incomparable et universellement apprécié. Mais les consommateurs civils du cheval de selle étant une minorité négligeable, la remonte se trouve être le seul débouché sérieux pour cette production. Or, sur 80 000 chevaux environ qui lui sont présentés annuellement, 10 000 seulement entrent dans ses écuries. Que deviendraient alors les 70 000 laissés-pour-compte, s'ils étaient du type exclusivement de selle, dans ce pays où ce genre de chevaux ne rencontre que de très rares amateurs ?

Voilà pourquoi le trotteur, tout imparfait, tout médiocre et même pis qu'il soit comme cheval de selle, a cependant rendu à son insu des services incontestables à la cause du cheval de selle ; car il possède au moins le sang et la trempe qu'on ne rencontrerait pas dans les carrossiers sans origines qui seraient forcément les seuls produits de l'élevage, puisque seuls les chevaux de harnais sont demandés par le commerce. Telles qu'elles sont, les courses au trot ont cependant rendu de réels services à l'élevage en étant une occasion de nourrir et d'entraîner le poulain, en rendant par suite la race plus précoce et plus apte au service, en créant une sélection sur la distance et sur l'aptitude à porter le poids. Ces services indéniables, les courses au trot les ont rendus en tant que courses uniquement et indépendamment de toute idée d'allure ; mais, comme toutes les courses, elles ont le défaut de ne pas écarter de la production les animaux qui n'ont qu'une qualité, la vitesse, vitesse souvent accompagnée d'une conformation défectueuse. Ce défaut est d'autant plus grave que, pour le cheval de selle, la conformation régulière est indispensable et la grande vitesse au trot qualité négligeable. Citons ici quelques lignes empruntées à M. le comte de Comminges, qui n'est cependant pas suspect de partialité en faveur des trotteurs et qui mettent, trouvons-nous, les choses sous leur véritable jour : « Ne me croyez pas cependant ennemi juré du trotteur et de ses dérivés. Le trotteur est nécessaire et les courses au trot sont aussi un mal nécessaire, et voici pourquoi : les courses au trot, on ne peut le nier, développent les races qui y sont soumises en France, sinon à galoper facilement, du moins dans le sens de l'aptitude à porter le poids. Elles sont nécessaires pour fixer par sélection cette race de reproducteurs de demi-sang ; elles reçoivent de nombreux encouragements et, somme toute, si même, telles qu'elles sont comprises, elles ne donnent pas un modèle parfait, *du moins elles maintiennent l'étoffe utile* au cheval de guerre ; et cela aura lieu jusqu'au moment, peut-être très proche, où les courses importantes ne se courront plus qu'attelées. Cependant, l'ensemble de la production normande est loin d'avoir des aptitudes suffisantes pour composer un ensemble de bons chevaux de selle, et même de troupiers. Ce que je veux dire, c'est que, *étant données nos habitudes antisportives*, sans le trotteur cette production du demi-sang anglo-normand ne serait certainement pas parvenue au point où nous la voyons maintenant.

« Il faut également faire une différence entre le trotteur qualifié et le « bourdon ». Le bourdon est le frère, mais le frère raté, du trotteur. Il ne trotte pas et n'a aucune qualité. Il peut ne compter dans sa généalogie que des bourdons carrossiers ou avoir du trotteur plus ou moins près. Un cheval normand est qualifié *bourdon* dès qu'il ne trotte pas. Le bourdon est malheureusement plus commun en Normandie que le trotteur, et c'est lui qu'on peut rendre responsable d'une partie des méfaits qu'on impute au trotteur. Ce dernier en a suffisamment à son actif pour qu'on ne l'accable pas sous une réprobation définitive et imméritée. Ce sont les bourdons qui forment la majorité de nos chevaux de cuirassiers, si décriés par les officiers de cette arme. Mais il est utile de faire remarquer qu'une différence de quelques secondes comme vitesse sépare seule quelquefois le bourdon du trotteur ordinaire et cependant qualifié. »

Mais le cheval d'hippodrome, qu'il soit trotteur ou pur sang, ne peut être une généralité, et c'est surtout comme reproducteur que le trotteur est intéressant à envisager.

Qu'à défaut du pur sang, les produits issus directement de lui soient, dans la presque généralité des cas, les chevaux de selle les meilleurs, cela est une vérité universellement reconnue, ou à peu près, par tous ceux qui se servent réellement du cheval de selle : c'est, nous l'avons dit plus haut, l'opinion des Anglais, bons juges en la matière. Mais nous avons eu aussi l'occasion d'indiquer les dangers et les difficultés de ce procédé d'élevage. Certes, de la rencontre brusque du sang pur avec une race indigène commune il sort parfois des animaux à qualités réunissant le gros et le sang ; mais, pour un individu réussi, combien de ratés ! « Il ne faut pas croire, écrit encore avec beaucoup de justesse le comte de Comminges, que le pur sang soit par lui-même une panacée. Si on prend, par exemple, une jument de pays sans aucune infusion de sang, une jument de trait plébéienne, et qu'on la livre au pur sang, on obtient souvent un résultat affreux : ou bien le dessous d'un pur sang avec le corps d'un cheval de trait ; quelquefois l'avant-main du père et l'arrière-main de la mère, c'est-à-dire un monstre.

« Si, au contraire, on livre cette jument de trait à l'anglo-normand commun, le croisement est moins brutal et le produit moins monstrueux. Au bout de trois ou quatre générations sorties de cette jument de trait, les produits commencent à s'harmoniser, quoique souvent médiocres. A cet instant, si vous livrez la jument sortie de cette lignée au pur sang, vous obtenez quelquefois des résultats extraordinaires. Vous avez des lignes, du rein, du membre, du sang, avec la robustesse, l'ampleur athlétique de la mère primitive : on a le cheval plaisant sorti du sang en même temps que de l'ancien type du pays ; ce cheval a du caractère, il empoigne. »

C'est donc comme véhicule de sang, comme intermédiaire entre le sang pur et la plèbe chevaline que l'étalon de demi-sang a sa raison d'être et qu'il peuple les écuries de l'Administration des Haras ; c'est parce que, de la même origine le plus souvent que le bourdon, mais ayant plus de qualité que lui, le trotteur donne à l'orientation des races vers le sang une marche plus rapide, que nous n'hésitons pas à le proclamer un reproducteur utile, le plus utile même pour l'ensemble de la population chevaline de demi-sang, à qui, outre le modèle et les allures que réclame le commerce, il donne ces qualités virtuelles que seul le sang possède (fig. 26). Et si, au point de vue spéculatif pur, on est en droit de regretter que l'étalon de pur sang ne soit pas plus employé comme générateur de chevaux de selle, ce qui, nous ne saurions trop le répéter, serait, hélas ! contraire aux conditions écono-

Fig. 26. — Hunter français, *Solyman*, par *Limier*, trotteur, et *Namouna*, par *Kilomètre* Gagnant de plusieurs courses au galop. Prime en concours (obstacles) et dans le championnat du cheval de selle.

Fig. 27. — *Espoir*, poulain né en 1904 ; 1er prix du concours de chevaux de selle de l'Administration des Haras. juillet 1907 ; par *Talenne* (trotteur, 1m,36) et *Sinha*, pur sang.

miques de l'élevage, du moins doit-on être reconnaissant aux Haras d'avoir, par l'emploi de l'étalon trotteur, créé, à défaut du vrai cheval de selle, une population chevaline qui s'en rapproche au moins par l'aptitude à porter le poids à des allures moyennes, même au galop (fig. 27).

Le carrossier.

Le carrossier est le type de cheval de demi-sang le plus répandu en France. Sauf dans le Midi, il se rencontre à peu près partout où l'on trouve le cheval de selle pour gros poids. Il y est en beaucoup plus grand nombre que lui, puisque le commerce, au lieu de réclamer le vrai beau cheval, fait en cheval de selle s'attelant, ne demande qu'un animal de conformation quelconque, plutôt harmonieuse, mais avant tout ayant du volume et du geste.

Devant les prix, souvent exagérés, donnés d'animaux parfois défectueux dans leur dessus et leur poitrine, mais doués de mouvements extraordinaires, l'éleveur n'a pas hésité et, comme toujours, la production s'est orientée dans le sens de la demande.

Si l'élevage du carrossier se pratique sur beaucoup de points en France, sa vraie patrie cependant est la Normandie, et l'on peut dire, sans crainte de se tromper, qu'à peu près tous les carrossiers français sont des dérivés du normand.

De taille élevée, avec l'encolure assez bien sortie, mais la tête lourde et parfois busquée, le dessus négligé, le carrossier normand était majestueux, avait des allures relevées mais manquant d'étendue et d'activité. C'était par excellence le cheval des attelages de gala. Les infusions de sang en ont peu à peu modifié le type : la tête lourde et busquée, qui reparaît encore trop fréquemment, tend de jour en jour à disparaître, et l'influence du trotteur se fait heureusement sentir par une plus grande densité des tissus et des allures plus actives et plus vites, donnant ainsi au cheval normand des qualités plus en rapport avec les besoins des temps modernes.

La population chevaline carrossière de Normandie

Fig. 28. — Carrossier normand.

présente cependant des caractères différents suivant les régions.

La plaine de Caen nourrit environ 21 000 chevaux, mais n'en produit pour ainsi dire pas. Ce sont, pour la plupart, des poulains importés de la Manche, des Charentes, de la Vendée et même de l'Anjou. Soumis au même régime, ils prennent une physionomie en quelque sorte semblable. Les cultivateurs de la plaine les utilisent aux travaux agricoles et leur font ainsi gagner leur vie ; pendant la belle saison, ils sont mis au piquet dans les trèfles

et les sainfoins. Cette nourriture abondante et riche pousse
à la taille et au gros. Les juments sont à peu près incon-
nues dans la plaine ; seul le cheval y est recherché avec
l'espoir d'en faire un étalon s'il tourne bien, ou, à défaut,
un cheval de luxe, et, comme pis-aller, un troupier. Le commerce, d'ailleurs, préfère le cheval hongre à la jument.

La vallée d'Auge est au contraire un centre de production (1). Les gras pâturages poussent au muscle et les
chevaux de ce pays sont en général *viandeux*.

Dans le Bessin, la population chevaline est moins dense,
mais les animaux y possèdent plus de qualité.

La Manche compte environ 27000 juments livrées à
la reproduction et donnant annuellement 16500 poulains
en moyenne. Beaucoup de ceux-ci sont achetés par les
éleveurs de la plaine de Caen, comme nous l'avons dit
plus haut, ou vendus aux foires importantes qui se tiennent à Lessay, Saint-Lô, Montdebourg, Saint-Côme-du-
Mont, etc. Les autres sont élevés jusqu'à trois ans à l'herbe
et livrés en grande partie à la remonte.

Les plus belles juments, avec de l'os, de la distinction,
de bons tissus et du port de queue, se rencontrent aux
environs d'Isigny, Sainte-Mère-Église, Sainte-Marie-du-
Mont et même Carentan, bien que dans cette dernière
région elles paraissent un peu plus lymphatiques.

La Hague était réputée autrefois pour ses petits chevaux
énergiques et endurants ; on y rencontre encore de ces bons
cobs membrés et bien dessinés, ainsi que des chevaux plus
grands correspondant au type carrossier, mais avec assez
de distinction. Il en est de même de l'Avranchin. Les chevaux y sont généralement de qualité, mais manquant de
l'étendue et de la taille qui donnent la valeur commerciale.

La Seine-Inférieure ne produit que peu de carrossiers,
encore sont-ils souvent communs ; les étalons norfolk y
sont assez employés.

(1) Voy. G. GUÉNAUX, *l'Élevage en Normandie.*

L'Orne a de tout temps passé pour posséder une race de chevaux plus avancés dans le sang que les départements voisins. A vrai dire, il n'y a guère que le Merlerault, se prolongeant par la plaine d'Alençon jusqu'au Mesle-sur-Sarthe, qui soit intéressant au point de vue de l'élevage carrossier. De tout temps le cheval du Merlerault a été justement célèbre. Les ducs d'Alençon possédaient jadis un haras au Merlerault même, et c'est en pleine région du Merlerault qu'en 1665 fut créé le haras du Pin qui devait rendre tant de services à cette belle race. Les chevaux du Merlerault brillent par un cachet spécial ; ils dénotent de l'espèce, les membres paraissent parfois un peu plus légers mais plus denses, les tissus sont plus fins ; en un mot, le cheval du Merlerault a plus de noblesse que les autres normands.

Les poulains mâles sont vendus à six mois, tandis qu'en général les femelles sont conservées jusqu'à six ou sept ans comme poulinières et livrées ensuite à la remonte ou au commerce.

Un grand nombre d'élevages importants, dont celui de M. Lallouet à Semallé est peut-être le principal, se trouvent dans cette partie de l'Orne, et des concours de poulinières où se trouvent réunis des lots de juments uniques au monde se tiennent au Pin et au Mesle-sur-Sarthe.

L'étalon normand, qu'il soit de l'Orne ou de la plaine, trotteur ou simple carrossier, constitue la majeure partie de l'effectif de l'Administration des Haras. C'est pourquoi toutes les productions carrossières des autres provinces que nous allons passer rapidement en revue ne sont que des populations métisses d'anglo-normand plus ou moins modifiées par l'indigénat.

La Nièvre produit un cheval ayant plus de hanches, plus de bassin que le normand, pas irréprochable non plus dans ses épaules, mais ayant de l'encolure. Les pieds sont souvent un peu plats. Le croisement avec le demi-sang normand semble corriger ce défaut. Ce cheval de la

Nièvre, créé avec les anciennes bidettes morvandelles, passe pour assez endurant et est un bon type de cheval à deux fins aussi bien à sa place entre les brancards d'un coupé que sous un cavalier pesant 100 kilogrammes.

Très analogue, quoique avec moins de taille peut-être, est la production du Charolais. Le type purement carrossier y est plus rare.

Dans le Cher, l'élevage est concentré surtout dans la vallée de Germigny. Les chevaux y sont du type petit carrossier viandeux, mais avec assez de geste qu'ils doivent à des croisements avec le norfolk, ainsi qu'à l'influence de deux étalons russes, *Peretz* et *Polkantchick*, qui ont fait la monte dans ce pays.

La Vendée est aussi un centre très important de production pour le carrossier. « Ce sont, écrit le comte de Comminges, des chevaux qui ont de la race, une bonne conformation, une tête large quelquefois mal coiffée, avec des lèvres un peu fortes, des yeux grands et saillants, une belle encolure, une bonne conformation d'épaules, une charpente bien osseuse, une poitrine profonde, de beaux membres plats et larges. Ils ont, de plus, une bonne ligne de dos et de bonnes hanches larges. Je fais là le portrait des bons chevaux et non pas de la majorité des vendéens (fig. 29). » Les chevaux du Marais de Saint-Gervais étaient autrefois les plus renommés ; aujourd'hui, de bons chevaux sont également élevés sur d'autres points : dans le Marais Ouest, à Perriers et à Challans ; dans le Marais Sud, à Luçon, Nalliers et Angle. Comme partout ailleurs, les étalons carrossiers normands et les trotteurs jouent un grand rôle dans cette production. Parmi ces derniers, *Marengo*, *Pompignac*, *Jacquet*, *Hérode*, *Prince Noir*, *Gascon*, *Mars* sont les plus célèbres. La Société hippique de l'Ouest a eu une heureuse influence sur l'élevage de cette région, qui produit en somme un type de carrossier susceptible de rivaliser avec le normand.

On rencontre aussi en Vendée des chevaux plus légers,

avec un cachet plus méridional ; ce sont des animaux importés poulains des circonscriptions voisines, du Limousin en particulier, et qui, sous l'influence du climat et de pâturages plus gras, acquièrent plus de volume.

« La Charente-Inférieure possède 100 000 hectares de

Fig. 29. — Carrossier vendéen, par *Helvétius* et une fille de *Julien*.

prairies naturelles situées sur le littoral. Le sol en est calcaire et les fourrages à principes salins.

« Ces herbages ont été constitués sur des terrains abandonnés par la mer et desséchés par des canalisations exécutées par les Hollandais sous Henri III et Louis XIII.

« Le sol est excellent pour l'élevage du cheval et lui donne, en plus de la charpente osseuse, un bon tempérament. »

Les allures au trot sont généralement belles. L'étalon normand et le trotteur sont très employés ; ils ont contribué encore à développer ces actions naturelles ; malheureusement, les poulinières sont très médiocres ; aussi ces étalons n'ont-ils pas eu sur la conformation toute l'heureuse influence qu'on eût été en droit d'en attendre. Quoi qu'il en soit, la population chevaline se rapproche beaucoup du type carrossier normand.

On dit ces chevaux un peu plus précoces que les normands. L'anglo-arabe est aussi élevé en Charente-Infé-

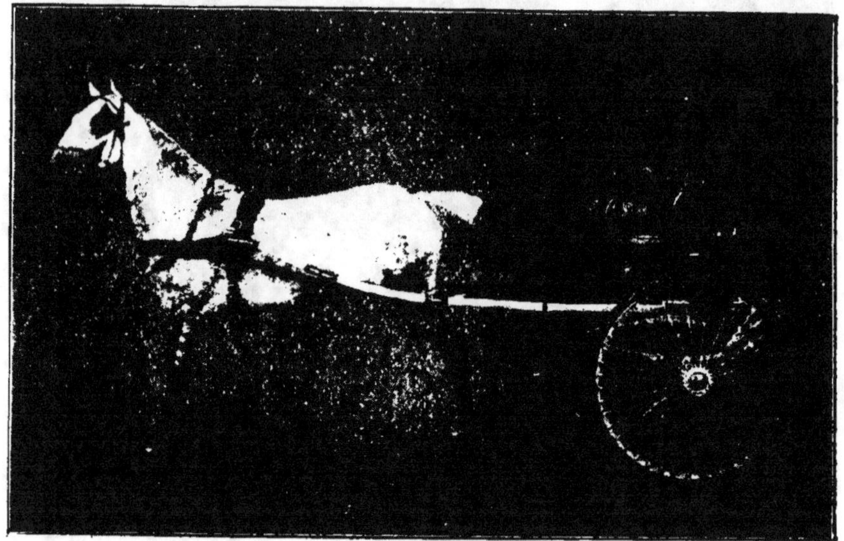

Fig. 30. — Cheval du Gers, 5 ans, 1m,55. — Grand prix d'honneur au Concours hippique 1906. — Appartient à M. Michaud, directeur de l'École de dressage de Toulouse.

rieure et y atteint la taille et le volume du petit carrossier.

Une école de dressage très bien organisée existe à Rochefort ; elle présente chaque année un certain nombre de sujets dignes d'intérêt dans les différents concours.

Les départements de la Charente, des Deux-Sèvres et de la Vienne, quoique se rattachant à cette région, sont beaucoup moins intéressants au point de vue hippique.

En Bretagne, on a essayé aussi l'emploi du normand

et du trotteur comme étalon, mais, sauf sous le rapport
des allures, leur emploi ne paraît pas avoir réussi, au
moins au point de vue de la production du carrossier de
luxe, et le vrai triomphe de la Bretagne est l'élevage du
postier que nous étudierons plus loin.

Fig. 31. — Cheval du Médoc 6 ans, 1m.62. (Cliché Michaud.)

Le petit carrossier avec du sang, cheval à deux fins
pouvant se monter, se rencontre enfin quelquefois en
Limousin, dans le Gers (fig. 30) et dans le Médoc (fig. 31 .
L'étalon anglo-normand de petite taille et distingué se
rencontre parfois bien avec les juments de ces régions et

donne des produits ayant une taille suffisante avec du cachet, de la distinction et des allures.

Le postier.

Le vrai postier d'autrefois, celui qui traînait les diligences et les chaises de poste avant l'établissement des

Fig. 32.

chemins de fer, était le plus souvent un petit percheron, parfois aussi un bidet breton ou de la Manche. Avec la poste aux chevaux a disparu ce type spécial de cheval de trait léger dont elle était le principal et très important débouché. Aujourd'hui le Perche, à la demande des Américains, a dirigé son élevage à peu près exclusivement du côté du gros trait, et les bidets manchots sont entrés dans la grande famille anglo-normande.

Le postier actuel n'a pas échappé à l'évolution subie

Fig. 33. — Types de postiers norfolk bretons.

par la population chevaline en général, et s'est adapté à ses nouvelles conditions d'existence.

C'est maintenant un bel animal volumineux, puissant, près de terre, fortement membré, mais très harmonieux dans ses formes, accusant du sang dans ses tissus et doué d'allures brillantes et relevées. C'est encore un

Élev. et dress. du cheval.   4

cheval de trait, si l'on veut, par son poids, mais c'est déjà un animal de luxe par la régularité de sa conformation et la beauté de ses actions. La Bretagne, la province de Léon surtout, détient à peu près exclusivement le monopole de sa production. Il est le produit de la jument de trait du pays avec l'étalon norfolk qui, tout en lui laissant son gros, lui a donné de la distinction et des allures. Ce postier breton, appelé aussi communément *norfolk breton*, est assez homogène comme physionomie, quoique variant entre le type lourd et le type hackney suivant que le sang breton ou norfolk prédomine dans le produit (fig. 32 et 33).

Le poney.

Les poneys se rencontrent en grand nombre dans tout le midi de la France; ce sont les individus de petite taille de toute la population indigène et anglo-arabe que nous avons décrite à propos des chevaux de selle, de cavalerie légère et des cobs légers. Tout ce que nous avons dit de leurs frères plus avantagés sous le rapport de la taille leur est applicable; et bien souvent ils leur sont encore supérieurs en qualité. Qu'il y en a de ces petits chevaux d'une conformation parfaite, pleins d'espèce et de race, respirant l'énergie, et quels serviteurs infatigables ils font! Et cependant, faute de quelques centimètres, rejetés par la Remonte, méprisés par le commerce, ils constituent pour l'éleveur, en dépit de leurs précieuses qualités, un rebut presque sans valeur.

A côté de ces poneys anglo-arabes, il reste trois variétés intéressantes dues à l'indigénat: ce sont les poneys des Landes, les camargais et les corses. Aujourd'hui, ces trois races ont reçu, elles aussi, de nombreuses infusions de sang arabe et anglo-arabe; elles tendent à s'uniformiser, à acquérir la taille et le cachet de toute la population chevaline méridionale. On rencontre cependant encore dans ces trois régions un certain nombre de sujets ayant conservé presque intégralement leur type propre.

Dans les Landes, surtout dans le Marais des Barthes, ce sont de tout petits chevaux de 1ᵐ,20 environ, vivant en troupeaux, avec une fourrure épaisse, l'œil souvent sans expression, et menant une existence demi-aquatique.

Sur les contreforts des Pyrénées, ce sont au contraire des poneys nerveux, à l'œil vif, bien roulés en général,

Fig. 34. — Poney des Pyrénées.

mais présentant des jarrets clos et crochus, défaut commun à presque tous les chevaux de montagne (fig. 34).

Dans la Camargue, les chevaux, d'une taille de 1ᵐ,40 environ, vivent en troupeaux nommés *manades*, commandées par un vieux cheval appelé *grignon*. Les chevaux de la Camargue ont souvent la tête lourde et de vilaines oreilles, les pieds un peu évasés, faisant paraître les membres grêles, mais ils sont rustiques, très endurants et ont beaucoup de sang. Ils tendent de plus en plus à disparaître sous l'influence des croisements arabes et anglo-arabes et sont surtout chassés de la Camargue par le développement de la culture dans cette région.

La Corse reste actuellement la patrie d'admirables poneys d'une qualité exceptionnelle et souvent d'un très joli type, si on sait les deviner sous leur aspect hirsute et sauvage (fig. 35). Le poney corse de l'ancienne race est

Fig. 35. — Cheval corse ordinaire.

petit, mesurant 1^m,20 à 1^m,30, de robe généralement baie ou noire, très énergique, très endurant et assez bien fait dans sa petite taille avec une tête souvent un peu forte (fig. 36). Les individus de ce type sont très rares ; aujourd'hui on n'en trouve plus que quelques échantillons dans les montagnes du Niolo.

La population chevaline corse courante se compose de sujets de 1^m,35 à 1^m,45, dénotant tous du sang, beaucoup de sang même, et de formes longilignes, mais presque

Fig. 36. — Poney corse de l'ancienne race.

Fig. 37. — Poney corse de 1^m.35, issu d'anglo-arabe.

4.

tous avec une tête un peu trop forte et des jarrets clos. Tous ces chevaux ont eu et reçoivent encore dans les veines des infusions répétées de sang arabe et anglo-arabe. Ils sont généralement en très mauvais état, étant nourris avec parcimonie, et leur élevage n'étant en général l'objet d'aucun soin.

Bien sélectionnés et convenablement nourris, les chevaux corses peuvent atteindre 1ᵐ,50 et même davantage, et il en existe quelques individus très réussis qui sont achetés par la Remonte pour les troupes de l'île ou réservés pour les courses très en honneur dans le pays, jouissant de fort belles allocations et dont les réunions principales, organisées depuis 1897, ont lieu à Ajaccio et à Bastia.

Le cheval de trait.

Nous ne parlerons pas sous ce titre de ces animaux informes et sans race, véritable plèbe de la race chevaline, que l'on rencontre trop souvent dans nos campagnes, pour ne nous occuper que des quelques races bien définies d'animaux de trait qui font l'honneur et la fortune de notre élevage. Parmi celles-ci, il nous faut citer en premier lieu la race percheronne, qui est la véritable race de trait française autochtone ; les autres, telles que la race boulonnaise, la race flamande, la race bretonne, la race poitevine et la race ardennaise, bien qu'ayant acquis par leur ancienneté leurs lettres de grande naturalisation, n'en sont pas moins, au point de vue ethnologique, des races étrangères fixées en France à la suite de migrations préhistoriques.

Cheval percheron. — Le percheron présente un profil assez caractéristique avec un léger renflement au niveau de la racine du nez. Sanson en trace le portrait suivant : « La taille varie de 1ᵐ,55 à 1ᵐ,65. La tête paraît souvent un peu grosse, mais l'œil est si vif, la physionomie si intelligente qu'elle ne manque pas pour cela de distinction. L'encolure est généralement de moyenne longueur, mais bien musclée et ornée de crins longs et fins. Le corps est cylindrique avec une poitrine à côtes bien arquées. La croupe est arrondie, fortement musclée, souvent un peu avalée chez les juments et l'attache de queue un peu

Fig. 38. — Étalon percheron. — Élevage de M. Chouanard, à la Roustière (Orne) (1).

basse. Les membres sont forts à larges articulations, bien musclés, avec un petit bouquet de crins seulement en arrière de l'articulation du boulet. Les paturons sont généralement un peu courts et tous les angles des membres, par corrélation naturelle, plus ou moins obtus » (fig. 38).

(1) D'après une photographie communiquée par M. Paul Diffloth.

Toutes les robes s'observent dans cette race ; toutefois, le gris paraissait être autrefois la robe la plus répandue. Depuis 1870, à la demande des Américains qui ont opéré des achats annuels très importants dans le Perche (600 et 700 étalons en 1901 et 1902), les éleveurs ont cherché à obtenir des robes foncées en même temps que beaucoup de volume. Le poids moyen des percherons, qui, avant cette époque, était de 550 à 700 kilogrammes, s'est élevé à 800 ou 900 kilogrammes. Le type demandé par l'Amérique et que l'éleveur s'est empressé de produire est le suivant :

Taille à trois ans : $1^m,65$ à $1^m,70$;

Grosseur des canons sous le genou : $0^m,25$ à $0^m,30$;

Poids vif : 800 à 900 kilogrammes ;

Robe foncée, souvent miroitée, ce qui faisait dire à M. Aveline, un des éleveurs les plus connus de cette région : « Le cheval gris pommelé n'a pas disparu du Perche ; au lieu de l'être à trois ou quatre ans, il l'est à sept ou huit. »

Il est à remarquer que, depuis ces dernières années, les Américains, se rendant sans doute compte que les mastodontes qu'on avait produits pour eux par une sélection faite seulement sur le volume et par une alimentation factice composée presque exclusivement de farineux, étaient plus lymphatiques et possédaient en somme moins de qualité que les chevaux de l'ancien type, semblent se montrer moins exigeants sous le rapport de la taille. Cette modification dans la demande aura une heureuse influence sur la production, qui reviendra ainsi peu à peu à son type normal.

« L'achat des chevaux percherons, écrit M. Diffloth, est parfaitement organisé en Amérique. Le premier étalon percheron fut importé en Amérique en 1851, mais c'est seulement en 1872 qu'un célèbre éleveur américain, Dunham, établit des transactions régulières et introduisit des percherons dans l'Illinois ; il fut aidé dans cette entreprise par MM. Edwood Sligmaster Mac-Laughin.

« Il existe un Stud-Book percheron américain correspondant au livre d'origines français ; une société, l'American Percheron horse breders Association, sert d'intermédiaire entre les deux pays avec l'aide d'une société voisine, la Drafle Horse Association, qui s'occupe de toutes les races de trait en général. Un autre groupement, la Station Company, s'est créé récemment (janvier 1903) dans le but d'établir des stations d'étalonnage, d'associer les éleveurs américains dans l'achat d'étalons percherons. »

Comme en Normandie, la production et l'élevage sont divisés dans le Perche. Les poulains naissent dans les environs de Nogent-le-Rotrou, Mortagne, Saint-Calais, Bellesme, Mondoubleau, et vont ensuite, à partir de quinze ou dix-huit mois, dans la plaine de Chartres où ils achèvent leur croissance, tout en y exécutant un travail progressif et régulier qui leur est des plus salutaire.

Tout comme la plaine de Caen, celle de Chartres nourrit également des poulains étrangers à la race percheronne, mais qui, soumis au même régime, acquièrent en partie la même apparence et les mêmes qualités. Ces poulains, dits *perchisés*, sont tirés du Boulonnais, de la Picardie, de la Bretagne et du Poitou.

L'assolement le plus suivi dans la plaine de Chartres est l'assolement triennal avec une large part pour les prairies artificielles. Le sol est léger et facile à cultiver ; les récoltes d'avoine sont abondantes. On comprend que ces conditions soient éminemment propres à favoriser à la fois le dressage et la croissance des poulains qui, abondamment nourris (3 à 4 kilogrammes d'avoine à dix-huit mois pour arriver peu à peu à 8 ou 9 kilogrammes), trouvent dans un travail facile, qui ne risque pas de les tarer, une gymnastique fonctionnelle qui développe à la fois leurs qualités physiques et morales.

Cheval nivernais.

Le cheval de trait nivernais est de création assez récente. Il est constitué par une famille percheronne acclimatée dans la Nièvre, sélectionnée sur la robe noire et ayant acquis, sous l'influence de l'indigénat, certains caractères qui la différencient des véritables percherons. La taille est très élevée, 1^m,65 à 1^m,70 ; la tête est plus lourde, plus commune, moins expressive, en un mot, que celle du percheron ; l'encolure peut être un peu plus longue et surtout moins fournie ; le dos est long, les côtes relativement courtes, la croupe très puissante et souvent avalée. Les membres sont d'assez bonne nature, sans être très volumineux.

Ce cheval n'a pas l'aspect profond, tassé près de terre du véritable percheron ; il parait, au contraire, enlevé et un peu décousu. Il est cependant apprécié pour la culture et les transports. Certains sujets de cette race ont été exportés en Amérique en 1903 au prix moyen de 5 600 francs.

Cheval boulonnais.

Le cheval boulonnais peut être divisé en deux catégories : les *petits boulonnais*, ayant de 1^m,60 à 1^m,66 de taille, et les *gros boulonnais*, de 1^m,66 et au-dessus.

C'est aux petits boulonnais qu'appartenaient les juments mareyeuses, jadis célèbres, qui transportaient le poisson à Paris avant l'installation des chemins de fer.

Le cheval boulonnais a des proportions athlétiques ; il est volumineux et puissant, sans pour cela être commun. La tête est forte avec une bouche petite, l'œil ouvert et vif, les oreilles bien plantées ; l'encolure est épaisse et rouée, avec une crinière souvent double, rarement très longue ; la poitrine est large et profonde, les côtes très arquées, le garrot bas et noyé dans des masses musculaires latérales, le rein court et large; la croupe est courte et arrondie, très musclée, faisant saillie en arrière des lombes et divisée par un sillon médian. Les fesses sont très arrondies, les membres très forts, avec des tendons bien dégagés. Le boulonnais respire à la fois la puissance et la

Fig. 39. — Étalon boulonnais, par *Talma d'Estruval*.
(Cliché Lormier, photographe à Boulogne-sur-Mer.)

douceur et possède des allures plus légères que son aspect herculéen ne pourrait le faire supposer (fig. 39). Le centre d'élevage le plus important de cette race est le Pas-de-Calais, et en particulier les arrondissements de Boulogne, Béthune, Calais, Saint-Omer. Les pouliches restent dans ces pays, mais les poulains mâles sont

achetés au sevrage par les cultivateurs des arrondissements
d'Arras, Abbeville, Saint-Pol, Péronne, etc., qui les conservent jusqu'à quinze ou dix-huit mois, et les revendent à
ce moment à d'autres cultivateurs ayant besoin de moteurs
plus puissants. Les animaux en période de croissance

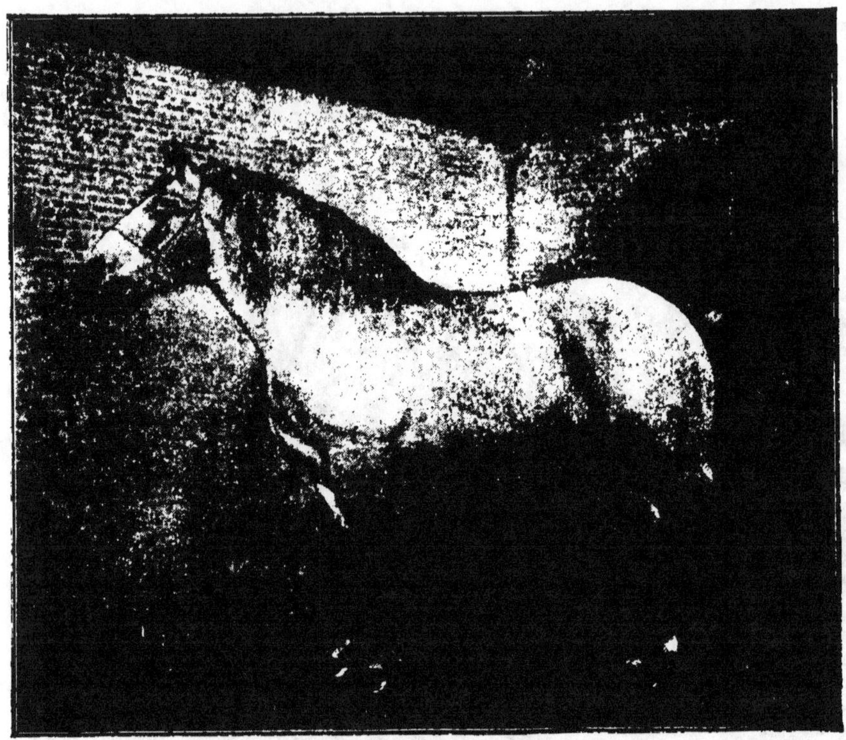

Fig. 40. — Étalon boulonnais, par *Baudrethun*.
(Cliché Lormier, photographe à Boulogne-sur-Mer.)

sont, comme les percherons, mis à un travail gradué et
progressif qui, tout en les développant, paie à leur éleveur
en partie leur entretien. Beaucoup de poulains boulonnais sont encore exportés dans le pays de Caux où ils
prennent le nom de *cauchois*, dans le pays d'Auge
(*augerons*), dans le Virois, l'Oise, l'Aisne, le Vimeux, la
Seine-et-Marne, l'Eure-et-Loir, etc.

Tambour-Major, par *Baudrethun*
et *Victorieuse*, 8 ans.

Robuste, par *Temps Perdu*
et *Mignonne*, 6 ans

Baudrethun, par *Acheux*
et *Mignonne*, 16 ans

Fig. 41. — Étalons boulonnais. (Cliché Lormier, photographe à Boulogne-sur-Mer.)

Enfin, une fois parvenus à l'âge adulte, la plupart de ces animaux sont livrés aux compagnies de transport dans les grandes villes.

Fig. 42. — Étalon boulonnais, par *Barnum*.
(Cliché Lormier, à Boulogne-sur-Mer.)

M. H.-V. de Loncey prétend qu'en outre de ces précieuses qualités de travailleur le boulonnais devrait être l'étalon améliorateur par excellence des races de trait, parce que, élevé dans un pays où la nature du sol est changeante et les productions diverses, dans un climat océanique à variations extrèmes, il est plus propre qu'aucun à s'acclimater.

Cheval flamand et picard.

Sanson donne de cette race la description suivante :
« La taille est de 1ᵐ,65 au moins, atteignant souvent au
delà de 1ᵐ,70. Les sujets ont les naseaux petits, la bouche
grande, les joues plates, les oreilles épaisses et souvent
tombantes, les yeux petits. L'encolure est courte et sur-
chargée de crins. La poitrine est profonde, à côtes insûf-
fisamment arquées. Le corps est long à garrot bas, la
croupe arrondie chez les mâles avec des hanches basses,
le plus souvent avalée chez les femelles. Les épaules
sont, dans la plupart des cas, insuffisamment inclinées,
les membres très gros et abondamment pourvus de poils ;
les pieds sont larges et souvent plats ; le tempérament est
mou. »

Dans les Flandres, les principaux centres de production
sont dans l'arrondissement de Dunkerque, Hazebrouck,
dans la vallée de la Lys et les environs de Bourbourg.
« En Picardie, les plus beaux sujets sont élevés aux environs de Compiègne, Vervins, Laon, et vont achever leur
croissance en travaillant chez les cultivateurs des arrondissements de Soissons, Château-Thierry, Péronne,
Beauvais, Senlis. A l'âge de quatre ou cinq ans, ils sont
achetés par le commerce et l'industrie parisiens.» (Diffloth.)

Cheval poitevin.

Le cheval poitevin se rapproche du cheval flamand et
picard par certains points ; il est d'ailleurs de la même
famille zoologique.

« La renommée de la race poitevine tient surtout au
rôle qu'elle joue dans la production des mulets du Poitou.
Le cheval poitevin est de grande taille, l'encolure est
forte, épaisse, le garrot élevé, le dos un peu bas, les
hanches parfois saillantes. La croupe est large, la poitrine

haute mais plate. Les membres sont puissants avec de fortes articulations, les canons longs, les sabots larges et plats. La physionomie présente rarement quelque distinction : les naseaux sont petits, la bouche grande avec des lèvres épaisses, les oreilles longues et un peu tombantes. Les productions pileuses sont très développées, la crinière touffue et abondante, la queue fournie et attachée haut, les parties inférieures des membres garnies de crins qui couvrent les sabots. La robe est ordinairement grise ou baie.

« Les principaux centres d'élevage sont dans le Marais et dans la Plaine en Vendée et dans les Deux-Sèvres, d'où ils émigrent dans les régions voisines, le Berry, la Beauce ou même le Midi.

« Le principal intérêt de cette variété est de fournir des juments pour la production des mulets du Poitou très estimés. » (Paul Diffloth.)

Cheval breton.

Le cheval de trait breton se rencontre surtout sur le littoral et dans les Côtes-du-Nord; sa taille varie de 1^m,55 à 1^m,60. Le corps est court, l'encolure épaisse, les côtes très arquées, la croupe puissante très musclée avec des hanches larges ; les membres sont forts avec de belles articulations, les paturons courts. Le système pileux est assez développé ; les robes grises et rouanne prédominent ainsi que la baie. Ces chevaux ne manquent pas d'une certaine noblesse. Ce sont eux, comme nous l'avons dit plus haut, qui, alliés au norfolk, ont donné le postier breton.

Cheval ardennais.

Dans tout l'Est en général, on rencontre une population chevaline de trait innommable et digne d'aucun intérêt. Ce sont pour la plupart des animaux issus de croisements hétéroclites, d'alliances irraisonnées et incohérentes entre le trait et le sang. Il faut toutefois faire une exception en faveur des Ardennes où, grâce aux efforts de l'Administration des Haras, la race ardennaise est en train de se reconstituer par elle-même et de se répandre dans les

Fig. 43. — Cheval ardennais.

provinces voisines où elle a une très heureuse influence amélioratrice.

Le cheval ardennais est de conformation trapue, de taille plutôt petite (1^m,55 à 1^m,60); le chanfrein, concave et renflé ensuite au niveau des naseaux, donne à la tête ce profil spécial que l'on désigne habituellement sous le nom de *tête de rhinocéros* ; l'œil est vif, les oreilles très courtes et plantées très en avant ; l'encolure est énorme et rouée, les épaules très bien faites, fortement musclées, bien inclinées, le garrot très musclé, le dos très court, la poitrine profonde, la côte bien cerclée, le rein court et puissant bien attaché, la croupe large, carrée, légèrement double, la queue bien attachée et bien portée, la culotte très bien faite. Les membres sont forts avec des articulations larges ; ils sont souvent garnis de poils et parfois malheureusement sujets aux infiltrations lymphatiques. Malgré leur aspect trapu et près de terre, ces chevaux ont presque toujours des allures hautes, brillantes et énergiques. Le berceau de cette variété se trouve sur la frontière franco-belge (fig. 43). Tandis qu'en Allemagne on semble rechercher les sujets de cette variété de robe alezane ou foncée, en France l'Administration semble favoriser la création d'une sous-famille de couleur aubère ou rouanne. Le dépôt d'étalons de Montier-en-Der possède dans ses écuries une collection d'étalons ardennais unique au monde. Ces étalons font la monte non seulement dans les Ardennes où ils sont alliés à des juments de même race qu'eux, mais encore dans la Haute-Marne et dans la Marne où, comme nous le disions plus haut, ils ont une très heureuse influence sur la population de trait métisse qui peuple ces départements ; il en est de même dans la circonscription du dépôt d'étalons de Rosières.

II. — LES HARAS

L'Administration des Haras préside aux destinées des l'élevage dont elle a la charge et sur lequel elle exerce son influence à la fois d'une manière directe et indirecte.

Avant d'étudier sa mission, son œuvre, son mode d'action, qu'il nous soit permis de retracer en quelques lignes son historique, les vicissitudes qu'elle a traversées et qui ont toujours eu une répercussion directe sur l'élevage.

Historique. — C'est sous Louis XIII que, pour la pre-

mière fois, la nécessité des haras d'État se fit sentir.
L'abolition de la féodalité avait en effet porté un coup
fatal à l'élevage du cheval qui, jusque-là, avait toujours
été entre les mains des grands seigneurs pour qui il était
une nécessité de premier ordre. Ceux-ci, abandonnant
leurs provinces pour venir vivre à la cour, n'ayant plus
besoin d'une force équestre pour maintenir et étendre
leur suzeraineté, ne tardèrent pas à se désintéresser de
l'élevage, qu'ils abandonnèrent aux mains de leurs
intendants.

Dans ces conditions, en 1639 parut le premier édit
royal créant les haras de l'État; mais ce n'est que le
17 octobre 1665 que Colbert, par un arrêt du conseil, leur
donna une organisation permanente et efficace. À cette
époque, les étalons étaient répartis chez les particuliers
qui, sous le titre de *garde-étalons*, devaient les entretenir et les faire saillir et bénéficiaient en échange de pri-
vilèges et d'immunités considérables. Aux étalons
royaux et provinciaux s'ajoutaient déjà à cette époque
les étalons approuvés et répartis. En même temps la
monte de tous autres étalons était interdite et punie
d'amendes et de confiscation.

Le règlement général en date du 22 février 1717 assu-
rait le fonctionnement de tout ce système et resta pour
ainsi dire jusqu'au 29 janvier 1790, époque de la première suppression des haras, la charte de la production
chevaline en France.

C'est à la même époque que fut fondé le haras du Pin;
les constructions furent commencées en 1716 d'après
d'anciens plans de Mansard; elles furent terminées
en 1728 et le haras définitivement installé en 1730.

Il est à remarquer que déjà à cette époque reculée le
gouvernement avait à se préoccuper gravement de la
remonte de sa cavalerie et que l'élevage de cette catégorie de chevaux n'était pas des plus rémunérateur, si
nous nous en rapportons aux termes d'un mémoire

du Conseil en date de 1717 et d'un édit de 1721.

« On s'est vu réduit, y est-il dit, à traiter l'argent à la main avec des marchands juifs pour tous les besoins de la cavalerie, des dragons, de l'artillerie et même de la maison du roi. » Il est nécessaire d'encourager par tous les moyens possibles « l'élève du cheval de selle qui donne bien moins de profit que l'élève des bêtes à cornes ».

L'Administration n'a pas encore à cette époque sa doctrine et sa tradition, et cette première période de son existence est une période de tâtonnements où elle a recours aux étalons des races les plus diverses, arabes, barbes, espagnols, napolitains, puis danois et mecklembourgeois auxquels on doit, dit-on, la tête busquée qui fut si longtemps l'apanage de la race normande et tend encore parfois à reparaître. Ce fut de 1775 à 1790, à l'instigation du prince de Lambesc, grand écuyer de Louis XVI, que furent faites les premières importations de chevaux anglais qui contribuèrent à la formation de la race anglo-normande actuelle. Citons seulement *Glorieux*, *Badin*, *Warwich*, *Sommerset* et *Docteur*.

La terrible tourmente révolutionnaire balaya les haras comme toutes les institutions qui se trouvaient sur son passage. Les funestes effets de leur disparition ne tardèrent pas à se faire sentir. S'ils n'avaient encore créé rien de stable, si, sous leur influence, aucune race ne s'était formée, du moins leur devait-on une augmentation considérable du chiffre de la population chevaline qui suffit à satisfaire à l'effroyable consommation de chevaux des guerres de la République et de l'Empire. Mais on ne pouvait sans cesse puiser aux sources vives sans les tarir; aussi, dès l'an III, la Convention, par un décret du 2 germinal, ordonna-t-elle la formation de sept haras devant contenir des étalons et des poulinières. Trois seulement fonctionnèrent : ce furent Le Pin, Pompadour et Rosières.

Le Directoire, à son tour, prit quelques mesures favorables aux haras, mais elles n'eurent pas grande efficacité.

Ce fut seulement le 4 juillet 1806 que Napoléon rendit un décret rétablissant les haras et ordonnant la création de six haras, trente dépôts d'étalons, et deux écoles d'expériences (Lyon et Alfort). Des primes de 100 à 300 francs étaient allouées aux étalons approuvés et les haras disposaient d'un budget de 2 millions. Des primes aux éleveurs sont aussi instituées et distribuées à l'issue des principales foires. Les courses sont créées. Les dépôts furent remontés avec des étalons de toutes les races et en particulier avec des animaux envoyés de tous les points du globe par nos armées. En 1816, une importation d'étalons de tête a lieu, parmi lesquels les étalons anglais purs *Tigris, Easthan, D. I. O.* et les demi-sang anglais *Rattler, Jaggar, Y. Topper*, qui devaient avoir une si grande influence sur la race anglo-normande.

Pendant toute la période qui s'écoule de 1806 à 1874, les haras subissent les sorts les plus divers.

En 1825, la jumenterie de Pompadour est supprimée.

En 1832, neuf dépôts sont également supprimés.

En 1834, l'Administration adopte la théorie de l'amélioration des races par le pur sang ; elle est secondée dans cette voie par le Jockey-Club qui vient de se fonder. La jumenterie de Pompadour est rétablie. Celle du Pin reçoit une augmentation d'effectif et ne tarde pas à renfermer l'élite des reproducteurs de la race pure. Des primes importantes sont en même temps accordées aux poulinières de pur sang de l'industrie privée. En 1841, l'élevage de la race pure étant créé en France et suffisamment développé déjà pour pouvoir en grande partie se suffire à lui-même, l'Administration s'efface devant l'industrie privée. Le haras de Rosières est supprimé, la jumenterie du Pin réduite à 13 têtes et celle de Pompadour à 30. Ces diminutions permettent par contre d'augmenter le nombre des étalons de l'État et, par des importations d'étalons syriens que l'industrie privée ne pourrait pas faire, d'entretenir à Pompadour dans toute sa pureté mais avec plus de taille une famille arabe d'où sortira plus tard la famille anglo-arabe qui a joué et joue encore aujourd'hui un si grand rôle dans l'amélioration de nos races du Midi. Cette même année est instituée l'École des Haras où les générations d'officiers qui se succéderont recevront l'enseignement de ce corps de doctrine fondé sur l'expérience et qui forme la tradition de l'Administration, tradition essentielle à tout progrès en matière hippique.

Vers la même époque, les courses au trot sont créées par l'arrêté du 30 septembre 1846 complété par ceux des 4 février 1848 et 12 avril 1849.

Cette heureuse situation pour l'Administration dure jusqu'en 1852 où l'École des Haras et la jumenterie du Pin sont supprimées, ainsi que les courses au trot, tandis que les encouragements à l'élevage du pur sang sont augmentés.

En 1860, les haras sont fortement battus en brèche ; ils sont cependant maintenus et réorganisés sur de nouvelles bases par un décret du 20 décembre et, pendant les deux années qui suivent, la situation est assez prospère, le budget des haras reçoit de plus fortes allocations et les épreuves au trot et au galop pour les étalons de demi-sang sont rétablies ; toutefois, en 1862 la jumenterie de Pompadour est dispersée et, en 1863, 200 des meilleurs étalons du Pin et de Saint-Lô sont vendus à vil prix pour être mis entre les mains de l'industrie privée qui atteint en 1867 et 1869 son apogée, alors que le nombre des étalons nationaux tombe cette année là à 739.

C'est seulement à partir de 1874, grâce à la loi organique du 29 mai-2 juin, que les haras entrent dans une ère de prospérité et de calme qui leur permet de poursuivre leur œuvre, de marcher sans cesse vers leur but d'un pas assuré et, par une direction constante et éclairée imprimée à l'élevage, d'amener celui-ci aux progrès prodigieux qu'il a accomplis.

Cette loi de 1874 est celle qui régit encore aujourd'hui l'Administration des Haras ; elle a substitué pour eux le régime légal à celui des ordonnances et des arrêtés qui jusque-là avait réglé leur sort. Elle a consacré l'existence du Conseil supérieur des Haras, rétabli l'École du Pin, et posé ce principe que l'effectif des haras devrait être accru chaque année de 200 têtes jusqu'à concurrence de 2 500 et comprendre « le plus de chevaux de sang possible ».

Elle a rétabli la jumenterie de Pompadour, institué des allocations pour les courses, les écoles de dressage, les étalons approuvés, les poulinières, pouliches et poulains.

En 1892 (26 janvier), est promulguée la loi dite *d'accroissement* qui, pour cette année, augmente l'effectif de 100 étalons et en porte le chiffre total à 3 000, chiffre à atteindre par augmentations annuelles successives de 50 têtes.

En même temps, l'Administration cherche à augmenter le nombre des étalons approuvés ; une loi du 14 août 1885 réglemente la surveillance à exercer sur les étalons particuliers qui ne peuvent faire la monte sans avoir été officiellement reconnus exempts de fluxion périodique et de cornage.

But des haras. — L'utilité des haras ne peut pas être contestée de bonne foi. « Ils sont indispensables pour élever le niveau de la production, l'uniformiser et, sans nuire à leur spécialité, approprier les races au milieu dans lequel elles sont destinées à vivre.

« On prétend que les haras constituent un monopole, mais l'expérience d'un siècle prouve que l'industrie a toujours été incapable d'occuper la place que l'Administration était disposée à lui céder ; qu'elle ne parvient à se remonter facilement que dans les produits créés ou suscités par les haras et que, toutes les fois que ceux-ci ont volontairement tenté de restreindre leur action en diminuant la quantité ou le prix de leurs reproducteurs, les particuliers ont bientôt cessé d'en trouver pour eux-mêmes. » (Gallier, *le Cheval anglo-normand*).

« En 1863, les haras sont obligés de céder à vil prix leurs plus précieux sujets et, lorsqu'ils ont été livrés à l'industrie particulière, on s'aperçoit bientôt qu'elle est incapable de les garder et de les remplacer ! » (Bocher, Rapport sur la loi de 1874.)

« La création des races et l'amélioration de la race chevaline ne sauraient être livrées au hasard ; c'est là une œuvre de patience et de raison qu'une administration forte et éclairée peut seule entreprendre et mener à bien.

« Mais il y a plus : pour améliorer les races, il faut des reproducteurs approchant le plus près possible de la perfection. Or ces types sont nécessairement d'un prix très élevé que l'industrie privée ne pourrait atteindre que rarement.

« L'État, qui, lui, ne spécule pas et dont les sacrifices ne sont pas subordonnés à un bénéfice immédiat, entretient donc, afin de les mettre à la disposition de l'agriculture pour la conservation et le perfectionnement de ses diverses races, les types supérieurs nécessaires, et il les lui livre à des conditions essentiellement favorables, pour ainsi dire presque gratuitement. » (Gallier, *le Cheval anglo-normand.*)

Les haras ont cependant, à diverses reprises, été l'objet d'attaques violentes de la part de ceux qui prétendent que l'industrie privée n'a nul besoin de la tutelle administrative, qu'elle connaît ses besoins et est à même d'y satisfaire. Ils citent à l'appui de leur opinion l'exemple de l'industrie étalonnière de trait déjà prospère avant 1874, alors que les haras ne possédaient pour ainsi dire pas d'étalons de cette espèce. Mais ce qu'ils ne disent pas c'est que cette branche de l'industrie chevaline ne peut être comparée aux autres ; car elle trouve un encouragement suffisant dans les bénéfices qu'elle procure pour ainsi dire à coup sûr, les sujets de cette espèce étant faciles à produire, faciles à élever, d'un entretien peu onéreux, puisqu'ils fournissent du travail en échange de leur nourriture, et enfin d'une vente courante, puisque la demande en est constante.

« Il est prouvé d'ailleurs, dit encore M. Bocher dans son rapport sur la loi de 1874, que l'intervention de l'État ne nuit à aucune branche de la production et qu'elle profite à toutes ; que l'industrie étalonnière elle-même y trouve non pas une concurrence qui lui fait obstacle, mais un concours qui lui est nécessaire. Et la preuve c'est que l'industrie n'existe pas ou ne vit qu'avec peine là où l'action des haras ne se fait pas sentir ; qu'elle s'établit au contraire et prospère là où les haras sont en force, profitant des besoins, des goûts, des habitudes, des ressources qui se développent sous son influence, et qu'enfin ses propres animaux sont partout, comme nombre et comme valeur, en rapport avec ceux que l'Administration entretient elle-même dans ses dépôts. »

La mission de l'Administration des Haras est nettement définie par la loi de 1874. Cette mission, l'Administration l'accomplit avec conscience et persévérance. Nous extrayons du journal *l'Acclimatation*, numéro du 15 décembre 1906, les lignes suivantes qui mettent bien en relief le rôle des haras et la façon dont ils exécutent leur mission : « L'Administration des Haras a bien pour objet principal de diriger l'industrie chevaline française dans un sens tel que la Remonte puisse trouver les chevaux nécessaires à toutes les armes, avec les qualités requises pour chacune. Mais elle ne peut le faire qu'en améliorant progressivement les races locales et en tenant compte des intérêts de l'élevage en général qui ne concordent pas toujours absolument avec ceux de l'armée

Si elle doit encourager l'élevage du cheval de selle partout où cet élevage est possible, elle est obligée d'agir avec prudence pour ne pas porter préjudice à la valeur commerciale de la production. En rapports constants avec les éleveurs, il lui faut, dans une mesure raisonnable, tenir compte des conditions plus ou moins favorables où ils se trouvent et leur fournir les étalons dont ils peuvent se servir avec profit ; autrement, en voulant imposer une direction trop spéciale, elle courrait le risque de détourner l'éleveur d'une industrie qu'il jugerait trop aléatoire et contraire à ses intérêts. »

Leur œuvre. — Semblable à la goutte d'eau qui, en dépit du souffle des vents qui fait dévier sa trajectoire, finit par percer la pierre, l'Administration, malgré les changements de direction et les influences politiques qu'elle a eu à subir, a toujours poursuivi son but avec une opiniâtreté, une uniformité de vues qui a échappé à ses détracteurs. Ceux-ci ne l'accusent-ils pas de manquer de suite dans ses idées et d'avoir inconsidérément poussé l'élevage dans des voies différentes et contraires.

Mais il suffit de se rappeler quel est le système des haras en considérant leur œuvre, pour se rendre compte au contraire que les résultats obtenus sont dus à l'application rigoureuse et constante de ce système, eu égard toutefois aux besoins de l'époque.

En 1841, l'Administration se trouvait en présence d'une infinité de races locales ou, plus exactement, en présence des débris dégénérés de ces races qu'il s'agissait de régénérer. Mais ces races ne pouvaient être restaurées par elles-mêmes, la sélection naturelle eût été insuffisante, tant par suite de l'absence presque totale de sujets dignes d'être livrés à la reproduction que par la nécessité où l'on était de modifier ces races pour les rendre adéquates aux nouveaux besoins de l'époque. Le croisement s'imposait et il était tout indiqué d'aller chercher les éléments améliorateurs aux sources mêmes ; le pur sang anglais et le pur sang arabe furent choisis.

Il fallait tout d'abord constituer un noyau de ces reproducteurs. L'Administration s'occupa donc en premier lieu de l'élevage de la race pure et ne tarda pas à produire et à posséder au Pin un lot de pur sang admirables qui, comme étalons de croisement, n'ont pas été surpassés depuis.

En même temps l'industrie privée, marchant sur les traces de l'Administration, se livrait à cet élevage et ne tardait pas à acquérir un développement suffisant pour que celle-ci s'effaçât devant elle, assurée de trouver désormais, quand elle le voudrait, les étalons de race pure dont elle aurait besoin.

Mais pendant ce temps, sous l'influence des croisements avec la race pure, des populations métisses se sont formées qui vont désormais capter l'attention de l'Administration. Les premiers sujets en sont défectueux et sont violemment reprochés aux haras par leurs détracteurs. Mais pouvait-il en être autrement? Pouvait-on attendre d'autres résultats de ces unions brusques, alors que l'étalon de demi-sang, ce précieux intermédiaire entre la race pure et les races abâtardies, n'existait pas encore ?

Sous l'influence des haras, deux grandes familles, l'une au nord, l'autre au midi, toutes deux issues de la race pure, se créent, se développent, se perfectionnent, s'uniformisent, et c'est de leur sein que sortent aujourd'hui tous les étalons qui vont porter l'amélioration sur tous les points de la France ; nous avons nommé les familles anglo-arabe et anglo-normande. Bientôt, dans cette dernière, une aptitude spéciale apparaît : l'aptitude trotteuse, et les sujets qui en sont doués ne tardent pas à constituer une variété spéciale, dont les qualités n'échappent pas à l'Administration qui, reconnaissant en elle l'élite de la production anglo-normande, rapidement lui accorde ses encouragements et son patronage ; de même que, quarante ans plus tôt, l'Administration avait encouragé à outrance le pur sang, alors nécessaire pour créer le demi-sang qu'elle considérait à juste titre comme l'améliorateur usuel et utile, elle accorde ses faveurs aux trotteurs qui, élevés d'une façon plus rationnelle en vue des courses, sélectionnés par celles-ci, lui fournissent ses étalons de tête. Sous leur influence, les progrès accomplis par la race anglo-normande sont rapides. En même temps que le nombre des trotteurs qualifiés s'accroît dans une proportion notable, le sang trotteur se répand dans toute la race qui gagne en distinction, en qualité et en actions, se voit très recherchée par le commerce français et étranger et fournit par contre-coup à la Remonte des sujets acceptables qui, à défaut des allures demandées par l'armée, possèdent du moins la substance et la qualité nécessaires au cheval de troupe. Cependant la Remonte se plaint de ne trouver qu'accidentellement le cheval de selle ; elle réclame un type spécial pour elle, et entame une polémique violente contre l'Administration qu'elle accuse de se désintéresser du cheval de guerre et d'accorder tous ses encouragements au cheval de commerce. Mais l'Administration ne se laisse pas ébranler par ces attaques ; consciente de sa mission qui est de sauvegarder les intérêts généraux de l'industrie hippique française, elle se refuse à entrer dans la voie des réformes demandées par la Remonte, car elle sait que leur résultat immédiat serait la ruine de l'élevage et que, en voulant forcer celui-ci à produire un type plus parfait pour l'armée mais peu rémunérateur, ce serait exposer celle-ci à ne même plus trouver le nombre d'animaux nécessaires à son service. Néanmoins, tout en se refusant à engager la production dans la voie indiquée par la Remonte, dans l'intérêt de la Remonte elle-même, elle reconnaissait le bien fondé de ses critiques individuelles et organisait sous forme de concours des encouragements pour les chevaux de selle.

Mais voici qu'à l'horizon apparaît un point noir menaçant pour l'élevage. L'automobilisme, né d'hier, s'est

développé d'une façon inquiétante, la production carrossière en est gravement compromise. Un jour viendra, très
proche peut-être, où le carrossier aura vécu, où le trotteur
subsistera encore comme objet de jeu, comme animal de
courses fournissant au commerce par surcroît les rares
sujets d'attelage dont il aura encore besoin. Alors la production chevaline diminuera et se spécialisera dans les
deux types extrêmes du cheval de trait toujours demandé,
toujours rémunérateur à élever, et du cheval de selle
produit exclusivement pour la Remonte. Alors celle-ci
aura enfin le cheval qu'elle rêve, mais, comme la produc-
duction en sera forcément restreinte, puisqu'elle en sera
l'unique consommateur, elle se verra obligée d'accepter,
faute de choix, des animaux médiocres, quoique faits selon
sa formule, et qu'elle eût délaissés autrefois. La Remonte
voulant un cheval important mais galopeur, c'est à l'étalon de pur sang qu'il faudra s'adresser pour le produire
tout d'abord, jusqu'à ce que la répétition de ce croisement ait créé une population métisse susceptible (comme
le sont actuellement les trotteurs) de se reproduire sur
elle-même en fixant ses caractères. L'Administration
prévoit cet avenir, et, avec la sagesse et l'esprit de
méthode qui la caractérisent, elle travaille déjà à éviter
une catastrophe. Elle sait que ce cheval de l'avenir
devra être fils de pur sang, car le trotteur actuel, quoique
suffisamment avancé dans le sang, n'a pas l'aptitude galopeuse que réclame l'armée ; elle sait que du
croisement du trotteur actuel avec le pur sang naî-
traient des animaux doués à coup sûr de qualité,
mais qui manqueraient du volume et de la substance
nécessaires au troupier, et c'est pour cela que, à l'étonne-
ment général, on l'a vue, ces dernières années, accorder
une part considérable dans ses achats à des étalons dont
le volume paraissait la principale qualité. Si ces errements
nouveaux, en contradiction avec l'orientation précédemment adoptée, ont frappé de stupeur les observateurs

superficiels, on est obligé de reconnaître que ce retour au gros se justifie d'un côté par la nécessité d'enrayer la désertion de l'élevage du cheval de demi-sang en faveur du cheval de trait, et par la nécessité de constituer, d'autre part et aussi rapidement que possible, un stock de femelles ayant assez de gros pour recevoir l'étalon de pur sang et produire ce galopeur pour gros poids que cavaliers et écrivains hippiques réclament avec tant d'insistance.

Modes d'action des haras.

Pour accomplir son œuvre, l'Administration dispose de deux modes d'action, l'un direct par les étalons qu'elle met à la disposition des propriétaires de juments, l'autre indirect par les encouragements qu'elle accorde aux étalons particuliers, aux poulinières, aux pouliches, ainsi que les subventions pour les courses et les concours de dressage, par ses achats qui constituent une véritable prime à l'élevage.

Enfin l'Administration a la charge de l'état civil de la race chevaline dont elle assure la régularité par son système de cartes de saillies et de certificats d'origine et par la tenue à jour du Stud-Book de la race pure et des principales variétés de la race de demi-sang.

Nous allons passer en revue ces deux modes d'action, en expliquer les rouages et en examiner le fonctionnement.

1º *Action directe.*

Au 1er janvier 1906, l'effectif total se composait de 3329 étalons, répartis, comme l'indique le tableau suivant, entre les 22 dépôts.

DÉPOTS	PUR SANG			DEMI-SANG					TRAIT				TOTAL
	Anglais.	Arabes.	Anglo-arabes.	Du Midi.	Norm. et vendéens	Qualifiés trotteurs	Norfolk anglais.	Postiers bretons.	Perche-rons.	Boulon-nais.	Arden-nais.	Bretons.	
Angers............	7	»	»	»	100	6	2	2	39	»	»	4	157
Annecy............	»	»	1	»	78	7	2	4	13	»	10	6	121
Aurillac..........	5	1	9	6	50	4	»	»	»	»	»	»	75
Besançon..........	»	»	»	»	40	1	»	1	22	2	2	»	68
Blois.............	3	»	»	2	59	13	12	»	32	»	»	»	121
Cluny.............	18	»	»	»	87	20	1	»	1	»	»	»	127
Compiègne.........	»	»	»	»	36	14	2	»	1	41	43	»	137
Hennebont.........	5	»	»	»	64	12	22	54	17	2	1	23	200
Lamballe..........	5	»	»	»	40	24	18	74	73	10	5	38	287
La Roche sur-Yon...	25	»	1	»	154	39	»	»	»	»	»	»	219
Libourne..........	10	4	14	18	37	5	»	»	»	»	»	»	88
Montiérender......	»	»	»	»	50	2	»	»	20	4	36	»	112
Pau...............	22	20	63	52	2	»	»	»	»	»	»	»	159
Perpignan.........	7	17	17	21	25	2	»	»	»	»	»	»	89
Le Pin............	17	»	»	»	99	65	16	»	78	7	»	»	282
Pompadour.........	11	16	29	21	17	6	»	»	»	»	»	»	100
Rodez.............	1	2	12	13	36	2	»	»	»	»	»	»	66
Rosières..........	»	»	»	»	58	5	»	»	2	1	23	»	89
Saintes...........	17	»	6	2	86	17	»	»	»	»	»	»	128
Saint-Lô..........	31	»	»	»	324	77	»	»	»	»	»	»	432
Tarbes............	38	28	58	52	8	»	2	»	»	»	»	»	186
Villeneuve-sur-Lot...	11	12	24	20	8	4	»	»	»	»	»	»	79
Étalons placés en réserve et répartis postérieurem. au 31 déc. 1905.	233	100	234	207	1.458	325	77	135	298	67	120	68	3 322
	»	»	1	1	5	»	»	»	»	»	»	»	7
Totaux........	233	100	235	208	1.463	325	77	135	298	67	120	68	3.329
	568			2.208					553				
Proportion p. 100...	7,00	3,00	7,06	6,25	43,95	9,76	2,31	4,06	8,95	1,98	3,64	2,04	
	17,06			66,33					16,61				

Ces étalons sont répartis dans 740 stations environ sur tout le territoire. En 1905, ils ont sailli 170 432 juments, soit une moyenne de 52,15 par étalon. Dans son rapport annuel, M. le directeur général des Haras constate que ce nombre des saillies est en diminution sensible sur les années précédentes et il en donne l'explication suivante : « Certains éleveurs, désireux de faire naître de gros poulains dont la vente est facile, désertent les stations de l'État où se trouvent des reproducteurs d'un modèle trop léger pour leur goût. D'autres, effrayés des progrès de la traction mécanique, ne font pas saillir leurs juments dans la crainte de n'en pouvoir vendre les produits. Il est certain que ce courant défavorable n'atteint qu'une catégorie de juments de second ordre ; il n'en est pas moins regrettable, parce qu'il diminue le nombre des animaux qui, en cas de mobilisation, auraient pu rendre des services. Les renseignements qui me parviennent me font craindre malheureusement que le mouvement ne s'accentue encore l'an prochain. »

Nous extrayons encore du même rapport tous les tableaux qui vont suivre, donnant mieux que toutes les dissertations un aperçu général sur l'élevage en France.

ESPÈCE DES ÉTALONS	NOMBRE D'ÉTALONS.	JUMENTS SAILLIES						MOYENNES	MOYENNE GÉNÉRALE
		PUR SANG anglais.	PUR SANG arabe.	PUR SANG anglo-arabe.	DEMI-SANG.	TRAIT.	TOTAUX		
Pur sang { anglais......	243 } 578	1.302	59	342	7.201	310	9.214 } 24.294	37,91 }
arabe.......	102	348	119	173	3.845	30	4.515	44,26 } 52,15
anglo-arabe..	234	132	17	551	9.653	212	10.565	45,34 }
Demi-sang...........	2.156	622	33	394	78.133	26.308	105.490	48,92
Trait..............	534	»	»	»	3.440	37.208	40.648	76,11
Totaux..........	3 268	2.404	228	1.460	102.272	64.068	170.432	

	ÉTALONS				JUMENTS SAILLIES				MOYENNES	MOYENNE GÉNÉRALE
	PUR SANG.	DEMI-SANG.	TRAIT.	TOTAL.	PUR SANG.	DEMI-SANG.	TRAIT.	TOTAL.		
Le Pin	17	181	81	279	478	6.845	6.935	14.258	51,10	
Saint-Lô	31	392	»	423	105	23.472	432	24.009	56,75	
1ᵉʳ ARRONDISSEMENT	48	573	81	702	583	30.317	7.367	38.267	54,51	
Angers	9	107	39	155	11	2.960	5.061	8.032	51,82	
Annecy	1	91	29	121	11	3.394	2.325	5.730	47,35	
Blois	7	82	32	121	13	2.566	3.266	5.843	48,30	
Cluny	19	106	1	126	125	5.324	730	6.179	49,03	
2ᵉ ARRONDISSEMENT	36	386	101	523	160	14.244	11.382	25.786	49,30	
Hennebont	5	141	41	187	13	4.494	8.185	12.692	67,07	
Lamballe	5	142	124	271	29	3.931	16.194	20.154	74,36	
La Roche-sur-Yon	28	192	»	220	135	8.565	1.845	10.545	47,93	
Saintes	25	102	»	127	150	3.776	1.089	5.015	39,49	
3ᵉ ARRONDISSEMENT	63	577	165	805	327	20.766	27.313	48.406	60,13	52,45

Libourne	28	60	»	88	105	4.350	175	4.[illegible]	[illegible]
Pau	101	55	»	156	817	8.575	7	9.399	60,25
Tarbes	122	64	»	186	1.471	6.377	231	8 079	43,43
Villeneuve-sur-Lot	49	29	»	78	287	2.861	»	3.148	40,35
4e ARRONDISSEMENT	300	208	»	508	2 680	22.163	413	25.256	49,71
Aurillac	15	60	»	75	15	1.219	1.064	2.298	30,64
Perpignan	28	38	»	66	93	2.348	»	2.441	36,98
Pompadour	57	44	»	101	197	3.574	248	3.989	39,49
Rodez	16	50	»	66	48	881	836	1.735	26,29
Ajaccio	15	7	»	22	5	1.194	»	1.199	54,50
5e ARRONDISSEMENT	131	199	»	330	328	9.216	2.118	11.662	35,33
Besançon	»	43	25	68	1	1.048	2.134	3.186	46,85
Compiègne	»	52	82	134	2	1.814	6 134	7.950	59,32
Montier-en-Der	»	54	57	111	5	838	5.184	6 027	54,29
Rosières	»	64	23	87	6	1.866	2.020	3.892	44,73
6e ARRONDISSEMENT	»	213	487	400	14	5.566	15.475	21.055	52,63

52,45

RÉCAPITULATION

1er arrondissement	48	573	81	702	583	30.317	7.367	38.267	54,51
2e —	36	386	101	523	160	14.244	11.382	25.786	49,30
3e —	63	577	165	805	327	20 766	27.343	48.406	60,13
4e —	300	208	»	508	2.680	22 163	413	25.256	49,71
5e —	131	199	»	330	328	9.216	2.118	11.662	35,33
6e —	»	213	487	400	14	5.566	15.475	21.055	52,63
Totaux	578	2.456	534	3.268	4.092	102.272	64.068	170.432	52,15

52,45

Il résulte du tableau précédent qu'il a été sailli :

4 092 juments de pur sang.
102 272   —   de demi-sang.
64 068   —   de trait.

Les juments de pur sang se divisent elles-mêmes en :

2 404 juments de pur sang anglais.
228   —   de pur sang arabe.
1 460   —   de pur sang anglo-arabe.

Sur ces 4092 juments, 3043 ont été consacrées exclusivement à la reproduction de la race pure, savoir :

1 302 à la reproduction de la race de pur sang anglais.
119   —   —   arabe.
1 622   —   —   anglo-arabe.

Les étalons de pur sang, au nombre de 578, ont été employés généralement comme étalons de croisement, à l'exception de 26 d'entre eux réservés presque exclusivement aux juments de leur race. Le nombre des juments de demi-sang qu'ils ont saillies a été de 20 599.

Ce chiffre se subdivise ainsi par arrondissement d'inspection générale :

1er arrondissement :	Normandie............	1.135
2e —	Centre...............	1.112
3e —	Bretagne et Vendée..	1.919
4e —	Sud-Ouest...........	12.417
5e —	Sud et Sud-Est......	4.116
6e —	Est et Nord.........	»
		20.699

2º *Action indirecte.*

1º **Achat d'étalons.** — Les achats d'étalons effectués chaque année pour combler les vides occasionnés par les morts et les réformes constituent une véritable prime à l'élevage. L'Administration, en effet, donne pour les animaux qu'elle achète (du moins pour les demi-sang) un prix sensiblement d'un tiers plus élevé que celui qu'en offrirait l'industrie privée et de plus du double de celui que le commerce en donnerait une fois castrés pour le service de grand luxe.

En 1905, le nombre des étalons achetés s'est élevé à 377, dont 32 achetés à l'étranger (4 pur sang, 10 demi-sang, 18 trait).

Sur les 345 chevaux achetés en France :

13 étaient de pur sang anglais.
 3   —   —   arabe.
14   —   —   anglo-arabe.
                    167 normands.
                    61 vendéens, charentais.
257   —   de demi-sang.   2 de la région du Centre.
                    25 anglo-arabes.
                    2 achetés au Conc. central.
58   —   de trait.

2° **Étalons particuliers**. — Conformément aux dispositions de la loi du 14 août 1885, tous les étalons particuliers destinés à faire la monte sont soumis au contrôle de l'Administration. Ils doivent une fois par an être présentés, aux lieux et heures indiqués par voie d'affiches, à des commissions composées du directeur du dépôt de la circonscription (ou de son délégué) et de deux vétérinaires nommés par le préfet, commissions chargées de les examiner au point de vue sanitaire et de s'assurer qu'ils ne sont atteints ni de cornage ni de fluxion périodique. Ceux de ces animaux qui sont reconnus sains sont séance tenante marqués au fer rouge d'une étoile à l'encolure sous la crinière à gauche; ils sont par ce fait même *acceptés*, admis à faire la monte et portés sur une liste affichée par les soins de la préfecture dans toutes les communes.

Ceux au contraire qui sont reconnus atteints de cornage ou de fluxion périodique sont marqués à la même place d'un R au fer rouge et font l'objet d'autres états réunis également à la préfecture et au ministère. Leurs propriétaires ne peuvent sous aucun prétexte les livrer à la reproduction sans encourir de contraventions.

Ces étalons simplement *acceptés* constituent la catégorie la moins relevée des étalons particuliers. Il est remis à leurs propriétaires un certificat que celui-ci doit présenter à toute réquisition de l'autorité. Ces étalons ne reçoivent pas de primes et leurs propriétaires ne peuvent délivrer pour eux que des cartes de saillies n'ayant aucune valeur officielle, et ne devant sous aucun prétexte être établies sur papier blanc, rose ou vert.

Lorsque, pour un cas de force majeure, un étalon n'a pu être présenté à une des réunions indiquées plus haut, son propriétaire est autorisé à le faire visiter au dépôt de sa circonscription après entente avec le directeur de ce dépôt jusqu'au 1er avril de l'année où il doit faire la monte. Des états supplémentaires sont dressés par les soins du directeur et adressés à la préfecture qui en fait parvenir un exemplaire au ministère.

En 1905, 8227 étalons ont été présentés, 8060 ont été reconnus sains.

Étalons autorisés. — Parmi les étalons présentés à la commission de surveillance, ceux qui sont jugés susceptibles de reproduire sans détériorer l'espèce font l'objet d'états spéciaux, dits *états de proposition d'autorisation*; ils sont dressés par les directeurs des dépôts et soumis aux inspecteurs généraux qui les présentent à la ratification du ministre.

Les étalons compris sur ces listes sont alors dits *autorisés*; ils reçoivent un « titre d'autorisation » et un livret à souches de cartes de saillies vertes; leurs propriétaires sont tenus de porter, sur des imprimés fournis par l'Administration du haras, les renseignements concernant les juments saillies pendant l'année et les produits résultant de la monte de l'année précédente.

En 1905, 231 étalons, dont 21 pur sang anglais, 1 pur sang arabe, 31 demi-sang et 178 étalons de trait ont été autorisés ; 208 seulement d'entre eux ont fait la monte, comme l'indiquent les deux tableaux ci-après :

ESPÈCE DES ÉTALONS	NOMBRE D'ÉTALONS	JUMENTS SAILLIES						MOYENNES	MOYENNE GÉNÉRALE
		PUR SANG anglais.	PUR SANG arabe.	PUR SANG anglo-arabe.	DEMI-SANG.	TRAIT.	TOTAUX		
Étalons { de pur sang anglais.....	17 }	59	1	»	141	34	232 }	13,65	
de pur sang arabe	1 } 18	»	»	1	34	9	44 } 276	44,00	
de pur sang anglo-arabe.	» }	»	»	»	»	»	» }	»	
Étalons de demi-sang.......	25	4	1	»	348	347	700	28,00	50,97
Étalons de trait...........	165	»	»	»	324	9.302	9.626	58,34	
Totaux....	208	63	2	1	847	9.689	10.602	50,97	

Étalons autorisés.

	ÉTALONS				JUMENTS SAILLIES				MOYENNES	MOYENNE GÉNÉRALE
	PUR SANG.	DEMI-SANG.	TRAIT.	TOTAL.	PUR SANG.	DEMI-SANG.	TRAIT.	TOTAL.		
Le Pin	1	4	14	19	6	50	812	868	45,68	
Saint-Lô	»	2	»	2	»	102	4	106	53,00	
1er ARRONDISSEMENT	1	6	14	21	6	152	816	974	46,38	
Angers	»	»	6	6	»	»	283	283	47,16	
Annecy	»	»	»	»	»	»	»	»	»	
Blois	»	1	3	4	»	18	188	206	51,50	
Cluny	1	»	»	1	1	5	»	6	6,00	
2e ARRONDISSEMENT	1	1	9	11	1	23	471	495	45,00	
Hennebont	»	1	3	4	»	74	166	240	60,00	
Lamballe	»	1	35	36	»	242	2.542	2.784	77,33	
La Roche-sur-Yon	1	2	3	6	3	77	143	223	37,16	
Saintes	1	»	»	1	1	1	2	4	4,00	
3e ARRONDISSEMENT	2	4	41	47	4	394	2 853	3.251	69,17	
Libourne	1	»	»	1	5	38	»	43	43,00	

Pau	3	1	»	4	4	75	62	141	35,25	
Tarbes	»	»	»	»	»	»	»	»	»	50,97
Villeneuve-sur-Lot	1	1	»	2	2	26	15	43	21,50	
4e ARRONDISSEMENT	5	2	»	7	11	139	77	227	32,43	
Aurillac	»	»	»	»	»	»	»	»	»	
Perpignan	1	»	»	1	4	11	»	15	15,00	
Pompadour	»	»	»	»	»	»	»	»	»	
Rodez	1	»	»	1	33	»	»	33	33,00	
Ajaccio	»	»	»	»	»	»	»	»	»	
5e ARRONDISSEMENT	2	»	»	2	37	11	»	48	24,00	
Besançon	»	»	»	»	»	»	»	»	»	
Compiègne	6	12	92	110	7	114	5.001	5.122	46,56	
Montier-en-Der	1	»	9	10	»	14	471	485	48,50	
Rosières	»	»	»	»	»	»	»	»	»	
6e ARRONDISSEMENT	7	12	101	120	7	128	5.472	5.607	46,72	

RÉCAPITULATION

1er arrondissement	4	6	14	21	6	152	816	974	46,38	
2e —	1	1	9	11	1	23	471	495	45,00	
3e —	2	4	41	47	4	394	2.853	3.254	69,47	
4e —	5	2	»	7	11	139	77	227	32,43	50,97
5e —	2	»	»	2	37	11	»	48	24,00	
6e —	7	12	101	120	7	128	5.472	5.607	46,72	
Totaux	18	25	165	208	66	847	9.689	10.602	50,97	

Étalons approuvés. — Les étalons approuvés sont ceux qui, ayant satisfait aux exigences de la loi du 11 août 1905, sont reconnus susceptibles d'améliorer l'espèce. Ils font, comme les autorisés, l'objet de propositions d'approbation. Les propriétaires de ceux qui sont maintenus reçoivent un titre d'approbation et ont à remplir des papiers analogues à ceux décrits pour les étalons autorisés, mais les cartes de saillies sont établies sur papier rose.

Les étalons approuvés peuvent l'être avec ou sans prime suivant que le prix demandé pour leur saillie est inférieur ou supérieur à 100 francs.

Les primes accordées par l'Administration aux étalons approuvés sont fixées comme suit :

	Fr.	Fr.
Étalons de pur sang anglais..........	800 à	2.000
— de pur sang arabe ou anglo-arabe	500	1.200
— de demi-sang...............	500	1.000
— de trait.	300	500

Pour avoir droit à l'intégralité de la prime qui leur est allouée, les étalons doivent avoir sailli un nombre de juments fixé au moins à 30 pour les pur sang des trois catégories, à 40 pour les demi-sang et à 50 pour les chevaux de trait. Si le nombre de juments saillies n'atteint pas les chiffres ci-dessus, mais est supérieur à la moitié de ceux-ci, la prime est réduite proportionnellement, et supprimée complètement lorsque la moitié n'est pas atteinte.

Pour la monte de 1905, 1 547 étalons avaient été approuvés, savoir 226 pur sang anglais, 21 pur sang arabes, 61 pur sang anglo-arabes, 462 demi-sang et 777 chevaux de trait. Le chiffre total des primes qui leur étaient accordées s'élevait à 710 550 francs.

1 526 étalons seulement ont fait la monte, ainsi que l'indiquent les tableaux suivants.

Tableau résumant les résultats généraux du service des étalons approuvés.

ESPÈCE DES ÉTALONS	NOMBRE D'ÉTALONS	JUMENTS SAILLIES						MOYENNES	MOYENNE GÉNÉRALE
		PUR SANG anglais.	PUR SANG arabe.	PUR SANG anglo-arabe.	DEMI-SANG.	TRAIT.	TOTAUX		
Étalons { de pur sang anglais.....	213 }	2.408	7	28	1.823	645	4.911 }	23,05	
de pur sang arabe......	21 } 295	10	7	1	806	41	865 } 8.430	41,19	
de pur sang anglo-arabe.	61 }	9	»	12	2.424	209	2.654 }	43,51	
Étalons de demi-sang.....	457	74	5	4	14.342	9.932	24.357	53,29	52,40
Étalons de trait..........	774	»	»	»	1.487	45.697	47.184	60,96	
Totaux..............	1.526	2.501	19	45	20.882	56.697	79.971	52,40	

Étalons approuvés.

	ÉTALONS				JUMENTS SAILLIES				MOYENNES	MOY. GÉNÉRALE
	PUR SANG.	DEMI-SANG.	TRAIT.	TOTAL.	PUR SANG.	DEMI-SANG.	TRAIT.	TOTAL.		
Le Pin..............	73	25	76	174	905	784	4.593	6.282	36,10	
Saint-Lô..........	15	112	»	127	459	6.060	1.531	7.750	64,75	52,40
1er ARRONDISSEMENT	88	137	76	301	1.064	6.844	6.124	14.032	46,61	
Angers............	21	30	144	195	121	740	8.611	9.472	48,57	
Annecy............	3	20	2	25	3	740	353	1.096	43,84	
Blois..............	4	3	33	40	49	104	2.075	2.228	55,70	
Cluny..............	17	26	»	43	185	1.260	140	1.585	36,86	
2e ARRONDISSEMENT	45	79	179	303	358	2.844	11.179	14.381	47,46	
Hennebont..........	2	67	27	96	4	1.449	4.147	5.597	58,30	
Lamballe..........	3	13	52	68	16	595	4.733	5.344	78,58	
La Roche-sur-Yon	4	11	13	28	5	565	917	1.487	53,10	
Saintes............	3	3	2	8	10	115	183	308	38,50	
3e ARRONDISSEMENT	12	94	94	200	32	2.724	9.980	12.736	63,68	
Libourne..........	2	3	»	5	15	162	19	196	39,20	

Pau	34	10	»	44	141	1.936	144	2.221	50,48
Tarbes	56	15	»	71	324	2.192	261	2.777	39,11
Villeneuve-sur-Lot	12	2	»	14	13	524	»	537	38,35
4e ARRONDISSEMENT	104	30	»	134	493	4.814	424	5.731	42,77
Aurillac	»	»	»	»	»	»	»	»	»
Perpignan	3	1	»	4	19	85	»	104	26,00
Pompadour	1	»	»	1	»	29	1	30	30,00
Rodez	2	»	»	2	19	5	28	52	26,00
Ajaccio	»	»	»	»	»	»	»	»	»
5e ARRONDISSEMENT	6	1	»	7	38	119	29	186	26,57
Besançon	»	54	77	131	3	1.552	5.520	7.075	54,01
Compiègne	32	24	178	234	562	720	12.263	13.545	57,88
Montier-en-Der	5	21	110	136	5	601	7.370	7.976	58,64
Rosières	3	17	60	80	10	664	3.635	4.309	53,86
6e ARRONDISSEMENT	40	116	425	581	580	3.537	28.788	32.905	56.63

(Pau, Tarbes, Villeneuve-sur-Lot: 52,40)

RÉCAPITULATION

1er arrondissement	88	137	76	301	1.064	6.844	6.124	14.032	46,61
2e —	45	79	179	303	358	2.844	11.179	14.381	47,46
3e —	12	94	94	200	32	2.724	9.980	12.736	63,68
4e —	104	30	»	134	493	4.814	424	5.731	42,77
5e —	6	1	»	7	38	119	29	186	26,57
6e —	40	116	425	581	580	3.537	28.788	32.905	56.63
Totaux	295	457	774	1.526	2.565	20.882	56.524	79.971	52,40

(52,40)

3° Encouragements sous forme de primes aux animaux reproducteurs. — L'Administration distribue chaque année environ 1 800 000 francs sous forme de primes en concours publics pour étalons, poulinières, pouliches et poulains, ainsi que sous forme de primes distribuées directement dans la région du Centre et du Midi aux juments de race pure suitées d'un produit de pur sang arabe ou anglo-arabe qualifié, c'est-à-dire possédant au moins 25 p. 100 de sang arabe. Les primes de cette dernière catégorie se sont élevées en 1905 au chiffre de 56 950 francs attribués à 234 juments dont 206 appartenant au 4e arrondissement et 28 au 5e.

En outre des concours d'étalons, poulinières, pouliches et poulains qui ont lieu dans les diverses circonscriptions, il existe chaque année depuis 1905 un Concours central d'animaux reproducteurs à Paris. L'allocation pour ce seul concours a été en 1905 de 209 450 francs.

Le chiffre total des primes distribuées en concours publics était de 1 753 227 francs, se répartissant comme suit :

		Fr.
Fonds de l'État	....	1.087.749
—	des départements	615.200
—	des municipalités...	12.015
—	des Sociétés hippiques locales..	32.193
—	de la Société hippique française.	3.000
—	de divers	3.070

Les conditions spéciales de ces divers concours sont portées à la connaissance des intéressés par voie d'affiches.

4° Primes pour les concours de dressage et de chevaux de selle. — L'Administration organise chaque année :

1° Des concours de chevaux de selle âgés de trois ans seulement ; le montant des allocations affectées à ces concours s'élevait en 1905 à 84 000 francs, dont 56 000 francs accordés par l'État et 28 000 francs par la Société sportive d'encouragement.

2° Des concours de dressage pour jeunes chevaux présentés montés ou attelés. Le crédit de ces concours était de 53 600 francs, savoir :

		Fr.
Fonds de l'État		41.000
—	des départements	7.500
—	de la Société hippique française	2.000
—	des Sociétés locales	3 000

Enfin l'État subventionne pour une somme de 5000 francs les concours de la Société hippique française et pour une somme de 4 000 francs les concours épreuves pour étalons de trois ans de race dite *postiers bretons*.

La part de l'État dans les prix distribués dans les divers concours s'est élevée pour 1905 à 123 078 francs. Nous étudierons plus loin, dans un chapitre spécial, les conditions et la réglementation de ces divers concours.

5° **Courses**. — En 1905, le nombre des réunions de courses s'est élevé à 924, données sur 440 hippodromes ; les subventions du gouvernement de la République étaient de 688 475 francs dont 285 800 francs pour les courses plates et 402 675 francs pour les courses au trot. Les courses d'obstacles ne reçoivent pas de subventions du gouvernement. L'étude des courses proprement dites et de leur influence sur la production chevaline fera l'objet d'un chapitre spécial.

L'Administration, avons-nous dit, s'occupe encore de l'*état civil* de la race chevaline, état civil qu'elle établit par les cartes de saillies et les certificats de naissance, et, en outre, pour la race pure, par l'inscription au Stud-Book.

Pour chaque étalon national approuvé et autorisé il est délivré, au moment du départ en monte, un livret à souches de cartes de saillies contenant autant de cartes que le cheval est autorisé à saillir de juments. Ces cartes sont semblables comme dispositif pour les trois catégories d'étalons et ne diffèrent que par la couleur : blanches pour les étalons de l'État, roses pour les approuvés, vertes pour les autorisés. Chacun des feuillets du registre à souches se divise en trois parties : à droite le certificat d'origine proprement dit, à gauche de celui-ci un talon, à l'extrême gauche la souche.

Lors de la saillie, le certificat d'origine est détaché avec le talon de la souche et remis au propriétaire de la jument; l'ensemble du certificat d'origine avec le talon constitue ce qu'on appelle couramment la *carte de saillie*.

Nous donnons plus loin un fac-similé d'une de ces cartes.

Comme on peut s'en rendre compte, le certificat d'origine porte en tête l'indication du dépôt auquel appartient l'étalon, de la station où il a fait la monte, ainsi que la désignation et l'origine de cet étalon.

Au-dessous il se trouve divisé en deux colonnes : l'une réservée à la jument sous le titre de *certificat de saillie*, l'autre réservée au produit quand il sera né et portant le titre de *certificat de naissance*.

L'en-tête du certificat d'origine ainsi que tout le certificat de saillie portant le nom, l'âge, l'origine, le signalement de la poulinière, le nom et l'adresse du propriétaire, les dates de saillies et les revues s'il y a lieu, sont remplis par le chef de station ou l'étalonnier et reportés par lui sur la souche.

L'éleveur garde la carte de saillie telle quelle jusqu'à a naissance du produit. Il remplit alors de sa main toutes les indications portées sur le talon, signe sa déclaration et la fait légaliser par le maire de sa commune. Après quoi il adresse, avant le 31 décembre de l'année de la naissance, la carte de saillie au directeur du dépôt. Celui-ci, par rapprochement avec la souche et divers autres moyens de contrôle, s'assure de la régularité de ladite carte de saillie, puis il reporte sur le certificat de naissance les indications portées par le propriétaire sur le talon, signe le certificat de naissance, détache le talon du certificat d'origine et renvoie celui-ci au propriétaire.

A partir de ce moment, ce certificat d'origine ne doit plus quitter le produit. Des cases sont préparées au dos pour indiquer les mutations successives à chaque changement de propriétaire.

Il semble, à première vue, que ce système de cartes de saillies et de certificat de naissance, assez compliqué, assez paperassier, bien administratif et bien français, doive assurer l'identité des chevaux d'une façon à peu près certaine. Il n'en est malheureusement rien. Les fraudes sur les papiers d'origine sont nombreuses, car, si l'administration peut facilement contrôler l'authenticité et la régularité de ceux-ci, il lui est à peu près impossible de contrôler leur véracité et de s'assurer qu'il n'y a pas erreur sur la personne, je veux dire sur l'animal. En effet, la déclaration de naissance d'un poulain quelconque acheté en foire et dont on ignore les origines peut être établie sur la carte de saillie d'une poulinière restée vide ou avortée. Plus tard, le certificat d'origine peut être donné à un autre animal de même signalement. En Normandie, où le vieillissement des chevaux est malheureusement une pratique courante, le certificat d'origine trahirait la supercherie. Aussi les chevaux ainsi truqués sont-ils toujours vendus sans papiers ou avec les papiers d'un autre animal d'un an plus âgé et ayant le même signalement. Enfin, une autre fraude beaucoup plus grave et heureusement très rare consiste dans la substitution d'un étalon à un autre.

De toutes ces fraudes, la plus répandue est celle qui consiste à attribuer à un animal vieilli les papiers d'un cheval d'un an plus vieux. Le tableau tracé au dos de la carte où devraient figurer les signatures de tous les propriétaires successifs du poulain, serait une garantie de l'authenticité des papiers ; malheureusement, et à cause de cela sans doute, il n'est pas entré dans les habitudes de contresigner la carte à chaque mutation, et il est fort rare de trouver des papiers bien en règle de ce côté.

Dépôt d'étalons de ....
Station : ....
Étalon : ....
Monte de 190................. . N° de la carte.....................................

AVIS. — Le propriétaire ne doit rien écrire sur l'autre feuille. Il doit porter ci-dessous la déclaration de naissance, la faire viser par le Maire et l'envoyer, sans la détacher de l'autre feuille, au Directeur du dépôt d'étalons avant le 31 décembre de l'année de la naissance.

M, ...
propriétaire de la jument nommée :...
Espèce : ....
Père : .... Espèce : ....
Mère : .... Espèce : ....
déclare qu'un produit est né le...
190............., à..................... commune.............................
arrond^t..................... départ^t.............................
Nom : ....
Sexe : ....
Robe : ....
Tête : ....

Jambes : ....

Marques :..

         Le... 190.............

                    Le Propriétaire,

    Le Maire de la commune d...
atteste sincère et véritable la déclaration ci-dessus de M. ....

....

    A...
      le... 190.............

                  Le Maire,

MINISTÈRE DE L'AGRICULTURE **CERTIFICAT D'ORIGINE** DIRECTION DES HARAS

DÉPOT D'ÉTALONS D .... Station ....
/ Département ....

MONTE DE 190______.

Étalon : .... Père : ....
Mère : ....
Espèce : .... Robe : .... Taille : .... N° ....

CERTIFICAT DE SAILLIE	CERTIFICAT DE NAISSANCE

CERTIFICAT DE SAILLIE

SIGNALEMENT DE LA JUMENT

Nom : ....
Espèce : ....
Père : .... Espèce : ....
Mère : .... Espèce : ....

Année de la naissance : ....
Lieu de la naissance : ....
Robe .... Taille : ....
Tête : ....
Jambes : ....
Marques : ....

Propriétaire M. ....
................, commune ....
arrondt .... départt ....

Dates de saillie : ....

Revue par l'étalon : ....
Père : .... Mère : ....
Espèce : .... Robe : .... Taille : .... N° ....

Reçu : .... francs.

.... 190 ....

Le Chef de station.

CERTIFICAT DE NAISSANCE

Le Directeur du dépôt d'étalons
d .... certifie que
de l'étalon ....
....
et de la jument ....
un produit est né le .... 190 ....
à ...., commune ....
arrondt .... départt ....
Nom : ....
Espèce : ....
Sexe : ....
Robe : ....
Tête : ....

Jambes : ....

Marques : ....

Fait à ....
le .... 190 ....

Le Directeur,

Timbre
de 0 fr. 25 c.
si le prix
de la saillie
est supérieur à
10 francs.

Timbre
de 0 fr. 60 c.
obligatoire.

VOIR LES INSTRUCTIONS AU DOS DE LA CARTE

INSTRUCTIONS

1º Écrire nettement et lisiblement :

2º La somme reçue pour la saillie doit être portée en toutes lettres : elle est exigible au premier saut ;

3º Le propriétaire ne doit rien écrire sur le **CERTIFICAT D'ORIGINE**. Il fait la déclaration de naissance sur la petite page au bas de laquelle se trouve l'attestation du Maire, puis il l'envoie sans la détacher de la grande page, *avant le 31 décembre de l'année de la naissance*, au Directeur du dépôt d'étalons dont dépend la station où l'étalon a fait la monte.

Le Directeur établit le certificat de naissance et le renvoie à l'intéressé ;

4º Le présent **CERTIFICAT D'ORIGINE** remplace l'ancien certificat de naissance ;

5º Il ne sera en aucun cas délivré de duplicata du présent titre. Il est donc de l'intérêt des propriétaires de le considérer comme une pièce de grande importance ;

6º Ce titre doit être conservé et présenté à qui de droit, au moment des déclarations d'engagements, si la poulinière ou son produit doit concourir pour les primes ;

7º Si la jument est vendue avant d'avoir mis bas, le propriétaire constate la vente sur le présent certificat, fait légaliser sa signature par le Maire de sa commune et remet le titre à l'acquéreur.

En cas de vente de la poulinière avant la mise bas, en faire la déclaration ci-dessous.

Inscription au *Stud-Book.* (S'il y a lieu.)	*Propriétaires successifs du produit.*	
	Acheteur : M. .... *Signature du vendeur.* Le ....190...... .	Acheteur : M. .... *Signature du vendeur,* Le ....190...... .
	Acheteur : M. .... *Signature du vendeur,* Le ....190...... .	Acheteur : M. .... *Signature du vendeur,* Le ....190...... .
	Acheteur : M. .... *Signature du vendeur,* Le ....190...... .	Acheteur : M. .... *Signature du vendeur,* Le ....190...... .

Stud-Book. — C'est également par les soins de l'Administration des haras que le *Stud-Book* est tenu à jour et publié. Chaque année, des feuilles de renseignements sont adressées, par les soins des directeurs de dépôt, aux éleveurs de leur circonscription. Ceux-ci, après les avoir remplies, les leur retournent. Elles sont alors contrôlées au dépôt où il est tenu un *Stud-Book* manuscrit de la circonscription, puis elles sont envoyées au ministère où elles sont centralisées et classées. Le *Stud-Book* est établi d'après ces documents.

III. — LA REMONTE

La Remonte exerce, elle aussi, une influence notable sur l'élevage, par les achats qu'elle effectue, par les conseils qu'elle donne, par les concours qu'elle institue.

Historique. — L'organisation du service des remontes ne date à proprement parler que de 1831.

Avant cette époque tous les systèmes avaient été essayés pour fournir l'armée en chevaux. Jusqu'au ministère de Choiseul, les capitaines devaient procurer les chevaux à leur compagnie. Ensuite ce fut l'État qui assuma la charge de remonter sa cavalerie et envoya aux régiments les fonds nécessaires à cet usage, leur laissant le soin d'y procéder, ce qu'ils firent par marchés généraux passés soit en France, soit à l'étranger. Certains corps élevèrent des poulains.

Puis la Révolution survient; la situation change. Pendant cette période troublée qui s'étend de 1790 à 1815, au milieu du désarroi général, de la désorganisation de tous les services publics, avec les guerres incessantes qui engloutissent des milliers de chevaux, il faut coûte que coûte trouver les chevaux nécessaires pour combler les vides et pour remonter nos régiments : achats directs par les corps, marchés généraux en France et à l'étranger, réquisitions sont tour à tour adoptés, rejetés, puis repris et abandonnés aussitôt.

Il faut arriver à la Restauration pour voir l'État se préoccuper d'organiser un système de remontes permanent. En 1819, les premiers dépôts sont créés à Caen et à Clermont-Ferrand ; en 1825, un projet d'organisation des remontes est étudié; enfin, en 1831, le maréchal Soult fait paraître une ordonnance, posant les bases du service de la Remonte générale, énonçant la condition absolue de ne prendre que des chevaux français et posant en principe l'achat direct aux éleveurs, la permanence et la fixité de ces achats. L'action des dépôts de remonte s'exerce à cette époque sur 15 départements; les achats sont effectués par un seul officier acheteur qui paie de la main à la main.

En 1840, la remonte fonctionne dans 56 départements. A cette époque éclate une vive polémique entre les remontes et les haras, celles-là voulant accaparer ceux-ci, mais la situation reste la même.

En 1852, le paiement direct de la main à la main est remplacé par le paiement par mandat, et le 21 septembre 1853 les comités d'achat, constitués de plusieurs officiers acheteurs, sont définitivement institués.

C'est le système de remonte qui n'a dès lors pas cessé de fonctionner jusqu'à nos jours, modifié seulement par différents arrêtés dans des détails d'ordre administratif peu intéressants pour nous.

Organisation actuelle. — Aujourd'hui, le service des remontes est assuré en France par seize dépôts de remonte; trois de ces dépôts : Paris, Mâcon et Cuperly, sont indépendants et rattachés directement à la direction des remontes; les treize autres sont répartis en deux circonscriptions, savoir :

Circonscription de Caen.

Dépôts de Caen, Saint-Lô, Alençon, Angers, Guingamp, Fontenay-le-Comte, Saint-Jean-d'Angely.

Circonscription de Tarbes.

Dépôts de Tarbes, Agen, Mérignac, Guéret, Aurillac, Arles.

Chacune de ces circonscriptions est commandée par un colonel, chaque dépôt par un commandant. Les comités d'achat sont composés de trois membres (le commandant du dépôt et deux officiers acheteurs) qui donnent chacun leur note et leur estimation pour chaque cheval présenté. L'achat et le prix offert par la Remonte dépendent de la moyenne des notes données par les trois officiers. Depuis quelques années, les vétérinaires militaires peuvent faire partie des comités d'achat comme officiers acheteurs; précédemment, ils n'avaient que voix consultative.

En plus des officiers acheteurs, le personnel des dépôts comporte un officier comptable et un vétérinaire.

La Remonte achète les chevaux de trois ans à partir du 1er juillet de leur année de trois ans, et les chevaux de quatre ans et au-dessus à partir du mois de janvier. Les présentations des mois de janvier et février pour les chevaux de quatre ans, celles de juillet, août, octobre et novembre pour les chevaux de trois ans sont réservées aux éleveurs à l'exclusion des marchands de chevaux. Les présentations des autres mois sont ouvertes à tout le monde.

Sont considérés comme marchands, par la Remonte, tous ceux qui lui vendent annuellement plus de vingt chevaux. De plus, pour pouvoir être présentés dans les mois réservés aux éleveurs, les chevaux appartenant à ceux-ci doivent avoir été déclarés par eux au moins six mois à l'avance au commandant du dépôt et inscrits par lui sur un registre *ad hoc*.

Les comités peuvent acheter à partir du 15 novembre les chevaux de pur sang de deux ans, même entiers, à la condition qu'ils puissent être classés chevaux de tête et qu'ils aient paru sur un hippodrome ou, à défaut, possèdent un certificat d'entraînement dûment établi.

Les tailles pour les différentes catégories de chevaux sont les suivantes :

Cuirassiers......................	1ᵐ,55 à 1ᵐ,64
Dragons.....	1ᵐ,52 à 1ᵐ,57
Légère......................	1ᵐ,48 à 1ᵐ,54
Artillerie (selle)	1ᵐ,54 à 1ᵐ,62
— (trait)...................	1ᵐ,54 à 1ᵐ,62
État-major .... 1ᵐ,56 à 1ᵐ,64	mais de modèles
Carrière........... { 1ᵐ,56 à 1ᵐ,65	déterminés.
Manège	

Il va sans dire que, pour le classement des chevaux dans les diverses catégories, le modèle général, l'importance s'ajoutent aux données brutales de la toise.

Les prix budgétaires (prix moyens, bien entendu) pour les différentes catégories sont les suivants :

		Fr.
Cuirassiers.. .. {	Tête...............	1.770
	Troupe..........	1.270
Dragons........ {	Tête............	1.500
	Troupe	1.090
Légère........ ..	Tête...... . . .	1.350
	Troupe....	950
Artillerie. ..... {	Tête....	1.500
	Selle.	1.050
	Trait	1.000
État-major		1.500
Écoles......... {	Carrière	1.800
	Manège..........	1.400

Le budget général des remontes s'élève pour 1907 à 19 379 971 francs ; ce chiffre présente une diminution de 500 000 francs sur le budget de 1906, de 900 000 francs sur celui de 1903, de 1 200 000 francs sur celui de 1902. Les réductions budgétaires successives de 1903 et 1904, s'élevant ensemble à 700 000 francs, avaient déjà amené sur le prix moyen des chevaux achetés les baisses de prix suivantes par catégorie :

	Fr.
Cuirassiers (tête)	140
Dragons (tête)	77
Artillerie (tête)	79
Légère (tête)	23
Cuirassiers (troupe)	118
Dragons (troupe)	19
Légère (troupe)	41
Carrière	128

La nouvelle réduction de crédits de 500 000 francs portée au budget de 1907, qu'elle porte sur le prix des chevaux ou sur leur nombre, n'en est pas moins une grave atteinte portée à notre élevage du cheval de guerre au moment même où il aurait le plus besoin d'être soutenu et encouragé.

Nous donnons ci-après, à titre de renseignement d'après les affiches, le tableau des commandes en chevaux des diverses catégories pour l'année 1907.

REMONTE GÉNÉRALE

Commande pour 1907.

DÉPOTS	CUIRASSIERS		DRAGONS		LÉGÈRE		ÉTAT-MAJOR	ÉCOLES		ARTILLERIE			GÉNIE		TRAIN
	Tête.	Troupe.	Tête.	Troupe.	Tête.	Troupe.		Carrière.	Manège.	Tête.	Selle.	Trait.	Tête.	Troupe.	
Caen	24	294	27	290	3	20	21	8	»	115	409	331	1	3	3
Saint-Lô	18	236	21	286	2	11	16	3	»	98	187	278	»	»	3
Alençon	13	111	16	150	3	10	16	7	»	41	107	118	»	»	6
Guingamp	»	»	2	70	2	44	4	»	»	12	71	346	»	»	3
Angers	12	153	15	142	3	4	7	5	»	25	94	99	1	3	3
Fontenay-le-Comte	5	40	11	192	2	12	10	3	»	26	72	76	»	»	6
Saint-Jean-d'Angély	10	105	17	255	5	39	14	6	1	56	91	94	»	»	12
Tarbes	»	»	24	197	74	1079	10	3	5	2	»	»	»	»	»
Agen	»	»	35	183	54	473	10	6	5	3	»	»	»	»	»
Mérignac	»	»	11	70	27	419	5	1	1	»	10	»	»	»	»
Aurillac	1	15	40	135	20	210	5	»	»	4	16	34	1	3	6
Guéret	»	»	10	57	15	191	3	2	2	11	44	36	»	»	»
Arles	»	»	3	20	14	109	3	»	1	6	9	14	1	4	»
Paris	12	10	40	92	14	8	8	19	»	37	9	26	2	8	9
Mâcon	4	39	13	152	5	77	9	5	»	54	94	181	1	4	9
Cuperly	»	5	3	20	2	10	1	»	»	4	30	86	»	»	»
Total	99	1008	258	2311	245	2706	142	68	15	494	1243	1719	7	25	60

Les chiffres de cette première commande sont généralement modifiés en cours d'année par des commandes supplémentaires.

On trouvera dans le tableau ci-après les chiffres globaux des achats effectués dans les différents dépôts pendant l'année 1906.

Achats effectués en 1906.

DÉPOTS	CAVALERIE.	ARTILLERIE.		MULETS.	TOTAUX par dépôts.
		Selle.	Trait.		
Circonscription de Caen.					
Caen	662	488	316	»	1.466
Saint-Lô	586	322	348	»	1.256
Alençon	280	152	99	»	531
Angers	328	108	136	»	572
Guingamp	138	91	344	»	573
Fontenay-le-Cte	359	168	111	»	638
St-Jean-d'Angély	454	160	142	»	756
	2.807	1.489	1.496	»	5.792
Dépôts en dehors des circonscript.					
Paris	229	123	71	»	423
Mâcon	391	165	183	»	649
Cuperly	61	40	95	»	196
	591	328	349	»	1 268
Circonscription de Tarbes.					
Tarbes	1.404	2	»	»	1.406
Agen	814	5	»	»	819
Mérignac	543	2	»	»	545
Guéret	278	49	33	»	360
Aurillac	407	54	61	»	518
Arles	149	10	7	55	225
	3.595	122	101	55	3.873
	6.993	1.939	1.946	55	10.933

Desiderata de la Remonte. — Achetant annuellement de 10 000 à 11 000 chevaux, la Remonte se considère, et à juste titre, comme un client sérieux pour l'élevage et, comme tel, prétend imposer à celui-ci le type qu'elle désire.

Nous empruntons au premier *Bulletin de la Société du cheval de guerre*, sous la plume d'un de nos commandants de remonte les plus distingués, les lignes suivantes qui feront bien comprendre ce que doit être un cheval de guerre :

« La cavalerie a besoin de 5 000 chevaux de selle ; elle les veut beaux et bons, faits sur mesure et à sa mesure. Elle a ses goûts, ses couleurs, ses étoffes préférés ; elle les indique, elle les paye (??)...

« En tout cas, ce que l'armée ne saurait admettre, c'est qu'on la considère comme le dépotoir de l'élevage et qu'on prétende écouler chez elle tous les produits frelatés, tous les déchets, tous les ratés, en disant, comme le cite fort à propos le comte d'Ideville : « Ça fera toujours « bien un troupier... »

« Qu'on l'apprenne donc, un cheval de selle n'est pas un laissé pour-compte, une épluchure, un déchet ; c'est au contraire le chef-d'œuvre de l'espèce. Il lui faut des aptitudes et une énergie extraordinaires, car, de tous les animaux de la création que l'homme a enchaînés à son service, il est — et de beaucoup — celui auquel il a imposé la tâche la plus rude. Elle est invraisemblable.

« Le cheval de selle doit marcher très vite, très long-temps, et agréablement sous un très gros poids (120 à 150 kilogrammes) ; voilà pourquoi il exige un élevage absolument spécial avec des éléments spéciaux d'où découlent des aptitudes et des allures spéciales.

« La première de ces qualités est un équilibre naturel aussi parfait que possible, afin que, dans le prodigieux labeur de sa tâche journalière, l'effort, réparti également sur tous les ressorts de l'organisme, n'en ruine aucun prématurément...

« Il faut au cheval de selle des allures spéciales ; sa route est longue et il lui faut, pour en atteindre le terme sans encombre, embrasser le maximum de terrain avec le minimum d'efforts. Cette condition primordiale exclut les allures relevées et met au contraire en valeur les allures coulantes, étendues et silencieuses, qui sont les moins fatigantes pour le cheval comme pour le cavalier...

« Avec l'armement actuel, qui chaque jour étend plus loin sa nappe de feu, avec les effectifs énormes de combattants et de convois qui multiplient la profondeur des colonnes, l'éloignement des ailes et, par conséquent, les distances à parcourir, parfois sous des rafales de fer, plus que jamais s'impose la nécessité du vol rapide, et voilà pourquoi nous voulons un cheval qui ait le galop à fleur de peau et non un cheval auquel il faille arracher cette allure à coups d'éperons, comme avec un forceps, du plus profond des entrailles. »

En un mot, l'armée veut un cheval étoffé, puissant, bien équilibré, maniable et ayant du sang, sang auquel il devra des allures allongées et rapides et l'aptitude à galoper vite et longtemps en terrains variés sous le poids écrasant du cavalier et du paquetage.

On ne peut qu'approuver la Remonte de faire connaître ses desiderata par tous les moyens en son pouvoir, et en particulier d'avoir créé depuis 1899 des concours dits « concours de primes de majoration » destinés à mettre en relief les types de chevaux se rapprochant le plus de son idéal et à en encourager l'élevage.

Nous étudierons plus loin ces concours avec les autres concours hippiques ; mais il nous est permis dès à présent de regretter qu'ils ne soient pas plus nombreux, mieux dotés et surtout plus sévères comme épreuve imposée aux concurrents.

Mais si, comme acheteur, l'armée a le droit et même le devoir de réclamer un type spécial, si sa compétence est hors de doute pour apprécier le type qui lui convient, qui lui est nécessaire, il est téméraire et inconsidéré de sa part de vouloir engager l'élevage trop exclusivement dans la voie de l'élevage du cheval de guerre, voie trop étroite et, par suite, pernicieuse autant pour l'élevage que pour l'armée elle-même.

Le cheval que réclame la Remonte, *cheval fait sur mesure et à sa mesure*, est, comme toutes les marchandises faites sur commande, cher à produire : déjà cher à produire si on ne considère que les individus réussis que prendra la Remonte, bien plus cher encore si l'on fait entrer en ligne de compte tous les ratés, tous les laissés-pour-compte qui, refusés par l'armée, ne trouveront pas preneur dans le commerce et n'auront d'autre débouché que la boucherie hippophagique. Peut-on raisonnablement penser qu'on persuadera jamais à l'éleveur de travailler à perte ? Peut-on même espérer lui faire abandonner une production des plus médiocre qui lui assure un bénéfice, sinon considérable, du moins presque certain, pour une autre plus réussie, mais dont les résultats pécuniaires pour lui sont bien autrement aléatoires ?

Admettons même qu'un certain nombre d'éleveurs s'adonnent à la production du cheval de guerre ayant ce type spécial comme objectif. En vertu des lois économiques immuables, l'offre et la demande s'équilibreront, la production du cheval de guerre restera forcément limitée aux besoins annuels de la Remonte. L'armée aura peut-être enfin, en temps de paix, ce cheval idéal qu'elle rêve ; mais, il ne faut pas se le dissimuler, la remonte de notre cavalerie en temps ordinaire n'est que de bien faible importance en comparaison des 180 000 chevaux qu'il faudra trouver du jour au lendemain lors de la mobilisation.

Notre système d'élevage actuel, tout imparfait, tout critiquable qu'il soit au point de vue selle, a du moins le mérite, en multipliant sur notre territoire le cheval d'attelage ayant du sang, du cheval à deux fins pouvant à l'occasion tant mal que bien se monter, de créer une abondante réserve de chevaux susceptibles d'entrer dans nos effectifs lorsque la guerre éclatera. Serions-nous mieux montés avec des effectifs admirablement composés en temps de paix, mais qui ne pourraient numériquement être complétés pour le passage sur le pied de guerre?

N'est-il pas d'une meilleure économie de chercher à utiliser au mieux les ressources hippiques actuelles de la France, tant qu'elle en possède encore? Ce cheval de selle existe pourtant en France; il existe, mais il faut le découvrir; il existe, mais le plus souvent avec les défauts inhérents à son élevage, tares ou défauts d'aplombs. Est-ce en écartant systématiquement des rangs de l'armée des animaux ayant le modèle et le sang voulus, mais dotés de ces imperfections et qui, malgré cela, seraient d'excellents serviteurs, qu'on engagera l'élevage dans la voie recherchée? Ce que l'éleveur craint par-dessus tout, c'est le laissé-pour-compte, l'inutile bouchon. Que l'éleveur sache qu'en se livrant à la production du cheval de sang il ne court aucun risque, que ses poulains, même imparfaits, doués de sang et de modèle, mais défectueux, lui seront cependant achetés s'ils sont utilisables, et il reviendra aux reproducteurs de sang. C'est le système employé, en dépit de la routine et des impédimenta administratifs, par le commandant d'un de nos principaux dépôts dont la circonscription est réputée cependant pour sa pauvreté en chevaux de selle. Plus de 25 p. 100 des chevaux achetés dans ce dépôt sont directement issus du pur sang; la majorité des autres le comptent au deuxième degré ou au plus au troisième degré.

En 1906, le dépôt de Caen a fourni 662 chevaux de cavalerie et 804 artilleurs. Sur cet ensemble, 46 chevaux étaient de pur sang et 357 issus directement du pur sang, dont 63 par la mère. Tout en tenant compte que quelques-uns de ces chevaux ont été versés dans l'artillerie, on remarquera que la moitié environ des chevaux de cavalerie provenant de la remonte de ce dépôt sont produits directs du pur sang.

Ces chiffres se passent de commentaires, et il est à regretter que l'exemple d'une personnalité hippique à la fois si compétente et si universellement sympathique ne soit pas suivi partout et que cette façon de faire ne soit pas officiellement prescrite.

La question du cheval de guerre est de celles qui intéressent si vivement l'avenir gros de nuages de notre élevage que nous y reviendrons encore en parlant des débouchés.

IV. — LES COURSES

L'utilité des courses n'est plus à démontrer. Elles servent, par leurs grandes épreuves, à sélectionner les reproducteurs et, par la multiplicité de leurs épreuves de moindre importance, à créer un débouché artificiel à toute une branche de notre industrie chevaline qui ne pourrait vivre sans elle et dont la disparition aurait sur l'ensemble de notre production les plus funestes effets.

Sans courses, sans un élevage spécial en vue des courses, où trouver, comment distinguer ces reproducteurs d'élite dont l'influence amélijoratrice se propage ensuite partout, et dont l'existence est forcément liée à celle des animaux de même espèce, mais d'ordre secondaire, qui ne trouvent à gagner leur avoine que grâce à la multiplicité des courses.

Lorsqu'elle est bien entendue, scientifiquement réglée, l'institution des courses est inattaquable, car, en même temps qu'elles servent de pierre de touche pour juger la qualité des reproducteurs, elles obligent à soumettre les animaux qui y sont destinés à une nourriture plus substantielle, à une gymnastique fonctionnelle spéciale, à toute une hygiène, en un mot, qui hâte et parfait leur développement et leur fait acquérir une précocité et une endurance qu'ils n'auraient pas sans elles.

Historique. — Retraçons en quelques mots l'histoire des courses en France.

Les premières courses dont on trouve trace sont celles de Semur en 1370 Elles avaient ensuite lieu régulièrement chaque année, mais, comme beaucoup d'autres à cette époque, elles n'étaient que des spectacles sans intérêt pour l'élevage et destinés seulement à relever l'éclat des fêtes locales.

Il faut arriver au règne de Louis XIV pour voir quelques tentatives de courses à l'instar de l'Angleterre (1).

Ce n'est qu'à la fin du xviiie siècle, en 1776, grâce à l'initiative du duc de Chartres et du comte d'Artois, que les courses furent réellement importées en France et qu'un hippodrome fut créé dans la plaine des Sablons (2).

La Révolution supprima les courses comme elle supprima tout ; mais l'empereur en comprit toute l'importance, en fit une institution régulière en France et leur accorda un budget de 24 600 francs qui devaient être distribués sur six hippodromes. Les courses étaient alors réservées aux chevaux de cinq, six et sept ans.

(1) Citons entre autres les suivantes :

En 1651, match au Bois de Boulogne entre le prince d'Harcourt et le duc de Joyeuse.

En 1683, course internationale à Achères gagnée par un cheval hongre au duc de Monmouth.

En 1685, match couru à Achères entre deux chevaux montés par des grooms anglais et appartenant l'un au duc de Vendôme, l'autre à M. Le Grand.

En 1754 fut couverte en moins de deux heures la distance de Paris à Fontainebleau (15 lieues), à la suite d'un pari.

(2) Plusieurs courses y furent courues et, le 8 novembre, une poule de 15 000 francs fut gagnée sur 2 milles par *l'Abbé*, au prince de Guéméné, battant *Partner*, au duc de Chartres.

Le 10, une journée de courses était donnée à Fontainebleau, et un fils d'*Éclipse*, *Glavorn*, au duc de Chartres, battait *King-Peppin*, *Barbary* et *Cadet*.

L'année suivante, le 15 octobre, sur le même hippodrome, on comptait un champ de 40 chevaux et, au mois d'avril de la même année, trois réunions eurent lieu à Vincennes pour juments françaises et étrangères.

En 1833 se fonde le *Jockey-Club* ou Société d'encouragement qui, ne pouvant étendre son influence sur toutes les races, a concentré son action sur la race pure, base, selon elle, de tous les progrès à accomplir. A l'origine, ses ressources propres n'excédaient pas 20 700 francs, mais, peu à peu, elles se développaient au point de pouvoir donner en 1857 pour 134 500 francs de prix auxquels venaient s'adjoindre les subventions de l'État (37 000 francs) et de Compagnies particulières. C'est à 1863 que remonte la fondation du Grand Prix. En 1864, la Société offrait sur ses hippodromes pour 223 500 francs de prix, subventionnait les sociétés de province pour 46 000 francs et recevait de divers côtés des allocations montant à 228 500 francs. Le budget des courses était donc à cette époque de 498 000 francs.

En 1865, se sentant assez forte pour voler de ses propres ailes, la Société d'encouragement se séparait de l'Administration et recevait, par un arrêté ministériel de 1866, la direction absolue en France des courses plates qui se trouvèrent dès lors soumises sur tous les hippodromes à son règlement. Ce même arrêté conférait un pouvoir identique pour les courses d'obstacles à la Société des steeple-chases et pour les courses au trot à la Société d'encouragement à l'élevage du demi-sang.

Ces trois sociétés étaient revêtues en 1882 des formes légales exigées pour toutes les sociétés.

L'État continue depuis cette époque à allouer d'importantes subventions aux courses. Jusqu'en 1892 les prix accordés par le gouvernement étaient divisés en deux catégories : les prix classés dont les allocations étaient fixées une fois pour toutes et qui se couraient toujours sur les mêmes hippodromes et dans les mêmes conditions déterminées d'âge, de poids et de distances ; et les prix non classés dont la fixation faisait chaque année l'objet d'un arrêté ministériel.

Cette distinction entre les prix classés et les prix non

classés a été supprimée par une décision ministérielle du 24 janvier 1890, et aujourd'hui ce sont les sociétés qui déterminent, sous réserve de l'approbation de leurs programmes par le ministre de l'Agriculture, la répartition des allocations qui leur sont offertes par le gouvernement et les conditions des épreuves dont les prix sont ainsi constitués :

Courses plates. — Le code des courses établi par la Société d'encouragement est calqué dans ses grandes lignes sur celui du Jockey-Club anglais et a servi de modèle au règlement de la Société des steeple-chases et au code des courses au trot. Les mêmes règles générales, les mêmes dispositions principales y sont reproduites, et on peut dire que ces trois codes ne présentent de différences marquées qu'au sujet des spécialités qu'ils ont respectivement pour mission de régir. Tout en étant conçus dans des idées larges et libérales, les dispositions les plus prudentes y sont prises pour limiter les fraudes autant que faire se peut et maintenir le plus possible l'institution des courses dans son vrai rôle qui est de conserver et d'améliorer l'espèce et non d'être uniquement l'objet du jeu et des spéculations. D'accord avec le gouvernement, la Société d'encouragement a toujours lutté énergiquement dans cet ordre d'idées et les abus déplorables qui s'étaient développés avec l'ouverture des nombreux hippodromes suburbains entraînèrent la suppression de ceux-ci.

Il est toutefois intéressant de jeter un coup d'œil d'ensemble sur l'évolution subie par les courses depuis leur réorganisation en 1805.

A cette époque, il s'agissait de reconstituer les races locales dispersées pendant la tourmente révolutionnaire, et le cheval de pur sang, encore peu connu en France, n'y avait pas affirmé son écrasante supériorité comme racer et comme reproducteur d'élite. Les courses, réglementées par le décret de 1805, présentaient un caractère essentiellement utilitaire et administratif qui les réduisait au rôle exclusif d'épreuves de reproducteurs. Les prix étaient régionaux et se disputaient sur cinq hippodromes : un dans les Pyrénées, un dans la Corrèze, un dans la Lorraine, un dans le Morbihan, un dans l'Orne. Une sixième réunion avait lieu à Paris et était réservée aux vainqueurs des courses des départements.

La répartition des prix sur chacun des hippodromes provinciaux était la suivante :

Un prix pour poulains entiers de cinq ans ; montant du prix : 1 200 francs ; distance 4 000 mètres.
Un prix pour juments de cinq ans ; montant du prix : 1 200 francs ; distance : 4 000 mètres.
Un prix pour chevaux entiers et juments de six et sept ans, montant du prix : 1 200 francs ; distance : 6 000 mètres.
Un prix pour les trois vainqueurs des épreuves précédentes ; montant du prix : 2 000 francs ; distance : 4 000 mètres, en partie liée.

A Paris, le prix réservé aux vainqueurs des épreuves de 2 000 francs était de 4 000 francs et se courait en partie liée sur une distance de 4 000 mètres.

Ces épreuves, peu nombreuses mais sévères, exigeaient de la part de ceux qui y triomphaient des qualités de fond qui permettaient une sélection utile de reproducteurs destinés à régénérer des races locales ; et, vu le peu de précocité des chevaux de cette époque, l'âge tardif auquel ils étaient seulement admis à courir leur permettait de supporter les épreuves qui leur étaient imposées sans danger pour leur organisme.

Les résultats de cette institution furent ce qu'on en attendait ; mais peu à peu l'élevage du pur sang se développait en France et celui-ci ne tardait pas à montrer sa supériorité comme vitesse et comme précocité. Les chevaux furent alors admis à courir à trois ans dans des épreuves spéciales à leur âge, et à quatre ans également dans des épreuves spéciales ou ouvertes à des chevaux plus âgés ; mais les courses les plus nombreuses et les mieux dotées continuaient à être réservées aux chevaux d'âge, les courses de trois ans et de quatre ans n'étant en quelque sorte qu'un entraînement préparatoire. En même temps, ces courses, restant régionales, favorisaient la formation de familles distinctes de pursang qui, à partir de 1840, furent admises à se mesurer entre elles par la suppression des arrondissements ou circonscriptions ; et les chevaux inscrits au Stud-Book purent seuls prendre part aux prix royaux, et au Grand Prix royal à partir de 1842.

Le développement de l'élevage du pur sang et celui des courses marchèrent ensuite de pair et continuent encore aujourd'hui leur progression ascendante et parallèle. Mais les capitaux énormes engagés dans les écuries de courses ne pouvaient rester trop longtemps improductifs, et c'est pourquoi la proportion des courses ouvertes aux chevaux de trois ans s'accrut rapidement, au point d'être aujourd'hui prépondérante, les courses de deux ans furent créées et acquirent à leur tour une place assez importante, comme on peut s'en rendre compte en jetant les yeux sur le tableau suivant, donnant la répartition de la somme donnée en prix sous le rapport : 1° de l'âge des chevaux : 2° des distances ; 3° des conditions des courses.

Répartition

*de la somme donnée par la Société d'encouragement en prix
sous le rapport : 1º de l'âge des chevaux ; 2º des distances ;
3º des conditions des courses.*

COURSES	NOMBRE.	VALEUR.	PROPORTION p. 100.
Pour chevaux de 2 ans............	26	236.000	7
— 2 — et au-dessus.	5	26.000	1
— 3 —	79	1.180.000	36
— 3 — et au-dessus.	246	1.443.000	44
— 4 — et au-dessus.	31	386.000	12
	387	3.271.000	100
Au-dessous de 2 000 mètres........	54	418.500	13
De 2 000 à 3 000 m. exclusivement..	278	1.933.500	59
De 3 000 mètres et au-dessus.....	55	919.500	28
	387	3.271.000	100
Sans exclusion ni surcharge......	28	1.022.000	31
Avec exclusions ou surcharges....	274	1.759.000	53 3/4
Handicaps	51	349.000	10 3/4
A réclamer p. 10 000 fr. et au-dessus.	22	94.000	3
A réclamer au-dessous de 10 000 fr.	12	47.000	1 1/2
	387	3.271.000	100

Courses de deux ans. — Le développement de ces
courses de deux ans est différemment apprécié par des
juges compétents et les arguments que l'on fait valoir
aussi bien en leur faveur que contre elles méritent d'être
pris en considération.

Il est certain d'une part que, pour faire paraître un
poulain à deux ans sur le turf, il est nécessaire de le
mieux soigner dès son jeune âge et de le soumettre à un
régime alimentaire intensif, puis à un entraînement
progressif constituant une gymnastique fonctionnelle éminemment favorable à son développement, d'où progrès

pour l'ensemble de la race et accroissement de la précocité de celle-ci.

Mais, d'autre part, il arrive trop fréquemment que les propriétaires, voyant dans les courses de deux ans un moyen rapide de tirer intérêt de leurs capitaux, soumettent leurs poulains à un travail exagéré, pressent leur entraînement et leur imposent des courses publiques trop souvent répétées, alors que la nature ne leur a pas encore donné la force nécessaire pour supporter toutes ces exigences. A ce régime, les chevaux se tarent, dépérissent, s'usent avant l'âge et leur constitution s'altère pour toujours. On comprend aisément dès lors dans quelles conditions défavorables d'infériorité de tels éléments se présentent pour être livrés à la reproduction et combien ce défaut s'aggravera quand la même cause d'étiolement existera depuis plusieurs générations successives. On peut donc dire sans se tromper que le principe des courses de deux ans est excellent en lui-même mais que, son application est souvent dangereuse par suite des abus considérables auxquels elles donnent lieu ; et on ne peut qu'applaudir à la sagesse dont la Société d'encouragement a fait preuve en fixant au 1er août seulement, sous peine de disqualification, la date à laquelle les poulains de deux ans peuvent paraître en public, alors qu'en Angleterre ils peuvent courir dès le printemps.

Distances.— Une autre tendance à signaler est celle du raccourcissement des distances. Les épreuves comportant de longs parcours sont peu à peu devenues de moins en moins nombreuses et jouissent d'une défaveur de plus en plus marquée auprès des propriétaires. Quatre prix seulement se courent encore aujourd'hui sur une distance supérieure de 4000 mètres ; ce sont le prix du Cadran (4000 mètres), le prix Raimbow (5000 mètres), le prix Dangu (4000 mètres) et le prix Gladiateur (6800 mètres); et les champs qui se les disputent sont notablement inférieurs à ceux d'il y a une quinzaine d'années, où l'on voyait se mesurer entre eux des animaux de la classe de *Mirabeau, Carmaux, Fitz Roya* et *Le Glorieux*, ou comme *Bérenger, Guise, Reverend* et *Gouverneur*.

Cette tendance est évidemment fâcheuse pour la race, car « un cheval qui peut supporter l'entraînement que comporte une épreuve de 6 000 mètres est toujours un bon cheval doué de membres solides et d'excellents poumons, tandis qu'il est toujours possible d'entraîner un cheval sur 1 000 ou 2 000 mètres ». Nos chevaux ont toujours prouvé que le fond était leur qualité dominante, et il est quelque peu regrettable de voir l'élevage tendre, comme en Angleterre, vers la production presque exclusive de flyers.

Quoi qu'il en soit et telles qu'elles sont, les courses plates restent « le véritable et unique critérium de l'énergie des muscles, de la densité des os, de l'ampleur, de l'haleine et de la trempe de tout l'organisme du cheval ».

Courses d'obstacles. — Les courses d'obstacles ne peuvent prétendre à ce rôle supérieur, car les nombreuses causes d'accidents qui leur sont inhérentes en éloignent souvent les chevaux de la première classe ou viennent fausser les résultats que faisait prévoir la qualité réelle des concurrents ; mais elles constituent d'excellentes épreuves d'aptitude. En les instituant, la Société des steeple-chases, dont la fondation remonte à 1863, se proposait le double but de sélectionner des chevaux doués de l'aptitude sauteuse, bons par conséquent à être employés comme étalons de croisement, afin de vulgariser le bon cheval de selle si utile aux remontes et de former des cavaliers hardis et entreprenants, car « le véritable homme de cheval ressent une jouissance réelle à franchir des obstacles souvent difficiles avec un cheval qu'il a dressé avec soin, dont il connaît les aptitudes et qu'il dirige avec discernement. Sa vigueur, son adresse, son habileté, son sang-froid et son courage sont tous mis à contribution pour cet exercice, un des plus sains, des plus réconfortants qu'on puisse trouver et aussi un des plus utiles, car nulle école ne vaut celle-là pour former des cavaliers hardis et confiants en eux-mêmes ».

Pour atteindre ce double but, les courses d'obstacles se présentent sous deux formes : les hurdle-races ou courses de haies et les steeple-chases. Les premières n'ont, à notre avis, pas grande signification : le train y est trop rapide, les parcours trop coulants; les chevaux brochent dans les haies ou les claies qu'ils défoncent ou renversent souvent sans presque accuser le saut. Elles ne révèlent aucune aptitude et ne sont que d'une médiocre utilité pour les cavaliers qui ne peuvent acquérir la hardiesse et le sang-froid désirés que sur les gros obstacles. Tout au plus pourrait-on les préconiser pour mettre en confiance les chevaux incomplètement dressés sur l'obstacle, mais elles ne peuvent pas leur faire acquérir la prudence sur l'obstacle qui est une des premières qualités du bon sauteur.

Steeple-chases. — Les steeple-chases ont subi des modifications profondes depuis leur création. A l'origine, comme leur nom l'indique (*steeple-chase*, course au clocher), ils se couraient à travers champs en prenant pour but un point visible de loin, un clocher par exemple, que l'on s'efforçait d'atteindre en franchissant, droit devant soi, tous les obstacles qui se présentaient. Les premières courses de ce genre furent courues en Angleterre par des gentlemen qui y montaient leurs chevaux de chasse habituels. Ce sport ne tarda pas à traverser le détroit et fut bien accueilli en France. Les parcours à travers champs furent bientôt remplacés par des tracés fixes sur des hippodromes en profitant du plus d'obstacles naturels possible et en complétant ceux-ci par des obstacles artificiels mais sévères. Tels étaient les anciens parcours de la Croix de Berny, de la Marche, de Vincennes; tels sont encore aujourd'hui, quoique déjà très adoucis, les champs de courses du Pin, de Craon, de Pau, de Dieppe.

Les parcours étaient longs, les poids élevés et, pour franchir sans encombre les obstacles sérieux qui hérissaient alors les pistes, il fallait de véritables sauteurs très créancés sur l'obstacle. Ces chevaux étaient de véritables spécialistes. Certaines écuries élevaient et dressaient leurs chevaux spécialement en vue des courses d'obstacles, d'autres se remontaient parmi les non-valeurs du plat présentant les aptitudes sauteuses. « On aurait ainsi créé, si on avait persisté dans cette voie, une race de bons sauteurs résistants, de grand développement et de beaucoup de substance, tels qu'étaient les steeple-chasers de cette époque, qui tous étaient en outre, par force majeure, parfaitement dressés. »

Malheureusement, le steeple-chasing actuel a beaucoup changé de physionomie. Les écuries d'obstacles ont de plus en plus recruté leurs pensionnaires parmi les chevaux de plat ; des chevaux ayant fait preuve de qualité en plat ont été dressés sur les obstacles ; la classe des steeple-chasers s'est notablement relevée, mais en même temps le train auquel ces épreuves étaient courues s'est notablement accru. Des obstacles sévères ne pouvaient pas être sautés à ce train ; au lieu de maintenir les gros obstacles qui eussent conservé au steeple-chasing son caractère spécial, on a abaissé les obstacles et rendu les parcours de plus en plus coulants. Le steeple-chase a perdu son caractère utilitaire et vraiment intéressant pour devenir un autre débouché où les chevaux, après avoir couru en plat, puissent fournir une seconde carrière.

En Angleterre, le steeple-chasing est davantage demeuré ce qu'il était à l'origine, et des parcours comme ceux du Grand National à Liverpool surprendraient la plupart de nos steeple-chasers actuels les plus en renom. Les steeple-chasers anglais sont restés des sauteurs ; les parcours s'y font à une allure lente et la course ne se dispute qu'à l'arrivée. Cette différence capitale à l'heure actuelle entre les steeple-chasings anglais et français suffit à expliquer la déroute subie ces dernières années dans le Grand Steeple d'Auteuil par les champions anglais, mis tout de suite hors de leur train sur des obstacles insignifiants pour eux.

Comme nous l'avons dit plus haut, courses de haies et steeple-chases sont soumis les uns comme les autres, sur tous les hippodromes, au règlement de la Société des steeple-chases. Autrefois ces sortes de courses recevaient des subsides du gouvernement ; aujourd'hui, elles sont abandonnées à leurs propres ressources.

La Société des steeple-chases, ainsi que la Société sportive d'encouragement et la Société du sport de France, en outre des prix distribués sur leurs propres hippodromes, subventionnent largement les sociétés locales de province. Il en est de même de la Société du demi-sang. Enfin les villes, les départements et les particuliers contribuent aussi, dans une certaine mesure, au budget des courses d'obstacles.

Courses au trot. — Les courses au trot, comme les courses d'obstacles, ne sont que des épreuves d'aptitudes ; le trot n'étant pas une allure extrème, elles ne peuvent pas donner la mesure absolue de la qualité du cheval, mais seulement sa valeur relative à cette allure.

Les premiers essais de courses au trot remontent, à 1834, grâce à l'initiative de M. Houel qui s'efforça de les propager ; mais leur véritable extension date de la fondation, en 1864, de la Société d'encouragement à l'élevage du demi-sang dont le code les régit.

Les services rendus à l'élevage par les courses au trot sont énormes. Appliquées à une race en voie de formation comme l'était notre race de demi-sang, généralisées, si on peut s'exprimer ainsi, à tout l'ensemble de cette production au lieu de rester presque exclusivement entre les mains de grandes écuries, elles ont permis d'exercer d'une façon très directe et très étendue une sélection utile des reproducteurs, sélection sur l'aptitude trotteuse d'abord, sélection que quelques-uns trouvent même trop absolue à ce point de vue ; sélection surtout sur le sang qui, grâce à elles, a imprégné de plus en plus abondamment nos variétés de demi-sang. Mais là ne se sont pas bornés les bienfaits des courses au trot, car elles ont exercé une influence directe et très utile sur la pratique même de l'élevage, et les progrès qu'elles ont fait réaliser dans la façon de nourrir et de soigner les poulains ont profité non seulement aux chevaux de courses au trot, mais encore à tous ceux qui y étaient destinés et, par contre-coup, à tout l'ensemble de cette production.

Les courses au trot se courent soit montées soit attelées sur des voitures très légères nommées *sulkys*. Le trot étant avant tout une allure d'attelage, il paraîtrait à première vue plus logique de développer ce dernier mode d'épreuves ; mais, le poids à tirer étant insignifiant, elles ne sauraient prouver ni développer l'aptitude à tirer. Au sulky, les chevaux courent comme en liberté ; les vitesses qu'ils atteignent ainsi sont supérieures à celles qu'ils peuvent obtenir montés ; mais ce mode de courses, s'il était développé, amènerait fatalement une sélection exclusive sur la vitesse, en dépit du modèle.

Cet inconvénient, la Société d'encouragement à l'élevage du demi-sang a su l'éviter autant que faire se peut en réservant, dans ses programmes, la plus large part aux courses au trot monté qui, par les poids généralement considérables imposés aux chevaux sur des distances longues, conservent forcément à la race les qualités de volume, de puissance et de conformation du dessus indispensables à tout bon cheval de service, qu'on le destine au harnais ou à la selle.

Types de courses. — A quelque genre qu'elles appartiennent, les programmes des courses peuvent se ramener à trois types principaux :

1° Les courses à poids pour âge, dans lesquelles le poids

est fixé d'après l'àge et le sexe des concurrents suivant un barème adopté par le code. Ces courses peuvent comporter des surcharges ou des décharges pour chevaux ayant accompli ou n'ayant pas accompli certaines performances ;

2° Les handicaps, dans lesquels il est attribué à chaque cheval un poids proportionnel à sa qualité supposée, de façon à équilibrer les chances ;

3° Les prix à réclamer, dans lesquels le gagnant ou tous les chevaux qui prennent part à la course sont mis à vendre sous des conditions fixées par le code, à des prix déterminés par le programme, et bénéficient de poids d'autant plus avantageux que les prix de réclamation sont moins élevés.

Dans les courses au trot, les surcharges et les décharges sont fréquemment remplacées par des allongements et des rendements de distance.

Le budget général des courses s'élève en chiffre rond à 16 000 000 de francs sur lesquels :

8 000 000	environ pour les courses plates,		
6 000 000	—	—	d'obstacles.
2 000 000	—	—	au trot.

V. — LES CONCOURS HIPPIQUES

Nous étudierons sous ce titre tous les concours ouverts aux chevaux en service ou prétendus tels. Parmi ces concours, les uns ont l'estampille officielle et sont organisés soit par les haras (concours de dressage, concours de chevaux de selle), soit par les remontes (concours de primes de majoration) ; les autres sont dus à l'initiative de sociétés privées dont la principale, la Société hippique française, sert de modèle à toutes les autres.

Les **concours de dressage** de l'Administration des haras ont lieu à Caen, Falaise, Alençon, la Guerche, Rochefort

et la Roche-sur-Yon ; il leur était affecté en 1906 une
somme de 53600 francs, dont

    41100 francs de l'État.
     7500   —   des départements.
     2000   —   de la Société hippique française (concours
                      de la Guerche).
     3000   —   de diverses sociétés locales.

Ces concours sont ouverts aux jeunes chevaux hongres
et juments de demi-sang munis de leurs papiers et âgés
de quatre et cinq ans présentés attelés ou montés. Ils
comprennent des épreuves d'attelage à un et deux chevaux
et des épreuves de selle. Les épreuves d'attelage comportent un huit au pas et au trot et un tour de piste au trot
allongé et quelques pas en reculant. Les épreuves de
selle se composent d'un tour de piste et d'un cercle à
chaque main aux trois allures et de quelques pas en
reculant.

Ces concours n'ont malheureusement de dressage que
le nom et sont à vrai dire plutôt des concours d'allures ;
ce sont elles, en effet, qui semblent, pour le classement,
jouir du coefficient le plus élevé, tandis que le dressage
lui-même (qu'il est bien difficile de juger, il est vrai, dans
une épreuve aussi anodine) ne semble attirer que fort
peu l'attention du jury. D'ailleurs, au point de vue dressage, surtout pour la présentation des chevaux montés, ces
exhibitions offrent un spectacle lamentable. Contractés,
voussant le dos, avec un pli d'encolure faux et exagéré,
renfermés, en dedans de la main, avec des allures artificielles et pénibles, montés dans un paddock trop petit,
ces malheureux poulains montrent assez combien la
préparation qu'ils ont reçue en vue de ces concours est
la négation de tout vrai dressage. Amenés au dresseur le
plus souvent quelques jours à peine avant le concours,
n'ayant en général jusqu'à ce moment porté que des
mouches, ils sont aussitôt martyrisés au jockey afin de

leur donner rapidement un simulacre de placer, et montés quelques minutes à peine, juste assez pour qu'ils supportent le poids du cavalier sans trop se défendre C'est après cette préparation aussi irrationnelle qu'insuffisante qu'ils sont amenés à ces concours dits *de dressage* ! Quelque simple que soit le programme de l'épreuve pour chevaux montés, il est encore trop compliqué pour un pays où le goût et la pratique de l'équitation sont aussi peu répandus qu'en France. Ce n'est pas par un truquage de quelques jours effectué à l'école de dressage, mais bien par un débourrage lent, méthodique et progressif effectué chez l'éleveur lui-même, que les chevaux devraient être amenés en état de figurer dans ces concours. L'examen individuel de chaque animal présenté en bridon à la volonté du cavalier et dans tout l'espace réservé aux voitures permettrait de juger bien plus sûrement de son degré de dressage vrai, de ses allures naturelles et de ses véritables aptitudes.

Le cheval ainsi simplement débourré, mais bien débourré, ayant forcément acquis, pour satisfaire à cette simple exhibition sur de grandes lignes, le perçant indispensable à tout bon dressage, s'en allant bien décontracté et libre dans ses allures, preuve irréfutable que le port d'un cavalier sur son dos lui est chose familière, serait en réalité beaucoup plus avancé et d'une utilisation bien autrement facile et agréable que le cheval soi-disant dressé de nos concours actuels dont l'éducation est à refaire en entier et rendue plus difficile par suite des mauvaises habitudes contractées lors de ce premier travail.

Les observations que nous venons de formuler s'adressent également aux concours de chevaux de selle ainsi qu'aux concours de primes de majoration.

Les *concours de chevaux de selle* ont lieu à Saint-Lô, Caen, Alençon, Lyon, Rochefort, La Roche-sur-Yon, Corlay, Tarbes, Agen, Mont-de-Marsan, Clermont, Limoges et Reims. Les allocations pour ces concours en 1905 étaient de 84 000 francs, dont 56 000 offerts par l'État et 28 000 par la Société sportive d'encouragement.

Ces concours sont réservés aux chevaux hongres et pouliches de trois ans seulement de demi-sang issus d'un étalon soit national, soit approuvé, soit autorisé. En faisant leurs engagements, les propriétaires doivent déposer les papiers d'origine des chevaux qu'ils engagent, un certificat de santé délivré par un vétérinaire diplômé, constatant qu'ils ne sont atteints d'aucun vice rédhibitoire, et un certificat de propriété délivré par le maire de leur commune. Les propriétaires des pouliches doivent en outre, dans les départements où il existe des primes de reproduction et de conservation, fournir une déclaration constatant que la pouliche engagée ne jouit d'aucune de ces primes ou qu'il y a renoncé pour elle. Toute fausse déclaration à cet égard entraînerait la radiation du concours, la perte de tout droit à la prime à venir et la restitution des primes déjà touchées.

Le programme de l'épreuve est le même que celui des concours de dressage.

Les **concours de primes de majoration** pour chevaux d'armes ont été institués par une instruction en date du 8 août 1899. Le ministre de la Guerre leur avait affecté en 1905 une somme de 100 000 francs. Les concours ont eut lieu dans les localités suivantes : Caen, Saint-Lô, Alençon, Guingamp, Nantes, Fontenay, Pau, Tarbes, Auch, Castelsarrasin, Mont-de-Marsan, Gramat, Feurs, Le Dorat, La Rochelle et Paray-le-Monial.

Ces concours sont ouverts aux chevaux hongres et juments de demi-sang de trois ans et demi à six ans. La prime obtenue par le cheval n'est payée à son propriétaire que si le cheval est vendu par lui à la remonte, et lorsque cet achat est définitif, c'est-à-dire à l'expiration des délais légaux de garantie. Tout éleveur ayant obtenu pour un de ses produits une prime de majoration a la faculté de ne pas livrer ce produit à la Remonte s'il trouve plus avantageux pour lui de le garder. Dans ce cas, il ne touche pas le montant de la prime, mais il reçoit un certificat attestant que son cheval a obtenu la n^e prime de majoration à ce concours.

Le cinquième de toute prime de majoration revient de droit au naisseur.

En faisant son engagement, le propriétaire doit adresser au commandant du dépôt de remonte, outre le certificat d'origine du cheval, un certificat délivré par le maire de sa commune et revêtu des signatures de trois éleveurs connus attestant que ledit cheval est sa propriété depuis un an au moins.

Concours de la Société hippique française. — La Société hippique française, dont l'existence remonte à 1866, exerce, par les 412 505 francs de prix qu'elle distribue dans ses six concours à Paris, Bordeaux, Nantes, Vichy, Nancy et Boulogne, une influence des plus efficace sur notre élevage national. Son programme, largement compris, répartit ses encouragements sur les diverses branches de notre industrie chevaline de demi-sang, et comprend les catégories suivantes :

1º Prix de classes réservés aux chevaux de moins de six ans nés et élevés en France, munis de leurs papiers d'origine et présentés soit montés, soit attelés dans des conditions assez analogues à celles des concours de dressage de l'Administration.

2º Concours de sauts d'obstacles civils ouverts (sauf pour quelques prix spéciaux réservés aux chevaux hongres) à tous les chevaux sans distinction d'âge ni d'origine.

3º Concours de sauts d'obstacles militaires réservés aux chevaux d'armes des officiers.

4º Courses au trot dans certains concours seulement (Nantes, Vichy, Nancy).

5º Prix internationaux pour chevaux de selle et d'attelage sans distinction d'âge ni d'origine.

6º Des examens d'équitation de divers degrés pour les jeunes gens de seize à vingt ans, d'une part, et des examens d'équitation, menage et dressage pour les hommes d'écurie, piqueurs, cochers, etc.

7° Primes aux juments poulinières.

Il paraît intéressant de rappeler sommairement les principales conditions du programme et du règlement des épreuves de chacune de ces catégories.

Prix de classes. — Les chevaux inscrits au catalogue du concours sont divisés, suivant leur taille et suivant leur destination (attelage ou selle), en différentes classes. Chaque classe est elle-même séparée en deux divisions : la première réservée aux chevaux de trois et quatre ans pour la province, de quatre ans seulement pour Paris ; la seconde réservée aux chevaux de cinq et six ans. Le cheval ayant remporté un prix extraordinaire ne peut, les années suivantes, obtenir qu'un rappel de ce prix.

Au *concours de Paris*, les chevaux classés premiers dans les deux divisions d'une même classe concourent ensuite ensemble pour le prix extraordinaire de ladite classe.

Deux chevaux de la même classe, primés ou ayant obtenu chacun au moins un flot de rubans, peuvent concourir ensemble sans nouvel engagement pour les primes d'appareillement de leur classe, même s'ils n'appartiennent pas au même propriétaire. (Toutefois, un cheval de trois ans ne peut pas être présenté en paire avec un cheval de quatre, cinq ou six ans.) La prime d'appareillement est partagée par portions égales entre les deux chevaux qui l'ont remportée.

Pour les chevaux de selle, les chevaux arrivent montés devant le jury par groupes de trois, quatre, cinq ou six chevaux. Les cavaliers mettent pied à terre pour permettre au jury d'examiner les chevaux arrêtés au point de vue de la conformation et de l'origine, puis remontent à cheval : départ au pas, travail au trot et au galop, saut d'une haie obligatoire. Les chevaux doivent être présentés avec bride complète.

Pour les épreuves d'attelage, les chevaux sont arrêtés

devant le jury pour être examinés au point de vue de la conformation et de l'origine. Après l'examen, reculer obligatoire. Les chevaux se mettent ensuite en mouvement, au pas d'abord, puis au trot ralenti et allongé. La présentation en bricole n'est autorisée sous aucun prétexte.

Dans les concours de province, une classe spéciale est réservée aux poulains hongres et pouliches de trois ans. A Nantes et à Bordeaux, la présentation de ces animaux a lieu à bout de longe ; à Vichy, Nancy et Boulogne-sur-Mer, elle est faite montée ou attelée au gré des propriétaires.

A Vichy, Nancy et Boulogne-sur-Mer, il existe aussi une catégorie spéciale pour les pouliches de trois ans destinées à la reproduction ; elles sont présentées à bout de longe au pas et au trot.

Les engagements pour les prix de classes doivent être faits aux dates et lieux indiqués au programme et contenir, outre les papiers d'origine de l'animal engagé, le montant de l'engagement, savoir :

Selle : 20 francs ;

Attelage : 20 francs ;

Poulains ou pouliches : 20 francs.

Tous les animaux inscrits dans les prix de classes doivent subir, le jour de l'ouverture du concours, une présentation préalable en main devant le jury. Un numéro de poitrail correspondant à leur numéro d'inscription sur le catalogue leur est distribué ; ils doivent en être munis à chacune de leurs exhibitions.

A Paris, des primes d'honneur sont accordées aux lots les plus remarquables de cinq chevaux de selle ou cinq d'attelage appartenant au même exposant.

Les cochers en service chez des maîtres exposant reçoivent des gratifications variant de 40 à 150 francs suivant le nombre de chevaux qu'ils présentent.

Les directeurs des écoles de dressage présentant au

moins huit chevaux reçoivent également des primes proportionnelles aux succès qu'ils ont obtenus.

L'éleveur d'un cheval primé peut, en en faisant la demande en temps voulu, recevoir une plaque identique à celle obtenue par le cheval.

Épreuves d'obstacles. — Le règlement des épreuves d'obstacles est trop complexe pour que nous puissions l'analyser ici en entier. Nous dirons que, sauf dans les prix couplés, qui sont de moins en moins nombreux, les chevaux accomplissent leur parcours individuellement au galop de chasse franc et soutenu. Le classement se fait en raison inverse du nombre de fautes commises. La durée des parcours est chronométrée et, à égalité de fautes, les chevaux sont classés par le temps. Le nombre des obstacles varie, suivant les prix, de huit à vingt-quatre ; leur hauteur normale, de 1 mètre à 1^m,30. Dans certaines épreuves, les chevaux ayant déjà gagné certaines sommes sont handicapés par des surélévations et élargissements d'obstacles.

Dans les concours civils, la plupart des prix sont ouverts à tous les chevaux sans distinction d'âge ni d'origine. Cependant, dans tous les concours de la Société hippique française il existe un prix dit « Prix des Écoles » exclusivement réservé aux chevaux de classes montés par des hommes d'écurie ou piqueurs français. De plus, dans le Prix des Habits rouges, les chevaux de classes non encore handicapés ont à sauter deux obstacles en moins et sont classés, à égalité de fautes, avant les autres chevaux. Dans les prix de l'Omnium et des Dames, les chevaux de classes (et ceux engagés dans le Prix de l'Élevage pour les concours où ce prix existe) ont à sauter trois obstacles en moins, s'ils ne sont pas encore handicapés.

Enfin, dans les concours de Paris, Nantes, Bordeaux et Vichy, il existe un prix dit « Prix de l'Élevage » assez largement doté et réservé exclusivement aux chevaux français munis de leurs papiers et âgés de quatre à neuf ans.

Concours militaires. — Les épreuves militaires sont calquées sur les épreuves civiles de sauts d'obstacles ; elles sont réservées aux chevaux d'armes d'officiers ; la qualification résulte non de la provenance d'origine de ces chevaux, mais de la région dans laquelle se trouve la garnison à laquelle ils appartiennent. Les prix consistent en objets d'art ou d'utilité militaire.

Aux concours militaires, il convient de rattacher le championnat annuel du cheval d'armes qui a lieu à Paris et comprend quatre épreuves, une de manège, une de steeple, une de fond sur route et une de sauts d'obstacles.

Depuis l'année dernière, la Société hippique, dans le but on ne peut plus louable de faire connaître au public ce que deviennent, une fois faits et en service, les chevaux achetés par nos remontes militaires, a organisé une présentation de chevaux de demi-sang âgés de cinq et six ans nés et élevés en France et fournis par le service des remontes aux écoles et corps de cavalerie et d'artillerie. Une somme de 6 000 francs est allouée à cette exhibition, dont 2 500 francs environ pour couvrir les frais de déplacement de ces chevaux et 3 500 francs à distribuer aux naisseurs des chevaux primés.

Les *courses au trot* données par la Société hippique française ne présentent pas grand intérêt ; il n'en figure qu'au programme des concours de Nantes, Nancy et Vichy.

Chaque course se compose de deux épreuves, une éliminatoire courue par pelotons de trois, quatre ou cinq chevaux contre le temps et d'une course proprement dite réunissant les concurrents ayant obtenu un flot de rubans dans l'éliminatoire. Dans les courses réservées aux chevaux de trois, quatre et cinq ans, les chevaux de trois ans partent au poteau de départ, les autres à 10 mètres en arrière par année. La régularité de l'allure est prise en très grande considération par le jury.

Prix internationaux. — Ces prix, pour lesquels tous chevaux sont admis à concourir, n'ont pour l'élevage

Élev. et dress. du cheval.   9

qu'un intérêt des plus restreint ; leurs allocations sont d'ailleurs très minimes ; mais leur utilité réside dans le fait, par des exhibitions brillantes, de réveiller et d'entretenir le goût pour les jolis chevaux et les attelages bien tenus et, par suite, de stimuler le commerce, ce dont l'élevage profite par contre-coup.

Examens d'équitation pour jeunes gens et examens de dressage et menage pour hommes d'écurie. — Les programmes de ces examens sont très bien compris et divisés en plusieurs degrés, nul ne pouvant concourir pour un degré s'il n'a obtenu un prix dans l'examen du degré immédiatement inférieur.

Primes aux juments poulinières. — Des primes de 100 francs sont allouées d'une part aux mères de chevaux primées d'au moins 100 francs dans un concours et livrées encore à la reproduction l'année de ce concours, et, d'autre part, aux poulinières qui, ayant pris part à l'âge de trois ans à une course au trot de la Société hippique française et y ayant obtenu un prix de 100 francs au minimum, ont eu un produit à l'âge de quatre ou cinq ans.

Enfin, pour les pays producteurs de chevaux de trait, la Société organise aux concours de Boulogne et de Nancy des concours spéciaux pour les animaux de cette espèce.

On peut juger, par cet exposé, de l'étendue de l'action de la Société hippique française. Pour avoir des détails plus complets sur ses règlements et programmes, il suffit de demander ceux-ci au siège social de la Société, 33, avenue Montaigne, à Paris.

Autres concours hippiques. — De nombreuses sociétés locales, disposant d'ailleurs de ressources très diverses, s'inspirant du programme de la Société hippique française, donnent aussi des concours dont l'influence est très heureuse, et les progrès accomplis dans certaines régions sont dus en grande partie à ces concours. Citons entre autres ceux de Caen, Rouen, Deauville, Thoissey, Lyon, Valence, Montbrison, Nevers, Cercy-la-Tour, Limoges,

Charolles, Cluny, le Creusot, Chalon-sur-Saône, Saumur, Angers, Rennes, Fougères, Vannes, Saint-Brieuc, Loudéac, Corlay, Brest, Morlaix, Quimper, Angoulême, la Rochelle, Poitiers, Tarbes, Pau, Toulouse, Auch, Lembey, Clermont-Ferrand, la Bourboule, Castelnaudary, Nîmes, Perpignan, Marseille, Roubaix, Cambrai, Douai, Péronne, Béthune, Besançon, Dijon, etc., etc. Les prix donnés dans ces réunions forment un total d'environ 350 000 francs; l'État y contribue pour 16 978 francs.

Conclusions. — On voit combien il est facile à un éleveur de tirer profit de ces différents concours et le bénéfice que peut lui procurer un sujet convenable avant le moment de sa vente.

Le même animal peut en effet prendre part successivement aux épreuves suivantes :

A trois ans.
- Concours de chevaux de selle.
- Concours régional de la Société hippique française.
- Concours d'une société locale s'il en existe à proximité.
- Concours de majoration si l'éleveur ne désire pas le garder davantage.

A quatre ans et cinq ans.
- Concours de dressage de l'Administration.
- Concours régional de la Société hippique française.
- Concours central de la Société hippique française.
- Concours des sociétés locales de la région.
- Concours de majoration, si l'éleveur n'a pas vendu son poulain à trois ans et demi.

A six ans.
- Il reste encore les concours de la Société hippique française, les concours des sociétés locales et le concours de majoration, si l'éleveur a préféré différer jusqu'à ce moment la présentation de son cheval dans cette épreuve.

Les engagements pour ces divers concours sont généralement minimes ; les frais de déplacement pour s'y rendre sont forcément limités. Quant au dressage, qui, dans les écoles de dressage, n'atteint pas un prix élevé, il ne coûte absolument rien s'il est fait par l'éleveur lui-même; l'ensemble des dépenses qu'entraînent ces concours est donc peu considérable et, en tout cas, hors de proportion avec les bénéfices que l'éleveur peut en retirer.

VI. — LES DÉBOUCHÉS

Très florissante hier, notre situation hippique traverse aujourd'hui une crise d'une gravité extrême dont l'issue, heureusement encore incertaine, menace cependant d'être fatale. Grièvement blessé dans ses œuvres vives par les progrès toujours croissants de la traction mécanique, notre élevage national se débattra demain peut-être dans les dernières convulsions de l'agonie, si on n'y porte un prompt et puissant remède. Notre industrie chevaline en pleine activité voyait se développer ses diverses branches avec une égale prospérité. La production du cheval de trait suffisait à peine à répondre aux demandes constantes de l'agriculture et aux besoins des compagnies de transport, tant en France qu'à l'étranger. La multiplicité des courses absorbait tout ce qui était capable de galoper, de sauter ou de trotter. Nos carrossiers, universellement appréciés dans le monde entier, étaient enlevés à prix d'or par le commerce de luxe après prélèvement, à des prix encore plus fantastiques, de ceux jugés dignes de figurer dans les écuries des haras de l'État en France ou à l'étranger ou de l'industrie étalonnière privée.

La Remonte trouvait à s'approvisionner dans le Midi avec ces admirables chevaux de cavalerie légère faits pour elle, et dans le Nord avec cette multitude de chevaux qui, sans posséder le cachet et le geste que recherche le commerce, n'en étaient pas moins des serviteurs utiles, endurants et rustiques.

A l'heure présente, en dehors de l'élevage du cheval

d'hippodrome de pur sang ou de demi-sang dont l'institution même des courses assure le sort, l'éleveur de demi-sang, devant les menaces de l'avenir, hésite, s'abstient ou va grossir encore les rangs des producteurs de chevaux de trait dont la vente reste toujours facile et exempte d'aléas, en dépit de la substitution qui tend à se généraliser de la traction mécanique à la traction animale sur les différentes lignes de transport en commun.

Le carrossier agonise et nous assisterions demain sans regrets à sa mort, si, semblable au phénix, il renaissait de sa cendre sous la forme d'un nouveau cheval, cheval de selle à deux fins unissant la puissance du carrossier au modèle et aux allures du cheval de selle.

▸ Mais, pour que cette fable se change en réalité, il faudrait créer à ce nouveau cheval un débouché artificiel au moyen d'épreuves spéciales nombreuses et largement dotées qui assureraient son existence comme les courses assurent celle du pur sang et du trotteur.

Ce débouché artificiel, qu'on y fasse bien attention, sera la condition *sine qua non* de l'élevage du demi-sang.

Pour qu'un élevage vive, il faut que les divers échantillons de sa production trouvent preneur à des taux tels que leur moyenne soit sensiblement supérieure au prix de revient.

Telle était la situation dans le passé. L'élite de la production était achetée comme étalons pour des prix variant de 4 000 à 6 000 francs. Les sujets de tête qui restaient ensuite étaient payés de 2 000 à 4 000 francs par le commerce de grand luxe ; le louage de grande remise et le petit luxe pour le type carrossier, la Remonte pour le modèle se rapprochant du type selle payaient de 900 à 1 500 francs ; les fiacres enfin, pour une moyenne de 800 francs, débarrassaient l'éleveur de tout le rebut. Est-ce au moment où le luxe porte ses millions à l'automobile, où la grande remise fait faillite, où le cheval de fiacre est à la veille de disparaître, que l'on peut espérer voir l'élevage se confiner dans l'exclusive production du cheval de selle ayant le cheval de remonte pour objectif ? Ce n'est pas le prix moyen de 1100 à 1200 francs qui peut servir de point de mire à tout un élevage, ces prix fussent-ils même majorés dans l'avenir.

Pour que cet élevage puisse vivre, il faut que, à l'instar du pur sang, à l'instar du trotteur, il ait des prix importants à remporter, prix en vue desquels il sera élevé et qui permettront à l'éleveur d'équilibrer le budget de son stud et, par suite, de pouvoir produire sans se ruiner le cheval de troupe.

Prenons, par exemple, un lot de dix poulains élevés convenablement en vue de la remonte, et voyons à combien ils reviennent à leur propriétaire :

		Fr.
Prix d'achat à 6 mois.....................	$500 \times 10 =$	5.000
Entretien annuel de 6 mois à 1 an 1/2 :		
6 mois à l'écurie, ration foin 5 kil., avoine 3 lit., soit 0 fr. 60 par jour et par tête, soit pour 180 jours	$108 \times 10 =$	1.080
6 mois à l'herbe, soit 180 jours à 0 fr. 50.	$90 \times 10 =$	900
De 1 an 1/2 à 2 ans 1/2 :		
6 mois à l'écurie.......................	$108 \times 10 =$	1.080
6 mois à l'herbe..............	$90 \times 10 =$	900
De 2 ans 1/2 à 3 ans 1/2 :		
6 mois à l'écurie.......................	$108 \times 10 =$	1.080
6 mois à l'herbe.....................	$90 \times 10 =$	900
Préparation à la vente : 60 jours à 1 fr. 50.	$90 \times 10 =$	900
Frais généraux : vétérinaire, ferrure, soins divers........................... ...		400
Total..................		12.240

Sur ces dix poulains, on peut facilement admettre qu'au jour de la vente :

	Fr.
5 auront bien tourné et seront vendus à la Remonte 1500 francs, soit..................	7.500
2 seront passables et seront vendus à la Remonte 1100 francs, soit.....................	2.200
2 se seront tarés et seront vendus 400 fr. l'un, soit..	800
1 sera mort..............	»
Total..............	10.500

Soit pour l'éleveur un déficit de 1 740 francs.

Faisons remarquer que l'estimation du prix de vente est plutôt supérieure à la réalité, car l'évaluation de un mort et de deux animaux tournant mal ou accidentés sur dix chevaux pendant trois ans n'a rien d'excessif, tandis que la proportion de cinq chevaux sur dix vendus comme chevaux de tête est plutôt élevée.

D'autre part, l'estimation du prix de revient est aussi rigoureuse que possible ; l'entretien et les frais généraux ont été évalués au taux le plus minime et plutôt insuffisant ; quant à l'estimation du prix d'achat, elle n'a rien d'exagéré si, comme nous l'avons supposé dans l'estimation du prix de vente, on vise la production du cheval de tête.

Un élevage qui ne viserait que la production du troupier pourrait réaliser une économie de 1 500 à 2 000 francs environ sur le prix d'achat ; mais, comme la nourriture et les frais généraux resteraient les mêmes et que le prix de vente, en admettant la même proportion de non-valeurs, mais en cotant les individus réussis à 1 200 francs et les médiocres à 900, s'abaisserait à 8 600, on voit que l'écart resterait sensiblement le même.

L'éleveur ne peut combler ce déficit et ensuite se procurer un modeste bénéfice qu'en réduisant au-dessous du nécessaire la ration de ses poulains et ne leur faisant goûter à l'avoine que pendant les quelques semaines qui précèdent immédiatement la vente. Mais ce n'est pas un élevage aussi irrationnel qu'on prétend développer. C'est donc à des encouragements pécuniaires de toute nature, à des primes largement distribués par l'État ou par des sociétés, que l'éleveur devra recourir pour rentrer dans ses avances et trouver son bénéfice.

Si on prend pour base les chiffres ci-dessus, ce serait donc, pour les 12 000 chevaux environ que la Remonte achète par an, un budget de 1 992 000 francs ou, en chiffre rond, de 2 millions qu'il faudrait distribuer en encouragements spéciaux à cette nouvelle branche de l'élevage pour lui permettre seulement de rentrer dans ses avances ; c'est le double qu'il faudrait pour en assurer la prospérité.

La Société d'encouragement à l'élevage du cheval de guerre, se rendant compte de la difficulté de la situation, se propose d'encourager l'élevage du cheval de selle en faisant « tomber une pluie d'or sur ceux qui s'y livrent » ; mais sera-t-elle jamais assez puissante et assez riche pour pouvoir agir efficacement ?

Elle vient maintenant aux éleveurs avec un programme des plus alléchants qui peut se résumer ainsi :

Elle se propose « de brasser des idées, de créer des courants d'opinions, d'émettre des vœux ».

Elle voudrait « qu'il soit organisé pour les lieutenants d'instruction, pendant l'année qu'ils passent à Saumur, des voyages d'instruction dans les divers centres d'élevage ».

Elle veut « donner à Saumur un grand concours annuel de chevaux de selle dans le genre du Horse-Show de Dublin ».

Elle veut « obtenir de l'Administration des Haras qu'elle fasse chaque année l'acquisition d'un certain nombre de chevaux du type selle issus d'étalons de pur sang, qu'ils soient payés très cher après avoir fait preuve de qualité par les courses au trot et au galop ».

Elle voudrait « obtenir la création d'un certain nombre de courses au trot réservées seulement aux produits issus de pur sang ».

Elle voudrait « rechercher les conditions dans lesquelles on pourrait créer des courses de demi-sang galopeurs sans alléger la race ».

Elle voudrait créer « des séries militaires réservées aux chevaux de demi-sang français ».

Elle voudrait « créer dans les pays d'élevage un grand nombre de concours hippiques, réservés aux chevaux français ayant leurs papiers »

Des primes aux naisseurs seraient le corollaire de toutes ces mesures.

Elle voudrait enfin développer le goût et la pratique de l'équitation dans toutes les classes de la société en faisant accorder des avantages militaires aux jeunes gens qui satisferaient à certaines conditions équestres.

Il est certain que tous ces vœux sont excellents, que des voyages d'instruction pour les jeunes officiers, que des exemptions de service pour les jeunes cavaliers ayant fait leurs preuves, des courses militaires, des concours hippiques réservés aux seuls chevaux français munis de papiers auraient une heureuse répercussion sur cette sorte d'élevage en mettant en évidence la qualité de nos chevaux français qu'on est trop disposé à nier. Mais tous ces projets, en admettant qu'ils aboutissent, tant bons soient-ils, ne peuvent avoir sur l'élevage du cheval de selle qu'une influence secondaire et non déterminante. Le seul levier capable d'engager l'élevage dans la voie désirée, c'est l'argent.

Donner des conseils aux éleveurs, créer des courants d'opinions, c'est fort joli, mais les éleveurs n'en ont cure ; ils connaissent leur métier et ne comptent qu'avec leur porte-monnaie.

S'ils ne produisent pas le cheval de selle en plus grande quantité, c'est qu'ils savent fort bien qu'ils n'y trouveraient pas leur compte. Que cet élevage devienne rémunérateur pour eux, et ils s'y mettront autant qu'on voudra ; mais encore, pour cela, est-il inutile de vouloir les enfermer dans la formule trop absolue, trop intransigeante du père de pur sang ; et la Société va un peu trop loin en déclarant d'une façon aussi doctrinale que « croiser une jument de demi-sang avec un étalon de pur sang, c'est améliorer ; croiser une jument de pur sang avec un étalon de demi-sang, c'est détériorer ».

Ce qu'il faut au cheval de selle, c'est du sang, encore du sang, toujours du sang ; qu'il le tienne du père, de la mère, des grands-parents ou d'ailleurs, peu importe, pourvu qu'il en soit imprégné. Ce qu'il lui faut, c'est un modèle et des allures convenables. Quoi qu'en disent et quoi qu'en pensent ces messieurs du cheval de guerre, ces allures ne sont pas l'apanage exclusif des fils de pur sang ; elles sont, chez les sujets remplis de sang, fût-il même sang trotteur, le résultat d'une éducation intelligente dirigée en vue de l'obtention d'un cheval de selle. Le concours de Saumur, les courses ou épreuves d'aptitudes seraient excellents, mais à condition d'être ouverts à tous les chevaux de selle français sans distinction d'origine ; il serait même bon, afin d'assurer l'éleveur de la parfaite impartialité du jury, que celui-ci ignorât l'origine des animaux soumis à son examen et que celle-ci ne fût connue et proclamée qu'après le classement final.

Le programme de la Société du cheval de guerre est, nous le répétons, excellent, mais ses tendances avouées ou secrètes en faveur du seul étalon de pur sang sont trop connues et lui nuisent. Cette théorie n'est pas nouvelle ; l'application en a déjà été faite vers 1830, et les résultats n'en ont pas été universellement heureux, parce que l'étalon de pur sang est un merveilleux instrument, mais difficile à employer et auquel il faut savoir choisir les poulinières qu'on lui destine.

Malgré son heureux programme, malgré les intentions excellentes dont elle paraît animée aujourd'hui, la Société du cheval de guerre se voit accueillie avec défiance par les éleveurs. Il n'y a là rien de surprenant, si l'on songe que son passé ne plaide pas en sa faveur. Depuis sept ans qu'elle existe, la jeune Société est restée stérile et les éleveurs ne peuvent oublier le tort que leur a causé la plume envenimée de l'un de ses leaders les plus en vue, qui, par ses écrits inconsidérés, empreints d'une fausse apparence scientifique, a séduit les esprits superficiels et incomplètement versés dans la chose hippique et battu en brèche notre élevage aussi bien en France qu'à l'étranger où son ouvrage était propagé, traduit en plusieurs langues.

Quoi qu'il en soit, nous souhaitons vivement voir se dissiper cette mésintelligence et la nouvelle Société, se plaçant à côté de ses aînées, faire acte utile et développer sous son égide l'élevage du cheval de selle pour fort poids ; c'est en effet le cheval de l'avenir ; il succédera au carrossier détrôné par l'automobile qui, malgré tous ses perfectionnements et l'engouement dont il est l'objet, ne pourra jamais entrer en comparaison comme sport avec ce moteur incomparable qu'est un vrai cheval de selle. Plus nous irons, plus l'éleveur devra, pour se tirer d'affaire, prendre part avec ses chevaux aux divers concours qui existent déjà, aux diverses épreuves qui se créeront, nous l'espérons, dans un avenir prochain. Le dressage de plus en plus deviendra le complément nécessaire de l'élevage, dressage simple, mais réel et mettant en relief les qualités vraies des animaux, dressage qui, par sa généralisation, deviendrait ruineux pour l'éleveur, s'il n'était pratiqué ou au moins largement commencé par lui-même.

Ce sont ces méthodes de dressage élémentaires mais rationnelles, faciles, à la portée de tous, en un mot, que nous allons exposer dans la deuxième partie de cet ouvrage, persuadé que nous sommes que la généralisation de leur emploi sera une source de succès et d'économie pour les éleveurs qui les emploieront.

II

DRESSAGE

I. — PRINCIPES FONDAMENTAUX DU DRESSAGE

Dresser un cheval, c'est l'amener à n'avoir pas d'autre volonté que la nôtre, à comprendre nos moindres sollicitations, et à y répondre avec docilité et facilité. Le cheval se pliera volontiers à toutes nos exigences du moment que nous ne serons pas pour lui un objet d'effroi, qu'il comprendra ce que nous attendons de lui, et que nous aurons soin de ne rien lui demander d'incompatible avec sa nature ou sa conformation, ni de supérieur à ses forces. Aussi tout homme doué d'un peu de jugement et d'une connaissance suffisante du cheval doit-il arriver à approprier celui-ci à ses besoins.

Il y a loin assurément de cette conception si simple du dressage à l'idée que l'on s'en fait la plupart du temps, confondant le dressage qui s'adresse au moral du cheval avec le domptage qui s'attaque au physique de celui-ci sans autre résultat le plus souvent que de le tarer, de le rendre inintelligent et parfois méchant et rétif. Mais l'imagination populaire se plaît à se représenter le dresseur comme une sorte de belluaire armé d'éperons gigantesques et entouré de tout un attirail de fouets effrayants, de cravaches sifflantes et de mors fantastiques. Pour elle, le prototype du dresseur est ce cow-boy célébré par Fenimore Cooper et Gustave Aymard et dont elle s'est repu la vue dans les arènes de Buffalo Bill. Sa hardiesse, sa force, son agilité l'ont séduite, et le triomphe de l'homme sur l'animal vaincu et au moins temporairement réduit à l'impuissance après une lutte violente l'ont impressionnée. Aussi, pour elle, est-ce ça le dressage et non autre chose.

Loin de moi la pensée de critiquer les procédés de ces hardis cavaliers; mais à des conditions économiques différentes correspondent forcément des méthodes différentes; et si les moyens d'action violents du gaucho conviennent dans les pampas, avec les ressources chevalines particulières qui y existent, les vastes étendues à parcourir, le mode d'utilisation du cheval qui y est nécessaire, il n'en est pas de même chez nous où le nombre plus restreint des animaux, leur plus grande valeur moyenne, leur état de domesticité et leur utilisation toute différente réclament une éducation moins violente, mais plus juste, plus précise, plus soignée.

Tout dressage rationnel devra par suite reposer sur les bases suivantes :

1° L'*apprivoisement de l'animal*, apprivoisement qui s'obtient toujours facilement à l'aide de caresses et de friandises et aussi en s'abstenant, dans le voisinage du cheval, de tout éclat de voix et de tout geste brusque qui pourraient l'effrayer ;

2° La *création entre l'homme et l'animal d'une sorte de langage* qui leur permettent de se comprendre sûrement et d'être dans un rapport perpétuel aussi intime que possible. C'est en connaissant parfaitement l'instinct du cheval et ses aptitudes naturelles, c'est en s'adressant au moral du cheval au moyen d'une impression sur sa sensibilité physique; c'est en faisant le signe destiné plus tard à provoquer tel ou tel acte de la part du cheval, au moment où cet acte va s'accomplir de lui-même, que peu à peu il se formera dans son intellect, sous l'influence de la mémoire qui en est la faculté prépondérante, des associations par contiguïté qui l'amèneront vite à comprendre que l'indication qui lui est donnée par l'homme est destinée à provoquer l'acte en question. Il est de toute évidence que le résultat sera d'autant plus rapide que l'élève se trouvera dans un état de calme plus absolu. C'est pourquoi plus l'apprivoisement préliminaire aura été complet, plus facile sera cette partie de l'éducation. Il va sans dire également que, pendant cette période, toute brusquerie, toute correction doit être absolument proscrite, car elle s'opposerait au but poursuivi en faisant perdre à l'animal le calme qui lui est indispensable. Ce n'est que lorsque le dresseur aura acquis la certitude d'être compris, et bien compris, qu'il pourra user de rigueur (mais toujours modérément) si le cheval cherche à se soustraire à sa domination par un refus d'obéissance.

Pris alors entre l'idée de récompense d'une part, de juste correction de l'autre, il acquiert la notion du bien et du mal, ce qui permet, par la suite, de lui enseigner des choses de plus en plus compliquées. Mais corrections et caresses doivent toujours arriver à propos et juste au moment précis où elles doivent être efficaces. C'est là le point difficile qui constitue le tact chez le dresseur, tact sans lequel tout dressage est impossible.

3° *Le travail doit être progressif*, procéder toujours du simple au compliqué pour être bien compris et créer en même temps une gymnastique propre à développer aussi bien le moral que le physique de l'animal. « Il faudra toujours, dit le comte de Montigny, insister intentionnellement sur certaines parties du dressage et ne jamais passer à un autre exercice avant que le précédent ait laissé sur l'animal une impression durable... Pour éveiller et frapper l'instinct, il faut, dans ses exigences, être simple, précis et progressif, c'est-à-dire passer graduellement du connu à l'inconnu pour que, par un ingénieux enchaînement, toutes les exigences, tous les exercices concourent à un résultat définitif : soumission, force et développement des allures. Le dressage, tout en ayant pour but de diriger et de dominer l'instinct, doit évidemment se proposer une gymnastique qui fortifie, en les assouplissant, toutes les parties du corps, de sorte que les allures et les moyens naturels soient notablement développés par l'harmonie elle-même du mouvement et la juste répartition du poids sous l'influence des aides. »

Il résulte de ce qui précède que le dresseur devra posséder les qualités suivantes : beaucoup de douceur et de patience, mais en même temps beaucoup de volonté, de fermeté et d'énergie, qualités qui s'imposent insensiblement au moral du cheval ; une profonde connaissance du cheval, tant physique que morale ; une très grande pratique de l'équitation et de l'attelage ; et enfin, par-dessus tout, le tact équestre, qualité difficile à définir, faite de toutes les autres et qui lui permettra de sentir des nuances délicates, de prévoir et d'interpréter les dispositions de son sujet et de suppléer à l'insuffisance des indications générales dans chacun des cas particuliers qui peuvent se présenter. Plus on avance dans le dressage d'un animal, plus ses sens s'affinent et plus le tact devient indispensable chez le dresseur.

Le dressage ordinaire comprend quatre phases : l'*apprivoisement*, pendant lequel le cheval se familiarise avec l'homme ; le *débourrage*, pendant lequel il apprend à le comprendre ; le *dressage d'utilisation ou d'adaptation*, pendant lequel il apprend son métier ; le *dressage de mise en valeur*, pendant lequel il se perfectionne et apprend à faire son travail avec grâce, énergie et facilité.

Enfin, à un degré plus élevé, il existe des dressages spéciaux, tels que la haute école par exemple, qui ne rentre pas positivement dans notre cadre, mais que nous ne pouvons cependant pas laisser de côté sans en dire quelques mots, et le redressage de chevaux manqués dans un premier dressage ou ayant acquis entre des mains maladroites des habitudes vicieuses, le plus souvent très difficiles à combattre et à corriger, travail qui réclame au plus haut point la perspicacité et le tact de la part du dresseur, car, là, point de règles générales, des cas particuliers dont il faut s'efforcer de deviner la cause et auxquels il faut pouvoir appliquer tel ou tel procédé déjà connu ou inventé sur-le-champ pour la circonstance.

Le plus souvent, le redressage exige l'intimidation, car il est indispensable que le cheval revienne au respect de l'homme ; mais, là encore, parmi les moyens de coercition auxquels on pourra recourir, nous donnerons la préférence à ceux qui agissent sur le moral du cheval en le réduisant à l'impuissance par l'impossibilité de nuire, sur ceux qui s'imposeraient simplement à lui par la douleur.

Le cheval a acquis par suite de la maladresse ou souvent même de la faiblesse de son conducteur, tel vice qui lui permet de se soustraire au travail qui lui est imposé. Le point capital, essentiel, est qu'il se rende compte que, coûte que coûte, son nouveau maître exigera de lui le travail en question et que toute résistance est superflue.

Certains grands écuyers, qui ont voulu réduire plus ou moins la plus noble conquête de l'homme aux proportions d'une machine, ont vu dans l'équilibre la base de tout le dressage. Pour eux, tout désordre, toute défense est le résultat d'un équilibre mauvais qu'il suffit de faire disparaître pour ramener l'animal dans le droit chemin. Cela est très vrai en soi, mais constitue dans la pratique une sorte de pétition de principe, car le cheval ne laissera modifier son équilibre qu'autant qu'il le voudra bien ; c'est donc encore et toujours sur son moral qu'il faudra agir tout d'abord.

Pour nous, nous reconnaissons l'importance très grande de la connaissance de l'équilibre et des forces musculaires. Il est de toute évidence que le mouvement demandé s'exécutera d'autant plus facilement que l'animal sera dans un équilibre plus favorable à l'exécution de ce mouvement ; par suite, le mouvement se trouvant plus aisé pour le cheval, celui-ci aura moins l'idée de résister aux demandes du dresseur ; mais, en dernière analyse, c'est au moral de l'élève qu'il aura fallu tout d'abord s'adresser pour provoquer cet équilibre dont s'ensuivra le mouvement. Le plus souvent, le cheval, bien intentionné et comprenant ce qu'on attend de lui, prend de lui-même l'attitude spéciale qui lui est nécessaire. Aussi, dans la pratique, est-il le plus fréquemment beaucoup moins utile de se préoccuper de faire naître l'équilibre propice que de constater promptement la formation d'un équilibre vicieux qui ne tarderait pas à provoquer une défense, si le dresseur persistait alors dans sa demande.

Avec un cheval déjà avancé dans son dressage, un dresseur expert pourra parfois, par un renversement rapide des aides, faire cesser ce mauvais équilibre et rétablir le bon ; mais, le plus souvent, le plus sage sera d'arrêter l'animal à l'instant où l'on voit l'équilibre vicieux se produire, de le laisser se décontracter, se détendre et se reprendre, puis de donner, si on le peut, le bon équilibre et de renouveler sa demande.

De tout ce que nous venons de dire et de la façon dont nous envisageons le dressage découle tout naturellement la division que nous avons adoptée pour cet ouvrage. Nous continuerons cette première partie consacrée aux bases du dressage en rappelant sommairement les notions d'hippologie absolument indispensables ; et, ce sujet ayant déjà été traité dans un autre volume de l'*Encyclopédie* (1), nous n'envisagerons l'extérieur que dans ses rapports intimes avec le dressage ; nous étudierons ainsi les signes apparents de l'état mental du cheval et la locomotion.

Nous parlerons ensuite de l'*apprivoisement*, et comme,

____

(1) Voy. DIFFLOTH, *Zootechnie*.

afin de traiter cette matière dans toute son étendue, nous supposerons avoir affaire à un élève né chez nous, nous nous occuperons de lui dès les premiers jours de son existence. Là encore nous nous trouverons amené parfois à parler de son élevage, mais, pour ne pas empiéter sur le domaine de la zootechnie, nous nous efforcerons de n'envisager la question que sous le point de vue qui nous intéresse et de montrer comment la plupart des pratiques nécessaires de l'élevage peuvent, étant bien comprises, concourir à l'apprivoisement de l'animal et, de ce chef, faciliter pour plus tard la tâche du dresseur.

Nous entrerons ensuite dans le vif de la question en parlant du *débourrage*, qui devrait toujours être fait chez l'éleveur, et des principaux procédés qu'il comporte, en particulier du travail à la longe et dans les guides Mauléon.

Puis nous passerons à l'étude du *dressage d'utilisation et de mise en valeur*, en commençant par le dressage du cheval de selle, qui peut être considéré comme dressage type, parce qu'il s'adresse en général à des chevaux d'un ordre supérieur dont les qualités doivent, par le dressage, être développées au plus haut degré ; et aussi parce que les procédés de dressage y sont plus complets, plus justes, plus précis et plus rationnels que pour les autres adaptations, le dresseur étant plus près du cheval et dans un rapport plus intime avec lui. Nous parlerons ensuite de la haute école et du dressage à l'obstacle.

Nous continuerons par l'étude du *redressage*, de la *correction des habitudes vicieuses* et des procédés plus ou moins empiriques préconisés à cet effet. Nous consacrerons un chapitre spécial aux différentes *embouchures*.

Les chapitres suivants seront consacrés au *dressage du cheval d'attelage* ; nous y traiterons tout d'abord des *harnais* et des *voitures* les plus propres au dressage, des principes généraux et spéciaux au dressage à l'attelage, puis du *dressage à un*, du *dressage à deux*, et nous dirons quelques mots de *l'attelage à quatre* et *en tandem.*

Enfin nous terminerons par quelques mots sur le *dressage du cheval de trait,* bien connu de tous les agriculteurs.

Dans un appendice, nous parlerons de quelques questions annexes du dressage, telles que la *mise en condition,* l'*entraînement,* les *soins à donner aux membres,* la *ferrure,* la *toilette* et la *présentation.*

II. — EXTÉRIEUR

Nous ne nous étendrons pas sur l'extérieur parce que, d'une part, cette étude relève de l'hippologie pure ou de la zootechnie et a par suite été déjà traitée ailleurs, et, d'autre part, parce qu'une pratique déjà longue nous a appris que le plus souvent les faits viennent démentir ses prétendues données scientifiques ; c'est que, dans tout organisme, il existe des compensations qui échappent fréquemment à nos investigations, compensations qui priment dans bien des cas l'objet en vue et dont la principale est l'âme qui anime la machine et met le plus souvent en déroute les plus savantes théories sur la conformation et les qualités, défauts et aptitudes qui sont censés en découler. Du manque de précision absolue de la science de l'extérieur, il faudrait bien se garder de conclure à sa complète inutilité; on trouvera dans les livres de M. Alix des données générales qui, pour ne pas être exemptes de nombreuses exceptions, n'en sont pas moins nécessaires à connaître pour l'utilisation du cheval et son adaptation aux divers services.

Régions. — Nos lecteurs connaissent la nomenclature des diverses régions, (fig. 44, p. 164 et 165). Une tête fine, intelligente, à l'œil bien ouvert et au regard éveillé, donne tout de suite au cheval un cachet de distinction qui plaît. Le cheval qui en est orné pourra ne pas présenter les qualités sérieuses de conformation que recherchent avant tout les vrais connaisseurs, il impres-

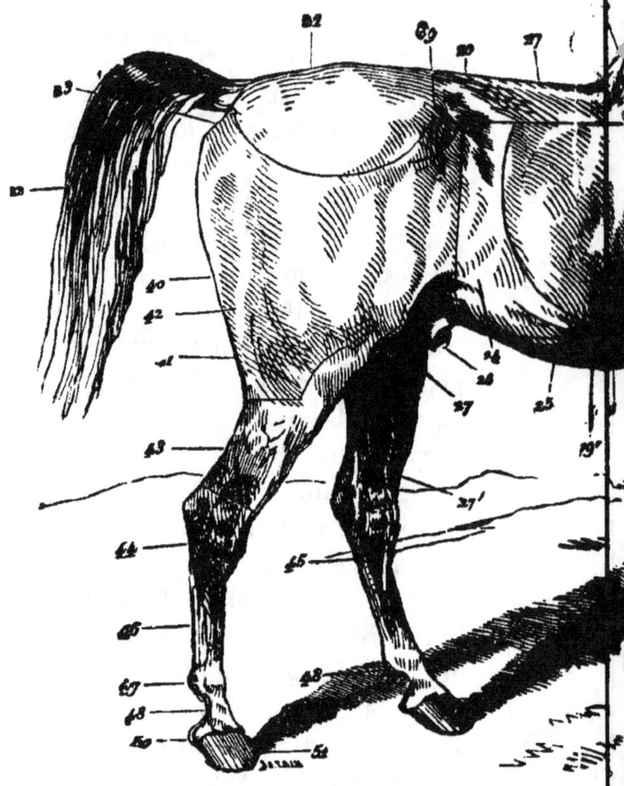

Fig. 44. — Les régions

1, lèvres ; 2, bout du nez ; 3, chanfrein ; 4, front ; 5, salière ; 6, toupet ;
7, oreilles ; 8, ganache et auge ; 9, joue ; 10, naseau ; 11, gorge ; 12, paro-
tide ; 13, encolure ; 13', crinière ; 14, gouttière de la jugulaire ; 15, poitrail ;
16, garrot ; 17, dos ; 18, côtes ; 19, passage des sangles ; 19', veine de
l'éperon ; 20, reins ; 21, croupe ; 22, queue ; 23, anus ; 24, flanc ; 25, ventre ;
26, fourreau ; 27, testicules ; 27', veine saphène ; 28, épaule et bras ;

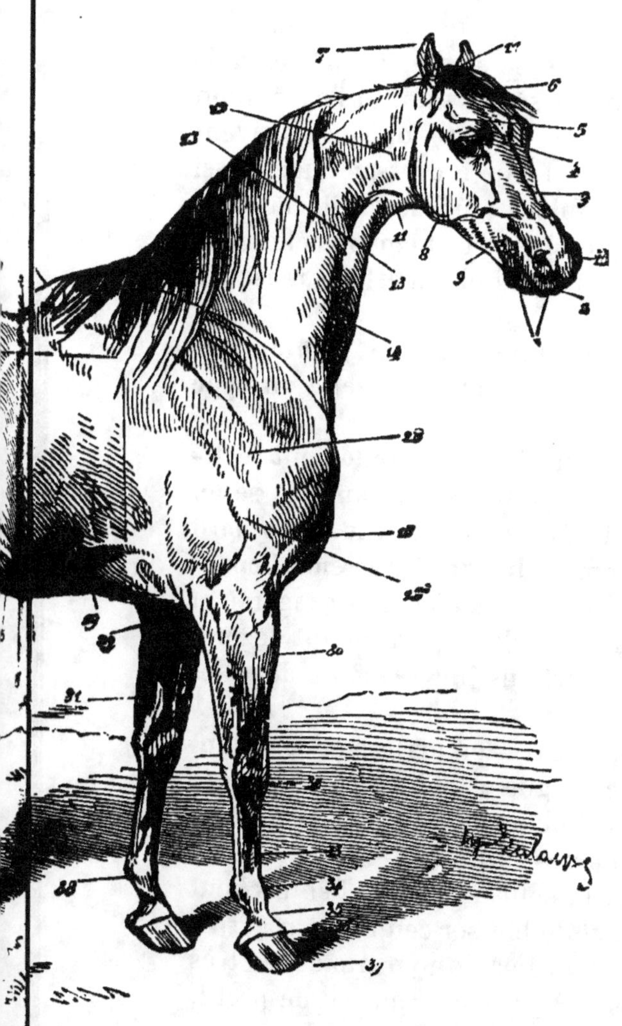

cheval vu de profil.

28', pointe de l'épaule ; 29, coudes ; 30, avant-bras ; 31, châtaigne ; 32, genou ; 33, canons et tendons ; 34, boulet ; 35, paturon ; 36, couronne ; 37, pied antérieur; 38, ergot et fanon ; 39, hanches ; 40, cuisse ; 41, grasset; 42, fesses ; 43, jambe ; 44, jarret ; 45, châtaigne ; 46, canons et tendons ; 47, boulet ; 48, ergot et fanon ; 49, paturon ; 50, couronnes ; 51, pied postérieur.

sionnera toujours favorablement ceux à qui il sera présenté, et, pour peu qu'avec cela il possède une conformation régulière, il pourra souvent briguer les honneurs des concours avec des chances de se classer avant des animaux plus sérieux mais moins séduisants. Si l'expression de la physionomie n'est pas méchante, on aura souvent affaire à un sujet intelligent, facile à dresser, mais aussi fréquemment impressionnable et réclamant de la douceur. La tète fine et expressive est surtout recherchée pour les chevaux de selle, chez qui elle n'est pas masquée par les œillères.

Des oreilles longues, mais fines et bien plantées, ne sont pas déplaisantes pour un cheval de selle du type hunter.

L'encolure longue, sèche et plate, naturellement rectiligne, est surtout appréciée pour les chevaux de selle. L'encolure plus fournie, légèrement convexe à son bord supérieur, est plutôt l'apanage du type carrossier. Cependant cette conformation, lorsqu'elle n'est pas exagérée et que l'encolure reste malgré cela suffisamment légère, paraît assez appréciée par certains jurys, même dans les concours de selle.

Un garrot proéminent placé très en arrière et commandant par suite une épaule longue et oblique est une qualité de premier ordre pour le cheval de selle; il doit être garni latéralement de masses musculaires bien développées qui maintiennent la selle en place, l'empêchent de remonter sur le garrot et de blesser celui-ci. Un garrot coupé ne s'unissant pas au dos par une pente douce très prolongée, un garrot même bien conformé vu de profil, mais pauvre de muscles sur les côtés, laissant voir comme une cavité en arrière du sommet de l'épaule, ne sont pas le propre du vrai cheval de selle.

On recherche pour lui un dos moyennement court, mais bien soutenu, se prolongeant par un rein large fortement musclé.

Un bassin très développé, des hanches longues et larges servant d'assise à une musculature puissante sont également appréciés pour le service de la selle comme pour celui du harnais.

Faisons remarquer en passant qu'ici se présente fréquemment une de ces compensations dont nous parlions plus haut. Tandis que chez le pur sang, ainsi que chez la plupart des chevaux français de demi-sang, les hanches sont plutôt relativement étroites, mais rachètent ce manque de développement transversal par un écartement souvent considérable de la pointe de l'ilium et de celle de l'ischium donnant par suite une belle longueur à la croupe, chez l'irlandais on rencontre au contraire fréquemment une croupe relativement courte, souvent inclinée mais large, aux pointes de fesses et de hanches écartées. Le cheval présente alors ce qu'on est convenu d'appeler un *beau carré derrière*. A cette dernière conformation de croupe et de hanches correspond souvent une certaine proéminence du sacrum à son point de jonction avec la colonne vertébrale. C'est ce qu'on appelle la *bosse du saut*, qui, par suite de l'élévation du sacrum et des masses musculaires auxquelles il sert de base, fait paraître le rein mal attaché. Cette conformation un peu heurtée, qui est souvent l'apanage des bons chevaux et est très appréciée des sportsmen, ne paraît pas en général très goûtée des divers jurys de concours pour qui le cheval harmonieux et régulier des gravures de de Dreux et de Carl Vernet semble être l'idéal.

On recherche pour la croupe une inclinaison moyenne; la croupe très horizontale avec la queue attachée haut, si à la mode autrefois, manque de puissance et est peu appréciée aujourd'hui. La croupe trop inclinée, avalée, avec la queue plantée bas, est généralement commune; elle n'est acceptable qu'avec un port de queue brillant, une toilette appropriée, et lorsque le cheval accuse de la distinction par ailleurs.

Le niquetage est une opération qui a pour but de donner du port de queue aux chevaux qui en manquent. Il consiste dans l'ablation à la racine de la queue, sur une longueur de 2 à 3 centimètres, d'un tronçon de chacun des muscles abaisseurs de la queue. Aujourd'hui où la plupart des chevaux portent bien la queue naturellement, cette opération est assez rare ; néanmoins il est encore de nombreux cas où elle est avantageuse, le cachet d'un cheval et, par suite, sa valeur marchande dépendant pour beaucoup de son port d'oreilles et de queue.

Les fesses et les cuisses doivent présenter des saillies musculaires bien accusées résultant du développement des muscles fessiers et ischio-tibiaux qui sont les principaux agents de la propulsion. Le cheval est alors dit *bien culotté* ou *bien gigoté*.

De belles épaules sont longues, bien inclinées, placées en arrière, plutôt sèches.

Un bras long et se rapprochant de la verticale provoque l'étendue des mouvements de l'avant-main. Leur relèvement est au contraire la conséquence d'un bras court et couché.

Les articulations doivent être larges, sèches, exemptes de tares. Placés bas, le genou et le jarret favorisent l'extension des allures ; placés haut, ils en favorisent le *tride*.

Les membres enfin doivent être bien dirigés. Les vices d'aplomb vus de profil (cheval campé ou sous lui) peuvent le plus souvent se corriger par un dressage approprié. Il n'en est pas de même des défauts d'aplombs vus de face. Sur un très jeune sujet, la panardise et la cagnardise peuvent, dans une assez forte mesure, être redressées par une orthopédie bien comprise. Mais, chez un **animal** adulte, la ferrure ne peut que pallier momentanément ces défauts en les aggravant plutôt qu'en y portant remède.

Les chevaux panards sont généralement légers dans leurs allures et adroits ; malheureusement, il est rare qu'ils ne se cognent ou ne s'atteignent pas, ce qui nécessite pour leur usage l'emploi de guêtres ou de bottines *ad hoc* sous peine de les voir fréquemment boiteux.

Les chevaux cagneux, au contraire, sont en général maladroits et lourds dans leurs allures.

Les beautés de conformation dont nous avons parlé plus haut s'appliquent surtout au cheval de selle à qui elles sont indispensables. Celui-ci peut au besoin être un peu heurté dans ses formes, pourvu qu'il soit bien accusé dans ses lignes.

Le cheval de harnais pourrait posséder les mêmes qualités de conformation que le cheval de selle ; il n'en serait pas plus mal pour cela ; mais ces qualités ne sont pas indispensables à son adaptation ; aussi, pour lui, peut-on se montrer plus indulgent sous le rapport de la conformation, pourvu que l'ensemble soit harmonieux et que le geste ait du brillant. C'est ainsi que l'encolure, nous l'avons déjà dit, pourra être plus massive, pourvu qu'elle soit greffée haut et bien portée, l'épaule pourra être plus courte, plus ronde, plus verticale, le dessus plus long et moins soutenu, le garrot plus noyé ou plus pauvre de muscles, la poitrine moins profonde.

Si nous avons rappelé ainsi ces quelques notions d'extérieur, c'est que nous sommes convaincu de la nécessité absolue qui existe pour l'éleveur à bien se rendre compte du type auquel appartient son cheval, avant d'en entreprendre le dressage dans un but déterminé. On peut assurément toujours apprendre à un cheval à porter un cavalier ; on peut presque toujours le dresser à la voiture ; mais, de même que le bidet qui mène les œufs au marché sur la carriole de la ferme n'est pas pour cela même un carrossier, il ne suffit pas à un cheval, pour être cheval de selle, d'être orné de ce harnachement et de porter plus ou moins mal un homme sur le dos. Méconnaître cette vérité, ce serait s'exposer à de graves déboires ; car à chacune de ces adaptations correspondent des types de formule différente et un cheval ne peut prétendre à une valeur marchande qu'autant que ses aptitudes sont adéquates à son modèle.

Signes extérieurs du caractère. — Avant de terminer ce chapitre de l'extérieur, il nous reste à dire deux mots des signes extérieurs auxquels on reconnaît souvent l'état moral du cheval et des tares dont l'apparition doit soigneusement être évitée par le dresseur et dont les premières menaces doivent lui indiquer d'avoir à restreindre ses exigences et à modérer son travail.

Les oreilles pointées en avant dénotent un cheval attentif, mais souvent gai et parfois excité. Les oreilles portées droites, le pavillon tourné en arrière indiquent un animal inquiet; les oreilles couchées en arrière sont un signe manifeste de mauvaise humeur ou de colère et annoncent l'intention de mordre ou de taper.

Le rein voussé, la queue serrée avertissent le dresseur que l'animal n'est pas en confiance et le plus souvent qu'il se dispose à ruer. Le rein détendu, la queue bien détachée dénotent au contraire la liberté et la gaieté; une défense n'est en général pas à redouter dans ces conditions. Certains chevaux cependant ruent sans coucher les oreilles, sans vousser le rein et sans serrer la queue, mais ils sont très rares.

Tares. — On a classé les tares, qui sont presque toujours une manifestation d'usure ou au moins de fatigue, en tares dures et en tares molles.

Les *tares dures* sont dues à une végétation osseuse sous la partie où elles apparaissent. Presque toujours c'est pendant leur développement qu'elles sont le plus douloureuses. C'est chez le jeune cheval dont le squelette n'est pas encore complètement soudé qu'elles sont le plus à redouter. Les principales tares dures sont : les suros, les formes, les éparvins et les jardons.

Les *suros* sont situés le long des canons; il ne faut pas confondre avec eux le bouton terminal des métacarpiens rudimentaires. Ils proviennent soit de chocs, soit de tiraillements amenant une inflammation du périoste qui se met à engendrer ce tissu osseux, spongieux qui constitue le suros. Les suros, lorsqu'ils ne sont pas le fait de coups, apparaissent souvent comme des bavures de soudure des métacarpiens rudimentaires avec le métacarpien principal; d'autres fois ils apparaissent aux points d'insertion de certains ligaments. Lorsqu'ils n'intéressent pas la gouttière de glissement des tendons, ils sont en général sans gravité. Chez le jeune cheval, ils apparaissent souvent spontanément et disparaissent quelquefois d'eux-mèmes avec le repos. S'ils sont dus à des chocs, en particulier à des atteintes que le cheval se fait en marchant, il faut modifier sa ferrure et lui mettre des guêtres qui protègent la région atteinte.

Les *formes* sont de deux sortes : formes du paturon et formes de la couronne. Les premières, comme leur nom l'indique, apparaissent sur le paturon qu'elles déforment considérablement ; elles sont très visibles à l'œil et parfois moins douloureuses qu'on ne le croirait en voyant leur développement.

Les formes de la couronne résultant d'une végétation osseuse en arrière de l'os du petit pied contre les cartilages de prolongement sont peu visibles à l'œil, mais reconnaissables au toucher par une dureté plus grande, et souvent une déformation de la couronne, surtout dans la région latérale postérieure.

Les *éparvins* (fig. 45) sont situés à la partie inférieure et interne des jarrets; lorsqu'ils sont bien calés soit naturellement, soit par quelques pointes de feu, ils ne font plus souffrir le cheval qui peut, malgré eux, faire un excellent service.

Le *jardon* est une tare dure de la partie externe postérieure et inférieure du jarret. Lorsqu'il apparaît à la suite du travail, le jardon peut être inquiétant, car il amène une gène dans le jeu du jarret, gène dégénérant

souvent en vraie boiterie. Souvent aussi cette conformation de jarrets est de naissance et ceux-ci ont toute la
souplesse et toute la force désirables.

Lorsque le jardon est suffisamment développé pour déformer le profil postérieur du jarret, il prend le nom de *jarde*.

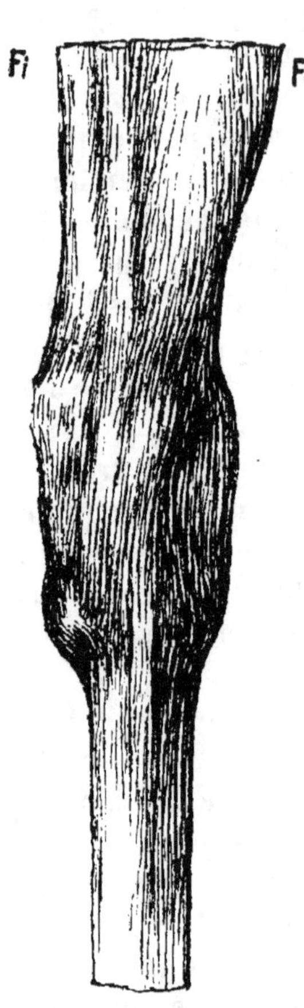

Fig. 45. — Éparvin.

Les *tares molles* sont dues à des distensions des capsules ou des gaines synoviales avec épanchement de synovie, ou à la formation de sortes de kystes séreux en certaines places. Les principales tares molles sont : les molettes, les vessigons, les capelets et les hygromas.

Les *molettes* sont les plus communes ; elles apparaissent dès que le cheval a un excès de fatigue : elles sont en quelque sorte le baromètre de celle-ci. Le repos à leur apparition les fait disparaître ; le travail les fait sortir davantage ; une fois bien sorties, leur guérison est difficile et elles sont sujettes à récidive. Sauf quelquefois à leur formation ou quand elles deviennent très volumineuses et indurées, les molettes ne font pas en général souffrir le cheval. Leur siège est la partie supérieure et postérieure des boulets. Elles sont dites *articulaires* lorsqu'elles sont dues à la distension des culs-de-sac de la synoviale articulaire ; dans ce cas, elles apparaissent dans la gouttière qui sépare le canon du suspenseur du boulet ; elles sont dites *tendineuses* lorsqu'elles proviennent de la distension des gaines syno-

viales des tendons; elles se montrent le long de ceux-ci
à la partie postérieure du boulet.

Les *synovites tendineuses* sont de même nature, mais
plus graves et plus douloureuses; elles apparaissent en
un point quelconque des tendons à la suite de chocs ou
d'efforts et sont souvent le
prélude du chauffage, puis du
claquage. Le repos s'impose à
leur apparition.

Les *vessigons* sont analogues
aux molettes, comme elles
tendineux ou articulaires,
mais beaucoup plus volumineux et ayant leur siège au
jarret. Les vessigons tendineux
sont situés dans le creux du
jarret ; ils ont une forme
allongée et souvent ne font
pas boiter le cheval. Parfois
ils disparaissent d'eux-mêmes
avec le repos. Les vessigons
articulaires sont plus petits,
situés plus bas et apparaissent
en avant dans le pli du jarret ;
ils sont plus graves.

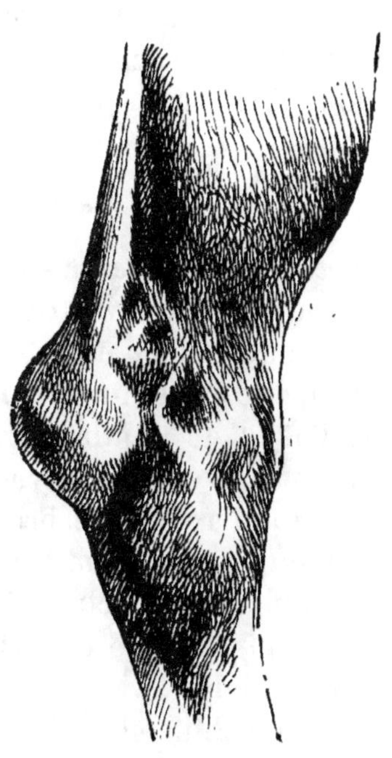

Fig. 46. — Capelet.

Les vessigons peuvent se
manifester aussi, quoique plus rarement, aux membres
antérieurs au-dessus du genou.

Les *hygromas* sont de véritables kystes séreux sous-
cutanés; ils déparent le cheval, mais ne le gênent pas ; ils
sont dus à des contusions ou compressions répétées ;
suivant la région où ils se trouvent, ils portent des noms
différents. A la face antérieure du genou ou des boulets,
ils se nomment *hygroma du genou*, *hygroma du boulet*.
Aux coudes, ils s'appellent *éponges* et sont dus à l'appui
des branches des fers sur le coude lorsque le cheval a

10.

l'habitude de se coucher en vache. A la pointe du jarret, on les désigne sous le nom de *capelets* (fig. 46) ; ce sont les plus fréquents ; ils proviennent de l'habitude contractée par le cheval de frapper, ou de se frotter les jarrets contre les parois de sa stalle ou de son box.

Les hygromas, généralement réfractaires aux traitements externes, cèdent à la ponction suivie d'injection iodo-iodurée, mais ce traitement relève de l'art vétérinaire.

Mécanique du cheval.

Mécanisme du cheval. — La connaissance du mécanisme de la machine-cheval, de son équilibre, de sa locomotion est une question d'un intérêt primordial pour le dressage, puisqu'elle en est une des bases principales ; aussi a-t-elle fait l'objet de nombreuses études. Nulle part nous ne l'avons trouvée traitée avec autant de clarté et de précision que dans l'excellente brochure du capitaine de Brignac, *l'Équitation pratique*, dont nous ne saurions trop recommander la lecture. Nous lui empruntons presque *in extenso* et presque exclusivement tout ce qui a trait à cette matière (1).

« La machine-cheval se compose essentiellement d'une tige horizontale (colonne vertébrale) composée d'un chapelet d'os articulés ensemble (vertèbres) et supportée par quatre colonnes verticales articulées (membres).

« La partie antérieure ou région cervicale de cette tige est libre, exclusivement mobile et porte à son extrémité une masse pesante : la tête.

« La partie moyenne ou région dorsale, étroitement unie à la cage thoracique, est rigide (fig. 47).

« La partie postérieure ou région sacrée, composée d'un

<hr>

(1) Les schémas et croquis de ce chapitre sont dus à la plume du capitaine Le Hagre et à la courtoise obligeance du capitaine de Brignac. Nous empruntons ces schémas et croquis au livre de M. de Brignac : *Équitation pratique*. Paris, librairie Delagrave.

groupe de vertèbres soudées entre elles et aux os du bassin, est également rigide.

« Enfin la région postérieure extrème ou coccyx jouit de la même mobilité que la région cervicale, mais ne saurait lui être comparée au point de vue de la puissance ou de la masse.

« Entre la région dorsale et la région sacrée se trouve la

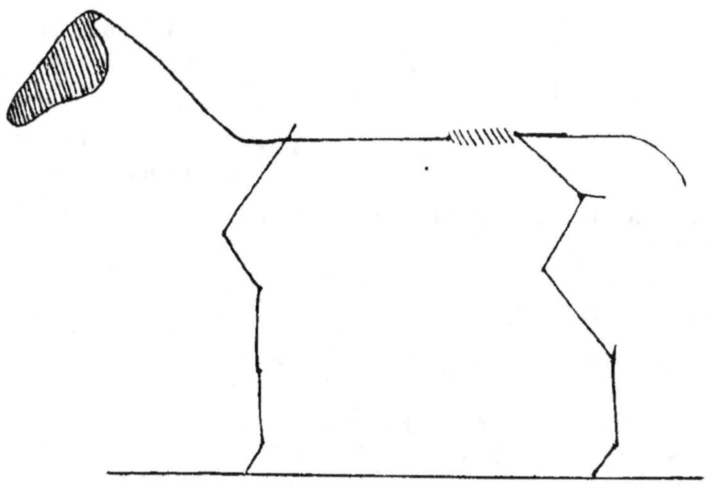

Fig. 47.

région lombaire dont l'importance est considérable ; nous l'appellerons le *rein*, pour simplifier.

« Le rein est le trait d'union entre la cage thoracique et le bassin. Doué d'une grande mobilité, car rien n'entrave dans cette région le jeu des vertèbres les unes sur les autres, il exécute des mouvements de flexion et d'extension longitudinales et des mouvements d'incurvation latérale.

« Les mouvements de flexion, grâce à la disposition des vertèbres lombaires, n'ont d'autre limite que l'élasticité des ligaments sus-épineux (fig. 48).

« Les mouvements d'extension (rein creusé) sont subordonnés à l'inclinaison en avant des apophyses épineuses.

L'exagération des mouvements d'extension amènerait des

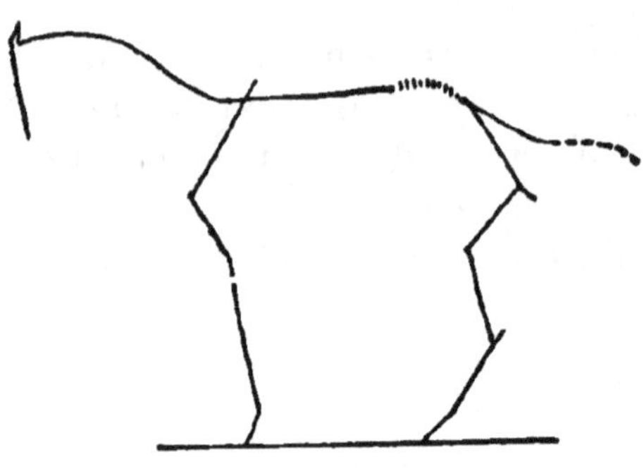

Fig. 48.

déchirures ou fractures locales (tour de rein, fracture ou paralysie du rein) (fig. 49).

« Les mouvements d'incurvation latérale sont limités, mais à un degré moindre, par les apophyses transverses, condition nécessaire pour que l'avant-main reçoive le

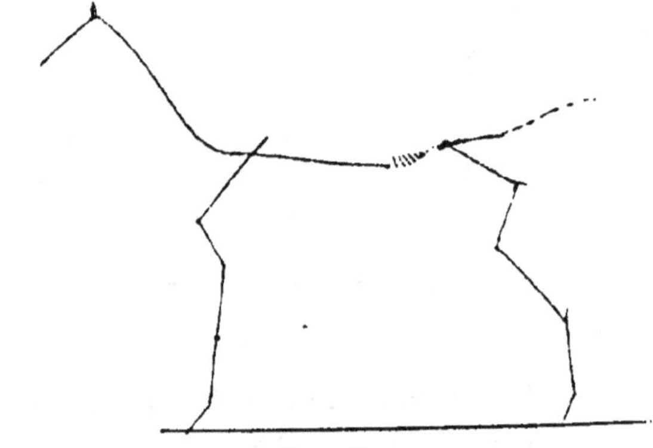

Fig. 49.

contre-coup des actions de l'arrière-main.

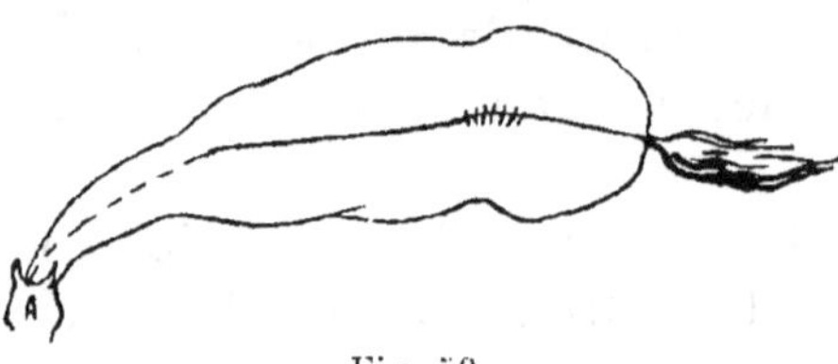

Fig. 50.

« Les mouvements du rein sont la clef de tous les mouvements de la colonne vertébrale. La flexion du rein rapproche le bassin de la cage thoracique (l'arrière-main de l'avant-main) dans le plan vertical; son extension les éloigne. Son incurvation latérale (droite, par exemple) les rapproche à droite dans le plan horizontal en les éloignant à gauche et inversement (fig. 50).

« Étroitement comprimés entre deux régions beaucoup plus volumineuses et rigides (thorax et bassin), tous ces mouvements du rein se traduiraient de façon pénible si la mobilité des régions extrêmes de la colonne vertébrale (région cervicale et coccyx) ne venaient lui communiquer de l'aisance par une sorte de jeu de balancier.

« La colonne vertébrale, par l'intermédiaire des nerfs et des muscles, reçoit les ordres directs des centres cérébro-spinaux. A leur instigation elle exécute les mouvements de flexion, extension, incurvation qui déterminent eux-mêmes le jeu des membres grâce aux dispositions suivantes :

« La colonne vertébrale est reliée aux membres anté-rieurs par une forte sangle élastique et l'os de l'épaule. La région sacrée est reliée aux membres postérieurs directe-ment par le coxal ou os de la croupe. Ces deux os : épaule et croupe, sont inclinés de haut en bas et en sens inverse, les membres antérieurs et postérieurs figurant des pendules articulés suspendus à ces deux os (fig. 51).

« La flexion du rein, en rapprochant le bassin de la cage thoracique, commande donc en même temps le rapproche-ment des membres antérieurs et postérieurs (fig. 48). De même, l'extension du rein les éloigne (fig. 49); l'incur-vation latérale rapproche les membres d'un bipède latéral et éloigne ceux du bipède opposé (fig. 50). »

Forces locomotrices. — « La machine-cheval, réduite à sa plus simple expression, se compose donc :

« 1° D'un axe exécutant des mouvements dont le rein est la clef;

« 2° D'un arrière-main ou moteur principal, agent de l'impulsion agissant directement sur l'axe (grâce à la soudure intime du coxal et de la colonne vertébrale);

« 3° D'un avant-main ou support, principal agent de

l'amortissement qui reçoit la masse pour l'étayer. »

L'impulsion est le résultat de la contraction musculaire; les membres, grâce à la disposition angulaire de certains de leurs rayons commandés par des muscles, peuvent être considérés comme de véritables ressorts bandés prenant leur point d'appui sur le sol et se déten

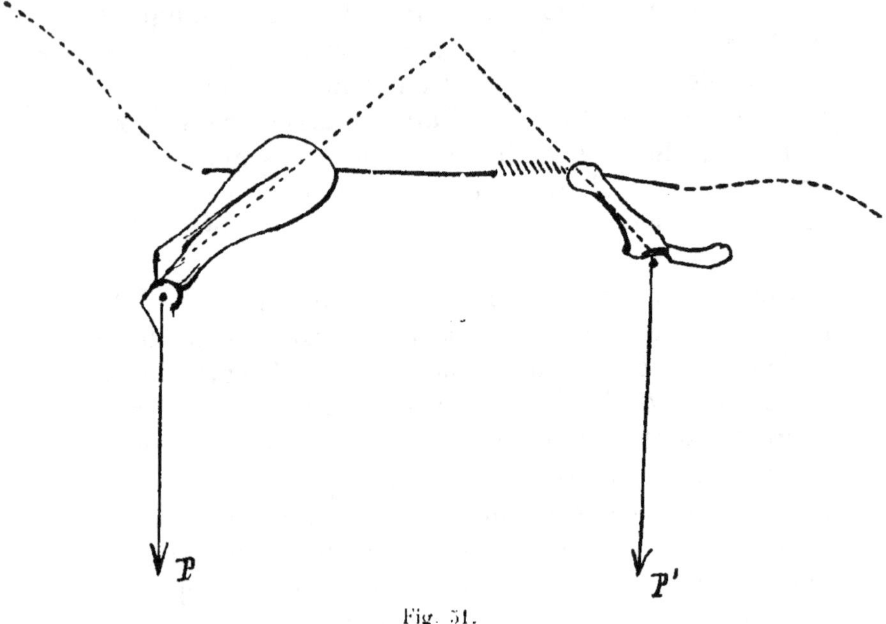

Fig. 51.

dant lors de l'ouverture de ces angles par la contraction des extenseurs qui semblent jouer le premier rôle dans l'acte de l'impulsion. Mais, les rayons étant mobiles et dépendant les uns des autres, il faut que certains s'immobilisent, pour recevoir la poussée des autres, sous l'influence du jeu des antagonistes, ce qui rend très complexe le rôle des différents muscles des membres.

La force produite par la détente des membres étant dirigée obliquement de bas en haut se décompose en deux forces dont l'une se trouve presque complètement amortie dans les rayons supérieurs des membres, tandis que l'autre est sensiblement parallèle à l'axe du corps. C'est cette dernière que l'on désigne sous le nom d'*impulsion*.

Les membres antérieurs concourent aussi pour une certaine partie à la production de l'impulsion ; mais leur rôle dans cette action, comparé à celui des postérieurs, est négligeable. On est donc amené, dans l'étude de la locomotion, à ne considérer comme moteur que l'arrière-main.

Par contre, les dispositions spéciales des membres antérieurs (mode d'attache à la cage thoracique, situation en avant du centre de gravité), peu favorables à la production de l'impulsion, font de ceux-ci des agents d'amortissement par excellence pour recevoir et supporter la masse du corps, masse proportionnelle au poids du corps du cheval et du cavalier et à la vitesse de l'allure. Tout membre à l'appui, suivant qu'il y est seul ou associé, doit supporter tout ou partie de cette masse. A l'intensité d'appui qu'il exerce sur le sol, celui-ci répond par une réaction égale et dirigée en sens inverse ; c'est cette réaction que les membres ont pour mission d'amortir afin d'éviter au corps une succession de chocs qui seraient absolument incompatibles avec le bon fonctionnement des organes qu'il contient. L'effort d'amortissement varie essentiellement avec la période de l'appui et surtout avec la vitesse de l'allure et le poids que porte le cheval. Dans l'amortissement, le rôle principal se trouve dévolu aux membres antérieurs à cause de la position en avant du centre de gravité et de la surcharge qu'impose encore à l'avant-main le poids du cavalier.

Lorsqu'un membre arrive à l'appui, sous l'influence de la masse d'une part et de la réaction du sol d'autre part, les surfaces articulaires tendent à être comprimées les unes sur les autres, tandis que leurs angles tendent à se fermer. Il en résulte que l'amortissement se trouve

effectué en partie par la compression des disques cartila-
gineux des différentes articulations, par la contraction
passive des muscles qui s'opposent à la fermeture des
angles articulaires, et surtout par la résistance élastique
des tendons fléchisseurs du pied, du suspenseur du boulet et par l'élasticité propre du pied.

Lorsque l'appui s'effectue sur un sol meuble, le pied
s'enfonce plus ou moins dans le sol; cette circonstance
est évidemment défavorable à l'impulsion, puisqu'une
partie de l'action se trouve dépensée à produire ce travail
de foulement du sol, mais au contraire favorable à
l'amortissement, puisque la réaction se trouve diminuée
d'autant. Il s'ensuit, et c'est là la conclusion pratique à
retenir, que dans un terrain profond, lourd, le travail
musculaire se trouve notablement accru, tandis que les
organes d'amortissement, pieds et tendons, se trouvent
fortement soulagés.

Revenons maintenant au mécanisme de l'impulsion
dont nous avait momentanément écarté cette digression,
cependant nécessaire, sur sa production et celle de
l'amortissement.

« L'impulsion peut être comparée à un jet de vapeur
insufflé dans un tube cylindrique représenté par la colonne verté-

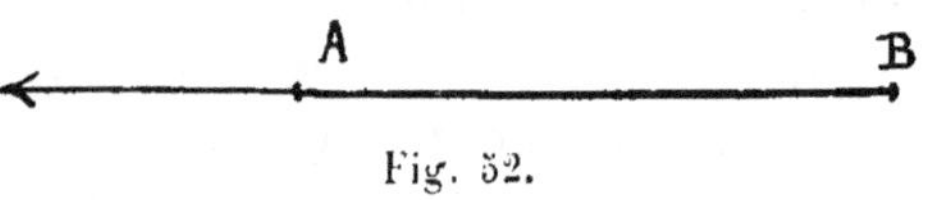

Fig. 52.

brale. Si ce tube est droit, il éprouvera un déplacement
rectiligne (fig. 52). Si ce tube est incurvé, le déplacement tendra à se produire vers le sommet de sa convexité (fig. 53).

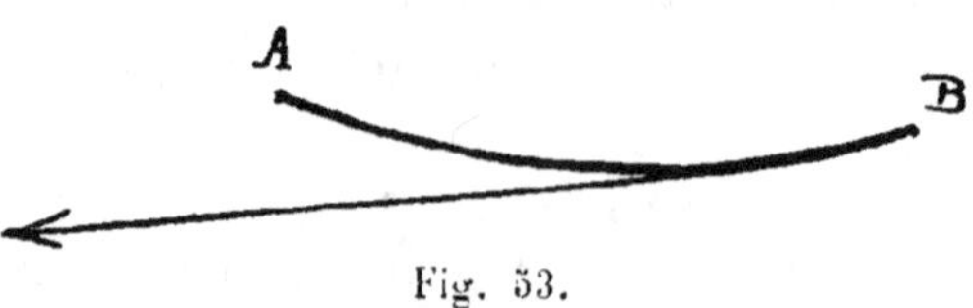

Fig. 53.

« L'attitude du
cheval, c'est-à-dire la disposition de sa colonne vertébrale, influe donc déjà beaucoup sur la locomotion, et

cette attitude, comme on le voit, dépend de la position du rein.

« La machine ainsi mise en mouvement est sollicitée par une seconde force, la pesanteur, dont la résultante

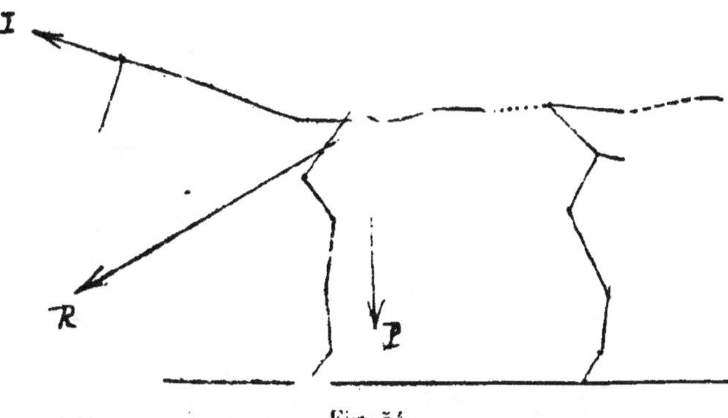

Fig. 54.

est appliquée en un point G (centre de gravité) situé, au repos, vers le tiers antérieur de la masse, un peu en arrière des membres de devant (fig. 54). Cette force verticale peut être considérée comme ayant son point

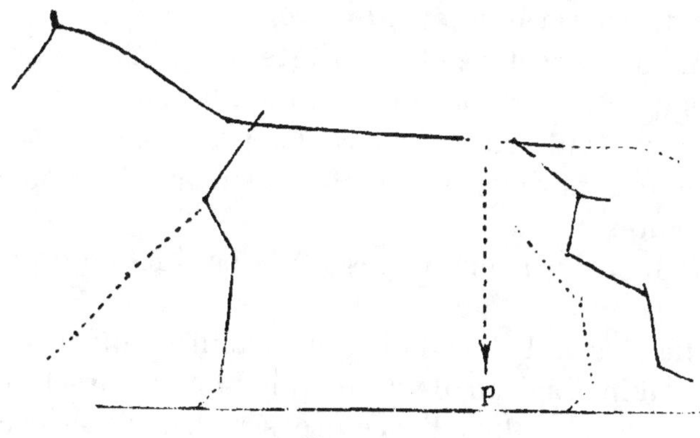

Fig. 55.

d'application sur l'axe même, et son action sur cet axe varie; par suite, avec les inclinaisons qu'il prend. On peut comparer le centre de gravité à une boule de plomb rou-

lant dans le tube représenté par la colonne vertébrale,
pesant sur l'avant-main ou l'arrière-main suivant que le
tube est incliné en avant ou en arrière (fig. 55 et 56).

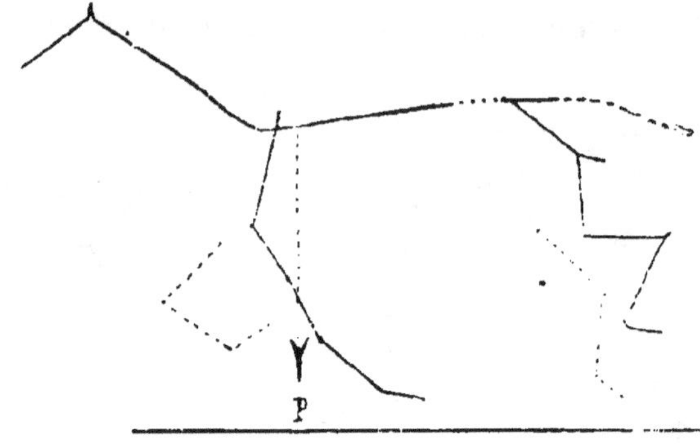

Fig. 56.

« Ces deux forces : impulsion et poids ont une résultante dont la direction est intermédiaire entre celle de
l'axe et la verticale de la pesanteur ; c'est elle qui produit le mouvement en précipitant aveuglément la masse
en avant.

« Il manque à la machine un régulateur et un frein ;
l'encolure et la tête jouent ce rôle. »

Rôle de l'encolure et de la tête. — « L'encolure et le
poids qu'elle porte à son extrémité, la tête, servent :

« 1º De régulateur pour distribuer la force motrice entre
les différents rouages (membres) suivant le mouvement
à exécuter ;

« 2º De frein pour s'opposer à la production du mouvement.

« Le degré d'élévation de l'encolure, influant sur le
degré d'inclinaison de l'axe, modifie la direction de la
force motrice. Plus l'encolure sera basse, plus la force
motrice agira près de terre ; donc, à une encolure basse
correspondront des allures rasantes et longues ; à une
encolure haute, des allures relevées et courtes ; et cela
pour une autre raison encore : c'est que, basse, l'encolure

favorise la flexion du rein ; haute, elle creuse le rein et l'empêche de se fléchir (fig. 57 et 58). »

Le degré d'exten-
sion de l'encolure
influe aussi sur le
jeu du rein. Déten-
due, elle favorise
les mouvements de
flexion et de détente
du rein, qui produi-
sent les rapproche-
ments et éloigne-
ments des membres
antérieurs et posté-

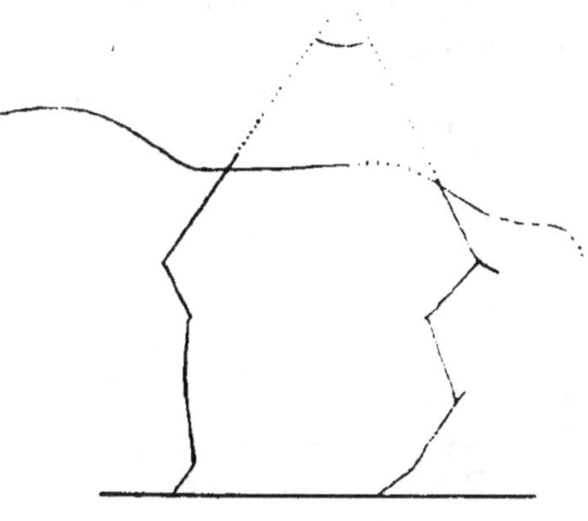

Fig. 57.

rieurs et, par suite, l'étendue des foulées. Au contraire, si l'encolure se fixe pour opposer à l'axe une
résistance antéro-
postérieure, la dé-
tente du rein ne
peut plus se pro-
duire, l'encolure
refoulée agit alors
comme frein, s'op-
pose à la produc-
tion du mouve-
ment et impose
des foulées cour-
tes.

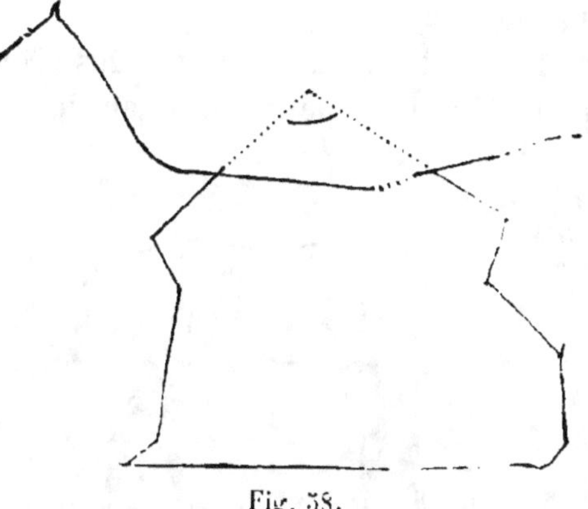

Fig. 58.

Il ne faut pas
confondre l'encolure refoulée restant rigide avec l'encolure rouée et lâchée qui est une défense du cheval ou le résultat d'un mauvais dressage, car dans
ce cas, le frein encolure ne commandant plus le
moteur (arrière-main), la machine est folle ; ni avec
l'encolure ramenée rigide à sa base, convenablement

assouplie dans le haut, qui en équitation savante permet, avec un surcroît d'impulsion, l'obtention des allures à la fois hautes et étendues.

« La direction de l'encolure commande aussi celle du rein. A l'attitude incurvée, creusée ou infléchie latérale-

Fig. 59.   Fig. 60.

ment de l'encolure, correspond une attitude semblable du rein. Or, convexité, concavité ou flexion latérale de l'encolure dépendent du jeu de la tête sur l'encolure (fig. 59 et 60).

« Par suite de l'articulation des premières vertèbres cervicales, la tête peut s'écarter de l'encolure en s'allongeant le nez en avant, se rapprocher d'elle par le mouvement inverse, enfin se rapprocher latéralement d'un côté de l'encolure en s'éloignant de l'autre. »

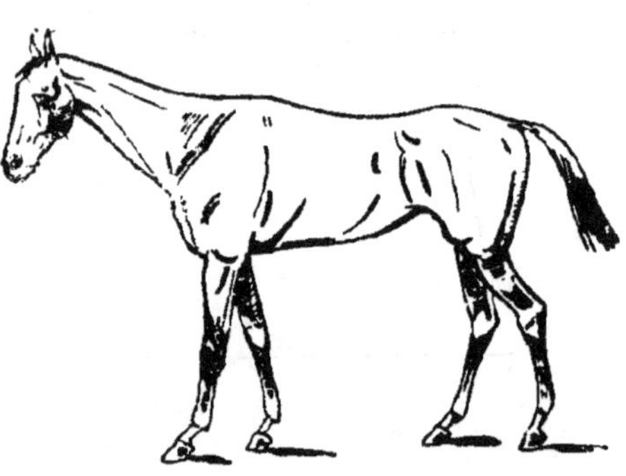

Fig. 61.

Dans le premier cas, l'encolure se détend (libre jeu du rein, mouvement en avant, allures longues) (fig. 61), ou se redresse en se renversant plus ou moins (rein creusé, gêné, éloignement de l'arrière-main, raccourcissement de l'allure).

Dans le second, l'encolure se fléchit et se refoule (flexion du rein, engagement des postérieurs, raccourcissement de l'allure avec ou sans élévation de celle-ci suivant le degré d'élévation de l'encolure).

Dans le troisième, elle s'infléchit latéralement en déplaçant la masse du même côté.

« L'articulation de la tête sur l'encolure est la soupape qui permet ou interdit l'échappement de la vapeur (impulsion) par l'extrémité antérieure du tube (colonne vertébrale). »

Locomotion. — « Il reste à étudier comment ces divers organes agissent dans les actes de la locomotion : *progression avant, progression arrière, changements de direction.* »

Progression avant. — « Pour se mettre en mouvement, le cheval au repos fléchit son rein, rapprochant les postérieurs des antérieurs ; le moteur est sous pression. Pendant ce temps, l'encolure s'est rigidifiée, la tête allongée produisant la rupture d'équilibre en avant. Les postérieurs se détendent, projetant l'axe en avant ; le rein passe de la voussure à l'extension, les antérieurs se replient, puis s'étendent en avant pour étayer la masse entraînée par son poids et empêcher la chute.

« Une fois les antérieurs à l'appui, le rein se vousse à nouveau, ramenant les postérieurs sous la masse ; le mouvement se continue ainsi, l'encolure restant allongée, la tête étendue en avant, le cheval courant après son poids. L'encolure et la tête, tendus en avant, favorisent la progression en maintenant le centre de gravité le plus en avant possible, et en laissant, comme nous l'avons vu plus haut, au jeu du rein toute sa liberté. Cette attitude ménage les forces du cheval. Si l'encolure se redressait ou si la tête se ramenait, une partie de l'impulsion serait utilisée en hauteur et diminuerait le chemin parcouru », et, les foulées étant plus courtes pour une même vitesse, leur nombre serait plus multiplié et, par suite, les contractions musculaires plus répétées.

« Une remarque importante est que, si l'on trace la trajectoire du garrot ou de la croupe, les parties élevées de ces trajectoires correspondent à l'appui des membres, les parties basses à leur soutien, c'est-à-dire aux périodes de suspension. La chose est vraie du reste pour toutes les allures. Ainsi, au galop, la partie la plus basse de la trajectoire du garrot correspond à la période de suspension (les quatre membres repliés) (fig. 62) (1).

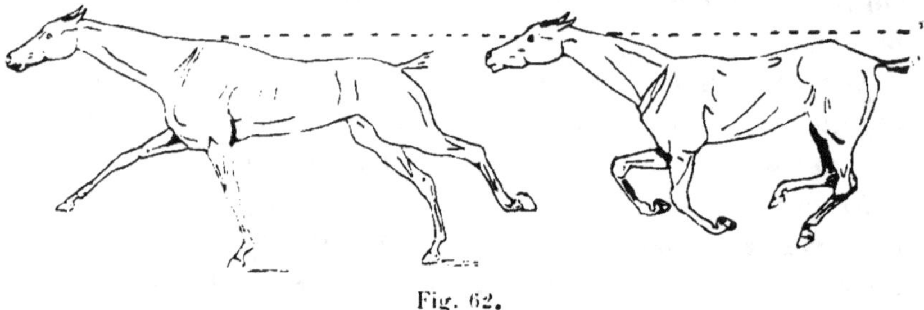

Fig. 62.

« Le cheval n'est donc pas, dans la progression, projeté en l'air et en avant, mais il se laisse tomber en avant et en bas pour se relever lorsque les membres arrivent à l'appui.

« L'avant-main s'abaissant (soutien des antérieurs) tandis que l'arrière-main se relève (appui des postérieurs) et réciproquement, on voit que l'axe prend successivement des positions inclinées en avant ou en arrière et que, par suite, le poids charge tour à tour l'avant-main et l'arrière-main, obligeant les membres correspondants à venir à l'appui. »

(1) La démonstration de cette vérité est due à Lenoble du Theil ; il y procéda de la façon suivante. Un cheval portant assujetti sur son garrot, au moyen d'un dispositif spécial, un appareil inscripteur rigoureusement perpendiculaire au plan vertical, du cheval, se mouvait sur un sol absolument horizontal et soigneusement ratissé parallèlement à un écran vertical sur lequel l'appareil inscripteur traçait en vraie grandeur la trajectoire du garrot. Les périodes d'appui des différents membres sur le sol étaient données par leurs empreintes sur le sol. Il suffisait d'élever des ordonnées pour avoir l'épure graphique complète de la trajectoire du garrot.

Progression arrière (**ralentissement, arrêt, reculer**).
— « Le mécanisme de tous ces mouvements découle du
même principe : l'effort musculaire antéro-postérieur de
l'avant-main agissant contre la vitesse acquise ou l'inertie
de la masse.

« Contrairement à ce qui a lieu dans le mouvement en
avant, dans le mouvement en arrière l'axe rigide est
repoussé en arrière par l'effort antéro-postérieur de
l'avant-main, tandis que l'arrière-main supporte la
masse (fig. 63). L'impulsion se produit ici d'avant en

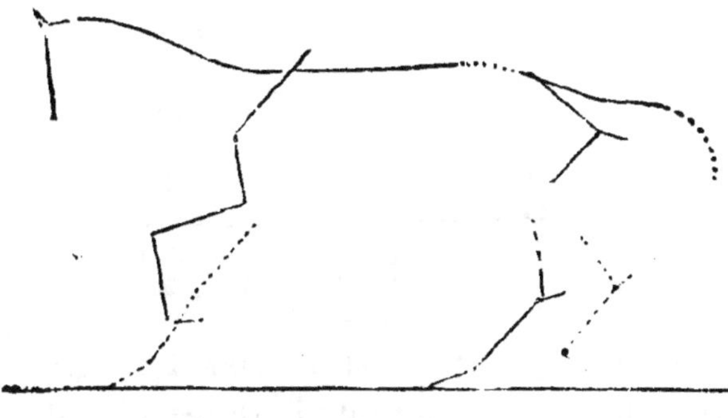

Fig. 63.

arrière; les antérieurs, se rapprochant des postérieurs,
produisent la flexion du rein ; la détente a lieu quand les

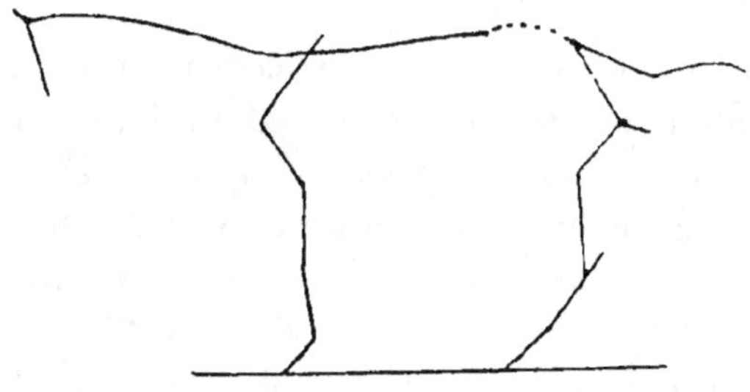

Fig. 64.

postérieurs s'échappent en arrière. Le balancier encolure
s'abaisse en se refoulant pour réagir sur le rein tout en

soulageant les rayons postérieurs dont la tâche est particulièrement pénible, leur mode d'attache au tronc et la direction de leurs angles articulaires les disposant à transmettre l'effort et non à le subir (fig. 64). La tête seule, dans la progression arrière, exécute un mouvement de reflux sur l'encolure qui détermine le retrait des épaules. A ce reflux succède une extension par inertie, lorsque la translation de l'axe en arrière a lieu (fig. 65).

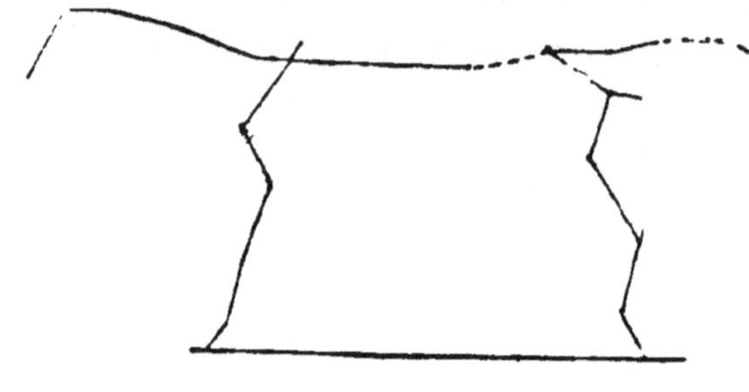

Fig. 65.

« Le ralentissement et l'arrêt procèdent du même principe : mais l'effort musculaire de l'avant-main, au lieu de produire la translation de l'axe en arrière, se borne à combattre son déplacement en avant ; à chaque foulée cet effort de l'avant-main s'oppose à la détente du rein jusqu'au moment où l'impulsion est complètement éteinte.

« En un mot, la progression en avant ou en arrière ne provient pas de ce que le poids est projeté sur l'avant-main ou l'arrière main, mais de ce que le centre de gravité est entraîné en avant ou en arrière sur l'axe en dehors de la base du polygone de sustentation. »

Changement de direction. — « Le cheval a deux façons d'exécuter un changement de direction, à droite par exemple, en s'incurvant soit à droite soit à gauche. S'il s'incurve à droite, il progressera vers la droite par obliques successifs, semblable à un mécanisme rigide (bicyclette ou automobile) qui s'inscrit sur la courbe à parcourir (fig. 66).

« On sait que la bicyclette et l'automobile ne peuvent

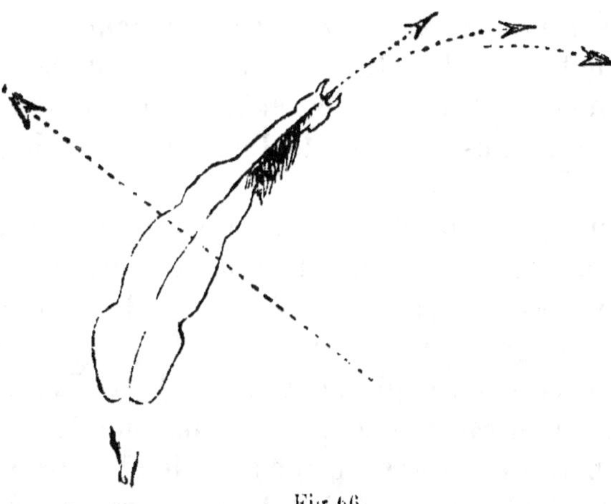

Fig. 66.

tourner à une allure rapide sur une courbe de rayon restreint que grâce à des pistes spéciales à dévers. Le mécanisme du cheval est bien autrement perfectionné ; il lui permet de tourner à l'allure la plus rapide sur la courbe la plus étroite, grâce à l'articulation de son rein en s'incurvant à gauche pour tourner à droite. Aussi ce mode de tourner est-il le plus intéressant, car seul il s'applique à la conduite du cheval aux allures rapides.

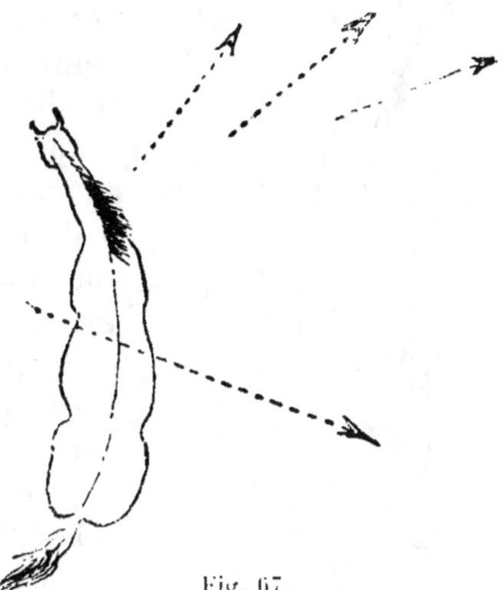

Fig. 67.

« Le cheval qui veut gagner du terrain vers la droite

11.

s'incurve à gauche, refoulant à droite la masse de son corps. On peut vérifier facilement ce mode de tourner sur un cheval en liberté.

« Il résulte de cette flexion latérale gauche (fig. 67) :

« 1° Que le rein, dont le jeu est limité à gauche par l'infléchissement de la colonne vertébrale, se détend à droite, laissant pour ainsi dire toute l'impulsion s'échapper de ce côté ;

« 2° Que, par suite de l'incurvation de l'axe, le poids entraîne la masse à droite et en dehors du polygone de base, d'où nécessité pour le latéral droit de se porter plus à droite pour prévenir la chute. »

Citons à ce sujet l'opinion de Lenoble du Theil :

« Il est évident que le tourner à droite ne peut s'opérer chez un homme en marche que s'il a le pied droit levé de façon à pouvoir porter ce pied dans la direction à droite. Il en est de même pour le cheval.

« L'instant où il se trouve dans ces conditions est précisément celui où, au pas et au trot, il a le diagonal gauche à l'appui. L'appui du postérieur droit sous la masse favorise ainsi le tourner à droite en servant de pivot autour duquel tourne l'avant-main. Le cheval au galop sur le pied droit peut tourner à droite quand il est appuyé sur la base diagonale gauche, parce que, à cet instant, le pied antérieur droit détaché du sol peut se porter à droite et que le pied postérieur droit à l'appui sous le centre sert de soutien à la masse pendant la rotation des épaules autour des hanches.

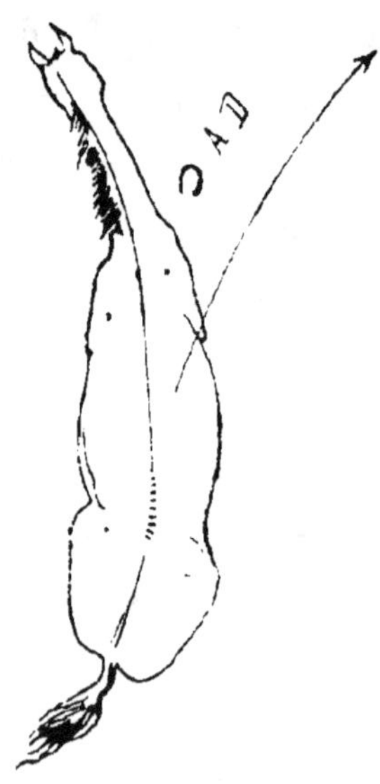

Fig. 68.

« Il y a donc bien dans le tourner à droite aux allures

vives : flexion latérale gauche, extension latérale droite et pli de la tête vers la gauche (fig. 68). »

Allures. — « Dans l'étude de la locomotion qui précède, on a supposé, pour simplifier, un mode de progression théorique où les postérieurs agissent simultanément et de même les antérieurs. »

Il n'en est jamais ainsi ; chaque allure est caractérisée par une succession différente de posers et levers des membres que détermine une attitude spéciale du cheval. Une notice sur chacune de ces allures servira à mieux saisir les principes de la locomotion. »

Le pas. — « La progression avant théorique résulte d'une succession de flexions du rein qui rapprochent les postérieurs des antérieurs, et de détentes qui éloignent les antérieurs des postérieurs. Dans le pas, ces mouvements de flexion et d'extension sont décomposés pour ainsi dire en deux temps par une incurvation et une extension alternative de chaque côté du rein. Ainsi l'incurvation du côté droit rapproche le PD de l'AD ; tandis que l'extension du côté gauche éloigne l'AG du PG (fig. 69 et 70) ; de même pour l'incurvation du côté gauche et l'extension du côté droit (fig. 71 et 72).

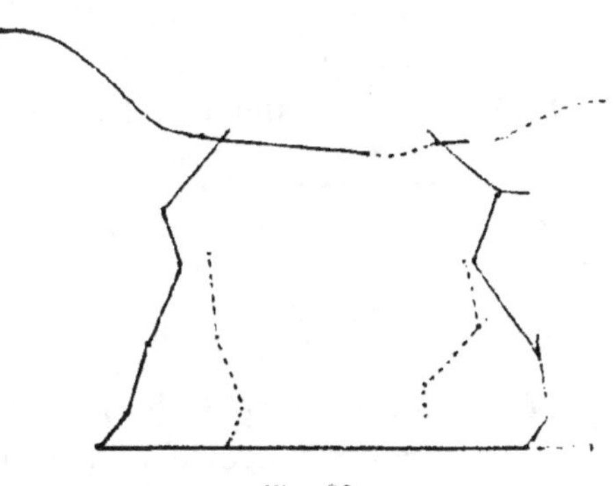

Fig. 69.

Fig. 70.

« Par suite de cette décomposition des mouvements, la

progression est lente mais peu fatigante, car chaque
rouage travaille à son tour ; l'allure est bercée, l'encolure

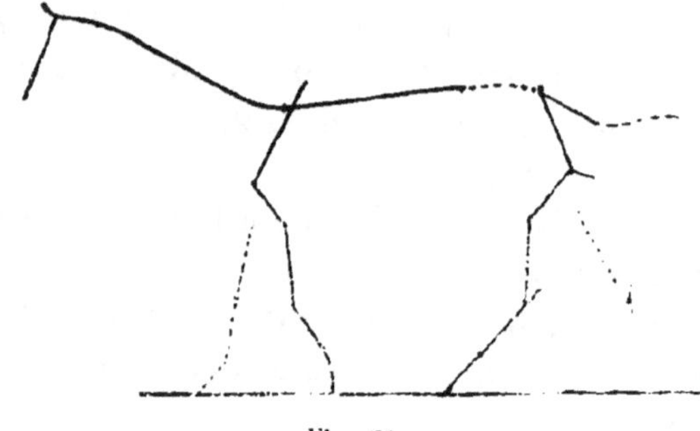

Fig. 71.

participe à ce mouvement : elle se balance alternativement
de droite et de gauche, soulageant le côté qui se fléchit,
chargeant celui qui se détend.

« Il est à remarquer que la masse de l'encolure et du
corps qui détermine
la translation du
poids à droite ou à
gauche se trouve
toujours du côté

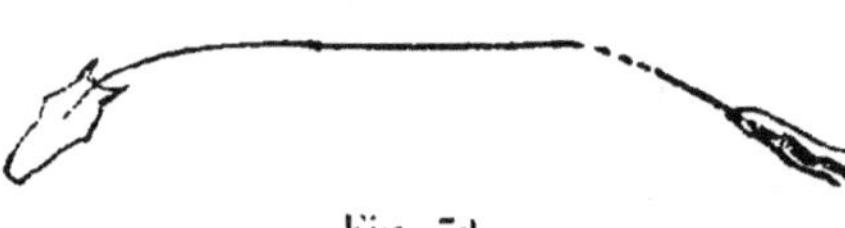

Fig. 72.

opposé à celui où se porte le bout du nez du cheval. Si le
bout du nez vient à droite, l'encolure a sa convexité tournée vers la gauche et le poids du cheval charge l'épaule
gauche, déterminant le poser du membre correspondant.

« Les mouvements de balancier de l'encolure (et de la
queue) au pas sont très visibles chez les chevaux à l'entraînement marchant le pas allongé ou chez les chevaux
de trait traînant une lourde charge. L'encolure éprouve
également un mouvement de balancement de haut en
bas, car elle participe au relèvement de l'avant-main lors
de l'appui des antérieurs et à son abaissement lors de
leur soutien. »

Les pieds se posent à terre dans l'ordre suivant : PD,
AD, PG, AG.

« Le pas est l'allure de résistance que le cheval peut
supporter indéfiniment ; mais, lorsqu'il est chargé. on doit
tenir compte de l'effort supplé-
mentaire imposé par le poids. »

Le galop. — « Dans le galop à
droite, par exemple, l'attitude du
cheval est telle que le centre de
gravité se meut dans le plan du
diagonal droit.

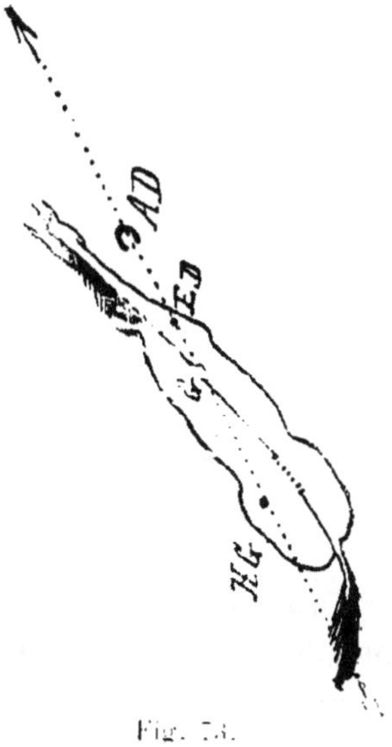

« Pour prendre cette attitude,
le cheval place son épaule droite
dans le prolongement de sa
hanche gauche en s'incurvant à
gauche, la tête et la queue viennent dans le demi à gauche, le
poids afflue sur l'épaule droite,
précipitant le poser de l'AD
(fig. 73).

« Il résulte de cette disposition que le diagonal droit
est dans le plan qui contient la trajectoire du centre de

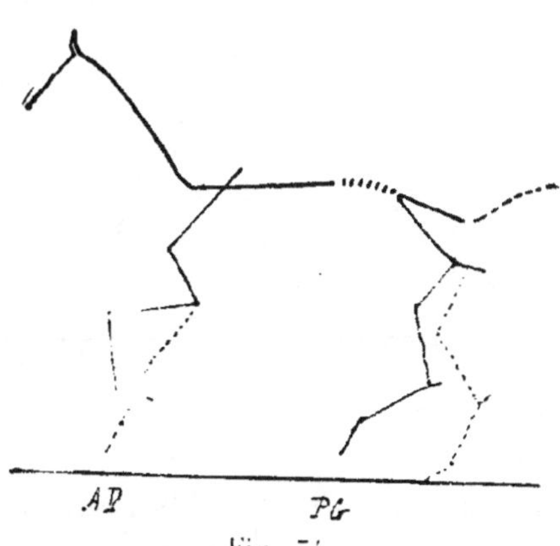

Fig. 73.

gravité, tandis que le
diagonal gauche est de
part et d'autre. La
flexion du rein est pro-
duite par l'engagement
du PG qui se rapproche
de l'AD (fig. 74), l'extension du rein est pro-
duite par la projection
de l'AD qui s'éloigne
du PG (fig. 75).

« Ce sont les deux
temps extrèmes de

Fig. 74.

l'allure. Un temps intermédiaire est marqué par le poser
du diagonal gauche associé qui donne à la masse un

double point d'appui de part et d'autre de l'axe, assure son équilibre et augmente l'étendue de l'extension (fig. 76).

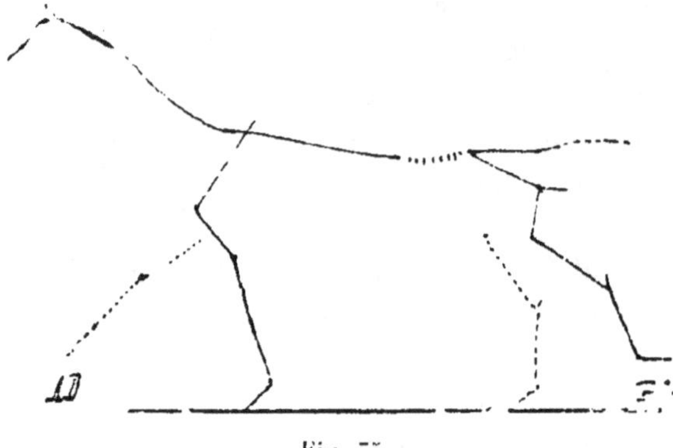

Fig. 75.

« Enfin, entre la période de flexion du rein où l'axe oscille autour de l'AD et la période d'extension où il oscille autour du PG, existe une période de suspension où l'axe se meut dans l'espace sous l'influence de la

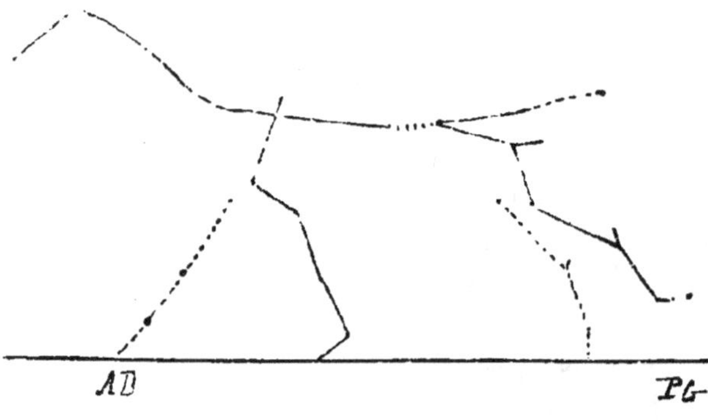

Fig. 76.

vitesse acquise, tous les membres étant au soutien. C'est la période dite *de projection* pendant laquelle le PG est engagé sous la masse, l'axe fléchi (fig. 77). »

En résumé, l'ordre du poser des pieds est le suivant pour le galop à droite : postérieur gauche, diagonal gauche, antérieur droit, suspension. Pour le galop à gauche, on a : postérieur droit, diagonal droit, antérieur gauche et suspension.

« Ainsi le galop est à la fois une allure marchée et sautée : allure de vitesse par excellence, puisque la trajectoire du centre de gravité est maintenue dans un plan vertical sans oscillation (déperdition de mouvement) ni à

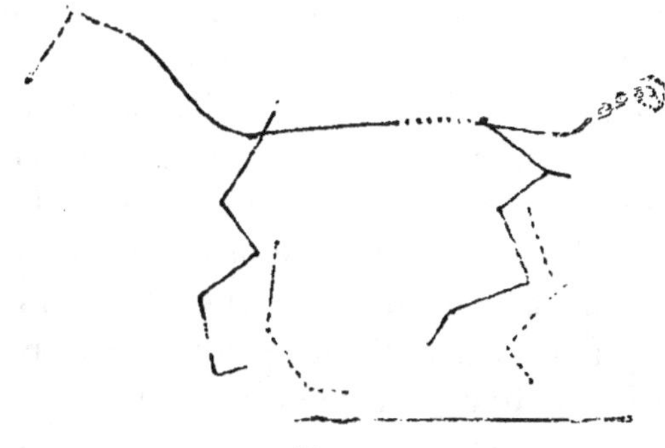

Fig. 77.

droite ni à gauche. Le cheval, dans cette attitude, offre à la résistance de l'air une surface minimum (analogue à la proue d'un vaisseau). Le galop est l'allure qui se rapproche le plus de la progression en avant théorique étudiée plus haut. »

Galop de course. — « Le galop de course diffère du galop ordinaire en ce que le diagonal associé se dissocie, le PD, dans le galop à droite, précipitant son appui immédiatement après le PG, tandis que l'AG prolonge son soutien et se pose après le précédent. L'allure devient ainsi à quatre temps ; l'équilibre perd en stabilité et l'impulsion gagne en puissance. Malgré la dissociation du diagonal, il n'y a aucun bercement, et par suite, déperdition d'impulsion, parce que les posers des quatre membres à cette allure extrême tendent à se confondre avec la trace du plan de l'axe devenue rectiligne. Autrement dit, les membres du cheval se posent comme les rais d'une roue dont on a supprimé la jante. Le déplacement du poids à gauche au moment du poser de l'AG est donc nul ou insensible (fig. 78).

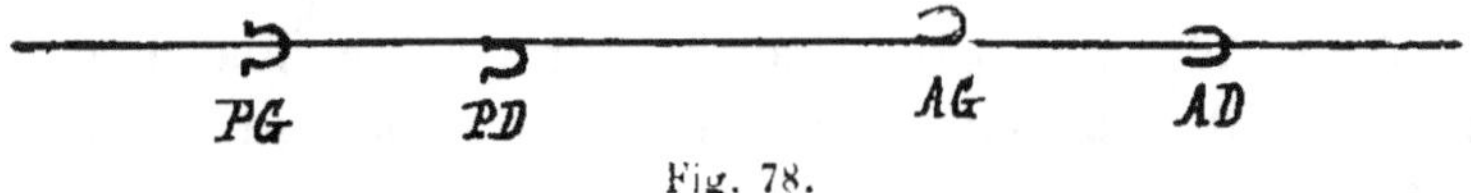

Fig. 78.

« Le galop est l'allure de vitesse la plus avantageuse : s'il est maintenu à une cadence modérée, les membres fatiguent peu. En revanche, le galop, activant la combustion dans l'organisme, fait travailler les poumons sérieusement. Le mouvement de bascule de l'axe caractéristique du galop entraîne aussi une fatigue spéciale pour le cheval chargé. Le galop nécessite des repos fréquents, un assouplissement très grand du cheval et une liberté d'encolure qui lui permette de soulager son rein. C'est l'allure qui exige du cavalier le plus de liant et de fixité ; pour lui comme pour le cheval, c'est la gymnastique par excellence. »

Le trot. — « Le trot est une allure dans laquelle le che-

Fig. 79.

val saute alternativement d'un diagonal sur l'autre, chaque appui diagonal étant séparé du suivant par une période de suspension (fig. 79).

« L'axe ne subit donc aucun mouvement de flexion ni d'extension. Il est déplacé par l'effort musculaire seul.

« Le trot n'est pas une allure rentrant dans le type général de progression théorique qui ne s'applique qu'aux allures marchées. Le trot, allure sautée, ne comporte aucune oscillation de l'axe qui reste horizontal, par suite aucun déplacement de poids. Le trot n'exige donc aucune souplesse du cheval et ne lui en fait pas acquérir. » On voit combien, pour un effort musculaire donné, la somme de travail utile produite sera moindre au trot qu'au galop, puisqu'au galop l'effort musculaire est multiplié par le jeu du rein et le déplacement du centre de gravité.

« Pratiqué à une cadence assez lente, le trot peut être soutenu très longtemps, l'effort imposé au cheval n'ayant d'autre limite que sa fatigue musculaire qui se traduit tardivement », surtout si le cheval est bien détendu avec son centre de gravité très en avant ; le cheval trotte alors sans détente, avec le temps de suspension très réduit, courant pour ainsi dire après son centre de gravité qui l'entraîne et n'ayant par suite pour ainsi dire pas d'effort à faire produire à ses muscles pour projeter sa masse en avant, comme cela a lieu dans le trot étendu. Ce trot très lent, terre à terre, tenant du trottinement du cheval de fiacre, est l'allure de route par excellence. Sensiblement plus rapide que le pas, elle n'est pas sensiblement plus fatigante pour le cheval. Le choc des membres contre le sol à cette allure terre à terre est peu considérable, et par suite l'effort d'amortissement insignifiant ; d'autre part, les contractions musculaires, un peu plus répétées qu'au pas, sont, par compensation, moins étendues ; « les membres étant associés, le cheval a aussi plus de facilité à porter le poids ».

Comme allure de vitesse, le trot est au contraire très inférieur au galop. Le trot allongé nécessite en effet un certain raidissement de l'axe et une situation du centre de gravité assez en arrière, et comme, au trot, cette situation est immuable pour une vitesse donnée, il s'ensuit que ce n'est plus le centre de gravité, placé très en avant et entraînant aveuglément la masse comme dans le petit trot examiné plus haut, qui est le facteur principal du mouvement, mais bien exclusivement l'effort musculaire qui projette toute la masse en avant. « Si le trot est poussé au delà d'une certaine cadence (très variable d'ailleurs avec le cheval, la charge qu'il porte, le terrain, la durée, etc.), l'appareil musculaire est soumis à des contractions trop répétées qui ne lui laissent plus le temps d'éliminer ses déchets ; au bout d'un certain temps le cheval s'arrète, forcé plus vite qu'au galop, à vitesse égale.

« L'explication de ce fait est qu'au trot la vitesse des membres est double de celle du corps, tandis qu'au galop elle n'est qu'une fois et demie plus grande. Si le corps parcourt 20 kilomètres, les membres abattent au galop 30 kilomètres et au trot 40 kilomètres. »

Le saut. — « On a calculé que, pour un saut de 1 mètre, l'élévation absolue du garrot était seulement de $0^m,20$ environ ; mais l'abaissement préalable, lorsque les antérieurs prennent leur battue, est d'environ $0^m,15$, d'où une élévation absolue de $0^m,35$ environ ressentie par le cavalier.

« Le saut comprend quatre périodes :

« *Première période.* — Le cheval, dans les foulées qui précèdent le saut, augmente l'abaissement de son avant-main par un fléchissement analogue à celui de l'homme qui va sauter. C'est la prise d'élan (fig. 80).

« L'avant-main fait sa battue ; en même temps, le cheval rapproche les postérieurs par une flexion du rein plus prononcée (fig. 81).

« *Deuxième période.* — L'arrière-main, faisant sa battue à son tour, soutient et projette l'avant-main ; le rein se détend (fig. 82).

« *Troisième période.* — L'arrière-main quitte le sol ; le

Fig. 80.

rein se fléchit, tandis que l'avant-main s'étend, entrainé
par le poids et la vitesse acquise (fig. 83).

Fig. 81.   Fig. 82.

« *Quatrième période.* — Les antérieurs arrivent à terre ;

Fig. 83.   Fig. 84.

les postérieurs viennent se poser à leur tour, le rein.

fléchi, l'encolure reprenant l'élévation qui correspond à ce poser (fig. 84). »

Résumé des lois de la locomotion. — « En résumé, les forces locomotrices déterminent le déplacement de l'axe qui commande lui-même le mouvement des membres. La conduite du cheval consiste donc à manœuvrer son axe.

« Le déplacement de l'axe en avant, en arrière ou de côté résulte d'une succession de contractions et de détentes du rein.

« Dans la progression avant, le rein se fléchit d'arrière en avant, déterminant le ramener sous la masse des postérieurs ployés; puis il se détend et les angles articulaires de l'arrière-main s'ouvrent, produisant l'impulsion.

« L'amplitude de ces mouvements du rein mesure l'étendue des foulées du cheval; elle est favorisée par l'extension de l'encolure et une position de la tète inclinée en avant de la verticale des oreilles. Cette attitude est celle du cheval marchant librement.

« De même, les allongements d'allure résultent d'une amplitude plus considérable des mouvements du rein ou d'une précipitation de ces mouvements, en tout cas d'une activité plus grande de l'articulation.

« Les ralentissements résultent d'une résistance opposée par l'avant-main à la détente du rein; cette résistance, déterminée par la contraction musculaire de l'encolure, est caractérisée par une position de la tête inclinée en arrière de la verticale des oreilles.

« L'arrêt et le reculer sont produits par un refoulement du rein plus prononcé qui le force à se fléchir et à se détendre d'avant en arrière.

« Les changements de direction résultent d'un déplacement des épaules du cheval qui, pivotant autour des hanches, se portent dans la direction à gagner. Ainsi, dans les changements de direction à droite, le rein se fléchit à gauche, amenant l'engagement sous la masse du PG. Le rein se détend ensuite vers la droite, déterminant l'extension de l'AD de ce côté. La position correspondante de l'encolure est infléchie par le pli de la nuque à gauche, le bout du nez d'autant plus ramené de ce côté que l'angle du changement de direction est plus fermé.

« Ainsi la souplesse du rein est la condition essentielle du coulant des allures et de l'élasticité des changements de vitesse ou de direction. » (De Brignac.)

III. — PREMIÈRE ÉDUCATION DU POULAIN. APPRIVOISEMENT

C'est pour ainsi dire dès les premiers jours de l'existence du poulain qu'il faut commencer à s'occuper de lui et à le familiariser avec l'homme. On ne saurait croire combien les poulains ainsi maniés de bonne heure sont par la suite plus doux, plus dociles, plus intelligents et, par conséquent, d'un dressage plus facile.

L'homme qui s'occupe des poulains doit être froid, calme, éviter toute espèce de grands mouvements et n'avoir aucune brusquerie dans le geste. Cette condition est indispensable pour ne pas effrayer l'élève dont il devra s'efforcer de conquérir les bonnes grâces en le prenant par son côté faible : la gourmandise. A cet effet, lorsqu'il apportera la provende journalière à la poulinière, il aura soin de rester quelque temps près d'elle pendant qu'elle mange, au lieu de s'en aller aussitôt. De la sorte, le poulain, voyant sa mère ne prendre aucun ombrage de l'homme et même venir manger auprès de lui, se met peu à peu en confiance et, au bout de quelques jours, s'enhardit jusqu'à venir, lui aussi, goûter à l'avoine. Lorsque cette pratique lui est devenue tout à fait familière, l'homme devra lui offrir directement une petite ration dans un crible ou une vannette. Les premières fois le poulain pourra s'effrayer de cette manière de faire

nouvelle pour lui. S'il parait montrer trop d'appréhension à venir vers l'homme, celui-ci déposera le crible à
terre, à quelque distance de la jument, et retournera à
celle-ci. Le poulain, d'abord effrayé mais en même temps
intéressé par cet objet nouveau, s'en approchera avec défiance, puis se reculera, tournera autour, de loin, s'en
rapprochera de nouveau pour s'en éloigner, puis s'en
rapprocher encore jusqu'à ce que, triomphant de son
appréhension, il se décide à venir y manger. Quelques
jours après, l'homme, se tenant immobile, pourra présenter
le crible au poulain; après quelques hésitations plus ou
moins longues, celui-ci finira par venir y manger. Peu
à peu il s'accoutumera ainsi à la présence de l'homme
et accourra de lui-même à sa vue réclamer sa pitance
journalière. On continuera ainsi jusqu'à ce que le poulain soit tout à fait familiarisé avec son maître, dont jusqu'ici la présence n'aura été pour lui que le signal d'un
régal.

Il faut maintenant habituer le foal à se laisser toucher
sur les diverses parties du corps sans frayeur ni mauvaise humeur. La tâche sera facile, si la progression précédente a été minutieusement suivie. Tout en lui présentant le crible d'une main, l'homme le flattera de
l'autre doucement, sans mouvements brusques, pendant
qu'il mange.

C'est la répétition quotidienne de cette manière de
faire qui rend le poulain docile et confiant.

Vers l'âge de cinq mois, il faut commencer à l'habituer
au licol. Si les leçons précédentes ont été bien données, il
devra se le laisser mettre facilement. Celui-ci devra être
léger et muni d'une courte longe d'environ 20 à 30 centimètres terminée par un anneau.

Il est d'une importance capitale d'arriver à licoter le
poulain sans lutte et sans violence qui, l'effarouchant,
risqueraient de lui faire perdre la confiance acquise et
de lui faire contracter pour la suite de mauvaises habi-

tudes, telles que de tirer au renard ou de se défendre de la tête.

L'utilité de la courte longe fixée en permanence au licol est très grande; en effet, si l'on veut tenir le poulain quelques instants, soit en lui donnant l'avoine, soit pour tout autre motif, elle donne prise facilement à la main sans que celle-ci ait à s'élever ni à se rapprocher trop vivement de la tête de l'animal, ce qui arriverait si elle avait à le saisir par la muserolle ou un des montants du licol, et ne manquerait pas de l'effrayer et de le faire s'acculer ou s'échapper.

Une autre pratique excellente consiste à munir le licol ou, mieux encore, l'anneau libre de la courte longe d'une corde de 2 à 3 mètres qu'on laisse traîner à terre. Le poulain s'habitue ainsi au poids de la longe et même à une certaine traction de celle-ci résultant de son frottement sur le sol. Vient-il à marcher sur la corde, la résistance augmente et le force à s'arrêter. Cette résistance inattendue va-t-elle provoquer une défense, celle-ci n'a pas le temps de se produire, le lever du pied rendant immédiatement la longe libre. A-t-on affaire à un poulain resté cependant un peu farouche en dépit des précautions indiquées, l'homme, en mettant le pied sur la corde et la saisissant ensuite, s'empare du poulain sans lutte, sans effort, sans que rien puisse l'effrayer.

Dans tous les cas, lorsqu'un poulain résiste à l'action de la longe, s'accule ou recule, il ne faut jamais lui résister, mais le suivre en mollissant la main. Ne sentant pas d'opposition, mais au contraire une tension légère, moelleuse et continue, il cessera bientôt sa résistance.

Il faut ensuite apprendre au foal à suivre l'homme; pour cela on le promènera chaque jour en le tenant par la longe quelques instants à côté de sa mère et en l'éloignant peu à peu de celle-ci pour finir, au bout d'un certain nombre de leçons, par le promener quelques pas tout seul.

Enfin, avant l'époque du sevrage, il faudra lui apprendre à rester attaché. Pour cela, on le rentrera avec sa mère dans une écurie dont la mangeoire sera préalablement garnie. On attachera la mère à l'une des boucles et le poulain à côté d'elle à une autre boucle, mais avec une longe munie d'un billot pour qu'il puisse s'avancer et se reculer. Au commencement on aura soin de ne le tenir attaché que pendant qu'il mangera et on augmentera peu à peu la durée du temps d'attache.

Pendant tout l'hiver qui suivra le sevrage, le poulain sera ainsi attaché chaque jour pendant quelque temps et promené en main quelques instants chaque fois que l'on pourra le faire.

Le printemps et l'été suivant, l'élève sera de nouveau mis au prë, mais avec un licol à courte longe, et on ne perdra pas une occasion de le tenir en main soit pour le rentrer dans son box, soit pour le présenter à des visiteurs. Pendant toute cette période, comme d'ailleurs pendant les suivantes, les pieds du poulain devront faire l'objet de l'attention de son éleveur. Chez un cheval fait, des aplombs vicieux ne sauraient être corrigés utilement par une ferrure appropriée; chez le jeune animal en voie de croissance, il n'en est pas de même, et, en négligeant de parer convenablement les pieds, on risque de voir des aplombs réguliers se fausser, comme, en pratiquant cette opération avec jugement et à propos, on peut espérer redresser des aplombs défectueux.

Les quinze ou dix-huit premiers mois d'existence du poulain ont été, ainsi qu'il a été dit, consacrés à son apprivoisement. Son deuxième automne marquera le commencement de son débourrage, que l'on continuera tout doucement pendant l'hiver. On l'abandonnera de nouveau à l'herbe pendant le printemps et l'été et, à l'automne suivant, on reprendra le débourrage interrompu que l'on poursuivra par le premier dressage sous l'homme ou à la voiture.

Les deux méthodes de débourrage les plus usitées, et avec juste raison, sont le *travail à la longe* et celui *dans les grandes guides* (système de Mauléon). Ces deux procédés ne peuvent pas se substituer complètement l'un à l'autre, mais le second complète très utilement le premier, surtout en vue du dressage à la voiture.

Travail à la longe.

Le travail à la longe est facile, commode et à la portée de tout le monde. Bien employé, les services qu'il peut rendre non seulement pour le débourrage des poulains, mais dans beaucoup d'autres cas, sont considérables. Aussi ne peut-on que s'étonner de le voir aussi peu répandu, et utilisé presque toujours à rebours quand par hasard il en est fait usage.

Le but principal du travail à la longe est d'assagir, de calmer le cheval qui y est soumis, en le mettant sous la domination de l'homme et en lui donnant un travail modéré à la fois profitable à sa santé et à son caractère ; et non pas de le martyriser et de le réduire par la fatigue, comme on le voit faire le plus souvent au grand détriment du physique comme du moral de l'animal.

Mettre un cheval à la longe, qu'on veuille bien s'en convaincre, ce n'est pas le rouer de coups pour lui faire parcourir à une allure désordonnée, au bout d'une longe, un cercle dont il cherche à s'échapper pour fuir les mauvais traitements qui lui sont infligés à tort et à travers, et ne cesser que lorsque le cheval essoufflé, couvert de sueur, s'arrête à bout de vent et de forces. « Cette façon de donner le travail, dit le comte de Gontaut-Biron, ressemblant plus à une suite de défenses qu'à un exercice pris tout le temps avec calme, occasionne cette fatigue inutile dont la conséquence inévitable est d'aigrir le caractère au lieu de l'assouplir et de réduire l'animal au lieu de le développer. »

Il est aisé d'en comprendre la raison : luttant contre

la main et contre les coups, le cheval s'affole et son
moral ne peut rien gagner à une leçon ainsi donnée ;
bousculé à une allure trop vive sur un cercle de rayon
restreint, il est obligé de se coucher sur l'intérieur du
cercle et impose par suite à son bipède latéral intérieur
une surcharge insolite et une fatigue que viennent encore
accroître les efforts désespérés qu'il fait pour échapper au
supplice qui lui est imposé.

L'énervement, la frayeur de l'homme, l'apparition de
tares et la ruine prématurée du sujet sont les tristes con-
séquences de cette façon erronée de donner un travail
dont le résultat devrait être au contraire l'assouplissement
physique et moral du cheval et le développement de son
organisme ; car, bien employé, le travail à la longe sert :

1° A détendre un animal trop vert sans danger pour
lui ni pour le dresseur ;

2° A assouplir sans fatigue un animal trop raide ;

3° A donner un exercice convenablement réglé à un
animal qui, pour une raison ou pour une autre, ne peut
être ni monté ni attelé ;

4° A rendre un cheval attentif et obéissant à la voix et
au fouet.

Le travail à la longe peut se pratiquer à peu près partout : dans un manège, une cour sablée, un coin de
champ ou de pré. Un endroit spécialement aménagé à
cet effet, présentant un sol légèrement en cuvette sur une
circonférence de 15 à 20 mètres de diamètre, est assurément préférable, car, lorsque le cheval est en cercle, l'appui se fait alors plus normalement pour chacun de ses
pieds. Cependant, cette condition n'est pas indispensable.
Seul un terrain dur et glissant doit être soigneusement
évité pour ce travail. Dans le premier cas, les réactions
qu'aurait à supporter le bipède intérieur par suite de la
surcharge qu'il éprouve lorsque le cheval est sur le cercle
seraient trop fortes et dangereuses pour l'intégrité des
articulations, des boulets en particulier ; dans le second,

le cheval risquerait d'être fauché et des accidents graves,
tels que des écarts d'épaules ou de hanche, seraient à
redouter. Un sol meuble et profond est au contraire tout
particulièrement à rechercher; en effet, comme nous
l'avons vu plus haut, l'amortissement des réactions s'y fait
plus complètement et sans préjudice pour le cheval, le
travail musculaire se trouve au contraire augmenté, ce
qui est une condition favorable au point de vue gymnastique, enfin les chances de glissades se trouvent fortement diminuées, ainsi que leur gravité, si cependant elles
viennent à se produire.

Dans tous les cas, on peut toujours établir sans frais,
au moyen d'une couche de fumier suffisante, une piste
circulaire pour ce travail.

La longe doit être d'une dizaine de mètres de longueur :
on en fait en simple corde et en tissu plat dit *boyau*;
nous préférons ces dernières
comme étant plus faciles à tenir,
et aussi légères que possible.
Souvent ces longes sont garnies
de nœuds ou d'arrêtoirs dans
leur extrémité, dans le but de
donner plus de prise à la main ;
ce dispositif ne présente aucun
avantage et est plutôt nuisible
qu'utile ; car, ainsi que nous le
verrons plus loin, les effets de
force sont absolument proscrits
dans le travail à la longe.

Le plus souvent le cheval est
muni d'un caveçon auquel on
fixe la longe (fig. 85). Il existe
plusieurs modèles de caveçons :
tous se composent essentielle-
ment d'une muserolle plus ou moins rembourrée, garnie
à sa partie supérieure, sur le chanfrein, d'une pièce de fer

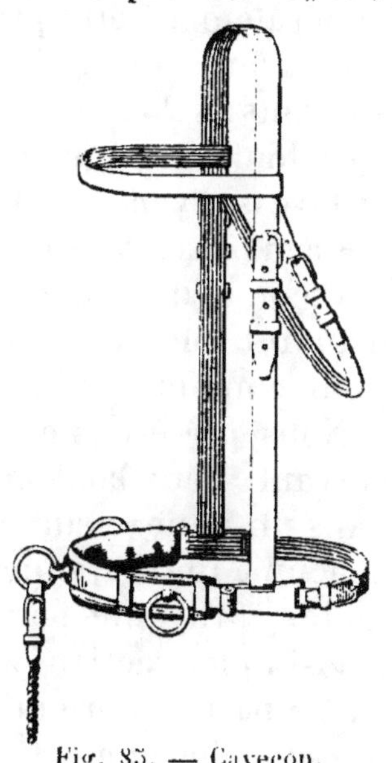

Fig. 85. — Caveçon.

épousant à peu près la forme de celui-ci, plus ou moins lourde et munie d'anneaux destinés à recevoir la longe. Une têtière avec une ou plusieurs sous-gorge assure et maintient la position de la muserolle. Le relâchement de la muserolle, sa position basse sur le chanfrein, le poids de la ferrure sont les conditions qui augmentent la sévérité du caveçon ; inversement, une muserolle légère, serrée, haut placée, la diminue.

Pour le travail à la longe, le caveçon doit être ajusté de façon à être le plus doux possible ; les indications de la longe lui sont transmises au moyen de légères tractions suivies de mollissements du poignet et parfois au moyen d'oscillations. Le « coup de caveçon », qui se donne en faisant avec le bras qui tient la longe le geste de jeter une pierre avec force, est très sévère pour le cheval et l'assoit presque toujours sur les jarrets ; son emploi doit généralement être proscrit du travail à la longe. Au surplus, pour cet usage, le caveçon présente les inconvénients suivants : s'il est doux, il a peu d'action ; s'il est dur, il est très douloureux pour le cheval qu'il blesse au chanfrein et tare souvent à cette place, même étant employé avec douceur. Les vibrations de longe, saccades et coups de caveçon agitent le cheval au lieu de le calmer, et cela d'autant plus qu'il voit sans cesse devant ses yeux les mouvements de la longe fixée sur son nez.

Nous préférons en général pour ce travail le dispositif suivant. Deux boucleteaux de longe d'écurie sont réunis dans un anneau sur lequel se fixe la longe et se bouclent chacun à un des anneaux d'un bridon. La longe ainsi est moins effrayante pour le cheval. De plus, elle peut agir par simple traction et, ayant une action plus énergique sur la barre extérieure, elle attire légèrement le bout du nez du cheval en dehors, ce qui le maintient mieux sur le cercle en amenant la masse sur les épaules en dedans.

On peut aussi boucler l'extrémité de la longe sur une sorte de boudin en cuir terminé par un petit boucleteau à chaque extrémité et s'attachant aux anneaux du bridon. Mais ce dispositif est inférieur au précédent, car il ne produit pas l'effet d'opposition dont nous venons de parler.

Dans le travail à la longe, le cheval doit :

1° Marcher calmement sur le cercle aux deux mains à l'allure voulue par l'instructeur ;

2° S'arrêter franchement sur le cercle à la voix de l'instructeur ;

3° Venir docilement sur l'instructeur au commandement « Viens là ! » accompagné d'une traction sur la longe ;

4° Se reporter franchement du centre sur la circonférence ;

5° Changer facilement de main dans le cercle aux indications données à cet effet par la longe.

Les commandements le plus généralement employés sont : un appel de langue pour porter le cheval en avant ; « Ohô ! Ohô ! » pour le ralentir ; « Holà ! » pour l'arrêter ; « Viens là ! » pour le faire venir à l'instructeur. L'intonation avec laquelle ces divers commandements sont prononcés a une influence marquée sur l'obéissance du cheval. Les commandements destinés à calmer le cheval ou à le ralentir devront être prononcés d'une voix douce et traînante, le commandement de l'arrêt de la même façon, mais en prononçant la dernière syllabe *là* d'une façon plus impérative.

Le cheval doit se maintenir calme et sans contrainte sur le cercle à toute allure. La longe ne doit agir que comme indication et n'être ni tendue ni flottante, de façon que le cheval soit toujours en contact avec la main de son dresseur et qu'en même temps il ait la liberté de ployer son encolure en dehors pour progresser sur le cercle dans l'attitude et l'équilibre que lui commande la nature ; et cependant on voit le plus souvent donner ce travail l'homme et le cheval tirant chacun à

qui mieux mieux sur la longe. Cet exercice ne tarde pas
à devenir aussi pénible pour l'homme et pour le cheval
que préjudiciable pour ce dernier. Maintenu en effet par
la force sur le cercle dans une position absolument contraire à la nature, il ne peut que se raidir et opposer la
force à la force, pour chercher à s'échapper et à se soustraire à la contrainte intempestive qui lui est imposée ;
loin d'apprendre à céder, le cheval apprend à résister et
à se défendre. Ce défaut, malheureusement très fréquent,
provient presque toujours de l'ignorance de l'homme qui,
ne connaissant pas les principes de la locomotion animale, ne se rend pas compte de la maladresse qu'il commet, de la dureté de sa main et, plus souvent encore,
d'un emploi inconsidéré de la chambrière.

La chambrière sert à accentuer l'appel de langue si le
cheval n'y répond pas suffisamment pour se porter en
avant ou allonger l'allure; elle sert encore à éloigner
plus ou moins le cheval du centre suivant qu'on la lui
montre plus ou moins; elle sert enfin, mais rarement, de
moyen de châtiment.

Le comte R. de Gontaut-Biron nous donne, sur la façon
d'employer la chambrière, les conseils suivants :

« Le cheval ne doit ni voir ni entendre la chambrière.
Il la sentira seulement sur l'arrière-main, généralement
au-dessus des jarrets. Lorsqu'on en fera usage, elle sera
tenue la poignée dans la main, le gros bout sortant du
côté du pouce, la mèche traînant à terre et suivant le
cheval. Lorsqu'on voudra la faire sentir au cheval, on
rapprochera le pouce du corps et on écartera le coude
plus ou moins brusquement, suivant le désir de frapper
plus ou moins fort. De cette façon, on évitera les mouvements de bras qui pourraient effrayer l'animal et l'action
de la chambrière sera assez forte pour tout ce qui est
dressage. On la tiendra le gros bout sortant du côté du
petit doigt lorsqu'on voudra lui donner une action très
forte, dans le cas, par exemple, où on sera forcé de s'en

servir comme moyen de correction, ce que, d'ailleurs, je conseillerai de faire avec une extrême prudence, attendu que le cheval, effrayé, prendrait très vite la mauvaise habitude de tirer sur la longe et perdrait ensuite difficilement ce défaut.

« Rien n'est plus facile que de corriger le cheval qui, pendant le travail, tend toujours à rétrécir le cercle en se rapprochant de l'instructeur. Il suffit simplement de lui montrer la cravache ou la chambrière, ou encore, si c'est nécessaire, de le toucher avec elle soit à l'épaule, soit à l'encolure. Le cheval travaillant sur un cercle étroit, le manche du fouet que l'on fait glisser dans la main suffira souvent pour l'éloigner du centre.

« On évitera ainsi de retourner la chambrière pour la mettre le gros bout sortant du côté du petit doigt, ce qui ne saurait se faire sans produire des mouvements de bras dont la conséquence forcée serait d'effrayer l'animal et de le faire tirer sur la longe. »

Afin d'éviter plus sûrement de faire contracter au cheval ce défaut, nous conseillons à l'instructeur de s'abstenir complètement de l'usage de la chambrière jusqu'à ce que le cheval réponde déjà bien aux indications de la voix et de la longe ; deux leçons suffisent généralement pour obtenir ce résultat. Jusqu'à ce moment une simple cravache est suffisante à l'homme pour porter le cheval en avant ou l'empêcher de trop revenir dans le centre du cercle. Quant à la chambrière, elle sera confiée à un aide intelligent qui se conformera, pour la *place* à occuper par lui et pour l'emploi de la chambrière, aux moindres indications de l'instructeur.

« J'ai dit plus haut que le cheval ne devait pas entendre la chambrière ; il y a cependant un cas où cela sera nécessaire : ce sera quand, une fois dressé, il travaillera sur un cercle assez grand pour que la mèche ne puisse pas l'atteindre. Alors on la fait entendre en arrière pour augmenter l'allure et à hauteur de la tête pour éloigner le cheval du centre, s'il refuse d'agrandir le cercle à la simple vue de la chambrière.

« Dresser un cheval promptement, bien et sans fatigue inutile même pour l'homme, voilà le but. On arrive à ce résultat en se servant simultanément de la voix, de la longe et de la chambrière, et en ne mettant le cheval sur un grand cercle aux allures vives qu'après avoir obtenu de lui une obéissance suffisante au pas sur un cercle étroit. »

A cet effet, on ne donnera à la longe qu'une longueur de 1 mètre ou 1^m,50 environ, car il sera facile de maintenir l'animal au pas et de l'empêcher de gambader; l'emploi de la longe ainsi maintenue très courte dans les commencements permet de se rendre absolument maître du cheval et dispense par la suite de l'emploi de la force, toujours préjudiciable.

On pourra commencer le travail à main gauche, cette main étant en général plus commode pour l'instructeur.

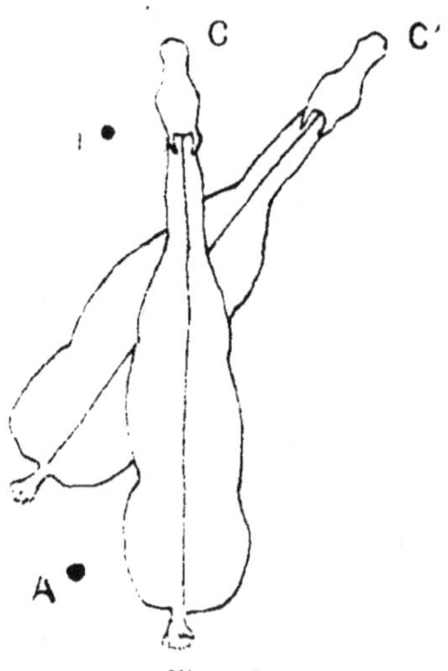

Fig. 86.

Celui-ci, tenant la longe roulée avec sa cravache dans la main gauche, se place à l'épaule du cheval côté montoir, la partie libre de la longe étant d'environ 1^m,50. Un aide, tenant la chambrière dans la main droite comme il a été dit, se place du même côté à hauteur de la hanche du cheval (fig. 86). L'instructeur, tenant alors la longe de court avec la main droite, pousse la tête du cheval à droite en cherchant en même temps à l'entraîner en avant de façon à obtenir une rotation des épaules à droite autour des hanches en avançant, et il accompagne

le cheval toujours en le poussant de la main, jamais
en le tirant, jusqu'à ce que la croupe de celui-ci soit
venue un peu en avant et à gauche de l'aide resté immobile; puis il fait un appel de langue et, si le cheval n'y
répond pas en se portant franchement en avant, l'aide le
touche légèrement de la chambrière sur l'arrière-main à
droite. L'instructeur accompagne alors le cheval en
décrivant lui-même un cercle beaucoup plus petit que
celui-ci et en ayant soin de se tenir toujours un peu en
arrière de lui, au niveau de son épaule ou de son passage
de sangles. L'aide suivra le cheval en décrivant un cercle
au contraire un peu plus grand que lui et se tiendra
prêt à appuyer de nouveau le cheval de la chambrière
sur la croupe à l'extérieur, au premier signe que lui en
fera l'instructeur. Cette position de l'aide sur un cercle
extérieur à celui décrit par le cheval a pour but d'empêcher celui-ci de tirer sur la longe, ce qu'il ne manquerait
pas de faire si les indications de la chambrière venaient
de l'intérieur du cercle avant qu'il ne soit bien accoutumé
à en parcourir la circonférence.

Si, comme cela arrive fréquemment dans les premières
leçons, le cheval s'arrête au bout de quelques pas en
faisant face à l'instructeur, celui-ci doit éviter d'essayer
de le reporter en avant dans cette position. Il doit l'attirer
à lui, rendre la main, caresser son cheval, attendre de lui
une détente d'encolure, preuve qu'il est en confiance;
puis recommencer la leçon comme précédemment. Cette
première leçon doit être donnée au pas; elle sera ensuite
donnée à l'autre main et toujours au pas.

Quand le cheval marche plus facilement et plus franchement sur le cercle, l'instructeur lui donne un peu de
longe en rétrécissant le cercle qu'il parcourt de façon à
finir par se trouver au centre du cercle décrit par le
cheval; la longueur de longe donnée au cheval pendant
tout ce travail ne doit pas excéder 4 à 5 mètres.

Sur un cercle d'aussi petit rayon, il est rare que le

cheval cherche à prendre le trot ou le galop ; cela arrive cependant avec certains chevaux nerveux ou joueurs ; dans ce cas l'instructeur raccourcit la longe progressivement. Le cheval, obligé alors de parcourir un cercle de plus en plus petit, ne tarde pas à ralentir son allure au degré voulu. Ce résultat obtenu, l'instructeur rend de nouveau de la longe, pour en reprendre ensuite si l'animal cherche encore à abuser de la liberté qui lui a été donnée. Au bout de très peu de temps de ce travail, l'animal apprend à être calme et docile. Pendant tout le temps qu'il cherche à ralentir son cheval en raccourcissant progressivement la longe, l'instructeur doit répéter le commandement « Ohôo ! Ohôo ! » sur un ton doux et traînant.

Pendant tout ce travail, le cheval doit marcher sur le cercle au pas, l'encolure libre, basse, bien détendue.

Lorsque ce résultat est obtenu, il faut apprendre au cheval à s'arrêter sur le cercle au commandement « Holà ! » et à rester immobile jusqu'à toute nouvelle indication du dresseur. A cet effet, celui-ci fait sentir une courte tension de la longe en prononçant « Holà! ». Si le cheval s'arrête, il doit rendre immédiatement la main ; sinon, il raccourcit progressivement la longe comme il a été expliqué pour obtenir le ralentissement, mais en marquant sur celle-ci un temps d'arrêt, une tension plus accentuée chaque fois qu'il prononce « Holà ! » Le cheval finit toujours par comprendre et s'arrêter. Souvent, les premières fois, ce n'est que lorsque le cheval est revenu tout près de l'homme. Celui-ci alors doit le caresser, lui rendre la main et lui laisser détendre son encolure, puis se reculer de quelques pas de façon à habituer le cheval à rester immobile, même sans se sentir tenu de près. Si le cheval bouge, il lui fait de nouveau sentir la longe en répétant « Holà ! », et ainsi de suite jusqu'à ce que l'immobilité complète soit obtenue sur le cercle. Celle-ci, ainsi que l'arrêt franc au commandement de la voix, sont deux points capitaux à obtenir dans ce premier dressage et rendent plus tard des services considérables.

Il faut ensuite apprendre au cheval à venir à l'instructeur. Pour cela, celui-ci l'appelle en lui faisant sentir une traction douce et continue; lorsque le cheval est auprès de lui, il lui rend la main et le flatte. Souvent le cheval s'avance jusqu'à deux ou trois pas de l'homme et, là, se

Fig. 87. — Travail à la longe au pas. D'après Gobert, vétérinaire militaire.

campe et refuse d'avancer. Le dresseur, dans ce cas, ne doit sous aucun prétexte venir au cheval ; il doit, au contraire, plutôt reculer d'un ou deux pas et prescrire à son aide de venir, par un détour suffisant pour ne pas distraire le cheval, se placer juste derrière lui et lui faire sentir la chambrière pour l'envoyer sur l'instructeur.

Pour habituer le cheval à se porter du centre sur la circonférence, le dresseur fait un appel de langue pour mobiliser le cheval, puis, au moment où celui-ci va passer devant lui pour suivre le diamètre sur lequel il est déjà engagé, il le pousse légèrement à l'épaule avec la cravache, ce qui fait ainsi pivoter le cheval autour de ses hanches pour regagner la circonférence. Ce mouvement présente d'ailleurs beaucoup d'analogie avec celui que nous avons décrit pour porter le cheval en avant au début de la leçon ; mais le mouvement de rotation des épaules autour des hanches doit être ici plus accentué.

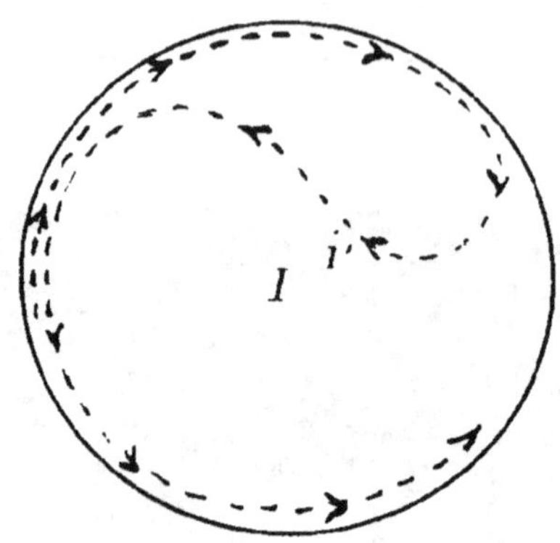

Fig. 88. — Changement de main sur le cercle.

Enfin le cheval doit apprendre à changer de main sur le cercle par une demi-volte (fig. 88). A cet effet, l'instructeur s'avance d'un pas vers la circonférence, attire le cheval à lui, puis le repousse vers la circonférence à l'autre main et regagne sa place au centre. Ce mouvement est un excellent assouplissement, les épaules étant ainsi forcées de se développer autour des hanches coup sur coup à droite et à gauche.

Lorsque le cheval exécute couramment ce travail sans difficulté au pas sur un petit cercle, le secours de l'aide devient généralement inutile et l'instructeur peut s'armer lui-même de la chambrière en se conformant, pour la manière de la tenir, à ce que nous avons dit plus haut. Quand il fera travailler le cheval à main gauche, il tiendra la longe roulée dans la main gauche et la chambrière dans la main droite, et inversement pour le travail à main droite.

Tous les exercices précédemment décrits doivent ensuite être repris sur des cercles de plus en plus grands et à des allures de plus en plus rapides, mais *toujours et avant tout* calmes et détendues. Lorsque le cheval se trouvera suffisamment assoupli, il se mettra de lui-même au galop et le cadencera convenablement, à condition qu'il ne soit pas poussé. Si le cheval cherche à abuser de sa liberté sur les grands cercles, soit en forçant l'allure, soit en se refusant à obéir assez docilement aux indications de l'instructeur pour l'exécution des différents mouvements, il ne faut pas hésiter à revenir au travail sur le petit cercle jusqu'à ce que l'on ait obtenu l'obéissance absolue.

Sous aucun prétexte il ne faut laisser exécuter au cheval des demi-tours sur le cercle sans commandement. Si le cheval se permet de le faire, il faut immédiatement le faire changer de main et le reporter en avant avec un coup de chambrière.

Le cheval a pour se soustraire au travail à la longe, si celui-ci n'est pas donné dans un endroit clos, deux moyens.

L'un consiste à jeter son arrière-main en dehors du

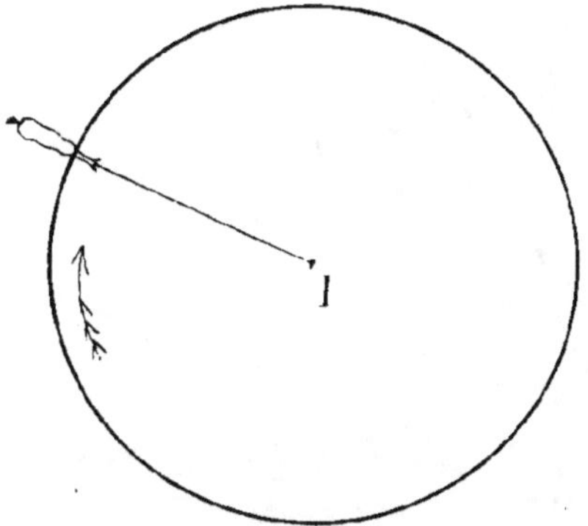

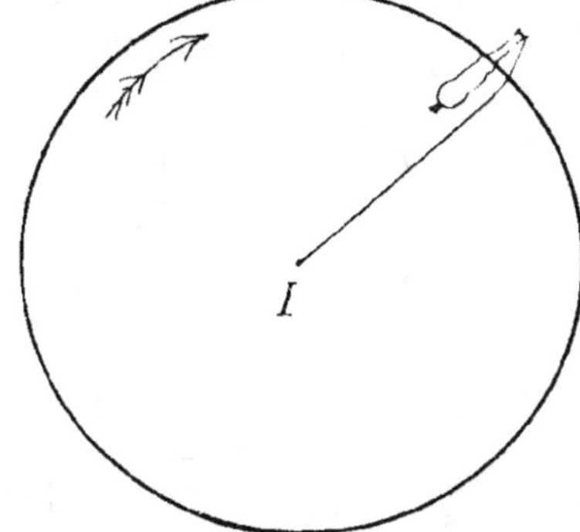

Fig. 89. — Cheval jetant son arrière-
main hors du cercle.

Fig. 90. — Cheval cherchant à
échapper hors du cercle.

cercle, à faire ainsi face à l'instructeur et à s'acculer en tirant sur la longe à la façon du cheval qui tire au renard (fig. 89).

Pour corriger ce défaut, l'instructeur doit avoir recours

à un aide qui, placé à l'extérieur du cercle, chasse le
cheval vers l'intérieur de celui-ci, tandis que l'instructeur
l'empêche de trop y pénétrer et s'efforce de le maintenir
ainsi sur le périmètre.

Le second moyen consiste pour le cheval à tourner son
arrière-main en dedans de façon à avoir son corps dirigé
suivant un des rayons du cercle, et à tirer brutalement
sur la longe de façon à traîner l'instructeur derrière lui
(fig. 90). Celui-ci a deux procédés à sa disposition pour
obvier à cette défense.

1° Il peut rendre rapidement une assez grande lon-

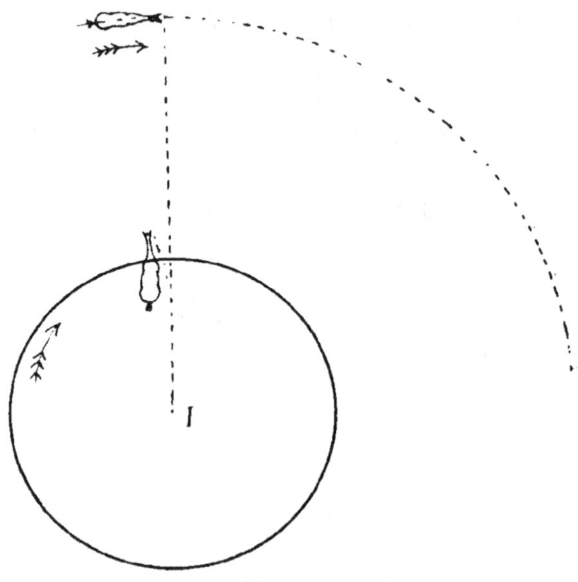

Fig. 91.

gueur de longe, tout en se campant solidement. Le cheval,
ne sentant plus la résistance de la longe, se déraidit et
continue son chemin ; mais, lorsqu'il arrive au bout de la
longe, il la rencontre brusquement, ce qui le fait s'arrêter
de même et souvent lui fait faire un quart de tour qui
le replace tangentiellement à la circonférence ou, plus

exactement, à une circonférence concentrique de plus grand rayon (fig. 91).

2° Il peut encore se déplacer le plus rapidement possible suivant une direction angulaire par rapport à celle suivie par le cheval ; puis, lorsqu'il a gagné ainsi suffisamment de terrain par côté, s'arrêter brusquement en se campant. L'effet ressenti par le cheval est analogue au précédent, et il se trouve alors engagé sur une nou-

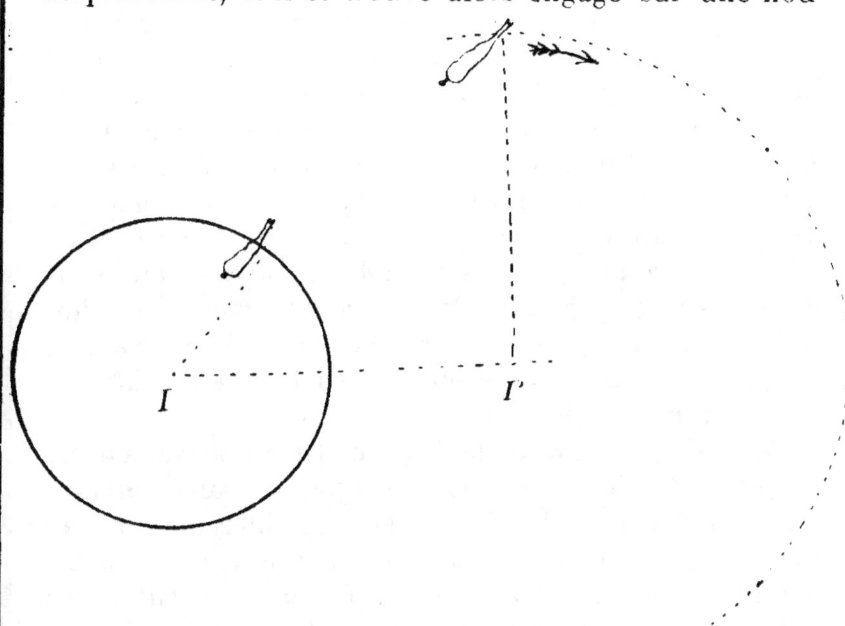

Fig. 92.

velle circonférence ayant l'instructeur pour centre (fig. 92).

Dans l'un comme dans l'autre de ces cas, il faut se hâter de raccourcir la longe afin de remettre quelques instants le cheval sur un petit cercle et le bien convaincre par là de son état de dépendance.

Travail dans les grandes guides (système Mauléon).

Le système Mauléon est un perfectionnement ou, plutôt, un complément du travail à la longe, en ce sens que le cheval est plus contraint et soumis à des actions qui, au moins en ce qui concerne le cheval destiné à l'attelage, se rapprochent davantage de celles auxquelles il aura à obéir dans la suite. Il comporte le harnachement suivant : un bridon, un collier muni de ses attelles, un surfaix portant de chaque côté, un peu au-dessous du niveau de la pointe de l'épaule, un anneau fixé verticalement ; enfin une paire de longues guides, de 7 à 8 mètres chacune, ou deux longes ordinaires réunies ensemble. Ces guides venant de la main du dresseur passent d'abord dans les anneaux placés à cet effet sur le surfaix, puis dans les clefs du collier, et vont se fixer aux anneaux du bridon. On peut également remplacer le surfaix par une sellette d'attelage, ce qui a l'avantage d'habituer en même temps le cheval à la croupière. Dans ce cas, on fixe, au moyen de petites ligatures en fil de fer, un anneau à chacune des fausses boucles qui se trouvent aux extrémités de la sous-ventrière. Le dressage terminé, on n'a qu'à couper les ligatures sans que le harnais en ait souffert le moins du monde (fig. 93).

Ce système a l'avantage d'apprendre au cheval à obéir aux effets directs des guides, et à supporter sans s'énerver les attouchements de celles-ci sur les différentes parties du corps ; excellente préparation pour le cheval destiné à être attelé. L'instructeur fait évoluer son cheval en agissant sur ses guides, sans que celui-ci puisse passer sous celles-ci, comme cela ne manquerait pas d'arriver si les guides étaient mises dans les clefs de la sellette et non dans les anneaux fixés latéralement à cet effet. De plus, le cheval pris entre ces deux guides ne peut échapper comme il le fait avec la longe seule. En effet, jette-t-il sa croupe en dehors, celle-ci vient tendre la guide du dehors qui le redresse ; la jette-t-il en dedans, c'est la guide de ce côté qui agit de même.

Il arrive souvent, les premières fois surtout, que le cheval, dans un moment d'énervement, se met à tourner rapidement sur place et s'enroule dans les guides ; mais il ne tarde pas à être paralysé dans sa défense ; souvent même il tombe, ce qui constitue en soi-même une excellente correction, le cheval, dans la suite, s'arrêtant de lui-même dans sa faute, par crainte d'une situation pire.

Fig. 93. — Cheval harnaché pour le travail dans les guides.

Lorsque le cheval est enroulé, qu'il soit debout ou tombé, l'instructeur débrouille tranquillement le tout et continue sa leçon. Le cheval perd cette mauvaise habitude au bout de fort peu de temps.

Parfois un cheval, trop entreprenant ou s'effrayant d'entendre l'instructeur marcher derrière lui, s'animera et risquera d'entraîner celui-ci qui, pour obvier à cet inconvénient, n'aura qu'à se camper en raccourcissant sensiblement une de ses guides et relâchant l'autre d'autant. Le mouvement rectiligne qui menaçait de devenir trop rapide se transformera ainsi en mouvement circulaire ayant l'instructeur comme pivot.

La progression à suivre dans cette méthode est la suivante :

1° *Porter le cheval en avant :* Pour cela, se placer der-

Fig. 94. — Cheval dans les guides Mauléon (marche directe).

rière lui, ajuster ses guides pour sentir la bouche du cheval sans tirer dessus, faire un appel de langue en rendant la main et en l'appuyant de la chambrière, si le mouvement en avant n'est pas obtenu aussitôt.

2° *Marche directe :* Suivre le cheval en conservant le contact léger et égal des deux guides avec sa bouche (fig. 94).

3° *Changements de direction aux deux mains :* Raccourcir l'une des deux guides en rendant légèrement de l'autre, suivre le cheval dans son changement de direction et le redresser par les moyens inverses lorsqu'il est dans la nouvelle direction. Il est bon de commencer par ne demander que des obliques faibles, que l'on peut même se faire succéder de manière à faire ainsi parcourir au cheval une ligne brisée dont on rendra les angles de plus en plus fermés à mesure de ses progrès. On apprendra ensuite au cheval, par le même procédé, à changer de direction à angle droit.

4° *Arrêt :* Augmenter progressivement la tension des guides en disant « Ohô! là! » jusqu'à ce que le cheval s'arrête; s'il se traverse, le redresser par l'action isolée de la guide du côté où aura été la coupe. Si cette action de la guide semble devoir déterminer le reculer, soutenir avec la chambrière. Le cheval étant arrêté droit, rendre la main complètement, de façon à lui laisser détendre son encolure, attendre jusqu'à ce que la descente d'encolure se produise; elle est nécessaire pour combattre, dans la mesure du possible, la contraction d'encolure que détermine l'action rétrograde des guides.

5° *En cercle aux deux mains :* Demander quatre changements de direction consécutifs à angle droit, en décrivant soi-même une piste intérieure à celle du cheval; rétrécir peu à peu cette piste, pour arriver à se trouver au centre d'un cercle décrit par le cheval autour de l'instructeur (fig. 95).

6° *Changer de cercle :* Arrêter d'abord le cheval avant de changer le cercle; se placer derrière lui ou légèrement de l'autre côté et le reporter en avant en tendant l'autre guide de façon à le déterminer en cercle à l'autre main autour de l'instructeur. Puis changer de cercle sans arrêter. Pour cela, le cheval étant en cercle à droite par exemple, raccourcir les deux guides de 50 centimètres et saisir la guide gauche le plus en avant possible et la ramener à soi en rendant complètement la guide droite, ce qui fait opérer ainsi au cheval une sorte de pirouette sur les hânches en avançant et le met en cercle à gauche autour de l'instructeur. Les changements de cercle sans arrêter sont un des principaux moyens d'assouplissement de cette méthode.

7° *Reculer :* Le cheval étant dans la marche directe

Fig. 95. — Cheval en cercle dans les grandes guides.
(Cliché de M. Gobert, vétérinaire militaire.)

sur la ligne droite, se placer exactement derrière lui et opérer comme pour l'arrêt, en insistant davantage sur la tension des guides. Dès qu'un pas de reculer se produit, rendre la main et attendre la descente d'encolure. Reporter en avant et recommencer quelques pas plus loin. Exiger peu à peu plusieurs pas consécutifs de reculer et les faire suivre *toujours* d'une détente complète d'encolure.

Si le cheval s'accule ou résiste au reculer, essayer de

le déterminer en déplaçant les hanches par des tractions alternatives de l'une et l'autre guide. Plus le cheval présente de difficulté pour reculer, plus il faut se garder de lui demander ce mouvement de pied ferme de façon à pouvoir profiter du lever des postérieurs pour déterminer le mouvement rétrograde.

Si le cheval présente trop de difficulté à reculer ainsi, on pourra, les premières fois, se placer devant lui, l'attirer à soi pour mobiliser l'arrière-main et, au moment où celui-ci se met en mouvement, repousser le cheval en arrière en lui baissant la tête; puis un aide pourra procéder de la même manière pendant que l'instructeur donnera l'indication du reculer avec ses guides.

Le reculer doit être exécuté calmement, sagement, pour éviter tout désordre et le cabrer; il doit s'exécuter pas à pas et le cheval pouvant être reporté en avant à chacun d'eux si l'instructeur le juge nécessaire.

8° Répétition du même travail aux différentes allures et variations d'allures; puis passage de l'arrêt à une allure vive et réciproquement.

Le reculer et les variations d'allures constituent également un excellent moyen d'assouplissement pour le cheval.

Tel est, en quelques mots, le résumé de la méthode du marquis de Mauléon, méthode très puissante et dont les résultats pour la préparation du cheval d'attelage sont en tous points excellents, mais dont l'emploi pour le débourrage du cheval de selle est sujet à quelques réserves provenant de ce fait que les guides ont sur la bouche du cheval et tout son axe une action rétrograde, alors, comme nous le verrons plus loin, que les rênes doivent surtout agir par pressions latérales, le cavalier évitant, dans les changements de direction, d'opérer une traction sur elles dans le sens antéro-postérieur. Néanmoins, avec du tact et beaucoup de légèreté de main, ce procédé peut rendre également des services dans la préparation du cheval de selle ; mais, dans ce cas, l'instructeur devra s'efforcer de rapprocher autant que possible le maniement de ses guides du maniement des rênes dont il sera parlé plus loin, c'est-à-dire en n'agissant sur la guide directe que par indications brèves, en soutenant davantage la guide contraire, et en faisant de fréquentes remises de mains pour laisser le cheval jouer de son encolure.

IV. — HARNACHEMENT.

Avant d'entrer dans l'exposition du dressage à la selle proprement dit, il est nécessaire de dire quelques mots de la selle et de la bride.

Selle. — Vue d'en dessus, la selle se compose d'un siège sur lequel le cavalier est assis et des quartiers contre lesquels reposent ses cuisses. Entre le siège et les grands quartiers se trouvent les petits quartiers qui recouvrent les porte-étrivières en fer, généralement munis d'une fermeture à ressort que l'on désigne sous le nom de *couteau*. La partie arrière du siège se nomme *troussequin* ; la forme en varie légèrement suivant la mode. La partie antérieure relevée et plus ou moins évidée s'appelle *pommeau* (fig. 96).

Vue par en dessous, la selle présente un rembourrage formé de deux parties symétriques appelées *panneaux* et laissant entre elles une gouttière destinée à laisser libre la colonne vertébrale. Les panneaux se font de formes légèrement différentes et sont recouverts en serge ou en cuir.

La partie des panneaux portant sur le dos se nomme *mamelles*.

Entre les panneaux et l'extérieur de la selle se trouve l'arçon, généralement en bois, quelquefois en métal et cuir, qui constitue en quelque sorte le squelette de la selle. La partie antérieure cintrée pour passer au-dessus du garrot se nomme *arcade;* la partie postérieure, égale-

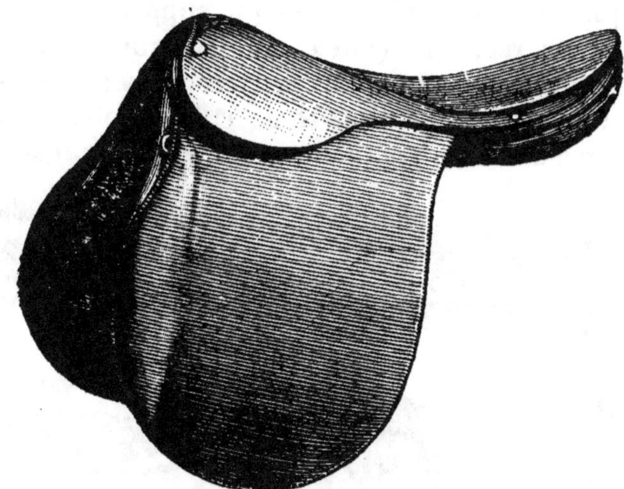

Fig. 96. — Selle ordinaire.
(Cliché Bernard).

ment relevée, se nomme *troussequin*; il est réuni à

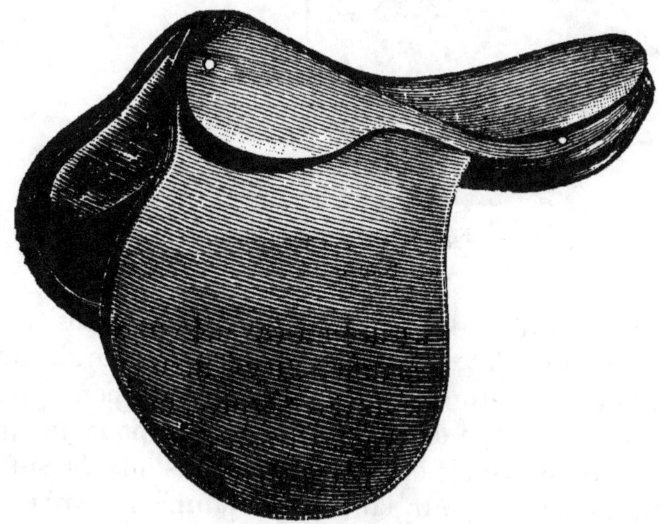

Fig. 97. — Selle sans avances.
(Cliché Bernard.)

l'arcade par les bandes d'arçon qui correspondent aux

mamelles. Sur l'arçon sont fixées des sangles entre-croi-
sées qui forment le faux siège qui supporte le siège, les
porte-étrivières, et les contre-sanglons qui sortent sous les
grands quartiers et auxquels se fixent les sangles. Celles-ci
se font en tissu, en cordes et en cuir simple ou reployé.

Si l'on a à faire le choix d'une selle, nous conseillons la

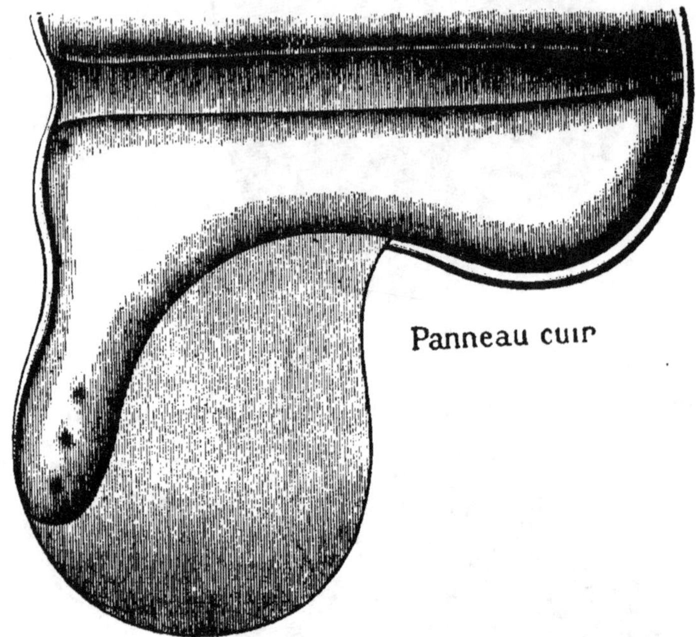

Fig. 98. — Panneaux Baucher.
(Cliché Camille.)

forme suivante qui assure au cavalier une position à la
fois commode et élégante : siège incliné qui, tout en
chassant l'assiette en avant, permet un bon appui aux
ischions ; passage de cuisses très évidé pour faciliter la
verticalité de celles-ci ; porte-étrivières placés suffisamment en arrière pour laisser à la jambe sa tombée verticale un peu en arrière du genou (fig. 97).

Les panneaux à la Baucher ont le double avantage de
placer le cavalier plus près de son cheval et de fournir à

son genou un appui bien autrement efficace que les anciennes avances apparentes (fig. 98).

Les panneaux en cuir souple ont l'avantage d'être d'une grande solidité, d'un entretien facile, de ne pas blesser le dos du cheval et de supprimer le plus souvent l'emploi toujours disgracieux et souvent peu commode du tapis de selle.

Enfin, on donnera la préférence, pour une selle qui doit faire beaucoup d'usage, aux quartiers dits *officier*, en cuir simple, imitant bien la peau de porc et ayant sur ceux faits avec cette dernière, forcément doublés, l'avantage énorme de ne point se découdre, ni s'arracher par le frottement continu du haut de la botte.

Le *bridon* se compose d'une têtière qui passe sur la nuque, d'un frontal qui se place sur le haut du front au-dessous des oreilles et empêche la têtière de glisser en arrière grâce à deux passes placées à ses extrémités et dans lesquelles elle s'engage, de deux montants

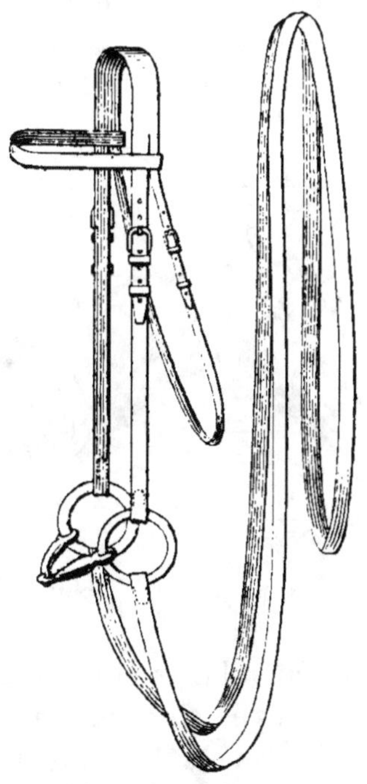

Fig. 99. — Bridon (1).

qui se bouclent à la têtière d'une part et au mors d'autre part, et d'une sous-gorge, qui souvent fait corps avec la têtière, enfin d'une ou deux paires de rênes (fig. 99).

Le mors de bridon est un gros filet généralement à branches, quelquefois à olives (modèle américain) ou à grands anneaux (modèle de course).

Pour les bridons de course, les montants et les rênes

---

(1) Nous devons le cliché de ce modèle à l'obligeance de M. Camille.

sont fréquemment cousus après le mors. D'autres fois les boucles y sont remplacées par des boutons ou des crochets. Souvent, enfin, la têtière et les montants sont d'un seul morceau et le réglage se fait par une boucle placée au dessus de tête.

La *bride* se compose des mêmes pièces que le bridon avec, en plus, deux montants pour le filet, le mors de bride se fixant aux montants principaux. Quelquefois, ces montants sont cousus à la têtière ; d'autres fois, ils sont

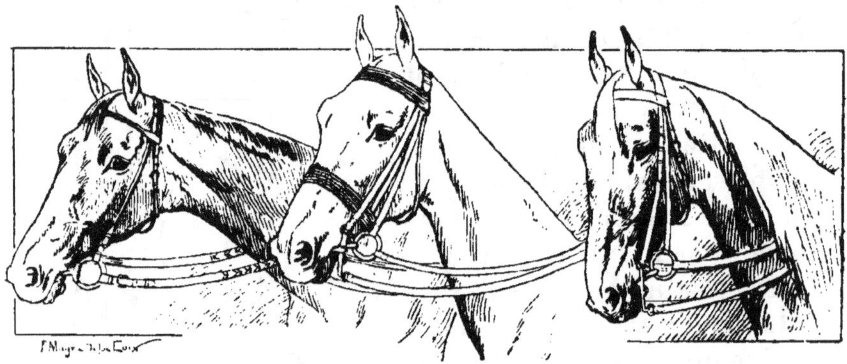

Fig. 100. — Bridon et brides.
(Cliché Bernard.)

indépendants et démontables, et la bride peut alors être employée comme bride ou comme bridon.

Les brides se font à boucles, cousues, à boutons ou à crochets. Les brides à boutons ou à crochets sont les plus pratiques, car, tout en ayant l'élégance d'aspect des brides cousues, elles permettent le démontage des aciers.

Enfin, brides et bridons sont souvent complétés par une *muserolle* que la mode veut en ce moment très large, d'une seule pièce et montée sur une têtière indépendante qui se place sous celle de bride dans les passes du frontal (fig. 100).

En jetant les yeux sur la planche ci-contre, on se rendra compte, mieux que par de longues descriptions, des

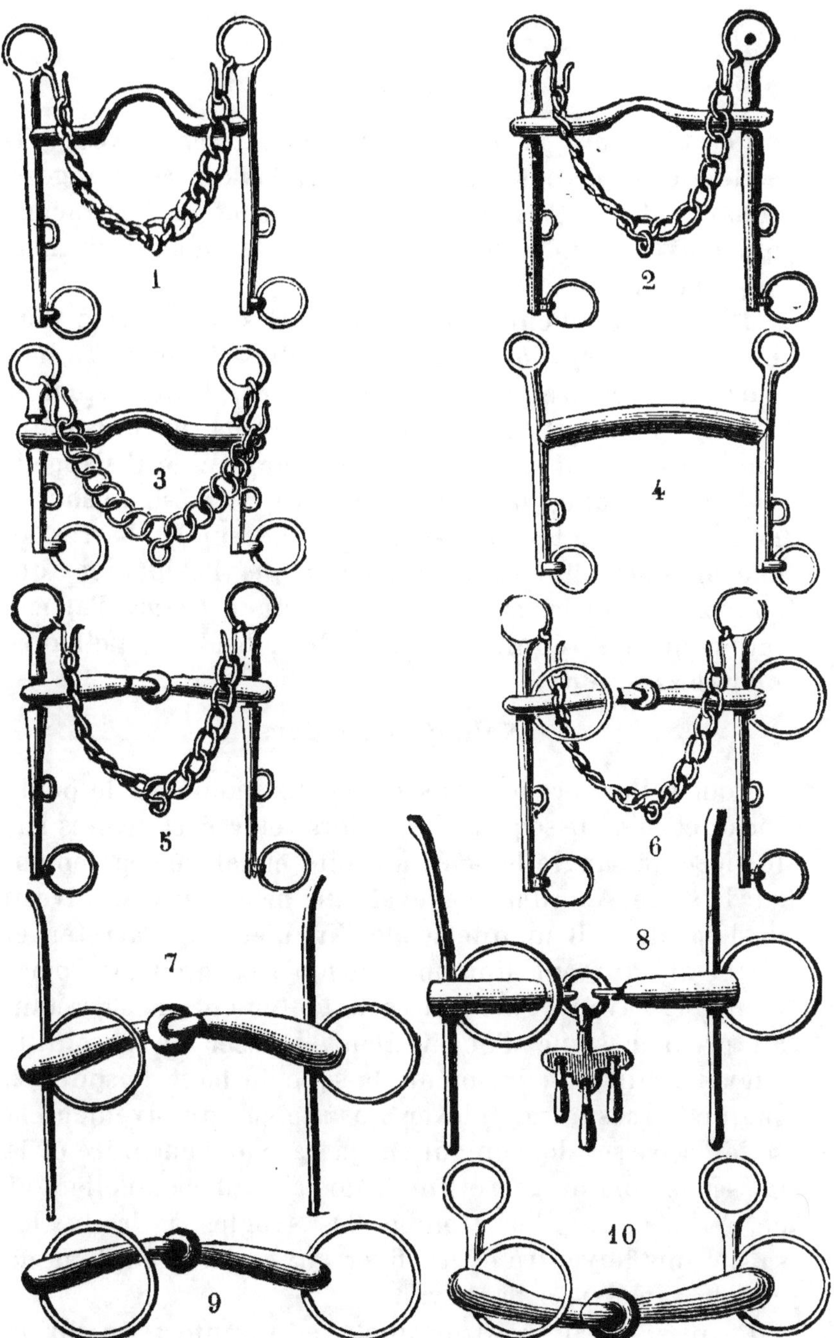

Fig. 101. — Types de mors de selle.

1, mors de selle d'une pièce ; 2, mors de selle à pompe ; 3, mors Polo ;
4, mors Lhotte ; 5, mors de selle Saumur, embouchure brisée ; 6, mors de
selle Pelham ; 7, filet à branches ; 8, filet de poulain à jouet pour jockey ;
9, filet de selle ; 10, filet Baucher. (Ces modèles sont dus à l'obligeance de
M. Bernard.)

différents *mors* le plus généralement employés à la selle. Nous verrons plus loin, à propos du redressage et sous le titre *Embouchures*, quels sont les principes qui doivent guider le dresseur dans le choix d'un mors approprié à son cheval (fig. 101).

Disons seulement ici que les parties extérieures d'un mors s'appellent *branches* ; que celles-ci portent à leur partie supérieure un trou nommé *œil*, dans lequel se fixent le montant de bride et les crochets de gourmette ; que la partie qui passe dans la bouche du cheval s'appelle *embouchure* ; que, dans l'embouchure, on désigne sous le nom de *canons* les parties qui portent sur les barres du cheval, sous celui de *liberté de langue* l'évidement qui souvent réunit les canons, sous celui de *brisure* l'articulation qui les réunit dans les filets, bridons, pelhams, mors brisés, etc.

Seller et brider.

Pour seller, prendre la selle à deux mains par le pommeau et le trous, les étriers relevés et croisés sur le siège, la sangle bouclée à droite et relevée également sur le siège. Aborder le cheval sans brusquerie au niveau de l'épaule. S'il manifeste de l'inquiétude, s'arrêter et rester absolument immobile jusqu'à ce qu'il ait repris confiance, avancer de nouveau lentement en s'arrêtant au premier signe d'énervement. Laisser au besoin le cheval venir tâter lui-même la selle du bout de son nez, ce qui le rassurera ; élever ensuite progressivement la selle, la passer doucement sur la base de l'encolure et la glisser le long du garrot sur le dos à la place qu'elle doit occuper. Faire alors tomber les sangles à droite, les saisir sous le ventre et les fixer aux contre-sanglons de gauche sans serrer le cheval.

Ce n'est qu'au bout de quelques minutes, quand le cheval est habitué à cette première et légère compression de la sangle, qu'on peut la serrer davantage. Souvent il est bon, avant de finir de sangler le cheval, de le détendre par quelques pas en main ou à la longe.

Faute de prendre ces précautions, si l'on sanglait tout d'un coup un cheval qui n'y est pas habitué, on risquerait de le faire se défendre même violemment et des accidents graves pourraient en résulter.

Lorsqu'on emploie des sangles en tissu, il faut avoir soin de les croiser sous le ventre, afin d'éviter ainsi tout pincement de celui-ci.

On rabaisse ensuite les étriers au moment de monter à cheval.

Pour brider, tenir la bride par la têtière dans la main droite, la gourmette décrochée, la sous-gorge et la muserolle débouclées; se placer contre l'épaule, légèrement en avant de celle-ci, face dans le même sens que le cheval, élever le bras droit qui tient la bride à droite de la tête, tandis qu'avec la main gauche sur le chanfrein on maintient celle-ci (fig. 102). Glisser la main droite avec la bride le long du chanfrein et la passer par-dessus les oreilles, tandis que la main gauche, descendant le long de la tête, fait ouvrir la bouche du cheval et y place les mors ; boucler la sous-gorge, puis la muserolle ; ajuster la gourmette et lisser le toupet.

Cette façon de brider, dite *à l'anglaise*, convient à presque tous les chevaux, parce qu'elle les effraie moins que dans le mode français où l'homme se trouve face au cheval.

Avec les jeunes chevaux et au moins pendant tout le dressage d'utilisation, le bridon doit être employé à l'exclusion de toute autre embouchure. On pourra avec avantage employer un filet à canons très gros munis de jouettes ou au besoin un double filet.

Si l'on a affaire à un cheval présentant beaucoup de difficultés à brider, on peut, les premiers temps, se contenter de fixer un mors aux dés du licol par deux petits boucleteaux; on n'a dans ce cas qu'à faire accepter le mors au cheval sans avoir à se préoccuper de passer la tètière par-dessus les oreilles. Un peu plus tard, lorsqu'il accepte plus facilement le mors, on le bride en démontant la bride pour passer d'abord la têtière en touchant le moins possible aux oreilles, puis on passe le mors et on boucle les montants de bride à la têtière. Il est rare

Fig. 102. — Brider.

qu'en procédant ainsi avec progression et douceur le cheval ne s'habitue pas, au bout d'un temps généralement assez court, à se laisser brider facilement.

Principes généraux bases du dressage à la selle.

Le dressage n'est que l'application *raisonnée* des principes de l'équitation par un cavalier instruit sur un cheval qui ne l'est pas.

Le cheval n'étant pas une simple machine, mais ayant un moral, une volonté propre souvent en opposition avec la nôtre et dont il faut s'emparer, il est impossible de donner pour sa conduite des règles absolument fixes et immuables comme on pourrait le faire pour l'emploi d'un moteur mécanique quelconque.

Ce qu'il importe d'établir avant tout, c'est une entente parfaite entre le cheval et le cavalier, c'est de créer entre eux un langage de convention leur permettant d'être dans un rapport perpétuel et aussi intime que possible. Ce langage peut, il est vrai, être tout d'empirisme, s'adresser au moral seul du cheval. Par des caresses et des friandises d'une part, par des corrections de l'autre, on peut toujours arriver à lui faire comprendre qu'à telle indication il aura tel mouvement à exécuter. Mais il peut aussi et surtout reposer sur des bases rationnelles, s'appuyant sur les lois de la mécanique animale, et s'adresser plus directement au moral du cheval en agissant sur son physique, d'où plus grande facilité pour se faire comprendre, plus grande puissance pour se faire obéir.

C'est de ces moyens rationnels de conduite que nous allons seulement nous occuper.

L'action des aides doit tendre à donner au cheval l'attitude et l'équilibre qu'il prendrait de lui-même en liberté pour exécuter le mouvement que nous lui demandons, et s'opposer à la prise par lui d'une attitude et d'un équilibre qui lui seraient favorables pour nous résister.

Nous avons déjà vu, dans l'étude de la machine-cheval et de la locomotion, que tout mouvement est le résultat d'une rupture de l'équilibre général par un afflux de poids dans le sens de ce mouvement, afflux déterminé par la détente des masses musculaires qui se trouvent surtout dans l'arrière-main, afflux que les aides ont pour mission de provoquer et de régler. Le cavalier se trouve donc avoir à agir et sur une force active (force musculaire) et sur une force passive (pesanteur). C'est en s'adressant au moral du cheval par l'intermédiaire des sensations physiques qu'il dominera la première, c'est en réglant ses attitudes qu'il se rendra maître de la seconde.

L'équilibre absolu n'existe pas à proprement parler dans le mouvement, puisque le poids oscille à tout moment entre l'avant-main et l'arrière-main ; cependant, suivant la façon dont ceux-ci se partagent ce poids, le cheval est dit *bien équilibré, équilibré sur l'avant-main, sur les épaules,* — ou *équilibré sur l'arrière-main.*

Dans le premier cas, le cheval progresse normalement avec une bonne flexion du rein, un bon engagement des postérieurs sous la masse et un perçant suffisant.

Dans le second, les postérieurs, par suite de la raideur du rein, ne s'engagent pas sous la masse pour la supporter pendant le soutien des antérieurs; ceux-ci sont alors obligés de précipiter leur poser, d'où les foulées courtes et répétées.

Dans le troisième, le cheval retient son poids sur l'arrière-main, n'en laissant pas aller sur l'avant-main la quantité nécessaire à l'impulsion ; le cheval est acculé ou, à un degré de plus, rétif.

Cette position du centre de gravité relativement à l'avant et à l'arrière-main constitue l'équilibre longitudinal; son maintien dans le plan vertical contenant l'axe du corps constitue l'équilibre transversal, condition *sine qua non* de la marche directe, tout déplacement du centre de gravité à droite ou à gauche de ce plan entraînant forcément un changement de direction du même côté.

Pour être maniable, le cheval doit posséder ce double équilibre longitudinal et transversal dont la conséquence est de le rendre *perçant engagé et droit,* et être assez assoupli pour pouvoir modifier son équilibre, c'est-à-dire la position de son centre de gravité, au gré de son cavalier.

Le cheval exécute ce qui lui est demandé quand il comprend les exigences de son cavalier et qu'il se trouve ou peut se mettre dans un équilibre favorable au mouvement sollicité. Le cavalier doit donc connaître à fond la mécanique du cheval et avoir sans cesse à l'esprit les lois de la locomotion que nous avons exposées plus haut, afin de déterminer ou tout au moins de faciliter cet équilibre par ses aides et non l'entraver par un emploi maladroit et faux de celles-ci.

Le cheval se trouve-t-il de lui-même dans l'attitude favorable au mouvement demandé, tout emploi des aides tendant à provoquer cette attitude serait funeste en dépassant le but et faisant par suite perdre la position convenable; dans ce cas, l'impulsion seule est à communiquer au cheval si elle fait défaut. Le cheval, au contraire, possède-t-il l'impulsion en quantité suffisante, mais pas la position déterminante du mouvement, il faut, pour le même motif, se garder de lui donner un surcroît d'impulsion et se borner à lui faire prendre l'attitude nécessaire à l'exécution du mouvement. Le cavalier doit donc toujours se rendre compte de la façon dont son cheval peut faire ce qu'il lui demande; voir s'il peut et ne veut pas ou s'il veut et ne peut pas. En outre, toute demande doit être faite au temps de l'allure le plus favorable à son exécution; ainsi, pour être tout à fait opportune, toute demande en avant devrait suivre immédiatement le lever d'un membre antérieur; en arrière, d'un postérieur; à droite, de l'antérieur droit; à gauche, de l'antérieur gauche. Ensuite, étant donné qu'il existe presque toujours plusieurs façons de demander le même mouvement au cheval, le cavalier doit sentir laquelle de ces façons convient le mieux au moment précis où il va faire exécuter le mouvement. Bien souvent tel mouvement commencé avec un procédé devra être terminé avec un autre, parce que, pendant l'exécution du mouvement, le cheval aura de lui-même modifié son équilibre de telle sorte qu'il se trouvera alors disposé pour céder au deuxième procédé et résister au premier. Tel est, par exemple, fréquemment le cas dans la volte classique dont le cheval parcourt assez aisément les deux premiers tiers sur une indication de rène directe, mais, à ce moment, échappe facilement en dehors s'il n'est ramené sur la fin de la volte par un effet de rène contraire, comme nous le verrons plus loin.

Toutes les résistances que le cheval oppose aux demandes du cavalier résultent de contractions voulues ou réflexes entraînant avec elles un équilibre vicieux. Dans le premier cas, c'est sur le moral du cheval qu'il faut agir par des corrections ou des caresses ; dans le second, c'est sur son physique, par une gymnastique appropriée ; le plus souvent, enfin, c'est par la combinaison de ces deux moyens, le physique réagissant à la longue sur le moral. Bien des défenses et des résistances disparaissent aussi avec la douleur ou la gène qui les occasionne, lorsque, par l'effet d'une gymnastique bien comprise, l'organisme, progressivement assoupli et fortifié, devient à même de répondre sans souffrance et, par suite, sans résistance aux exigences du dresseur. Cette gymnastique est des plus simple, car elle ne consiste, pendant longtemps, qu'à faire exécuter au cheval sous l'homme les mouvements qui lui seraient naturels à l'état libre, en graduant ceux-ci d'après le moins et le plus de gène que le poids du cavalier apporte à leur exécution. Il est de toute évidence que le dresseur doit toujours régler la progression de ses exigences d'après les progrès déjà accomplis, les résultats encore à atteindre, les ressources ou les défauts de son cheval.

Aux variations et changements d'allures, aux changements de direction, à la pratique courante du saut de petits obstacles, s'adjoindra très efficacement le travail en terrain varié dont les pentes amènent naturellement et sans contrainte le cheval à modifier son équilibre et à déplacer utilement son centre de gravité. Le travail en montant développe la musculature de l'arrière-main et, par conséquent, la propulsion et l'extension, tandis que le travail dans les descentes favorise l'engagement de l'arrière-main sous la masse avec report du centre de gravité en arrière. L'effet assouplissant de ce changement forcé d'équilibre à chaque changement de pente est tellement évident qu'il saute aux yeux à première vue.

D'une façon générale, le dresseur, procédant toujours du simple au compliqué (nous ne saurions trop insister sur ce point chaque fois que l'occasion s'en présente), doit régler la progression de sa gymnastique en vue des trois buts à atteindre: 1° l'impulsion et le perçant résultant de la détente et du mouvement en avant; 2° l'assouplissement latéral résultant surtout des changements de direction et ayant pour conséquence l'engagement isolé sous la masse de l'un ou l'autre des postérieurs suivant le côté du changement de direction; 3° l'engagement correct de l'arrière-main sous la masse avec fléchissement du rein, engagement qui assure la mise en main, la souplesse et la régularité dans tous les mouvements.

Le premier résultat est obtenu lorsque le cheval, au début mou, flottant, hésitant dans ses allures par suite de la faiblesse de son rein en particulier, devient allant, énergique dans sa démarche, maître de son équilibre longitudinal dans le mouvement en avant; il est « en avant des jambes ».

Le second résultat est acquis lorsque le cheval est maître de son équilibre transversal, également maniable aux deux mains, qu'il est « droit dans sa bouche ».

Le troisième résultat est atteint lorsque la bouche du cheval donne au cavalier à toutes les allures l'impression d'un contact moelleux au bout des rênes, résultant de l'engagement de l'arrière-main et de la parfaite flexibilité du rein. On a alors, ce qui est le but cherché, un cheval *allant, franc, maniable, droit d'épaules et de hanches, avec une bouche élastique au bout d'une encolure ferme et souple*; le cheval, en un mot, qui convient à toutes les équitations.

Des aides.

On appelle *aides* les moyens dont le cavalier dispose pour se faire comprendre du cheval et lui imposer sa volonté ; ce sont : les rênes, les jambes et les déplacements d'assiette. Les rênes sont essentiellement un agent de ralentissement et de direction ; les jambes, au contraire, doivent être avant tout un agent d'impulsion, et leur rôle dans la direction et la tenue n'est que secondaire. Les effets des deux jambes, comme ceux des deux rênes, doivent toujours se compléter mutuellement, et l'action de l'une doit toujours être réglée par celle de l'autre.

On ne peut diriger qu'un mouvement existant déjà ; aussi l'action des jambes doit-elle toujours précéder celle de la main.

L'emploi des jambes et des rênes ne doit pas être simultané, mais alternatif. Les alternances peuvent, par suite du fini de l'exécution, être aussi brèves que possible et pour ainsi dire imperceptibles.

Les actions des aides ne doivent jamais être continues ; au contraire, elles doivent être intermittentes et dans la cadence de l'allure, afin de laisser au cheval, après chaque indication, la liberté d'exécuter le mouvement. Il existe, pour acquérir ce sentiment de la cadence, un moyen empirique indiqué par La Guérinière et développé plus tard par Lenoble du Theil ; le voici : Étant au pas ou au trot, au moment où la pointe de l'épaule droite se trouve le plus en avant (période qui correspond au poser de l'antérieur droit, ainsi qu'au lever ou au commencement de la translation du postérieur droit), compter *un* en fermant la jambe droite, compter *deux* au moment où la pointe de l'épaule gauche se trouve le plus en avant, et fermer de même la jambe gauche, et continuer ainsi en s'efforçant de conserver la cadence sans regarder la pointe des épaules. Au bout de quelque temps, les cuisses acquièrent, à l'insu même du cavalier, le sentiment de cette cadence, et le cavalier prend sans s'en douter l'habitude de faire ses effets de jambes pendant la période de translation du membre postérieur correspondant, ce qui est le but désiré. D'autre part, le cheval, à toute allure et dans tout mouvement, ayant besoin de faire refluer son poids alternativement sur l'un et l'autre membre, il en résulte toujours un très léger balancement de l'encolure et de la bouche, que la main doit suivre et ne pas contrarier. L'action continue des rênes, sans ce petit balancement, aurait pour effet d'arrêter ou, tout au moins, d'éteindre le mouvement qu'elle chercherait à produire.

La jambe isolée, employée en arrière des sangles, chasse la croupe du côté opposé ; employée aux sangles, elle tend à plier en quelque sorte le cheval autour d'elle, à faire revenir légèrement la croupe et l'avant-main du même côté, favorisant ainsi la décontraction de l'encolure et de la mâchoire de ce côté, et l'extension de tout le côté opposé.

Les deux jambes, employées simultanément un peu en arrière des sangles, portent le cheval en avant, donnent et entretiennent l'impulsion, et forcent la bouche à venir chercher le contact du mors.

Les jambes étant dans leur position normale, le genou et le jarret adhérents à la selle, mais sans contraction, le bas de la jambe et le pied tombant naturellement, le cavalier, pour actionner son cheval, le soutenir ou le corriger, devra : 1° tourner légèrement la pointe du pied et la semelle en dehors, mouvement qui a pour effet de durcir le mollet ; 2° agir avec celui-ci par pression, si le cheval est assez sensible, mais le plus souvent par vibrations plus ou moins violentes, et parfois par véritables coups, accentués du talon, et même de l'éperon. L'attaque du talon ou de l'éperon doit toujours être accompagnée de cette attaque du mollet contracté, qui, en la précédant, prépare le cheval à la recevoir fructueusement.

Les mains doivent agir chacune isolément de son côté de l'encolure sans passer par-dessus celle-ci. La position de la main a une importance capitale, car c'est d'elle que dépend toute la justesse dans la conduite du cheval. La bonne main doit être ferme et souple, qualités qu'elle ne peut posséder que si, par sa position rationnelle et régulière, les actions des doigts et du poignet concourent seules à la conduite du cheval.

Les coudes doivent être fixés au corps sans raideur, les avant-bras soutenus horizontalement, les poignets arrondis et très élastiques dans leur articulation, la main fermée, les ongles tournés vers le corps, et légèrement renversée, le petit doigt plus rapproché du corps que le pouce. Dans cette position, les impressions transmises par les rênes à la bouche du cheval pourront être moelleuses, tant que l'articulation du poignet restera élastique; énergiques, au contraire, quand celui-ci s'immobilisera au bout d'un bras immuablement fixé au corps. Enfin, les doigts, par leur élasticité ou leur contraction, compléteront la gamme des sensations à transmettre à la bouche du cheval.

Le cheval allant dans son allure, les doigts et les poignets doivent être tout à fait souples, de telle sorte que la bouche du cheval et la main du cavalier se trouvent dans un rapport d'élasticité telle que, pour l'une comme pour l'autre, les rênes paraissent terminées par des ressorts. A-t-on besoin d'agir avec les rênes pour produire un ralentissement, un arrêt, etc., le plus souvent il suffira d'immobiliser les doigts, et, s'il y a lieu, le poignet, ce qui donnera aux rênes un point d'appui fixe, et en accentuera l'action, en faisant cesser l'élasticité du rapport entre la bouche et la main. Si cet effet n'était pas suffisant, une rotation du poignet rapprochant le petit doigt de la ceinture le compléterait en opérant ainsi sur les rènes un raccourcissement correspondant.

Le cavalier, au contraire, veut-il changer seulement la direction de l'action des rènes sur la bouche du cheval sans en modifier la nature, un renversement du poignet les ongles en dessous, les doigts restant souples, déterminera un effet d'ouverture de rène en éloignant celle-ci de l'encolure ; un renversement les ongles en dessus déterminera, au contraire, un effet de fermeture. D'une façon générale, on peut dire que les poignets doivent être tournés de façon à amener le petit doigt dans la direction du mouvement sollicité.

Rendre la main consiste uniquement dans l'acte de mollir les doigts et le poignet, pour rétablir le contact élastique avec la bouche du cheval. *Reprendre* consiste uniquement dans l'acte d'affermir et d'immobiliser les doigts et les poignets pour faire cesser ce contact élastique. La bonne main, la main ferme et souple n'est donc autre chose que celle qui sait et peut rendre et reprendre à propos.

Dans aucun cas la main ne doit opérer de traction sur la bouche du cheval, même et surtout si celui-ci tire, car cette action n'aurait pour effet que de le faire tirer davantage.

Le cavalier doit se rendre compte si le cheval tire avec ses muscles ou avec son poids. Dans le premier cas, la main doit se contenter d'opposer au cheval une force inerte, égale à la force active qu'il déploie, et rendre immédiatement dès que celui-ci fait une concession. Au bout de très peu de temps, il cessera de tirer, comprenant qu'il y a tout avantage. Dans le second cas, au contraire, c'est par des vibrations ou des titillements qui réveillent la sensibilité de l'animal que la main cherchera à déplacer l'excès de poids.

Les demi-arrêts, dont l'emploi est souvent si fructueux, se donnent en reprenant les rènes pour un temps variable, mais toujours très court, et en rendant aussitôt après. Le but du demi-arrêt est de faire opérer un reflux momentané du poids d'avant en arrière, sans éteindre l'action, et en conservant à l'allure toute son activité, sinon toute sa vitesse. Le cavalier doit, pendant son opposition de main, sentir le poids revenir en arrière sous lui ; il doit cesser cette opposition au moment où il sent que l'action va s'éteindre, et avant que cette extinction se produise. Avec des chevaux insuffisamment habitués aux demi-arrêts, trop chargés sur les épaules, il est souvent nécessaire (toujours dans le but de ne pas éteindre l'action), avant d'arriver au demi-arrêt désiré, de pratiquer une série de demi-arrêts incomplets, c'est-à-dire dans lesquels la remise de rênes est faite avant l'obtention d'un reflux suffisant du poids en arrière. Les jambes, alternant leur action avec celle de la main, entretiendront l'activité du cheval au degré voulu. D'une façon générale, l'emploi du demi-arrêt ne correspond pas à ce que nous avons appelé le *dressage d'utilisation* ; les avantages de son usage apparaîtront au contraire dans le dressage de mise en valeur.

Une autre aide, trop souvent délaissée, est le déplacement d'assiette du côté du mouvement ; il a cependant le double avantage d'assurer la position du cavalier, qui se trouve ainsi mieux dans l'axe du mouvement, et de favoriser ce dernier, en amenant du poids en dedans. Citons ce que dit à ce sujet le général von Rosenberg : « On s'est étonné souvent de me voir, en course, raser les drapeaux en les contournant ; je ne fais rien autre chose que de prendre l'appui de l'assiette en dedans tout en tournant avec les deux rênes et surtout par celle du dehors. »

Comme nous avons eu l'occasion de le dire, les éperons doivent toujours n'être employés que pour accentuer un effet de jambes ; leur usage doit être proscrit dans le premier dressage. On les emploie comme aides dans le travail d'école surtout ; mais leur rôle principal doit être un rôle de châtiment pour imposer au cheval le respect des jambes et le corriger de n'y point avoir obéi. On devra s'en servir rarement, mais énergiquement et toujours en rendant la main pour qu'à leur attaque le cheval puisse se porter en avant. Un cheval bien dressé doit être suffisamment franc aux jambes pour que l'emploi de l'éperon soit inutile. L'attaque de l'éperon sans remise de main est une des causes les plus fréquentes de la rétivité.

La cravache s'emploie comme aide pour atteindre des parties qui, comme l'épaule et la hanche, ne sont pas directement sous la domination des jambes ; dans ce cas, on l'emploie par petits coups répétés. Mais le plus souvent le rôle de la cravache est de châtiment ; il faut alors en donner un ou deux coups énergiques, soit pour faire cesser une défense en reportant le cheval en avant, soit pour le corriger d'une faute qu'il a commise, soit enfin pour lui apprendre à répondre aux jambes en lui faisant associer l'idée de vibration du mollet avec celle de coup de cravache.

Mécanisme et action des rênes.

La rêne du côté du mouvement s'appelle *rêne directe, rêne intérieure* ou *du dedans* ; l'autre s'appelle *rêne contraire, rêne opposée, rêne extérieure* ou *du dehors.*

Bien que les actions des deux rênes doivent toujours se compléter, comme nous l'avons déjà dit, il convient de se rendre compte de l'action individuelle et isolée de chacune d'elles, le rôle prépondérant leur étant réservé tour à tour, puisque tel cheval qui résiste à un effet d'ouverture cédera à l'effet d'appui ou réciproquement, car évidemment, s'il se contracte d'un côté, il se détend de l'autre.

1° *Rêne directe.* — La rêne directe s'adresse surtout au

moral du cheval ; elle n'a sur son équilibre qu'une action insignifiante limitée seulement à un certain déplacement du balancier cervical. Elle indique le mouvement, elle ne le force pas, et le cheval ne lui obéit qu'autant qu'il veut et peut disposer lui-même de son équilibre.

On doit employer la rène directe par des effets d'ouverture, de préférence aux effets de traction, les premiers parlant plus clairement à l'intelligence de l'animal et tendant moins à éteindre l'allure ou à provoquer l'acculement par une action rétrograde. Pour les chevaux que l'on destine à l'attelage, les effets d'ouverture seront progressivement remplacés par des effets de traction, les guides ne pouvant agir que par ces derniers.

L'emploi de la rène directe est le plus répandu ; il est par habitude le plus à la portée de tout le monde, quoique moins logique et moins rationnel que celui de la rène contraire. A défaut de puissance et d'action réelles sur l'équilibre, il présente l'avantage de préparer les chevaux à obéir aux guides, si l'on vient à les atteler. Mais, en raison même de son peu d'énergie, on ne doit demander par la rène directe, surtout au commencement, que des mouvements très amples et peu serrés et à une allure plutôt lente où la vitesse acquise et la force centrifuge soient à peu près nulles. Aussitôt l'indication donnée, les jambes doivent agir énergiquement pour pousser le cheval dans la nouvelle direction, tandis que la main rend pour laisser la tête se replacer dans une position normale pour l'exécution du mouvement.

2° *Rène contraire.* — La rène contraire agit surtout sur l'équilibre du cheval. Employée basse, modérément tendue parallèlement à l'encolure, elle donne à celle-ci une certaine rigidité indispensable pour céder régulièrement aux indications de la rène directe.

Employée de même, mais plus énergiquement, elle soutient l'épaule de son côté, résiste à la force centrifuge qui tend à faire échapper cette épaule en dehors, et charge au contraire l'épaule du dedans en amenant sur elle le poids de l'encolure dont elle détermine une certaine incurvation.

Employée haute et avec une certaine tension diagonale dans la direction de la hanche du dedans, elle pousse l'épaule du dedans en amenant sur elle le poids de l'encolure, en même temps qu'elle fait refluer sur la hanche du dedans (pivot du mouvement) une partie du poids. Ce dernier mode d'emploi de la rêne contraire convient aux chevaux déjà très assouplis et trouve son utilité dans l'équitation rassemblée et aussi dans la conduite du cheval à une seule main.

La rêne contraire, plaçant le cheval dans la position naturelle du mouvement à exécuter, a une grande puissance, surtout si elle vient à être secondée par l'action de la jambe extérieure près des sangles et de la jambe intérieure un peu en arrière.

Le cheval étant le plus souvent exposé à tomber entre des mains maladroites et ignorantes ne connaissant pas l'usage de cette rêne contraire ni les données mécaniques sur lesquelles il repose, c'est à l'action de la rêne directe qu'il faut s'efforcer de le rendre attentif et obéissant, réservant surtout l'emploi de la rêne contraire au cas d'insoumission pour forcer le mouvement.

Il résulte de ce qui précède que, sous peine de produire un effet diamétralement opposé à celui qui est recherché, la rêne directe doit agir sur une encolure assez rigide, ou rendue telle par la rêne contraire, car l'encolure, en se ployant, rejetterait le poids à l'extérieur et s'opposerait ainsi au mouvement sollicité. C'est pour le même motif qu'une action trop forte et trop prolongée sur la rêne directe, rejetant les épaules en dehors et amenant la croupe en dedans (double condition qui fait échapper le cheval en dehors), empêche le mouvement qu'elle prétend déterminer.

Enfin, employées par tension d'avant en arrière, les

rènes ont une action rétrograde. La tension isolée d'une rène dans le sens antéro-postérieur amène le poids en arrière et sur la hanche opposée qu'elle tend ainsi à rejeter de ce côté.

La tension simultanée des deux rènes détermine le ralentissement, l'arrêt et le reculer.

Il est évident que, pour obéir correctement aux demandes du cavalier, le cheval doit se trouver encadré entre les rènes et les jambes de celui-ci qui devra toujours s'efforcer, avant de lui demander un mouvement, de le placer dans une attitude favorable à ce mouvement, c'est-à-dire aussi voisine que possible de celle qu'il prendrait naturellement pour l'exécuter en liberté. Ainsi, avant de demander au cheval de tourner à droite, on devra le ployer légèrement à gauche, puis lui donner l'indication par un effet d'ouverture avec la rène directe (droite) soutenue par la rène contraire (gauche) **agissant par appui**, et dont l'action doit devenir prédominante si le cheval ne cède pas à la sollicitation de la rène directe ; pendant ce temps, les jambes doivent entretenir l'activité du cheval. Cette combinaison des aides tendant à produire l'extension dans le sens du mouvement recherché s'appelle *action latérale des aides* ; c'est la seule dont on doive se préoccuper pendant tout le premier dressage et même le plus souvent en équitation courante.

Leçon du montoir.

Le calme le plus complet, l'immobilité presque absolue au montoir sont des qualités très recherchées pour le cheval de selle, et le dresseur doit apporter tous ses soins à les faire acquérir à son élève. Si l'on dispose d'un box assez spacieux et assez élevé, on se trouvera généralement bien d'y donner les premières leçons du montoir, le cheval se montrant généralement moins impressionnable dans son écurie, y étant moins distrait et moins sujet à bondir qu'à l'extérieur.

Le cheval doit être sellé et bridonné, puis muni d'un caveçon ou de la longe Barnum. On le promène quelques pas ou on le met au rond pendant quelques tours pour le détendre, et jusqu'à ce qu'il supporte la selle et la sangle sans faire le gros dos. Il est alors ramené dans le box ou, à défaut, dans un endroit clos de préférence et sur un sol

Fig. 103. — Leçon du montoir, 1er temps.
(Cliché de l'auteur.)

doux afin de diminuer autant que faire se peut les chances d'accident en cas de défenses. Un premier aide tient la longe du caveçon ou la longe Barnum à environ 2 mètres du cheval, tandis que le dresseur se place à hauteur de l'épaule gauche de son cheval, prend une poignée de crins dans la main gauche et un point d'appui sur le pommeau de la selle avec la main droite. Il se fait

alors soulever doucement par un second aide qui lui
prend le pied. Si le cheval bouge et paraît s'énerver, il
faut le distraire par de légères vibrations de la longe du
caveçon ou par une tension continue de la longe Barnum.
Le dresseur se fait ainsi élever et redescendre aussi souvent qu'il est nécessaire pour que le cheval ne prête

Fig. 104. — Leçon du montoir, 2e temps. (Cliché de l'auteur.)

plus d'attention à ce mouvement (fig. 103). Pendant ces
élévations successives, il a soin de prendre un point d'appui de plus en plus grand sur la crinière et le pommeau;
enfin, lorsqu'il juge le moment opportun, il se place en
travers sur la selle sans abandonner les mains. Dans
cette position, le cavalier fait porter à son cheval tout son
poids sans l'effrayer encore par les mouvements nécessaires pour l'enfourcher et se trouve en même temps tout

disposé pour sauter facilement à terre si le cheval paraît
ne pas supporter volontiers ce poids nouveau auquel il n'est
pas encore accoutumé (fig. 104). Généralement, au bout
de quelques instants le cheval accepte ce poids mort en
quelque sorte, et le cavalier, faisant un rétablissement sur
les poignest, peut passer la jambe droite par-dessus la

Fig. 105. — Leçon du montoir. 3e temps. (Cliché de l'auteur).

croupe et se mettre en selle en ayant soin d'arriver dans
le fond de celle-ci aussi légèrement que possible, toujours pour ne pas surprendre l'animal (fig. 105).

Lorsque le cheval paraît calme, il est sorti et promené
en main à la longe sous le cavalier qui, pendant cette
première leçon, ne doit avoir d'autre préoccupation que
d'assurer sa position sur le dos de son élève tout en le
gênant le moins possible.

Si, dès qu'il se voit dehors, le cheval bondit violemment, ce qui arrive souvent la première fois, un coup de caveçon vigoureux, une bonne tension de la longe Barnum auront vite fait de le calmer. Si, au contraire, il s'arrête, refuse de se porter en avant, cherche à pointer, un aide, passant derrière lui, lui appliquera quelques vigoureux coups de chambrière sur les fesses ou autour des jarrets.

Pour mettre pied à terre, le cheval sera arrêté, maintenu immobile par l'aide ; puis le cavalier, prenant une poignée de crins vers le milieu de l'encolure avec sa main gauche et plaçant sa main droite sur le pommeau, s'enlèvera sur les poignets, passera la jambe droite pardessus la croupe et sautera légèrement à terre de façon à effrayer son cheval le moins possible, et le caressera aussitôt.

Cette leçon du montoir donnée comme nous venons de l'exposer doit être répétée jusqu'à ce que le cheval se laisse monter tout à fait calmement et se porte franchement et sans difficultés en avant sous l'homme à la première sollicitation de l'aide qui tient la longe.

Si nous insistons pour que le dresseur se fasse mettre en selle par un aide, au lieu de sauter lui-même à cheval ou de monter avec l'étrier, c'est qu'on évite ainsi pour le cheval les causes de trouble et d'agitation inséparables de ces deux procédés. En effet, le cavalier sautant à cheval est forcé de le faire assez brusquement, et le cheval ne peut être qu'effrayé de cette masse qu'il voit surgir à côté de lui et lui tomber plus ou moins lourdement sur le dos. Le cavalier, mettant le pied à l'étrier, fait porter la selle à faux sur le dos du cheval, et, ce qui est plus grave, atteint et chatouille presque toujours le ventre de sa monture avec la pointe de son pied, double cause qui incite le cheval à bondir, ou tout au moins à se tracasser.

Ce n'est que lorsque le cheval se laisse parfaitement monter par la méthode que nous avons indiquée qu'il convient de l'habituer peu à peu et progressivement aux deux autres modes de se mettre en selle.

Travail sous le cavalier.

Lorsque le cheval se laisse monter sans difficulté, lorsqu'il supporte le cavalier sans se défendre, on lui enlève le caveçon, l'aide n'est plus utile et le cavalier doit commencer son dressage à la selle proprement dit. Les premières fois on pourra se trouver bien de donner la leçon dans un endroit clos, manège, herbage, ou cour sans bâtiment en saillie. Le cheval s'y montrera souvent plus calme, plus attentif et, tout en suivant la clôture, il prendra sans s'en douter l'habitude de répondre en quelque sorte d'instinct aux demandes de changement de direction qui lui seront faites dans les coins. L'action des aides directrices se trouvera ainsi lui être enseignée naturellement, facilement, et plus rapidement que par tout autre procédé.

On ne doit pas demander, les premiers temps, d'autres changements de direction que ceux qui se présentent naturellement aux deux mains, aussi bien lorsqu'on donne la leçon dans un enclos que sur la route, et se montrer peu exigeant sur leur exécution.

Pendant des semaines, le travail ne doit se donner qu'au pas dans des terrains de plus en plus variés et accidentés et en augmentant progressivement la durée de chaque leçon. Cette façon de faire a de multiples avantages. Le cheval prend l'habitude du calme tout en se développant peu à peu sans danger de fatigue et d'usure pour ses membres. Son moral et son physique progressent ainsi simultanément.

Lorsqu'on dispose d'un vieux cheval très sage, très franc, on peut avec avantage le faire monter avec le cheval en dressage. Celui-ci imite volontiers son compagnon, et se met en confiance plus facilement auprès de lui ; le cavalier peut utiliser cette tendance naturelle à faire comprendre plus rapidement à son élève l'action des aides et à l'habituer aux objets qui seraient de nature à l'effrayer. Notons en passant à ce propos que c'est en paraissant le détourner de ceux-ci qu'on parvient le plus rapidement à le corriger de sa peur qui diminue peu à peu, n'étant pas accrue par l'appréhension d'une lutte à soutenir contre le cavalier ignorant qui croit bien faire en voulant contraindre son cheval à s'approcher de l'objet de son effroi.

Il va sans dire que, pendant tout le dressage d'utilisation, la ration du cheval doit être proportionnée au travail qu'il fournit, toujours suffisante pour assurer son bon entretien, mais, autant que possible, pauvre en principes excitants.

L'impulsion est la première chose à faire acquérir au cheval. On y parvient surtout par des promenades à l'extérieur, en poussant le cheval dans les **jambes** et en lui laissant la tête et l'encolure aussi libres que possible pour permettre les extensions latérales, tout en conservant un contact très léger et presque imperceptible avec sa bouche (fig. 105).

Lorsque le poulain commence à se livrer dans la marche directe au pas, on peut lui faire parcourir de temps à autre des lignes brisées à obliques très faibles dont le résultat est pour lui l'enseignement élémentaire des aides latérales et l'extension alternative consécutive de ses deux côtés.

On augmente ensuite peu à peu le nombre puis la fermeture des angles des changements de direction, mais toujours sans perdre de vue que l'impulsion est le but principal à atteindre, que la marche directe en **est le** moyen et doit toujours, par conséquent, être l'objet principal du travail.

Lorsque, par le travail précédent, le cheval a été amené à un degré d'assouplissement suffisant, on doit lui

apprendre le ralentissement, l'arrêt et le reculer qui
exigent et développent en même temps une plus grande

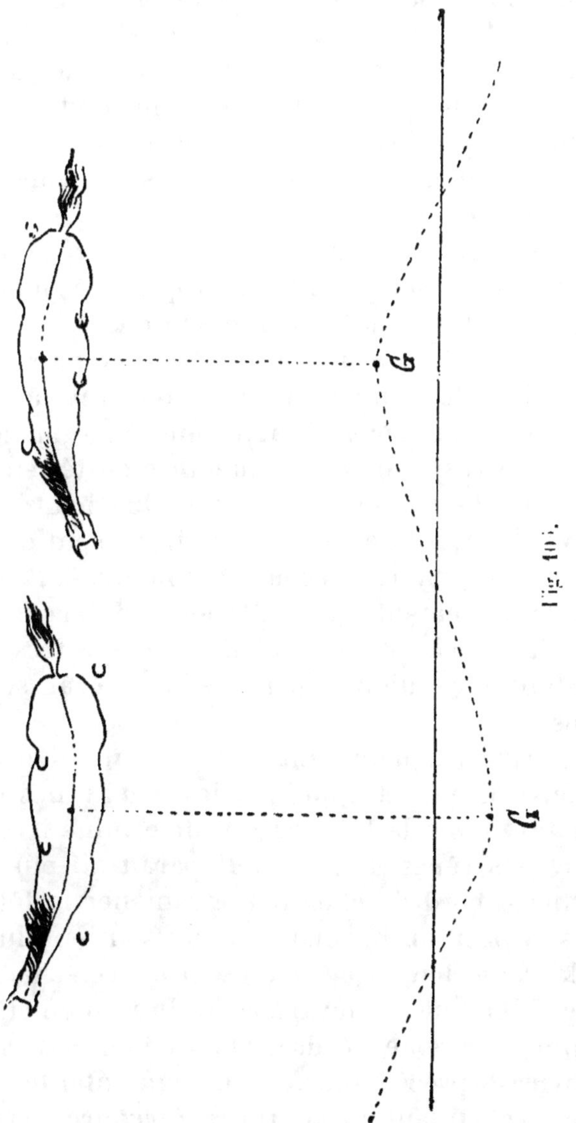

souplesse du rein par l'engagement simultané des deux
postérieurs.

Tout ce travail est ensuite repris au trot, puis au galop, mais seulement quand le cheval l'exécute tout à fait correctement au pas et qu'il a acquis la force suffisante pour le supporter sans détriment à des allures plus vives, qui d'ailleurs ne doivent être introduites dans le travail que très progressivement. Le galop ne doit être demandé qu'en poussant le cheval dans cette allure et en le laissant s'y embarquer naturellement et sans souci presque du pied sur lequel il part.

Nous venons d'exposer la direction générale à donner au travail; disons maintenant quelques mots des principes à appliquer pour son exécution.

Principes de la marche directe. — Pousser le cheval en avant dans les jambes en les employant dans la cadence de l'allure de façon à agir plus énergiquement de la jambe correspondante au membre postérieur en période de translation (nous avons vu plus haut comment on pouvait empiriquement acquérir le sentiment de cette cadence) et suivre avec la main la tète et l'encolure dans leurs mouvements d'oscillation de façon à conserver avec la bouche du cheval un contact très faible mais constant et toujours parfaitement égal sur les deux rènes.

Il arrive fréquemment que le jeune cheval cherche à se soustraire à cet appui sur les deux rènes en tournant plus ou moins la tête, ce qui détermine le relâchement d'une des rènes (fig. 107). Il paraîtrait plus logique au premier abord de chercher à ramener la tète du cheval dans sa position normale par un soutien plus énergique de la rène demeurée tendue et de relâcher légèrement celle-ci lorsque le cheval a cédé. Pratiquement, dans cette première période de dressage, il n'en est rien, et cette manière de procéder ne fait qu'augmenter les contractions du cheval. Il faut au contraire raccourcir la rène que le cheval a détendue et la lui faire sentir autant que l'autre sans se préoccuper de la position de la tète. Au bout de

peu de temps le cheval se rend compte que ces torsions
de tête ne lui procurent pas le soulagement qu'il en
attendait, puisque, quoi qu'il fasse, il n'échappe pas au
contact simultané des deux rênes et il prend de lui-même

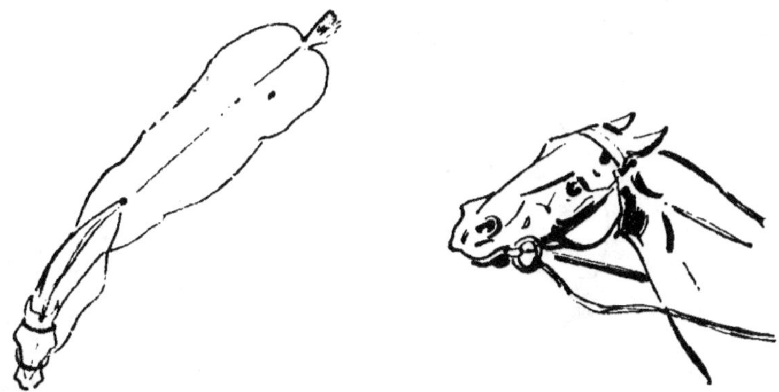

Fig. 107. — Cheval braque.

l'habitude de conserver sa tête dans la position convenable.

Principes des changements de direction. — Si l'allure est
lente, la vitesse acquise presque nulle, le cheval disposé
à obéir à l'indication de la rêne directe, il amènera légèrement son encolure tout d'une pièce en dedans, chargeant ainsi l'épaule intérieure, et le mouvement s'exécutera pour peu que le cavalier rende la main aussitôt cette
position prise et pousse le cheval par ses jambes dans la
nouvelle direction où il se trouve engagé (fig. 108).

Nous ne saurions trop le répéter, si l'action de la rêne
directe était trop accentuée ou trop prolongée, insuffisamment soutenue par celle de la rêne contraire, l'encolure se ploierait, chargerait l'épaule extérieure, tandis que
la croupe viendrait en dedans, et le cheval, en admettant
qu'il ait la bonne volonté d'exécuter le mouvement, se
trouverait dans l'impossibilité de le faire et dans toutes
les conditions voulues pour échapper à son cavalier, si
tel était son désir.

Si l'allure est vive, la vitesse acquise jointe à la force centrifuge amènent un surcroît de poids considérable sur

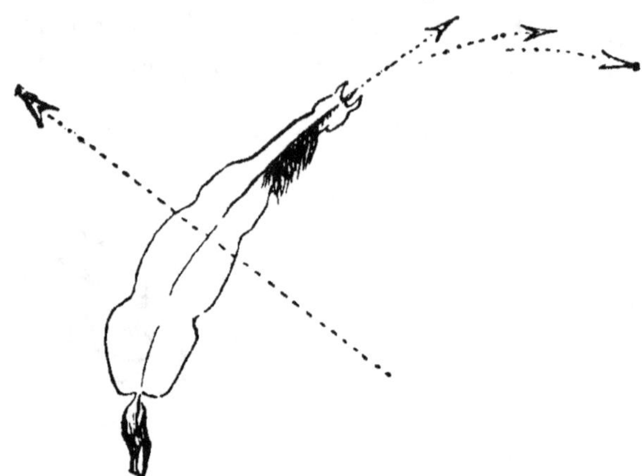

Fig. 108.

l'épaule extérieure qui tend à s'échapper en dehors. La rène directe ne peut alors que très difficilement

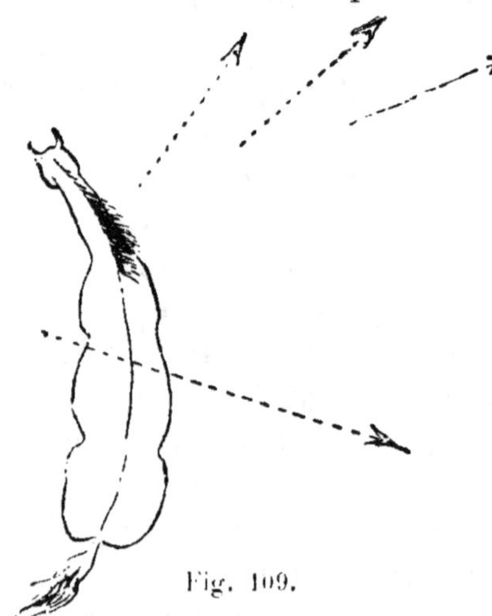

Fig. 109.

amener sur l'épaule du dedans le poids de l'encolure qui, entraînée à l'extérieur par sa base, ne peut que se plier et surcharger encore ainsi l'épaule du dehors. Pour éviter cet inconvénient, le cavalier doit augmenter le soutien de la rène contraire basse au point de le faire primer même l'action de la rène directe et de se substituer à celle-ci, afin d'amener le nez du cheval en dehors, rejetant ainsi énergiquement le poids de l'encolure sur l'épaule du dedans, tandis que la jambe extérieure fermée près des sangles, secondée par la jambe intérieure un peu plus en arrière, dispose la croupe légèrement en arrière, ce qui a pour effet de pousser les épaules en dedans (fig. 109).

En résumé, la rène contraire, toujours nécessaire dans les changements de direction au moins pour soutenir l'action de la rène directe, doit être employée d'autant plus énergiquement que l'allure est plus vive et le changement de direction plus serré.

Principes du ralentissement et de l'arrêt. — Pour ralentir et arrêter, augmenter progressivement la tension simultanée des deux rènes, en diminuant en même temps progressivement l'action des jambes.

Principes du reculer. — Le mouvement rétrograde doit s'obtenir par le lever préalable d'un membre postérieur, et le reflux horizontal du poids de l'avant-main sur l'arrière-main. Ce reflux du poids sur l'arrière-main s'obtient par une tension des rènes qui détermine la

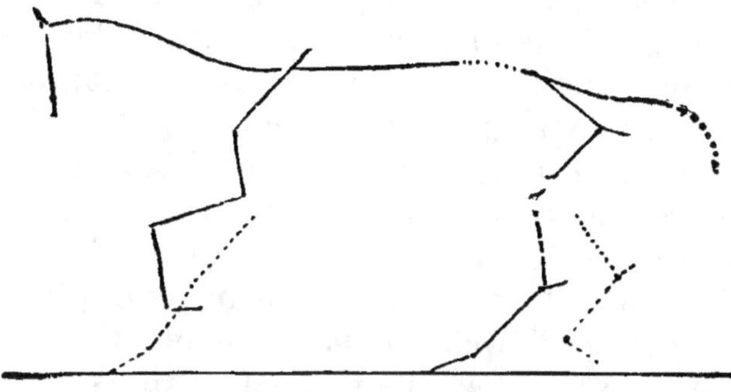

Fig. 110.

flexion de la tête sur l'encolure, produisant le refoulement de celle-ci, refoulement qui doit se transmettre à la colonne vertébrale tout entière jusqu'au rein, condition qui n'est réalisée que si l'encolure et le reste de la colonne vertébrale forment un système homogène doué d'une rigidité suffisante (fig. 110).

Pour obtenir le reculer, faire sentir les jambes afin de mobiliser l'arrière-main. Aussitôt ce résultat obtenu, et avant que le mouvement en avant se produise, fixer la main, pour s'opposer à ce mouvement en avant, et faire refluer en arrière le poids qui tend à venir en avant. Cesser l'action des jambes dès que commence celle de la main qui doit continuellement rendre et reprendre à chaque pas. Une action simultanée des jambes et de la main aurait pour effet certain d'embrouiller le cheval, et peut-être de le faire se défendre en le comprimant entre deux forces opposées, ou tout au moins de lui faire remplacer la flexion de la tête sur l'encolure par une flexion de l'encolure elle-même, dont l'effet est de rompre l'homogénéité du système de la colonne vertébrale, de rendre l'encolure indépendante du reste de la colonne vertébrale et d'y localiser les effets du mors, qui par suite ne se transmettent plus à l'arrière-main ; le cavalier n'est plus maître de la machine.

Si le cheval se traverse pendant le reculer, il faut le redresser par la jambe en diminuant pendant ce temps l'action de la main, ou, mieux, par une action de traction latérale plus énergique sur la rène du côté où le cheval jette sa croupe. Cette action a, on le sait, pour effet de jeter la croupe du côté opposé.

Le reculer est un moyen puissant pour faire respecter la main à un cheval qui tire, pour assouplir l'arrière-main, engager celle-ci sous la masse et amener ainsi peu à peu le rassembler. Mais, comme tous les moyens puissants, il est d'un emploi délicat et réclame du tact pour ne pas produire l'acculement. A tout instant du reculer, le cheval doit pouvoir se reporter franchement en avant à la première indication du cavalier; c'est le point capital.

Dressage de mise en valeur.

Tout le premier dressage a eu pour résultat de rendre
le cheval franc et maniable à toutes les allures, mais
obéissant surtout aux déplacements de son centre de
gravité jeté par l'emploi des aides latérales dans la direction du mouvement voulu. Des attitudes abandonnées,
des mouvements souvent brusques, des allures étendues
mais basses sont pour le cheval le résultat de ce dressage
qui a eu pour objet d'utiliser les aptitudes et dispositions
naturelles de l'animal, sans se préoccuper en quoi que
ce soit de lui donner de la prestance et du brillant. Ces
qualités, le dressage de mise en valeur a pour but de les
lui faire acquérir, et on ne peut atteindre ce résultat
qu'en maintenant toujours le centre de gravité dans une
position voisine de celle qu'il occupe dans l'équilibre
statique, ce qui force le système musculaire à jouer un
rôle beaucoup plus important dans la progression. On
conçoit que, dans ce cas, il faut que, pendant qu'une
partie des aides dispose le cheval pour le mouvement,
une autre partie lui résiste en quelque sorte pour contenir
et maintenir le centre de gravité un peu en arrière; c'est
ce qui constitue l'emploi diagonal des aides qui est la clef
de ce qu'on a appelé l'*équitation française* dont la haute
école, à un degré supérieur, n'est que la plus pure
expression.

Il saute aux yeux que cette sorte d'antagonisme dans
l'emploi des aides n'est pas sans réclamer une certaine
dose de tact de la part de celui qui en fait usage, ni
présenter un certain danger pour la franchise du cheval
qui, pris entre des effets contradictoires, se trouve ainsi
tout préparé pour la rétivité, si ceux-ci ne sont pas absolument justes.

C'est pourquoi nous ne saurions trop recommander de
n'arriver à l'emploi des effets diagonaux que lorsque le

15.

cheval est absolument confirmé dans l'obéissance aux effets latéraux et de substituer à ce moment, très progressivement et très insensiblement, ceux-là à ceux-ci. Le moment est venu de recourir aux effets diagonaux et de commencer le dressage de mise en valeur lorsque le cheval commence à obéir trop brutalement aux effets latéraux, ce qui implique alors la nécessité de régler, de pondérer ceux-ci par les effets diagonaux, et en particulier par le placer diagonal qui combat l'entraînement du poids. « Cette position, qui rend le cheval gracieux, servira au cavalier pour modérer la marche des épaules et

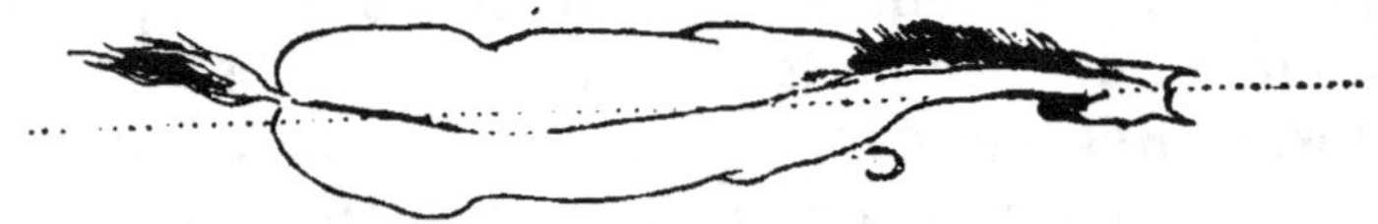

Fig. 111. — Placer diagonal à droite. Le pli de l'encolure, en chargeant l'épaule gauche, s'oppose à l'entraînement de l'avant-main vers la droite, que la position de l'arrière-main tend à produire.

surtout pour cadencer et régler les mouvements. » (Baucher) (fig. 111).

L'alinéa suivant, emprunté encore au capitaine de Brignac, met bien en relief la différence des procédés employés dans le dressage d'utilisation qu'il qualifie d'*équitation horizontale*, par opposition avec le dressage de mise en valeur qu'il qualifie d'*équitation verticale*.

« On a vu que, pour exécuter un à gauche de la façon la plus naturelle, la plus rapide et la moins fatigante, le cheval jette ses épaules à gauche, l'arrière-main servant de pivot à la conversion (fig. 112). Nous en avons conclu les moyens d'exécuter le changement de direction dans la pratique, instantanément et sans résistance. Mais le mouvement sera brusque, heurté, et exclura toute idée de rythme et de grâce. En équitation verticale, il s'agit de tout autre chose. Le changement de direction, comme tous les autres mouvements, doit être exécuté par le cheval avec brillant, légèreté (de l'avant-main) et cadence.

Aussi se garde-t-on bien de projeter le cheval à gauche
avec la même brutalité que tout à l'heure. Pour main-

Fig. 112. — Changement de direction à gauche par les aides latérales droites.

tenir l'équilibre et l'harmonie entre l'arrière-main et
l'avant-main, le cheval sera ployé et ses hanches forcées

de suivre la trace des épaules. Celles-ci ne pivoteront pas
autour des hanches, ni les hanches autour des épaules ;

Fig. 113. — Changement de direction à gauche par les aides diagonales.

mais c'est par une combinaison savante de ces deux
mouvements que la translation de la masse vers la

gauche sera obtenue (fig. 113). La conception différant, l'exécution sera aussi toute différente. Dans le premier cas, les aides dominantes ont été la rêne droite et la jambe droite. Dans le second, ce sont la jambe droite et la rêne gauche. Dans un cas, le cheval change de direction à gauche placé de ce côté (diagonalement), progressant avec grâce à une allure cadencée et brillante, résistant à l'entraînement de son poids; dans le premier, le cheval, placé à droite (latéralement), tourne à gauche instantanément, projeté presque brutalement du côté où son poids l'entraîne. La première façon fait appel à un dressage savant et convient au coryphée; la seconde s'adresse à l'instinct et convient au manœuvre. »

Le cheval étant bien confirmé dans le dressage d'utilisation et l'obéissance aux aides latérales, il suffit, en général, de quelques leçons pour lui apprendre à devenir cadencé et brillant par l'emploi des aides diagonales (dressage de mise en valeur). Nous conseillons vivement d'exécuter le travail qui va être indiqué dans un manège ou, à défaut, dans une carrière, champ ou pré, et de se conformer à la progression sans se préoccuper, pour ainsi dire, de l'emploi des aides diagonales qui arriveront peu à peu à se substituer aux aides latérales presque à l'insu du cheval et du cavalier.

Outre le travail sur la ligne droite et les variations d'allures qui doivent être reprises en exigeant de plus en plus de moelleux dans les allongements d'allure et les ralentissements ainsi que dans le reculer, le dressage de mise en valeur comprend une série d'exercices destinés à assouplir de plus en plus le cheval, et à lui apprendre à savoir soutenir son centre de gravité tout en conservant l'impulsion comme nous avons essayé de l'indiquer plus haut.

Pour plus de clarté dans la progression, nous diviserons ces exercices en trois groupes, le premier relatif au perfectionnement de la direction, le second relatif aux mouvements de deux pistes qui ont pour but de parfaire l'assouplissement surtout transversal du cheval et de développer sa sensibilité aux aides du cavalier, le troisième relatif aux départs au galop, travail à faux, changements de pied, etc.

Premier groupe. — Progression. Changement de main diagonal. Marche circulaire. Passage du coin. Doubler. Doubler et changer de main. Demi-volte. Demi-volte renversée. Volte. Serpentine. Huit de chiffre.

Rappelons encore une fois que, tout ce travail devant s'exécuter avec maintien du centre de gravité en arrière, l'encolure doit être portée un peu haute et les mouvements préparés, surtout aux allures vives, par des demi-arrêts. Le cavalier, à tout instant, doit avoir l'impression que le cheval ne continue le mouvement qui lui a été demandé qu'en vertu de nouvelles et constantes indications, d'ailleurs imperceptibles, et qu'il se porterait franchement en avant droit devant lui dans la direction où il se trouverait au moment où l'indication cesserait. Beaucoup de chevaux, en effet, devinent le mouvement qu'on veut leur faire exécuter et l'achèvent d'eux-mêmes. Cet excès d'intelligence, à cultiver dans le dressage de cirque, doit, au contraire, être rigoureusement combattu dans l'équitation courante où le cheval doit se contenter d'être à tout instant attentif aux indications actuelles de son cavalier. Aussi, le meilleur moyen à employer consiste-t-il, dès la première manifestation de cet excès de bonne volonté qui devient un défaut, à tromper le cheval dans ses prévisions en l'interrompant dans le mouvement commencé pour le redresser ou lui en faire exécuter un autre.

Changement de main diagonal. — Le changement de main diagonal AB, comme l'indique la figure 114, est une ligne tracée diagonalement d'un des côtés à l'autre du manège ou du rectangle qui en tient lieu. Pour l'exé-

cuter, déplacer légèrement l'avant-main en dedans (rêne
directe et rêne contraire), puis replacer le cheval droit
dans ses rênes et le pousser en avant sur la ligne du
changement de main. En arrivant à la piste opposée,
déplacer de nouveau l'avant-main, mais en sens contraire,
par les moyens analogues mais inverses.

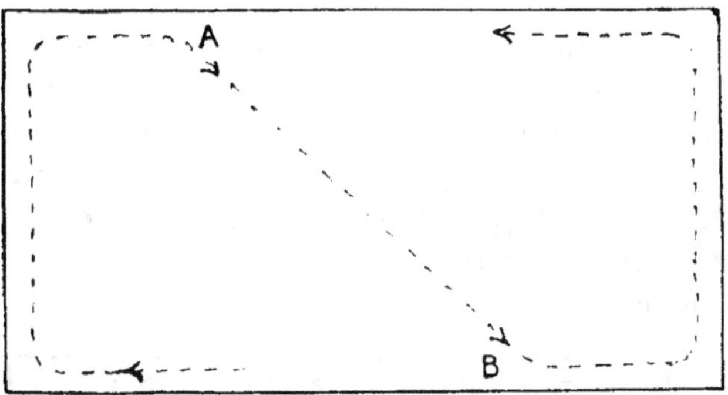

Fig. 114. — Changement de main diagonal.

Marche circulaire. — Elle consiste à faire décrire au
cheval un grand cercle. Elle s'obtient en répétant continuellement la demande de déplacement d'avant-main
comme dans le changement de main et en poussant à
tout moment le cheval dans la nouvelle direction qu'il
prend. La marche, d'abord polygonale, devient peu à peu
circulaire.

Passage du coin. — Dans tout le travail précédent, on
a laissé le cheval passer les coins comme il a voulu, en
les coupant le plus généralement. Le passage du coin
bien exécuté consiste à faire entrer le cheval dans le
coin, puis à l'en faire sortir.

Pour entrer dans le coin, il faut résister au cheval qui
veut couper au court ; pour cela, il faut employer la rêne
extérieure ouverte et la rêne intérieure basse et fermée,
tout en poussant beaucoup le cheval dans les jambes,
l'extérieure étant un peu plus en arrière, pour amener
légèrement en dedans la croupe qui poussera ainsi plus

facilement les épaules dans le coin. Ce déplacement de la croupe à l'intérieur doit être imperceptible et plutôt une tendance qu'une réalité.

Pour sortir du coin, ouvrir et élever la rêne du dedans, en baissant celle du dehors, et faire sentir la jambe du dedans un peu plus en arrière, pour replacer l'arrière-main sur la piste.

Le passage du coin est un des moyens d'assouplissement les plus puissants. Le cheval, en effet, aidé et soutenu moralement par la clôture, comprend mieux et obéit plus facilement ; et il résulte pour lui un grand assouplissement du passage de l'équilibre d'entrée dans le coin à celui de sortie.

Le doubler. — Le doubler est une ligne idéale qui

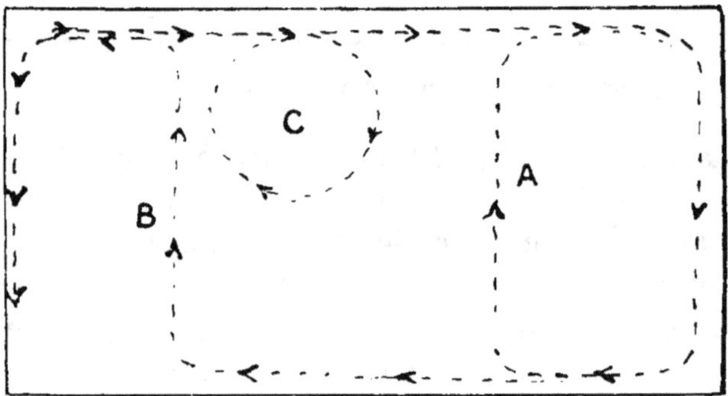

Fig. 115. — Volte. Doubler. Doubler et changer de main.

coupe longitudinalement ou transversalement le manège, et que l'on fait parcourir au cheval. Le doubler s'obtient par les mêmes moyens que le passage du coin : les aides extérieures, n'étant plus secourues par le mur, ont besoin d'être employées avec plus d'énergie. Il faut toujours avoir grand soin de bien redresser le cheval pendant la traversée du manège.

Le doubler et changer de main s'exécute de la même façon, mais en reprenant la piste à l'autre main après avoir traversé le manège.

La demi-volte. — La demi-volte, comme l'indique la figure 116, est un demi-cercle de petit diamètre, tangent à la piste par une de ses extrémités, et relié de l'autre à la piste par une oblique. Suivant que le cheval la décrit

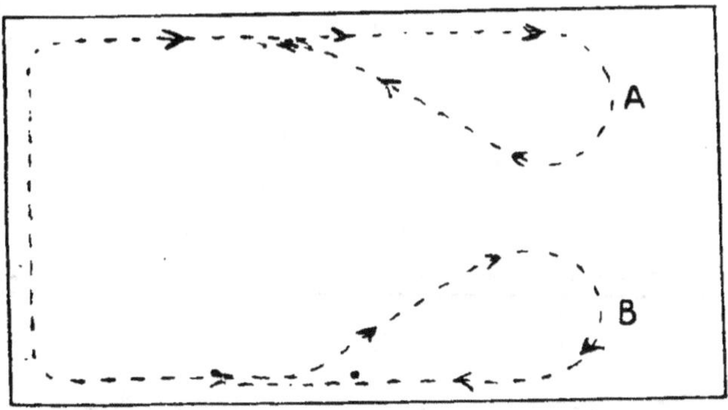

Fig. 116. — Demi-volte ordinaire et demi-volte renversée.

en quittant la piste par le demi-cercle ou par l'oblique, la demi-volte est dite *ordinaire* ou *renversée*.

Pour l'exécuter, faire décrire au cheval le demi-cercle par les aides du doubler répétées, et l'oblique par celles du changement de main.

La volte. — La volte est un cercle de petit diamètre que l'on fait exécuter au cheval par les aides du doubler répétées, et en s'efforçant de maintenir avec les jambes la croupe sur le cercle. Il arrive fréquemment qu'un cheval fait aisément les trois quarts d'une volte et cherche à échapper des épaules pendant la fin du mouvement, tout en se ralentissant énormément. Pour obvier à cet inconvénient, il faut pousser beaucoup le cheval dans les jambes, et rendre presque complètement la rêne du dedans ; la rêne contraire domine alors, et les épaules s'échappent sur le cercle.

La serpentine. — Comme son nom l'indique, la serpentine est une ligne sinueuse que l'on fait décrire au cheval et qui le force à modifier à tout instant son équilibre à l'une et à l'autre main ; les aides sont sensiblement les mêmes que pour les demi-voltes (fig. 117).

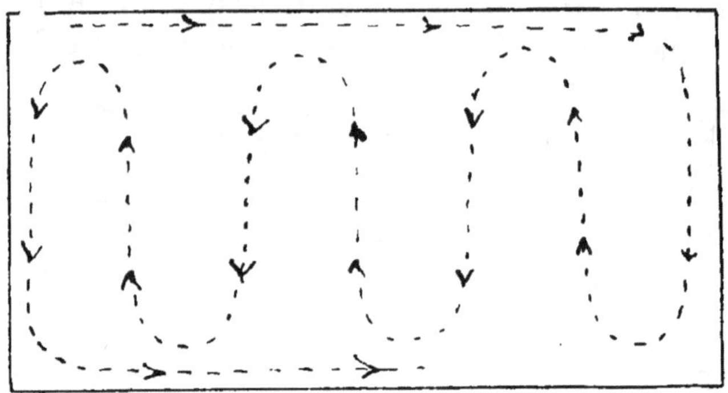

Fig. 117.

Le huit de chiffre. — Ce mouvement est formé par la réunion de deux voltes tangentes, exécutées l'une à une main, l'autre à l'autre. L'assouplissement est obtenu surtout par le changement d'équilibre nécessaire au changement de volte.

Tous ces mouvements, d'abord exécutés au pas, sont ensuite repris au trot, et plus tard au galop.

Deuxième groupe. — Progression : Demi-tour sur les épaules ou pirouette renversée. Demi-volte et changements de main en tenant les hanches. Croupe en dedans. Épaule en dedans. Tête au mur. Croupe au mur. Demi-voltes, changements de main et contre-changement de main de deux pistes. Pirouette sur les hanches.

Pour plus de clarté, dans cette partie comme dans la suivante, nous supposerons le cavalier travaillant à main droite ; les mouvements à main gauche s'exécutent par les mêmes principes, mais les moyens inverses.

Demi-tour sur les épaules ou pirouette renversée. — Assurer la jambe droite près des sangles en déplaçant l'assiette à droite, baisser la rêne gauche pour soutenir les épaules et les empêcher de tomber à gauche, en cédant trop à l'action de la rêne droite. Élever la rêne droite en la tendant dans la direction de la hanche gauche pour charger l'épaule gauche et la fixer et rejeter du poids sur le postérieur gauche pour combattre l'effet impulsif de la jambe gauche. Porter la jambe gauche en arrière et la faire sentir énergiquement par pressions successives pour déplacer la croupe à droite.

Vers la fin du mouvement, il peut arriver que les épaules, trop soutenues à gauche, tombent à droite ; il suffit alors de les soutenir à droite, en baissant la main droite.

Le demi-tour sur les épaules est le moyen de dressage le plus simple et le plus rapide pour apprendre au cheval à obéir à l'action isolée de la jambe et à fuir celle-ci. Son inconvénient est d'être un mouvement sur place et, par conséquent, de tendre à l'acculement. On combat cette tendance par de fréquents temps de trot. Son emploi doit être limité à la connaissance de l'action isolée des jambes et faire place aux demi-voltes et changements de main en tenant les hanches, puis aux autres mouvements de deux pistes.

Demi-voltes et changements de main en tenant les hanches. — Quelques pas avant de rejoindre par l'oblique la piste à l'autre main, ouvrir la rêne droite en l'élevant, baisser la rêne gauche pour pousser les épaules à droite, assurer la jambe droite aux sangles en déplaçant l'assiette à droite. Fermer la jambe gauche en arrière et agir énergiquement par pressions répétées. Comme toujours, alterner les effets de mains et de jambes.

Croupe en dedans. — Provoquer un pas de demi-tour sur les épaules, puis ouvrir la rêne droite en l'élevant ; baisser la rêne gauche en la fermant, assurer la jambe droite aux sangles en déplaçant l'assiette à droite, fermer la jambe gauche en arrière et agir par pressions répétées.

Épaule en dedans. — Déplacer les épaules vers la droite

comme pour prendre un changement de main, puis ouvrir la rêne gauche en l'élevant ; baisser la droite en la fermant, assurer la jambe gauche aux sangles et déplacer l'assiette à gauche. Fermer la jambe droite en arrière et agir par pressions répétées.

Dans tous ces mouvements, les aides latérales (jambe gauche et rêne gauche pour appuyer vers la droite et réciproquement) prédominent, et le cheval obéit à leur action très énergique. Il appuie en regardant le côté d'où il vient.

Tête au mur et croupe au mur. — A mesure que le cheval exécute le travail précédent, il s'assouplit de plus en plus, et il arrive un moment où les épaules appuient plus vite que les hanches ; il convient alors de régler leur déplacement par l'action de la rêne directe, employée plus ou moins basse, comme rêne de soutien. Le cheval regarde alors du côté vers lequel il appuie ; la croupe en dedans devient alors la tête au mur, et l'épaule en dedans la croupe au mur.

Demi-voltes. Changements de main et contre-changement de main de deux pistes. — On peut faire parcourir au cheval les lignes obliques de la demi-volte et du changement de main en le faisant marcher de deux pistes, en l'encadrant sans cesse entre les aides de l'épaule en dedans et de la croupe au mur.

Les contre-changements de main de deux pistes assouplissent beaucoup le cheval en le forçant à changer complètement son équilibre pour passer de l'appuyer vers la droite à l'appuyer vers la gauche et à être, par suite, bien maître de la répartition de son poids. C'est un procédé de dressage excellent et qui peut remplacer à lui seul tous les autres mouvements de deux pistes. Ce n'est pas tant, en effet, la continuité de l'appuyer qui est salutaire au cheval que les modifications dans le sens de cet appuyer.

Pirouette sur les hanches. — Faire décrire au cheval

une volte de plus en plus petite, en s'efforçant de maintenir les hanches au centre ; pour cela, baisser la rêne gauche et la tendre légèrement ; ouvrir franchement la rêne droite ; faire sentir énergiquement les jambes pour empêcher le cheval de reculer. Vers la fin du mouvement, augmenter l'action de la jambe gauche plus en arrière, pour empêcher la croupe de se jeter en dedans.

Troisième groupe. — Travail au galop. Départs au galop. Travail à faux. Changements de pied.

Réflexions sur le galop. — L'étude des expériences si concluantes faites au Pin, par Lenoble du Teil, sur la trajectoire du garrot dans les différentes allures (fig. 118),

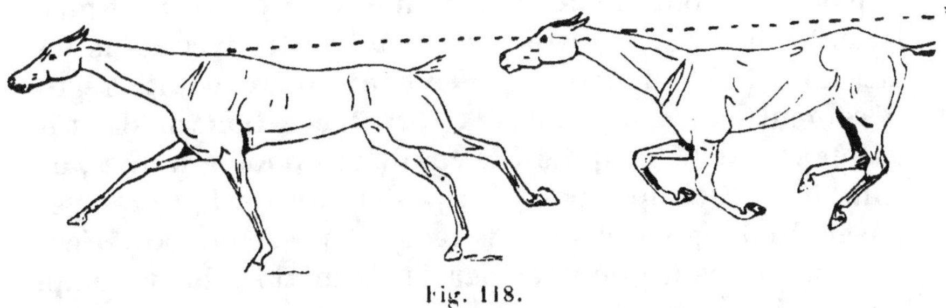

Fig. 118.

l'examen attentif de nombreuses photographies instantanées, de fréquentes observations personnelles nous ont amené à admettre d'une manière absolue que, pour partir au galop, le cheval s'échappe dans cette allure en chargeant son épaule directrice au lieu de s'enlever au galop en allégeant celle-ci, comme une illusion d'optique l'avait fait admettre longtemps.

Par suite, ce qu'il faut faire pour obtenir le départ au galop se trouve tout indiqué : produire une rupture d'équilibre en amenant un afflux de poids en avant et sur l'épaule directrice. Le cavalier doit éprouver sous lui l'impression d'une translation de poids d'arrière en avant, puis de gauche à droite, dans le départ au galop à droite.

Mais, on le conçoit aisément, le départ sera d'autant

plus aisé que la rupture d'équilibre sera plus accusée ; aussi saisit-on tout de suite l'avantage qu'il y a, pendant la période préparatoire, à amener en arrière et à gauche le poids qui, au moment de provoquer le départ, devra refluer en avant et à droite (galop à droite).

L'étude des *chronophotographies* (fig. 119) que l'on doit à Marey nous fournit de précieux enseignements sur la façon dont s'effectue le départ au galop. Si on jette en effet les yeux sur les trois séries ci-contre, on est frappé tout d'abord par l'analogie des positions 9 et 10 du pas, 7 et 8 du galop ; et l'on comprend qu'à ce moment la transformation d'allure est des plus aisée. Pour changer le pas en galop, le cheval n'a en effet à cet instant qu'à hâter le lever des postérieurs pour se trouver dans les attitudes 7 et 8 du galop qui se continuera ensuite régulièrement par les attitudes 9, 1, 2, 3, etc. Donc si, dans le galop à gauche, ce qui est le cas de ces photographies, on compte : 1ᵉʳ temps : poser du postérieur droit ; 2ᵉ temps : poser du diagonal droit ; 3ᵉ temps : poser de l'antérieur gauche, on voit que c'est par la formation du 3ᵉ temps que le cheval se met au galop.

Un autre mode fréquent aussi de transformation du pas en galop est le suivant. Le cheval étant dans la position 5, le poids du corps, reporté en grande partie sur le postérieur droit, hâte le poser du postérieur gauche qui vient ainsi à l'appui en même temps que l'antérieur droit, tandis que le postérieur droit quitte le sol, ce qui constitue la période du galop (fig. 6) ; puis l'antérieur gauche, sur lequel vient ensuite affluer le poids de la masse, augmente l'amplitude de son enjambée pour former le troisième temps du galop normal qui se continue ensuite. C'est le mode de départ le plus habituel du cheval rassemblé et ayant le poids sur l'arrière-main.

On remarquera que, dans chacun de ces modes de transformation d'allure, toujours pendant le départ l'afflux du poids du corps se fait sur le membre directeur, ce qui

Fig. 119. — Analyse chronophotographique des allures.

Nota : Les photogrammes se classent de haut en bas de la figure.

implique la nécessité d'une certaine liberté d'encolure. Nous expliquerons plus loin comment le cheval qui n'a pas la libre disposition de la répartition de son poids peut cependant partir au galop.

Si maintenant on examine les diverses attitudes du trot, on constate, dans la position 3, une base diagonale commune au trot et au galop, position 6. C'est pendant l'appui de cette base commune que s'opère la transformation d'allure par dissociation de l'autre base diagonale, s'effectuant par anticipation dans le poser de l'antérieur gauche.

L'action des aides du cavalier se trouve ainsi nettement expliquée : les jambes de celui-ci se bornent à envoyer le poids sur la main qui dispose de celui-ci sur l'antérieur gauche et détermine ainsi son poser anticipé constituant le troisième temps du galop.

Si la main, en ne laissant pas à l'encolure une liberté suffisante, s'oppose à cette distribution du poids, le cheval est obligé, pour se mettre au galop, de recourir à un autre procédé. Le départ s'effectue en l'air, pendant le temps de suspension (si le cheval est au trot), et toujours avec une certaine brusquerie. Les postérieurs s'inversent brusquement : le droit, qui vient de quitter le sol avec son diagonal antérieur, revient au sol avant la battue du diagonal droit.

Si le cheval est au pas, sollicité par l'action des jambes et par la main qui ne cède pas, il se détache du sol en une sorte de bond pendant lequel il dispose ses membres sous lui pour se trouver au galop, en reprenant contact avec le sol. Ces sortes de départs toujours brusques et saccadés sont très mauvais.

Quoi qu'il en soit pratiquement, nous sommes de l'avis du général Faverot de Kerbrech lorsqu'il dit : « Je ne veux pas savoir si c'est au moment où tel pied pose à terre que tel mouvement se produit. Je place et j'actionne. Je continue mes effets (ayant pour but de donner la position et l'action) en en augmentant progressivement et finement le degré d'intensité jusqu'à ce que le mouvement se produise. Quand je ne l'obtiens pas, c'est que ma préparation est mauvaise : je recommence... » ; et plus loin : « Que mon cheval soit au trot, au pas ou même de pied ferme, mon but est de donner la position en reportant d'abord le poids légèrement d'avant en arrière pour le pousser ensuite pour ainsi dire vers la droite et en avant. »

Le départ au galop se compose donc, on le voit, d'une préparation au départ et du départ proprement dit. Pour partir au galop à droite :

Préparation. — Placer le cheval comme pour la tête au mur à cette main, ce qui charge le postérieur gauche, et maintenir cet équilibre par des demi-arrêts s'il y a lieu.

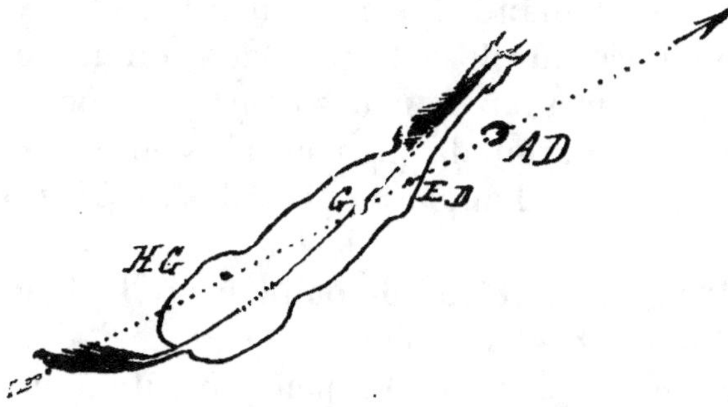

Fig. 120.

Départ. — Pousser le cheval dans les deux jambes en rendant la main après avoir marqué toutefois une légère opposition de la rêne gauche destinée à arrêter un instant le poids dans son déplacement en avant et à le faire refluer sur l'épaule droite (fig. 120).

Si le cheval est très calme, accepte la position préparatoire sans s'agiter, les jambes déterminent presque à elles seules le départ ; l'opposition de rêne gauche devient presque inutile. Elle devient au contraire indispensable avec les chevaux qui, à l'indication des jambes, cherchent à bourrer droit devant eux au trot au lieu de prendre le galop sur la piste à parcourir.

Enfin, avec les chevaux très chauds qui se traversent sans cesse et ont de la peine à accepter calmement la position préparatoire, l'action des jambes doit se borner à maintenir la croupe pour empêcher ses déplacements exagérés ; et le départ s'obtient généralement sur une remise de main consécutive à deux demi-arrêts successifs : l'un préparatoire, plus énergique, donné sur les deux rênes et plus senti sur la rêne droite, destiné à amener le poids sur la hanche gauche ; le second plus faible et seulement sur la rêne gauche, comme il a déjà été expliqué.

Tout bon galop doit être coulant, calme et ferme. On obtient le calme en laissant au cheval une liberté d'encolure aussi grande que possible, mais compatible toutefois avec la vitesse demandée. Un des meilleurs moyens pour rendre le cheval adroit et ferme dans son galop consiste à le faire galoper à faux sur des courbes d'abord de grand rayon, puis de rayon de plus en plus court ; puis à lui faire décrire, sans changer de pied, des serpentines et des huit de chiffre.

On doit également lui demander sur le bon pied les cercles, doublers, voltes, etc.

Changement de pied. — On peut ensuite demander au cheval de changer de pied. Ce mouvement, lorsqu'il est bien exécuté, est un des critériums de la parfaite souplesse et du bon équilibre du cheval. Ce n'est en somme qu'un nouveau départ sur le pied opposé. Le moyen le plus rationnel pour l'obtenir est de faire passer le cheval par le pas avant de demander le nouveau départ sur l'autre pied. Cette période intermédiaire de pas devient de plus en plus courte et finit par disparaître complètement à mesure que l'éducation du cheval devient plus complète.

Si, au moment où on demande le changement de pied, le cheval cherche à bourrer pour l'éviter, on se trouve souvent bien de lui imposer à ce moment comme châti-

ment quelques pas de reculer ; puis on lui demande le
départ sur l'autre pied.

Un autre moyen très énergique mais peu classique
d'apprendre les changements de pied est le suivant, dont
on peut utilement combiner l'emploi avec le précédent.
Il consiste, étant au galop, à demander le changement de
pied par un renversement complet des aides à la fin d'un
doubler et changer de main ; puis d'un changement de
main diagonal d'abord très court, puis de plus en plus
étendu et enfin sur la ligne droite. Le travail des changements de pied est un de ceux dont il faut être très
sobre dans le dressage ordinaire, car il énerve beaucoup
le cheval et tend à lui ôter de la franchise et de la fermeté
dans son galop.

Du sentiment du cheval et de l'équilibre.

L'appui du cheval sur la main se traduisant par une tension légère et élastique des rênes, la légèreté complète se
manifestant par le lâcher du mors ne sont pas à préconiser
l'un au détriment de l'autre. Bons tous deux, ils correspondent seulement à une conception différente de la bouche
du cheval et du tact équestre. L'appui et la légèreté ne
peuvent ni l'un ni l'autre être l'objet d'un principe : ils
sont un résultat qui dépend bien moins de la méthode que
de celui qui l'emploie, du tact de celui-ci et du sentiment
personnel qu'il se fait de la bouche du cheval. C'est
pourquoi le travail que nous avons indiqué peut tout
aussi bien se pratiquer en recherchant l'appui que la
légèreté. Dans le sens où nous le comprenons ici, l'appui
élastique et la légèreté complète sont le résultat d'un
bon équilibre, d'un assouplissement satisfaisant, d'un
bon engagement de l'arrière-main, et ne sauraient véritablement exister sans cela. La souplesse d'encolure et la
mobilité de mâchoire résultant de flexions artificielles si
à la mode autrefois et pratiquées de pied ferme ou même

en mouvement, ou encore de l'emploi des différents enrènements, n'a rien de commun avec cette vraie mise en main provenant d'un bon équilibre et de la souplesse générale du cheval. La souplesse obtenue artificiellement, donnant à l'encolure une mobilité hors de proportion avec celle du reste de la colonne vertébrale, la sépare en quelque sorte de celle-ci ; cette souplesse se localise alors dans l'encolure qui ne peut plus agir comme balancier pour commander la position du centre de gravité, et le cheval ainsi assoupli dans sa bouche et dans son encolure, mais resté raide par ailleurs, pourra séduire les ignorants par une apparence de mise en main, mais il sera, comme justesse de conduite, presque toujours inférieur à un cheval, même raide de partout, mais homogène dans sa raideur.

Ce qu'il faut avant tout avoir, c'est un cheval allant : ce désir de se porter en avant se traduira chez le cheval soit par un appui continu sur la main, soit par un lâcher du mors accompagné d'une détente générale donnant au cavalier l'impression que le cheval passe par-dessus son mors. Ce lâcher du mors doit être suivi immédiatement d'un nouveau contact avec la main, puis d'un nouveau lâcher toujours accompagné de détente, et ainsi de suite.

Le lâcher du mors ne doit jamais donner l'impression d'une extinction d'allure, mais au contraire d'une super-activité d'actions. Le cheval doit lâcher son mors, non pour fuir la main en se mettant en arrière d'elle, mais pour passer en avant de celle-ci. Encore faut-il que le cheval arrive à ce résultat en cédant de la mâchoire et de la nuque et non de l'encolure, ce qui aurait tous les inconvénients déjà énumérés plus haut à propos des flexions artificielles.

Il faut bien se garder de confondre le cheval qui a de l'appui avec le cheval qui tire à la main ; celui-ci peut le faire de deux façons : ou bien en étant lourd et pesant, ce qui donne au bout des doigts l'impression d'une masse inerte, difficile à déplacer ou prête à s'effondrer, entraînée par son poids si les rênes venaient brusquement à être supprimées ; ou bien en tendant à accélérer constamment l'allure et donnant au cavalier l'impression d'une raideur considérable d'encolure et de mâchoire avec une insensibilité plus ou moins complète à l'action du mors.

Ce défaut de tirer à la main provient dans le premier

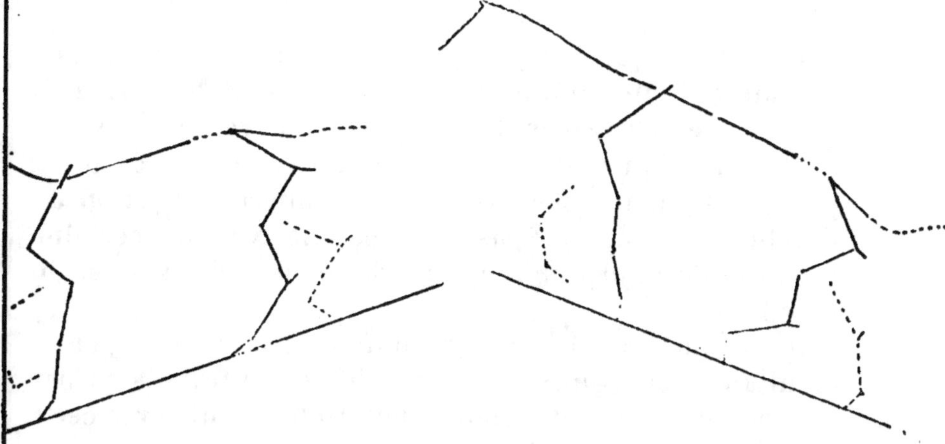

Fig. 121. — Travail sur les pentes.

cas d'un mauvais équilibre résultant très souvent d'une conformation défectueuse ; on peut y remédier en modifiant cet équilibre vicieux et en forçant le cheval à rejeter une partie de son poids en arrière. La pratique du travail sur les pentes (fig. 121), en laissant le cheval très libre de tête et d'encolure, principalement à l'allure du galop, de fréquentes variations d'allure et de nombreux changements de direction, le travail au galop à faux auront en général assez vite raison de ce défaut.

Dans le deuxième cas, le cheval tire par suite d'une contraction nerveuse et musculaire de l'encolure et de la mâchoire, contraction soit naturelle, soit occasionnée par

16.

une souffrance quelconque, la mauvaise main, le manque de fixité d'assiette ou des jambes du cavalier, etc. Si la raideur est produite par un de ces motifs, en supprimant la cause on supprimera l'effet et toutes les pratiques ayant pour résultat de produire la détente d'encolure seront efficaces, détente qui, en faisant cesser les contractions vicieuses, permet à la flexion naturelle de s'effectuer lorsque le cheval est parvenu à un degré d'assouplissement suffisant par un travail progressif et raisonné.

Le cheval qui a de l'appui, au contraire, donne une sensation toute différente : les rênes semblent fixées à l'extrémité de ressorts élastiques et le cheval, tout en restant ferme dans l'allure où il se trouve, paraît toujours prêt à augmenter celle-ci à la première indication du cavalier. L'appui n'est pas incompatible avec une certaine mobilité de la mâchoire qui lui donne de l'élasticité et du moelleux.

Il ne faut pas davantage confondre la vraie légèreté résultant d'un équilibre convenable et se traduisant par le mode de lâcher du mors, décrit plus haut, avec cette fausse légèreté du cheval qui refuse le mors, soit par manque de perçant, soit par crainte ou sensibilité, ou qui le lâche en se retenant et se mettant en arrière de la main, défauts qu'il faut à tout prix combattre en donnant au cheval une vigoureuse impulsion que l'on pourra recevoir sur une main fixe, ferme et souple.

L'appui correspond en général à l'équilibre horizontal, qui convient le mieux à l'équitation courante, à des allures coulantes, étendues, agréables pour le cavalier, moins fatigantes pour le cheval, mais presque toujours peu brillantes.

Le lâcher du mors correspond au contraire à un « rassembler » plus ou moins complet, c'est-à-dire à un équilibre légèrement sur l'arrière-main avec la tête ramenée l'encolure élevée : les allures sont plus relevées, plus cadencées, plus brillantes. C'est l'équilibre qui convient à l'équitation de manège et de parade.

Certains chevaux ne sont agréables et réguliers dans leurs allures, même étendues, qu'avec cet équilibre qui les force à engager beaucoup leur arrière-main sans l'écraser.

Que l'on cherche l'équilibre horizontal ou le rassembler à un degré quelconque, les jambes du cavalier doivent toujours envoyer le cheval sur la main qui le reçoit et en dispose.

C'est le plus souvent la conformation du cheval et la forme des allures qui indiquent au cavalier l'équilibre qu'il doit rechercher.

La haute école.

La haute école, dont nous ne pouvons dire ici que quelques mots sous peine de sortir des limites du cadre de cet ouvrage, a pour base essentielle le « rassembler ».

Le rassembler est une attitude dans laquelle le centre de gravité, excessivement mobile et reporté très en arrière, peut à tout instant être déplacé de la quantité voulue à la moindre indication des aides du cavalier. Dans cette attitude, le cheval se grandit, rapproche ses postérieurs de ses antérieurs et concentre ses forces, donnant au cavalier l'impression d'une machine sous pression. Il suppose au préalable un assouplissement convenable et très complet de tout le cheval et une obéissance parfaite et juste aux aides.

Le rassembler a pour corollaires les allures cadencées et détachées de la haute école, allures dont le *piaffer*, le *passage*, les *changements de pied aux temps*, le *galop en arrière* sont les types les plus parfaits, et dont le pas et le trot espagnols dérivent également.

Le *piaffer* est un trot sur place; c'est l'expression la plus complète du rassembler, les rênes interceptant en quelque sorte l'impulsion, au moment où le mouvement en avant va se produire, pour forcer celle-ci à se dépenser sur place et en hauteur.

Le *passage* est un trot très lent, très cadencé, et dans

Fig. 122. — Passage (période d'appui diagonal).

lequel la période de suspension est très développée, les membres restant au soutien (fig. 122 et 123).

Dans les *changements de pied aux temps*, le cavalier, étant au galop, fait exécuter à son cheval des changements de pied à intervalles égaux tous les quatre temps, les trois temps, les deux temps et même à chaque foulée, ce qui s'appelle le *changement de pied du tac au tac*.

Le galop en arrière est une progression rétrograde dans laquelle le cheval recule.

Fig. 123. — Passage (commencement du temps de projection et de suspension).

Le pas espagnol est un pas très lent dans lequel les membres antérieurs restent longtemps au soutien avec extension (fig. 124 et 125).

Le trot espagnol est une sorte de passage avec extension des membres antérieurs.

Ces différentes allures doivent être obtenues par l'emploi de plus en plus juste et précis des aides du cavalier et être la conséquence d'une obéissance du cheval de plus en plus parfaite à celles-ci; et non pas le résultat de

Fig. 124. — Pas espagnol (période de progression).

procédés artificiels tels que le travail à pied, à la cravache, comme cela a lieu souvent dans les cirques.

La haute école nécessite de la part du cavalier un tact très grand et une précision absolue dans l'emploi des aides, que seules une pratique éclairée et une aptitude spéciale pour ce genre de travail peuvent faire acquérir.

Dressage à l'obstacle.

Tout bon sauteur doit être franc, adroit, calme, prudent et puissant. Ces qualités, le cheval ne les acquiert

Fig. 125. — Pas espagnol (période de soutien).

que par une longue pratique du saut exécuté pour commencer et le plus ordinairement sans contrainte, ou du moins avec le moins de gène possible. C'est pourquoi, à la base de tout dressage à l'obstacle, se trouve le travail sans être monté, ce qui supprime au cheval une double cause de gène et de fatigue.

L'idéal serait de pouvoir commencer dès la première année l'éducation sur l'obstacle du poulain que l'on destine à une carrière de jumper. Il suffit pour cela que les herbages dans lesquels sont les poulinières avec leurs foals soient coupés de petits obstacles, fossés, talus, haies vives, etc. qui, facilement enjambés par les mères, soient sautés par les poulains. N'est-ce pas à de semblables conditions d'élevage que les irlandais doivent en majeure partie leur célébrité comme sauteurs? N'était-ce pas la façon de procéder d'un de nos plus regrettés sportsmen dont les couleurs furent longtemps triomphantes sur le turf en obstacles.

Si l'on ne possède pas d'herbages présentant ces dispositions, il est facile d'établir à peu de frais, au moyen de clôtures, des sortes d'allées barrées par des obstacles que les animaux sont forcés de passer soit pour se rendre à l'abreuvoir ou à l'endroit où on leur apporte leur provende journalière, soit pour entrer et sortir de l'herbage, si on ne fait que les y lâcher quelques heures par jour.

Les yearlings, puis les deux ans, doivent être soumis au même exercice, mais sur des obstacles plus sérieux.

Les chevaux ainsi élevés se trouveront tout dressés sur les obstacles courants, du jour où ils seront soumis aux aides du cavalier, et leur dressage plus spécial en vue de la chasse, des courses ou des concours ne présentera plus aucune difficulté.

Mais le plus souvent les sujets à mettre sur l'obstacle, jeunes ou vieux, n'ont point été élevés dans ces conditions et leur éducation à ce point de vue est à faire en entier et doit porter sur les points suivants :

1° Apprendre au cheval le mécanisme élémentaire du saut, le familiariser avec lui et développer son organisme pour et par l'exécution de celui-ci ;

2° Lui donner de la franchise en l'habituant à des obstacles d'aspects différents ;

3° Lui donner de la prudence et de l'adresse en lui apprenant à modifier son saut suivant la nature de l'obstacle à franchir ;

4° Enfin, s'il s'agit d'un cheval de concours, lui apprendre à hausser son saut pour éviter le fatal taquet, et, s'il s'agit d'un cheval de courses, lui apprendre à l'allonger pour gagner ainsi du terrain.

Pour tout ce dressage à l'obstacle, trois méthodes se trouvent en présence.

Dressage en liberté dans un manège ou une carrière close. — Il consiste à habituer le cheval à aller de lui-même sur l'obstacle et à le franchir. Pour cela, on amène le cheval en main jusqu'à quelques mètres de l'obstacle, tandis que l'instructeur l'appuie de la voix et, au besoin, de la chambrière et que d'autres aides placés près de l'obstacle l'empêchent de dérober (fig. 126). Ce procédé donne de bons résultats avec certains chevaux naturelle-ment francs ; mais, d'une part, le cheval peut échapper trop facilement à la domination de l'instructeur et, d'autre part, on ne dispose pas toujours d'un manège ou d'une carrière close ; enfin, on ne peut dresser de cette façon le cheval que sur des obstacles relativement bas et n'exi-geant pas de lui un effort pénible.

Travail dans le couloir. — Il consiste à lâcher le cheval à une extrémité d'un couloir parsemé d'obstacles, en le poussant au besoin de la chambrière, et à le repren-dre à l'autre extrémité. Il présente l'avantage de mettre le cheval dans l'obligation matérielle de sauter et de per-mettre, en le poussant vigoureusement, de lui apprendre mieux qu'avec tout autre système à sauter le large et à sauter dans le train en marquant le moins de temps d'arrêt possible. Si le travail dans le couloir permet de faire accélérer au cheval sa vitesse, il ne permet pas de la faire ralentir, et c'est souvent là un des gros inconvénients de ce système, joint à la nécessité de son installation spéciale.

Le travail à la longe. — Nous le considérons d'une façon générale comme le plus pratique. Il présente, entre autres avantages, celui de maintenir toujours le cheval sous la dépendance immédiate de l'instructeur tout en lui laissant la liberté nécessaire à l'exécution facile du saut, et de ne nécessiter aucune installation particulière dont quatre chandeliers, deux barres, une dizaine de fagots et une toile peinte peuvent faire tous les frais, comme nous le verrons plus loin.

Fig. 126. — Saut en liberté (cliché Gobert).

Nous ne saurions mieux faire que de renvoyer, pour le dressage à la longe sur l'obstacle, le lecteur au si intéressant volume du comte de Gontaut-Biron, dont nous allons seulement exposer succinctement la méthode.

Le cheval étant dressé au travail à la longe sur le cercle, placer sur celui-ci et suivant un rayon une barre (fig. 127). Faire passer celle-ci à terre aux deux mains, par le cheval au pas d'abord, puis au trot et enfin au galop jusqu'à ce qu'il ne manifeste plus aucun énervement et enjambe cette barre sans la sauter, sans augmenter et

surtout sans ralentir l'allure au moment où il arrive sur
elle. Au début, l'instructeur doit tenir son cheval de
court et passer la barre en marchant à côté de lui, puis
lui donner de plus en plus de longe et continuer le travail en restant au centre du cercle.

Lorsque ce travail est bien exécuté, on hausse peu à
peu la barre jusqu'à 50 ou 60 centimètres, la faisant alors
sauter au cheval, toujours aux deux mains et aux trois
allures et en exigeant de lui les mêmes qualités de

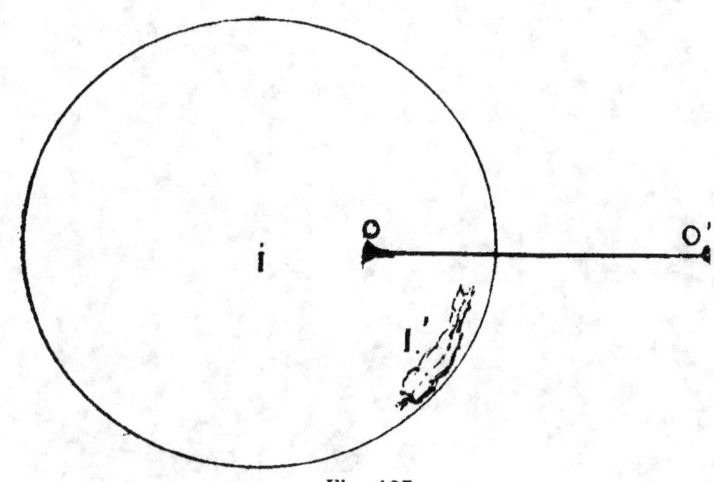

Fig. 127.

calme et de régularité dans l'allure avant et après le
saut.

Lorsque le cheval saute couramment la barre à 50 ou
60 centimètres, on peut lui présenter une petite haie ou
une claie de même hauteur et les lui faire sauter de la
même façon.

Pour le saut en largeur, on exerce le cheval de la
même façon sur un fossé de 1 mètre de large précédé
autant que possible d'une petite haie mobile ou d'une
barre que l'on écarte peu à peu.

Dans tout le travail qui précède, le cheval a pris son
obstacle sur le cercle. L'instructeur a dû, au commen-

cement, accompagner son cheval pour le tranquilliser
jusque sur l'obstacle et le passer à pied à côté de lui en le
tenant de court (fig. 128), puis il a pu lui rendre la longe
et le faire passer seul. Mais, au lieu de rester au centre
du cercle, il a dû se rapprocher un peu de la circonférence en arrière de l'obstacle, de manière à se trouver

Fig. 128. — L'instructeur passe l'obstacle avec le cheval.

de trois quarts derrière son cheval au moment du saut
(fig. 129).

Chaque leçon doit être terminée par le passage de la
barre à terre avec le *plus grand calme* aux trois allures.

A ce moment du dressage, le cheval sautant franchement et facilement 0^m,60 de haut et 1 mètre de large, on
le monte sur les mêmes obstacles, en suivant toujours la
même progression, c'est-à-dire en commençant et en ter-

minant chaque leçon par le passage calme de la barre à
terre aux trois allures et en exigeant que le cheval
arrive sur l'obstacle sans ralentir, en précipitant plutôt au
besoin ses deux dernières foulées, mais reprenant sa
cadence naturelle de l'autre côté de l'obstacle, et en ne
lui permettant à aucun prix de bourrer.

Fig. 129. — L'instructeur fait sauter le cheval sur le cercle en se plaçant
légèrement de trois quarts derrière.

Lorsque le cheval saute avec franchise, adresse et
calme ces obstacles artificiels, on doit, lorsqu'à la promenade on rencontre des obstacles naturels d'une importance analogue, les lui faire franchir (mais une seule fois
chacun). Au cas où le cheval manifeste quelque hésitation, quelque appréhension à passer monté ces petits
obstacles naturels, il ne faut pas hésiter à mettre pied à
terre, à défaire les rènes de filet du côté gauche, à les

passer dans l'anneau gauche, à les allonger au besoin de la seconde paire de rênes et à faire sauter ainsi le cheval en main avec cette longe improvisée.

Partant de ce principe, on se trouve souvent bien de promener son cheval en main avec une longe à travers la campagne et de lui faire sauter ainsi les obstacles qui se présentent.

Lorsque le cheval est bien confirmé dans tout ce travail à la longe et monté sur des obstacles artificiels et naturels de faibles dimensions, on le reprend de nouveau à la longe sur des obstacles de plus en plus élevés et de plus en plus larges, mais dont on n'augmente l'importance que toujours très progressivement. Ces obstacles devenant trop gros pour être pris sur le cercle, le cheval y est conduit de la façon suivante.

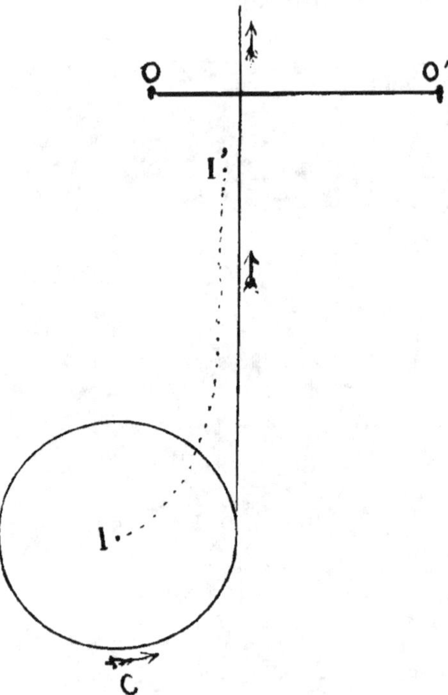

Fig. 130.

L'instructeur, se plaçant à 8 ou 10 mètres en arrière de l'obstacle, détermine son cheval sur un cercle de 3 à 4 mètres de rayon, puis, le moment venu, il le laisse s'échapper tangentiellement au cercle de façon qu'il aborde l'obstacle bien perpendiculairement, il le suit et l'appuie de la chambrière s'il y a lieu (fig. 130 et 131).

On doit toujours, autant que possible, habituer le che-

val à sauter le même obstacle au pas, au trot et au galop,
en se souvenant toutefois que, plus l'obstacle est gros,
plus l'allure doit être vive, sans devenir excessive.
Comme dans tout le travail précédent, on doit souvent

Fig. 131. — Cheval sautant, l'instructeur restant en arrière (1).

revenir au passage de la barre à terre, ce qui calme beaucoup le cheval.

Ce travail à la longe doit être, comme précédemment,
complété par le même travail monté et par des sorties à

(1) Figure empruntée au livre de M. Gobert. vétérinaire militaire, *le Cheval*.

travers la campagne avec sauts d'obstacles aussi variés que possible.

Si le cheval marque de l'hésitation, de l'appréhension sur un obstacle, ne pas engager de lutte pour le lui faire passer et ne pas hésiter à revenir en arrière (c'est encore gagner du temps), et ne le représenter sur l'obstacle objet de son appréhension que lorsque la confiance lui est bien revenue sur des obstacles moindres. Si cependant on a affaire à un cheval sachant déjà sauter, connaissant bien son obstacle et refusant de le sauter par malice, il faut l'arrêter au lieu de son refus et lui administrer sur place une correction sévère, puis le ramener calmement sur l'obstacle et le caresser dès qu'il a sauté.

S'il est nécessaire, au début du dressage, d'avoir des obstacles qui ne soient pas d'une fixité absolue afin d'éviter une chute qui pourrait dégoûter le cheval à tout jamais, il est excellent, dès que celui-ci commence à savoir sauter, de ne plus le faire travailler que sur du fixe, ce qui lui donne beaucoup de prudence, de sûreté et d'adresse. Une chute lorsqu'il est suffisamment avancé pour se rendre compte de ses fautes est la meilleure leçon qu'il puisse recevoir.

Le cheval ne peut devenir réellement bon sauteur qu'autant qu'il sait bien prendre sa battue de façon à placer l'obstacle sensiblement au milieu de la trajectoire du saut (fig. 132); en d'autres termes, le cheval doit toujours s'enlever plus ou moins loin de l'obstacle, planer juste au-dessus de celui-ci plus ou moins longtemps, le corps horizontal, les membres antérieurs et postérieurs repliés sensiblement à la même hauteur, puis retomber de l'autre côté en basculant pour venir prendre terre avec les membres antérieurs au delà de l'obstacle, à une distance sensiblement égale à celle d'où il s'est enlevé en avant de celui-ci, tandis que le derrière encore troussé achève de passer au-dessus de l'obstacle.

Le cheval qui saute « de volée » s'enlève loin de l'obstacle, s'élève progressivement, plane assez longtemps et retombe très obliquement par rapport au sol ; c'est le genre de saut qui correspond aux allures vives, mais ne convient que très rarement aux très gros obstacles en hauteur. Le cheval qui *saute en basculant* (fig. 133 et 134), au contraire, s'enlève relativement près de l'obstacle, s'élève

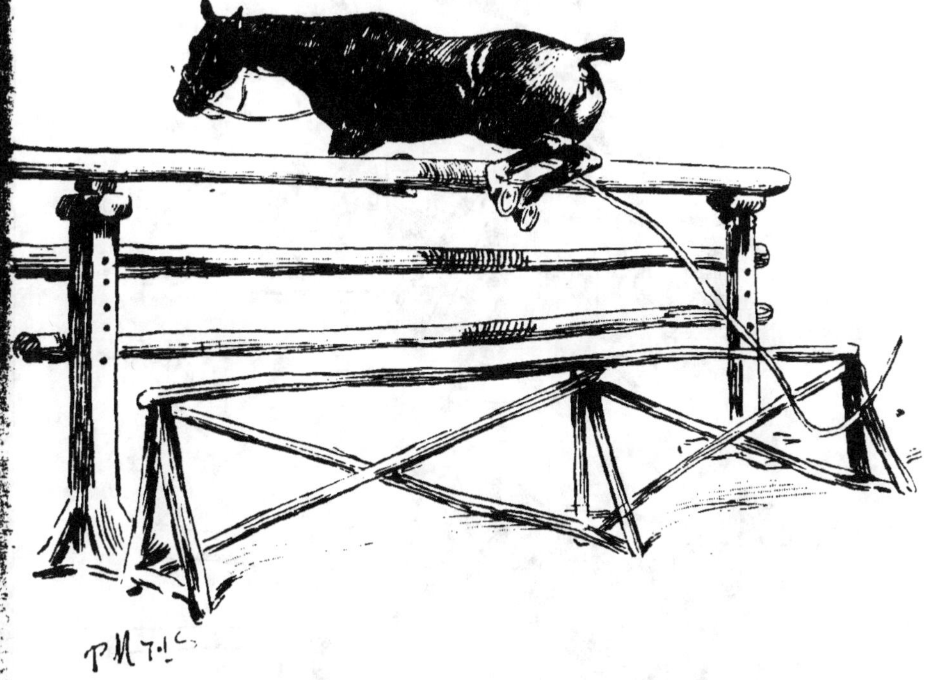

Fig. 132. — Cheval sautant et plaçant bien son obstacle au milieu de sa trajectoire (cliché H. Leclerc).

rapidement, ne plane pour ainsi dire qu'un instant correspondant au moment très court où le devant, commençant à redescendre, se trouve dans le même plan horizontal que le derrière. Cette forme de saut est celle des gros sauteurs en hauteur.

Enfin certains chevaux, même forts sauteurs, sautent des quatre pattes à la façon des cerfs ; ils s'enlèvent presque verticalement tout en restant eux-mêmes

17.

presque parallèles au sol, planent et retombent comme
ils se sont enlevés les quatre pattes presque ensemble, les

Fig. 133 et 134. — Sauts en basculant (H. Leclerc).

antérieurs précédant cependant les postérieurs. Ces chevaux sont assez rares.

Dans aucun cas, lorsque le cheval plane ou retombe, les postérieurs ne doivent être plus bas que les antérieurs (*saut en chandelle*) (fig. 135 et 136), ce qui indique que le cheval est trop tenu, gêné par la main du cavalier qui ne laisse pas une liberté suffisante à son balancier cervical

Fig. 135 et 136. — Sauts en chandelle (H. Leclerc).

destiné à favoriser par son extension le basculement indispensable au passage facile de l'arrière-main.

Plus le cheval s'enlève près de l'obstacle et plus son allure est lente, plus il a besoin de sauter en basculant. Les fautes du devant sont presque toujours occasionnées par un enlever trop tardif; mais, par contre, il est rare qu'un enlever prématuré (sauf sur la largeur) cause une faute, le cheval ayant en général, lorsqu'il se voit retomber trop tôt, l'instinct soit de ramener ses membres postérieurs davantage sous lui, soit de les projeter en arrière dans une sorte de ruade pour les faire passer au-dessus de l'obstacle sans le toucher.

On comprend l'importance capitale, pour la bonne exécution du saut, de la façon dont le cheval prend l'obstacle : c'est sur ce point surtout que doit porter l'éducation du sauteur.

Le cheval qui ne sait sauter que dans un seul style n'est pas un bon sauteur, car il a besoin, pour bien passer son obstacle, de prendre sa battue toujours de la même façon et à la même distance. Or, à l'extérieur, bien souvent la configuration du terrain et mille autres circonstances ne lui permettent pas de le faire. C'est pourquoi il est nécessaire que le cheval apprenne à modifier de lui-même le style de son saut suivant l'occasion ; aussi faut-il varier beaucoup les conditions dans lesquelles on le lui fait exécuter.

Pour apprendre au cheval à s'enlever de plus loin, on dispose en avant de l'obstacle, à une distance variable de 0ᵐ,60 à 1ᵐ,50 à terre ou à une faible hauteur du sol, une barre ou une petite haie, et on l'amène sur l'obstacle ainsi modifié d'autant plus doucement que, tout en voulant lui faire prendre sa battue de plus loin, on veut lui conserver ou lui faire acquérir le saut en bascule (fig. 137). Au bout de quelque temps, on peut supprimer le petit obstacle en avant du gros et le remplacer simplement par un fil de fer assez gros tendu à une certaine hauteur en avant de l'obstacle et dans lequel le cheval s'accroche, s'il ne prend pas sa battue comme il faut.

Pour apprendre au cheval à étendre son saut, il faut le faire travailler sur des obstacles relativement bas et recourir au besoin à l'un des dispositifs suivants en lui faisant aborder l'obstacle à une allure un peu vive ; on dispose comme précédemment une barre ou une haie en avant de l'obstacle ou, mieux, on place en arrière de celui-ci, à une distance variant de 0^m,60 à 1^m,50 environ, un second obstacle sensiblement aussi haut que le premier et dans lequel le cheval se cogne s'il n'a pas fait un saut suffisamment allongé.

Pour apprendre au contraire au cheval à se ralentir et à se reprendre sur l'obstacle, on lui fait passer beaucoup

Fig. 137. — Cheval sautant une double barre écartée de 1^m,50 à 0^m,60 et 1^m,10.

de doubles obstacles d'abord assez bas et écartés l'un de l'autre d'une huitaine de mètres, puis de plus en plus élevés et ensuite de plus en plus rapprochés. Le cheval apprend ainsi à modifier ses dernières foulées suivant l'espace dont il dispose, ce qui le calme et le rend attentif et prudent. Avec certains chevaux très chauds, il est quelquefois nécessaire de leur faire marquer un fort temps d'arrêt avec la longe entre les deux obstacles et de ne les laisser sauter le second obstacle qu'au commandement.

Il est facile, avec le matériel sommaire que nous avons indiqué plus haut, de faire des obstacles de nature et d'aspect très variés : les fagots placés horizontalement sont d'un saut tout à fait facile ; placés en avant d'une barre, ils peuvent servir à faire allonger le saut ; mis debout et plus ou moins inclinés, appuyés sur une barre ou pris entre les deux barres, ils constituent une haie d'aspect variable.

La toile peinte de façon à représenter de l'eau sur une de ses faces et un mur sur l'autre se prête également à des combinaisons multiples. Étendue à terre, le côté eau en dessus, en arrière de fagots qui en masquent le bord, elle forme une rivière artificielle dont on fait varier la largeur en repliant ou dépliant la toile. Jetée le côté mur en dessus sur une barre ou sur les deux barres placées parallèlement, elle constitue un mur dont l'instructeur peut à son gré varier la hauteur et l'épaisseur.

Enfin ces divers obstacles peuvent être combinés entre eux des façons les plus diverses suivant les besoins et permettent ainsi d'arriver à régler le saut du cheval par la multiplicité de forme imposée à celui-ci.

Le travail habituel dans un terrain lourd nécessitant, pour un saut d'une hauteur donnée, un surcroît d'effort considérable, a pour effet de faire sauter le cheval plus gros lorsqu'il rencontre un obstacle de cette même hauteur sur un terrain plus favorable. Mais si l'on peut retirer de bons résultats du travail dans un terrain pesant, mais laissant bien prise au pied du cheval, on doit s'abstenir à tout prix de faire travailler le cheval dans un terrain glissant, ce qui, outre le danger d'accidents, a le grave inconvénient de le dégoûter et de lui faire perdre toute confiance en lui-même.

Disons en passant que le saut de volée bien détaché, à condition qu'il reste calme, et c'est souvent le point difficile, est celui qui convient le mieux à l'extérieur où les obstacles en hauteur sont presque toujours agrémentés d'au moins un obstacle en largeur qui doit être franchi en même temps et dans lequel un cheval sautant trop court risque fort de retomber. Mais il ne faut pas confondre ce saut de volée à une allure franche et même allongée avec le saut à tombeau ouvert exécuté à une allure désordonnée, le cheval luttant contre la main ou bourrant sur elle.

Certains chevaux très chauds ont le défaut d'aborder l'obstacle de cette dernière façon. Laissés libres, si rien ne contrarie leur battue, ils franchissent brillamment de volée, mais à une allure vertigineuse ; tenus même légèrement, ils ne pensent qu'à échapper à cette contrainte et s'enlèvent trop tô ou le plus souvent trop tard.

Le meilleur moyen de corriger cette sorte de chevaux est de les travailler sur des obstacles relativement bas que l'on puisse toujours, le cas échéant, leur faire prendre de pied ferme. On les leur fait alternativement passer et éviter à toutes les allures en les arrêtant complètement à toute manifestation d'excitation et jusqu'à ce qu'ils aient retrouvé le calme le plus absolu. Pendant ce travail, on ne doit s'attacher qu'à obtenir le calme dans le saut, sans se préoccuper de la forme de celui-ci, que l'on perfectionne plus tard.

Le travail sur les doubles est excellent pour calmer les chevaux trop chauds sur l'obstacle.

Certains chevaux bourrent sur l'obstacle ; le plus souvent, ces chevaux souffrent de leurs jarrets, ils mesurent mal leur saut et manquent quelquefois leur battue. Le travail à la longe, surtout sur les doubles, les demi-arrêts dans le travail monté, sont les seuls remèdes à ce défaut.

Le cheval qui refuse de sauter le fait soit par appréhension de l'obstacle et manque de confiance en lui-même, soit par mauvaise volonté. Dans l'un comme dans l'autre cas, il faut revenir au travail à la longe, souvent sur des obstacles moindres que celui qui a causé le refus, souvent même sur la barre à terre. Les moyens coercitifs et la correction énergique doivent être réservés au seul cas où on se trouve en présence d'un obstacle nettement inférieur aux moyens du cheval, et où sa mauvaise volonté ne peut être mise en doute. Dans ce cas, il ne faut pas hésiter à se servir avec sévérité des moyens de châtiment dont on dispose.

A l'extérieur, si l'on se trouve en face d'un obstacle que l'on puisse d'une façon quelconque passer sans le sauter, il ne faut pas craindre de le faire, en mettant même pied à terre au besoin; la confiance du cheval s'en accroît.

Le plus sûr moyen de prévenir, comme aussi de corriger l'habitude du refus, est d'éviter de le provoquer, en ne menant le cheval que sur des obstacles proportionnés à ses moyens et à son degré de dressage.

Certains chevaux, après avoir été bons sauteurs, se mettent à refuser. Ce sont les plus difficiles à corriger, parce qu'ils savent ce qu'ils font, et agissent ainsi par dégoût de l'obstacle et en opposant la force d'inertie. Avec eux le mieux est de cesser complètement de les faire sauter pendant assez longtemps, et de reprendre ensuite leur dressage en entier, mais avec beaucoup de ménagements, et en ne les faisant sauter que rarement et peu à la fois.

Tout ce qui vient d'être dit du refus s'applique également à la dérobade, après que l'on a arrêté celle-ci (ce qui est la première chose à faire) et que l'on a replacé le cheval avec calme devant l'obstacle.

Lorsque l'on monte le cheval sur l'obstacle, le cavalier doit aborder celui-ci à une allure très franche et très calme et éprouver cette impression que son cheval demande l'obstacle, tout en restant sous son entière domination.

Tout désordre dans l'allure à la vue de l'obstacle, aussi bien ce ralentissement, cette incertitude, ce flottement (souvent accompagné de lâcher du mors), préludes du refus, que cette accélération d'allure avec répétition des battues accompagnée de contraction violente de l'encolure et d'une ou des barres, symptômes peu équivoques de la dérobade, toute lutte contre la main est funeste, et le moindre inconvénient des lançades qu'elle provoque est de faire manquer au cheval son enlevé.

Le cheval doit être mené sur l'obstacle à bonne allure, et bien encadré entre les jambes et les rênes. Si le cheval est très franc, a beaucoup été travaillé à la longe, on peut, quelques mètres avant l'obstacle, rendre complètement la main, et laisser faire le cheval, afin de lui laisser pendant tout le temps la libre disposition de son encolure, dont il se sert comme balancier, et d'autant plus que l'obstacle est plus haut et l'allure plus lente. Mais la plupart des chevaux ont besoin d'être tenus, jusqu'au moment où ils s'enlèvent. C'est au cavalier d'avoir le tact de bien saisir le moment. En rendant la main trop tôt, il laisserait au cheval une liberté dont il abuserait; trop tard, il le gènerait dans son saut et empêcherait le basculer de l'arrière-main.

Pour le saut en largeur, qui ne nécessite pas de mouvement de bascule de la part du cheval, mais exige une impulsion considérable qui lui permette d'utiliser surtout la vitesse acquise, il est indispensable de ne pas rendre la main trop tôt, ce qui amènerait un ralentissement dans l'allure et risquerait de faire détacher le cheval trop et trop tôt du sol. Il faut, au contraire, pousser énergiquement le cheval avec les jambes sur la main, qui ne doit rendre qu'après que celui-ci a déjà quitté le sol.

L'emploi des éperons et de la cravache pendant le saut est en général à proscrire. Un cheval sachant son

métier n'en a pas besoin ; un cheval insuffisamment
éduqué peut en conserver une appréhension qui, dans
la suite, le dégoûte du saut. Leur emploi peut cependant
être accidentellement nécessaire avec certains chevaux
qui, sachant bien sauter, se retiennent par malice.

Lorsqu'un cheval, habituellement franc, refuse un
obstacle par hasard, il faut bien se garder de le bouscu-
ler et de le ramener brusquement par une volte, comme
on est trop tenté de le faire. Il faut, au contraire, le
laisser le nez sur l'obstacle pendant quelques instants,
jusqu'à ce qu'il soit calme et décontracté, puis faire
demi-tour, reprendre un peu de champ, arrêter de
nouveau le cheval, s'il ne paraît pas calme, et enfin
aborder de nouveau l'obstacle à une allure modérée, en
tenant le cheval très encadré entre les jambes et la main,
et en ne rendant celle-ci qu'au moment où le cheval
s'enlève.

Pour le saut, comme pour toute chose, l'à-propos est
le principal, et une pratique constante peut seule le faire
acquérir.

Le cheval qui a subi sur l'obstacle le dressage que
nous venons d'indiquer doit être devenu un bon sauteur,
adroit et sûr dans la limite de ses moyens, que l'expérience peut seule déterminer. Si on le destine aux concours hippiques, il faut compléter son éducation en lui
apprenant à sauter plus que l'obstacle, à éviter le fatal
taquet. On y parvient en trompant le cheval sur la
hauteur réelle de l'obstacle à franchir au moyen de
procédés divers, tels que : obstacles à coulisses qui se
haussent pendant que le cheval saute, barre dissimulée
derrière l'obstacle et soulevée par deux hommes dans
les pattes du cheval, fil de fer tendu au-dessus de
l'obstacle, chaîne raidie au-dessus de celui-ci quand le
cheval s'enlève, perche légère garnie de clous à l'une de
ses extrémités et dont un homme, caché derrière
l'obstacle, frappe pendant le saut celui ou ceux des

boulets que l'on veut apprendre au cheval à trousser davantage ; ce dernier procédé est celui qui paraît le plus · en faveur aujourd'hui. Excellent avec les chevaux froids, il énerve souvent trop les chevaux nerveux, à qui il enlève de la franchise et donne une certaine appréhension de l'obstacle. Pris entre celle-ci et la crainte d'une correction sévère s'il refuse, le cheval saute d'une façon acrobatique au-dessus de l'obstacle, ce qui est le résultat demandé. On comprend aisément tout le danger de ce dressage spécial et très délicat, qui, s'il n'est pas pratiqué avec le plus grand tact, expose le cheval à prendre l'obstacle en dégoût et à devenir rétif sur celui-ci. Il commence presque toujours par lui faire perdre son calme et sa sûreté dans sa battue, qu'il faut ensuite lui faire retrouver, tout en s'efforçant de lui conserver l'habitude d'être « haut sur l'obstacle ».

S'il s'agit, au contraire, d'un cheval que l'on destine au steeple-chasing, il faut lui apprendre à prendre sa battue de loin, pour éviter la chute, toujours plus à redouter quand le cheval s'enlève de trop près, « sous l'obstacle », pour se servir de la locution habituelle, et à sauter long et vite, pour gagner du temps. Nous avons vu plus haut quels étaient les procédés à employer pour faire acquérir au cheval cette forme de saut. Pour compléter ensuite son éducation, il ne reste plus qu'à lui faire prendre dans le train, encadré dans un lot de chevaux francs et bien confirmés, des obstacles coulants et bien faits (comme doivent l'être ceux des pistes d'entraînement), et à l'habituer progressivement, en diminuant le nombre de ses compagnons et en en variant la distance, à sauter isolément, avec franchise, tout en restant dans son action.

Dans les écuries d'entraînement, il est rare que l'on suive toute la progression précédente ; à peine le cheval a-t-il été mis quelquefois à la longe, qu'il est monté à l'exercice sur les haies ou les claies, dans un peloton de chevaux confirmés : il saute ainsi tant bien que mal, se perfectionne tout seul s'il a des dispositions, se rebute et devient promptement un dérobard ou un rogue s'il n'en a pas.

Redressage et défenses.

Il est encore plus difficile de donner des règles pour le redressage que pour le dressage proprement dit, car le sujet sur lequel on opère est toujours un animal ayant contracté des habitudes vicieuses souvent tenaces, par suite de la maladresse ou de la timidité de ceux qui l'employaient, et ayant acquis conscience de sa force.

Les procédés coercitifs, les corrections réussissent quelquefois, mais rarement ; encore faut-il qu'elles soient appliquées avec à-propos, juste mesure et sang-froid. Le plus souvent, c'est en rusant avec ces sortes de chevaux qu'on parvient à les utiliser d'abord tant bien que mal, puis à leur faire oublier leurs mauvaises habitudes.

Le redressage exige, de la part de celui qui s'y adonne, une connaissance profonde du caractère du cheval, beaucoup d'à-propos et une grande ingéniosité pour découvrir le truc qui aura chance de réussir.

D'une façon générale, il faut toujours remonter de l'effet à la cause pour chercher le remède. Quand un cheval se défend, on peut dire, à peu près toujours sans se tromper, que la faute en revient à un cavalier maladroit qui a exaspéré le cheval par des exigences intempestives ou de la brutalité, ou l'a laissé contracter des habitudes fâcheuses par faiblesse et timidité.

Souvent, si ces vices sont récents, ils disparaissent dès que le cheval tombe entre les mains d'un cavalier adroit et expérimenté ayant bonne main et se servant de ses jambes à propos ; souvent aussi, surtout si ces vices sont invétérés, ils sont longs à corriger et ce n'est qu'à force de patience, de ruse, de tact et de fermeté que ce même cavalier parvient à les faire disparaître. Il est rare qu'avec les qualités que nous venons de signaler on n'arrive pas, au bout d'un certain temps, à utiliser le plus invétéré cabochard. Parfois la guérison est complète, et le cheval peut être confié à d'autres cavaliers, quitte à voir les défenses reparaître si ceux-ci commettent quelque maladresse; parfois aussi le cheval ne consent à obéir qu'à son redresseur.

Nous allons passer en revue les défenses les plus courantes et les moyens empiriques préconisés pour les corriger; mais disons tout de suite que ces moyens peuvent, en général, être employés utilement comme palliatifs, qu'ils peuvent même venir efficacement en aide au redresseur, mais que le seul véritable remède est une équitation patiente, ferme et éclairée, un emploi judicieux des aides. Il faut que le cheval, n'éprouvant aucune gêne, aucune contrainte inutile, reprenne confiance tout en sachant qu'une correction sévère mais juste l'attend à la première faute qu'il commettra.

Chevaux rueurs. — La ruade peut avoir bien des causes différentes ; c'est à la connaissance de ces causes que le dresseur doit s'attacher pour en combattre l'effet. Nous ne parlerons pas de la ruade que le cheval détache à la fin d'un bond en avant par gaieté et dont un exercice régulier et suffisant a vite raison en général. Le plus souvent, le cheval rue en marquant un fort temps d'arrêt, il pique ses membres antérieurs au sol, surcharge son avant-main et projette son arrière-main.

Cette défense peut être occasionnée par une faiblesse ou une souffrance du rein ou des jarrets. Dans ce cas toute correction n'aurait pour résultat que d'irriter le cheval sans le corriger. Un exercice modéré et progressif, en fortifiant peu à peu les parties faibles du cheval, sera parfois le remède. Quelques tours de rond à la longe en déraidissant le cheval suffiront, dans bien des cas, pour l'empêcher de ruer au départ. Un morceau de gingembre introduit dans l'anus avant de monter le cheval produira souvent le même effet en lui faisant porter la queue et en le décontractant. Si, au contraire, le cheval rue par malice pour se défaire de son cavalier, ou au moins pour l'intimider et lui résister, la correction énergique s'impose, mais elle exige de la part du cavalier une bonne assiette, car souvent le cheval commence par répondre aux premiers châtiments par de nouvelles ruades et ne cesse que lorsqu'il voit que, quoi qu'il fasse, son cavalier reste inébranlable et que chaque nouvelle défense amène une nouvelle correction.

Le cheval jetant son poids en avant, tout en marquant un temps d'arrêt pour ruer, il est tout indiqué, pour résister à cette défense, de relever la tête du cheval en sciant du bridon, tout en l'attaquant vigoureusement de la cravache en arrière des sangles pour le corriger et le porter en même temps en avant.

La cravache est préférable à l'éperon comme châtiment, car son action est plus énergique pour porter le cheval en avant.

Les coups de caveçon donnés avec sévérité et accompagnés de coups de cravache ou de chambrière, pour reporter le cheval en avant, sont également un excellent moyen de correction pour les chevaux rueurs.

Souvent c'est une circonstance, toujours la même pour un cheval donné, qui détermine la ruade. C'est ainsi que certains chevaux ruent au contact des jambes, d'autres à celui des éperons, d'autres encore à celui des vêtements, etc. Il faut habituer progressivement ces chevaux à ces causes de défense et les leur imposer en réprimant la ruade dès qu'elle va se produire, par un des moyens indiqués plus haut. On peut encore employer pour cela le procédé recommandé par le dresseur américain Rarey et qui consiste à mettre le cheval sur trois pattes en repliant et attachant sur lui-même un des membres antérieurs au moyen d'une longe plate. Dans cette attitude, le cheval se trouve dans un équilibre peu stable et est forcé de subir, sans chercher à ruer sous peine de tomber, les diverses impressions qui motivaient ses défenses.

Chevaux cabreurs. — Le cheval qui se cabre s'immobilise par l'arrière-main, rejette son poids en arrière et détache l'avant-main plus ou moins du sol. Il est rare qu'un cheval se renverse en arrière en se cabrant, à moins que son cavalier ne tire sur les rènes pendant qu'il est en l'air, ou que le sol ne vienne à manquer sous ses postérieurs ou ses jarrets à fléchir faute de force.

On a beaucoup préconisé comme moyen empirique, pour corriger ce défaut, de se munir d'une bouteille pleine de sang et de la casser sur la tète du cheval entre les deux oreilles au moment où il s'enlève. La douleur résultant du bris de la bouteille, l'impression ressentie en se voyant inondé d'un sang qu'il croit être le sien auraient, dit-on, pour effet de corriger le cheval cabreur en quelques leçons.

Un *dressage méthodique* permettant au cavalier de mobiliser l'arrière-main et de disposer à tout moment du centre de gravité du cheval nous paraît être le moyen le plus rationnel d'obtenir le mème résultat ; et il ne faut pas hésiter, pendant ce redressage, dès qu'une velléité de cabrade se manifeste, à attaquer vigoureusement le cheval sur l'arrière-main avec la cravache ou avec la chambrière si l'on a un aide à sa disposition, tout en rendant la main pour permettre au cheval de se porter en avant sans chercher à régler ni la direction ni l'allure.

Le plus souvent, c'est pour fuir la douleur que lui causent une embouchure trop sévère et une main maladroite que le cheval prend l'habitude de se cabrer ; une embouchure plus douce, une main plus moelleuse suffisent, dans ce cas, à faire disparaître la défense. Souvent aussi c'est par rétivité et dans le but d'impressionner le cavalier que le cheval se cabre ; une correction vigoureuse sur l'arrière-main, pendant la pointe, en rendant les rênes et en se tenant au besoin à la crinière, est alors le moyen le plus efficace.

Le cheval se cabrant aussi bien étant encapuchonné que la tête au vent, la martingale, dont nous parlerons plus loin, ne peut pas être classée comme un anticabreur, mais son action affaissante sur l'encolure peut être parfois utilisée utilement dans le redressage des chevaux cabreurs pour amener et maintenir autant que possible le poids sur l'avant-main.

Chevaux emballeurs et tireurs. — Il est très rare qu'un cheval s'emballe à fond de but en blanc; presque toujours il commence par donner des signes non équivoques d'énervement qui permettent au cavalier de se mettre en garde et souvent d'éviter que l'emballement se produise.

L'emballement a toujours une des causes suivantes : la gaieté, la frayeur, la souffrance, ou des troubles cérébraux.

Le cheval qui s'emballe par gaieté et manque de travail n'est pas dangereux, car il sait ce qu'il fait : un exercice régulier et suffisant a vite fait de le calmer.

Pour corriger celui qui s'emballe par frayeur, il faut l'habituer progressivement aux objets qui causent son effroi, comme il faut rechercher et faire disparaître la cause de souffrance pour ceux qui s'emballent pour ce motif.

Quant aux emballements qui ont pour cause des troubles cérébraux qui sont une des formes du vertigo, ce sont les plus dangereux; le mieux est de renoncer à utiliser ces chevaux aux allures vives et de les faire traiter par le vétérinaire.

A côté des chevaux emballeurs, et le plus souvent confondus avec eux, il existe les chevaux simplement *emmeneurs* et *tireurs*. Décontracter ces chevaux, s'emparer de leur centre de gravité pour le maintenir suffisamment en arrière est le but à atteindre ; nous avons déjà vu, à propos de l'emploi des aides, comment on y parvient.

Mais l'habitude de tirer résulte souvent d'une contraction locale, d'une raideur ou d'une insensibilité plus ou moins complète de telle ou telle partie qu'il appartient au dresseur de rechercher.

L'emploi de dispositifs de harnachement appropriés donne alors souvent de bons résultats immédiats et, en tout cas, facilite considérablement le travail du dressage méthodique.

Il est à remarquer qu'il existe toujours pour chaque cheval une position de tète et d'encolure dans laquelle il tire moins et est plus maniable. C'est cette position que le cavalier doit faire acquérir et conserver au cheval.

L'emploi du filet releveur ou gag, de la rêne Colbert, des rênes allemandes, de la martingale ou des rênes passées dans l'anneau d'un collier de chasse peut, suivant le cas, donner d'excellents résultats.

S'agit-il d'une contraction des mâchoires, d'une insensibilité plus ou moins complète de la bouche, c'est sur la façon de brider et d'emboucher le cheval que doit se porter toute l'attention du dresseur.

Souvent, lorsque le cheval tire la bouche ouverte, il suffit de la lui fermer avec une muserolle convenablement serrée et placée au besoin au-dessous du mors.

Souvent aussi il suffit de serrer la gourmette pour donner au mors toute son action ; une gourmette lâche, laissant basculer le mors, lui enlève toute sa puissance. Parfois on se trouve bien de passer la gourmette au-dessus du filet et de la soutenir à hauteur des œillets supérieurs du mors au moyen d'une petite lanière la reliant à la sous-gorge. Placée ainsi, la gourmette donne un point d'appui égal et suffisant au levier formé par les branches du mors, mais la compression des barres et de la barbe qui se produit avec une gourmette tombante entre les canons et celle-c disparaît : compression douloureuse qui irrite souvent le cheval et souvent aussi amène à la longue l'insensibilité presque complète de ces parties.

D'autres fois, on obtient de bons résultats en employant des embouchures agissant sur des parties encore vierges de la bouche du cheval, telles que le palais (mors à gorge), les barres supérieures (mors Bernhardt), la partie inférieure des barres inférieures (mors Swales ou à double canon).

Enfin, avec les chevaux tireurs, on se trouve souvent bien de la tenue de rênes dite *rênes croisées* et qui consiste à tenir une des rênes droites (rêne de bride, par exemple) dans la main gauche avec la rêne gauche de filet et la rêne gauche de bride avec la rêne droite de filet dans la main droite. Les rênes de bride se croisent ainsi sur le dessus de l'encolure et, pour les faire agir avec une grande puissance, le cavalier n'a qu'à peser sur elles en exerçant une action verticale de haut en bas, les mains placées de chaque côté de l'encolure.

Chevaux rétifs. — La rétivité est le fait du cheval qui refuse de se porter en avant à la sollicitation des jambes ou des éperons, recule, se cabre ou rue sur place. La rétivité est toujours le résultat d'un mauvais dressage ou d'un emploi défectueux du cheval par un cavalier maladroit, exigeant et faible.

Le plus souvent, c'est par la patience et par la ruse que l'on vient à bout de cette sorte de chevaux ; on parvient ainsi souvent à les remettre peu à peu en confiance, en ne leur demandant que ce qu'on les sent disposés à exécuter. De cette façon, un certain accord renaît entre le cheval et le cavalier qui peut ensuite augmenter progressivement ses exigences sans que le cheval cherche à s'y soustraire.

Les corrections, les coups sont presque toujours sans résultat sur les chevaux rétifs et ne font, le plus souvent, qu'aggraver la rétivité. Par contre, lorsque le cheval recommence à être droit, une sévérité sans exagération est nécessaire dès que le cheval manifeste le désir de retomber dans ses anciennes habitudes.

Chevaux peureux. — C'est toujours par la patience et la douceur que l'on parvient à corriger le cheval de la peur, que des coups ne feraient qu'accroître.

Le dresseur américain Rarey préconise, lorsqu'on le peut, d'enfermer le cheval en liberté dans une grange, un manège, une cour ou un paddock avec l'objet de sa frayeur. Le cheval s'en éloigne d'abord, affolé, puis s'arrête, regarde, se rapproche, s'éloigne encore, se rapproche à nouveau, tourne autour et finit par venir toucher du nez l'objet qui tout à l'heure l'effrayait tant.

Pour compléter et accentuer la leçon, on peut disposer de l'avoine ou des carottes sur l'objet effrayant.

Si l'objet auquel on veut habituer le cheval est facilement transportable dans une écurie, on le lui montre de plus en plus près en lui donnant sa ration d'avoine. C'est de la même façon que l'on habitue le cheval aux divers bruits : trompe, détonations, tambours, etc.

Mais, le plus souvent, les objets qui causent de la frayeur aux chevaux se trouvent à l'extérieur, se rencontrent aujourd'hui et pas demain.

On peut, en encadrant vigoureusement le cheval entre les aides, le faire passer quelquefois auprès de ce qui l'effraie : c'est d'ailleurs toujours ce que l'on est tenté de faire lorsqu'il y a des spectateurs ; mais le plus souvent le cheval lutte avant de céder et ne tire aucun profit de cette façon de faire.

Il est de beaucoup préférable de diriger soi-même le cheval obliquement en l'éloignant un peu de ce qui l'effraie ; de cette façon, il n'entre pas en lutte avec son cavalier, prend confiance en lui, et, en procédant toujours de la sorte, le cheval finit insensiblement par passer sans s'effrayer auprès de ce qui lui faisait peur auparavant.

Chevaux se braquant sur une rêne. — Il paraît, au premier abord, rationnel d'assouplir le cheval du côté où se produit la contraction. Les assouplissements par extension donnent généralement des résultats plus rapides que ceux par flexion. Dans tous les cas et sans entraver ce travail d'assouplissement, quel qu'il soit, la première chose à faire est de forcer le cheval à être droit dans ses rênes sans se préoccuper de la position qui en résulte pour la tête.

Le cheval se braque d'un côté pour échapper, partiellement au moins, à l'action du mors (fig. 138). Si le cavalier,

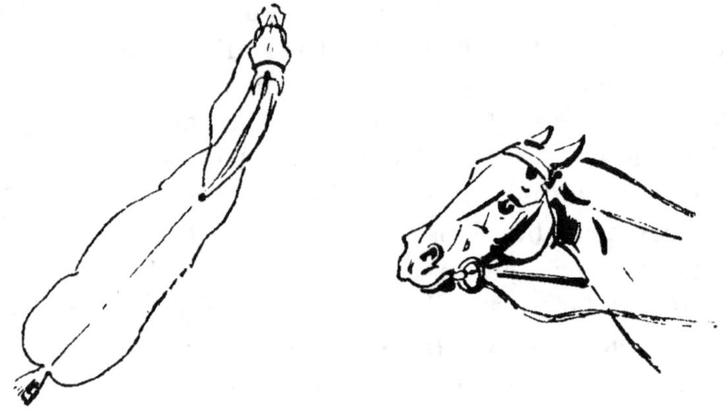

Fig. 138.

par une tension plus grande sur l'autre rêne, amène toujours un contact constant du mors sur les deux barres, le cheval, après avoir essayé souvent de se braquer de l'autre côté, ne tarde pas, en général, à replacer de lui-même sa tête dans l'axe, ne trouvant aucun soulagement à la porter autrement.

Chevaux portant au vent. — Avec ces chevaux, on se trouve bien de l'emploi des martingales de diverses sortes, des rênes fixées à l'anneau d'un collier de chasse, et, si l'on a la main suffisamment juste et fine, d'un mors à gros canons, mais à branches assez longues et placé bas dans la bouche. Le mors Swales peut donner à ce point de vue de bons résultats.

Chevaux s'encapuchonnant. — L'emploi du gag, de la

rène Colbert, d'un mors à branches courtes mais à canons légers est tout indiqué avec ces chevaux pour lesquels il faut provoquer le relèvement et l'extension de l'encolure.

Chevaux battant à la main. — Ce qu'il faut avant tout avec ces chevaux, c'est avoir une main fixe et douce, aidée au besoin par l'emploi de la martingale et d'un mors doux à branches courtes et placé haut dans la bouche avec une gourmette assez serrée.

Chevaux qui ne veulent pas se mettre au pas. — Certains chevaux ne veulent pas marcher au pas par excès d'ardeur; il faut commencer par les détendre à une allure plus vive; d'autres trottinent, au contraire, en se retenant plutôt que d'allonger leur pas. Ceux-ci, il faut les pousser énergiquement dans les jambes, les travailler sur les lignes brisées et leur faire sentir une légère saccade du filet suivie immédiatement d'une nouvelle pression de jambes chaque fois qu'ils commencent à trottiner. Pour bien marcher au pas, le cheval doit jouir d'une assez grande liberté d'encolure, mais certains chevaux préfèrent être légèrement sentis au bout de rênes longues, d'autres préfèrent une liberté complète, les rênes tout à fait abandonnées.

Chevaux qui ne veulent pas trotter. — Certains chevaux prennent le galop au lieu de trotter, par paresse, le galop leur étant plus facile que le trot. Il faut les pousser en avant énergiquement, puis les reprendre pour les faire passer du galop au trot. D'autres se mettent difficilement au trot par souffrance du rein ou des jarrets; il faut beaucoup de tact dans la main et dans l'assiette pour les monter; il faut chercher la position de tête et d'encolure où ils se livrent le mieux et leur trouver une embouchure convenable, car ils ont généralement une bouche fragile et fuyante.

La gourmette élastique réussit souvent avec ces chevaux; il en est de même des embouchures en caoutchouc.

Chevaux qui ne veulent pas galoper. — Ce sont pour la plupart des chevaux ayant été entraînés au trot et à qui on a enseigné dès le jeune âge, au moyen de corrections souvent sévères, que le galop était faute capitale. C'est pour ces chevaux un dressage complet à refaire en leur prodiguant des caresses chaque fois qu'ils ébauchent une foulée de galop.

Des accessoires de harnachement.

Le caveçon. — Nous avons déjà décrit cet instrument à propos du travail à la longe (page 207). Il trouve encore, et surtout à notre avis, son emploi comme moyen de correction et d'intimidation pour les chevaux rueurs ou les chevaux violents au montoir ou à l'attelage.

La *longe Barnum* est un moyen de contention à la fois très énergique et très doux pour les chevaux violents (fig. 139). On l'emploie aussi, paraît-il, avec succès pour déterminer en avant les chevaux qui s'y refusent. Elle se compose d'une longe en coton d'environ 5 mètres de long, fixée par une épissure, à l'une de ses extrémités, à un anneau B, prolongée par deux autres fractions de longes se faisant suite, réunies l'une à l'autre par un anneau C, et terminée par l'anneau A.

La fraction comprise entre les anneaux B et C est de $0^m,15$; celle comprise entre B et A de $0^m,70$ environ. La longe Barnum s'ajuste sur le cheval de la façon suivante :

La partie BC est introduite dans la bouche à la façon d'un mors, l'anneau B à gauche. L'extrémité libre est ensuite passée sous la barbe et dans l'anneau C, puis sur l'encolure. Elle revient ensuite passer dans l'anneau B, puis dans l'anneau A, la partie CA passant sur la nuque du cheval ; enfin elle repasse de nouveau en B et, de là, dans la main du dresseur.

La puissance et la douceur de cet appareil sautent aux

yeux. Il suffit de tendre progressivement la longe pour la faire agir en même temps sur l'encolure, sur les commissures des lèvres et à la barbe, et d'augmenter cette tension jusqu'à ce que le cheval ait cédé ; on détend au contraire la longe dès que l'animal fait une concession.

La *martingale* est un appareil destiné à limiter les

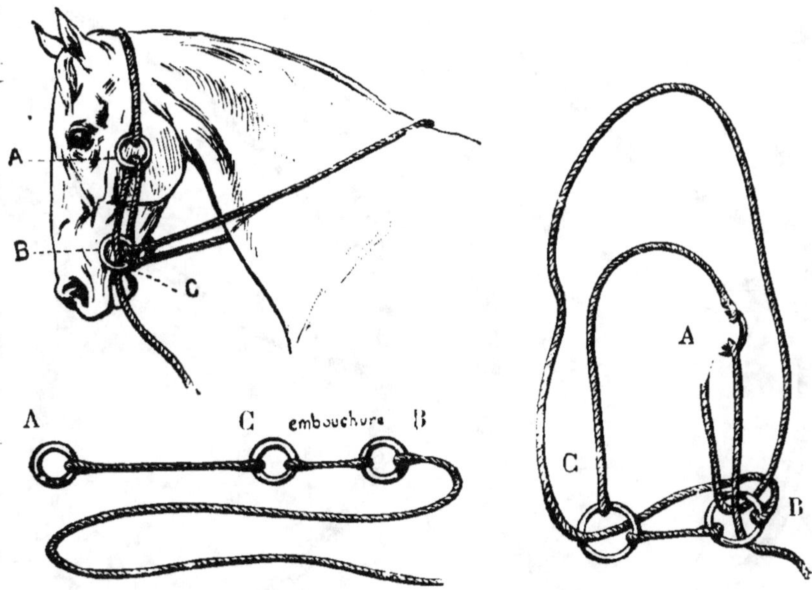

Fig. 139. — Longe Northon Smith (1) ou Barnum.

mouvements de la tête du cheval dans le sens de la hauteur. Elle se compose essentiellement d'une courroie fixée à une de ses extrémités, à la sangle de la selle sous le ventre, passant entre les jambes de devant du cheval, et venant se fixer à la muserolle ou aux anneaux du filet (martingale fixe) (fig. 140), ou se terminant par une fourche et deux anneaux dans lesquels glissent les rènes (martingale à anneaux) (fig. 141). Une seconde courroie,

(1) Figure empruntée à *l'Acclimatation*, journal des éleveurs, article du comte de Comminges.

dans laquelle passe la martingale proprement dite, entoure l'encolure à sa base, et maintient la martingale contre celle-ci.

En Angleterre, les martingales fixes sont très en honneur; elles doivent être ajustées plutôt longues pour laisser une liberté suffisante à l'encolure, et s'opposer

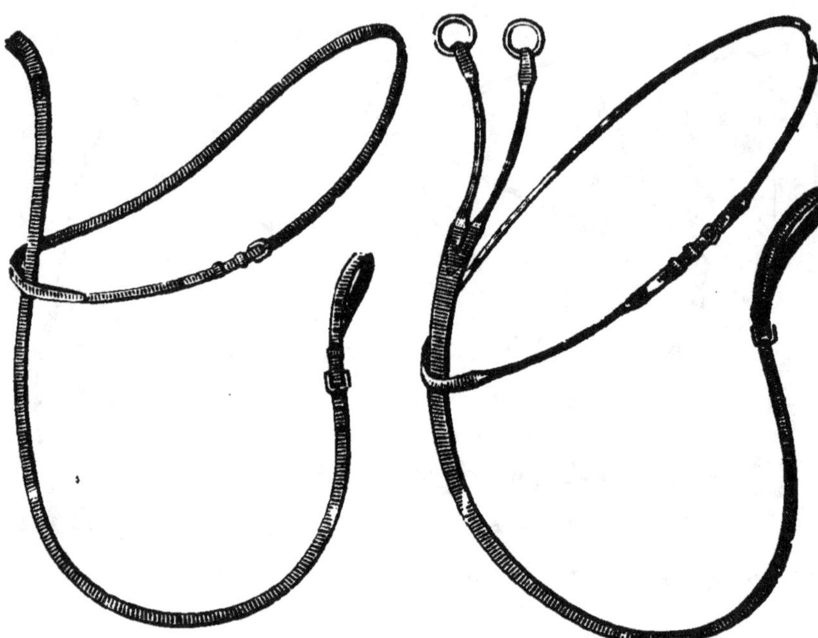

Fig. 140. — Martingale fixe
(cliché Bernard).

Fig. 141. — Martingale à anneaux
(cliché Bernard).

seulement à une trop grande élévation de la tête, élévation par laquelle le cheval pourrait se soustraire à l'action des rênes. Même fixée au filet, la martingale fixe a une action absolument indépendante de la main du cavalier.

La martingale à anneaux, au contraire, change la direction de l'action des rênes, sans en modifier la puissance. Ajustée trop courte, employée d'une façon ininterrompue par un cavalier maladroit, elle a pour effet d'affaisser l'encolure. Convenablement ajustée, utilisée avec à-propos et seulement quand le besoin s'en fait sentir, elle est plus douce que la martingale fixe et permet au cavalier de rendre à l'encolure toute sa liberté quand il le juge utile (fig. 142).

La façon d'ajuster la martingale à anneaux dépend du ré-

Fig. 142. — Martingale à anneaux bien ajustée (photographie de l'auteur).

sultat que l'on attend d'elle. Si le cheval porte la tête trop haut en tout temps et que l'on veuille arriver à modifier son port de tête en l'abaissant, la martingale doit être ajustée aussi court que possible, de façon que les rênes qui passent dans ses anneaux agissent sur le mors presque verticalement de haut en bas. Le cavalier règle alors par la longueur de ses rênes la position de la tête de son cheval.

Si, au contraire, le cheval porte bien la tête en temps ordinaire et ne l'élève trop que par moments, on donne à la martingale une longueur telle qu'elle soit légèrement lâche tant que le cheval a la tête convenablement placée, et se tende et agisse lorsque le cheval veut sortir de la main. L'avantage de cette façon d'ajuster la martingale est de pouvoir en temps ordinaire se servir de ses rênes comme si l'on n'avait pas de martingale, sans risquer d'affaisser l'encolure. Son inconvénient est de n'avoir que peu de puissance au moment où son action devient nécessaire, car, par suite de sa grande longueur, elle ne peut agir que très obliquement sur les rênes.

Lorsqu'on emploie la martingale avec la bride complète, le plus souvent ce sont les rênes du filet que l'on passe dans les anneaux de la martingale. Cette façon de faire est assez contraire au bon sens, car, de la sorte, le cavalier se prive de tout agent releveur, n'ayant plus au bout des doigts que deux abaisseurs. Il n'y a aucun danger, contrairement à ce que l'on croit, à employer la martingale sur les rênes de bride, car la martingale, répétons-le encore, ne change que la direction des effets de rêne sans en augmenter la force. Mais, dans ce cas, il est indispensable que les rênes soient munies d'olives, pour empêcher les anneaux de la martingale de se prendre dans ceux du mors. La martingale à anneaux peut être employée comme martingale fixe, soit en passant ses deux anneaux dans la muserolle, soit en les prenant avec les anneaux du filet dans les porte-mors de celui-ci.

Les Rênes. — Les dispositifs de rênes que nous allons examiner maintenant ont le triple effet de changer la direction de l'effet de rène, d'en doubler la force tout en en doublant la douceur. En effet, les rênes partant d'un point fixe et passant dans les anneaux du mors, comme sur une poulie, avant d'arriver à la main du cavalier, l'effet produit est suivant la bissectrice de l'angle formé par les rênes ; et, l'ensemble du système formant un véritable palan simple, la force se trouve doublée et le déplacement du point mobile (mors) diminué de moitié. A un déplacement de main de 10 centimètres, par exemple, ne correspond sur le mors qu'un raccourcissement de 5 centimètres. On comprend, par suite, combien les fautes commises par la main du cavalier se trouvent adoucies de ce fait, et aussi

Fig. 143. — Rênes allemandes (photographie de l'auteur).

comment sa force se trouve doublée pour opposer une résistance inerte aux contractions de la bouche et de l'encolure du cheval. Par contre, sur l'obstacle le cavalier doit doubler l'amplitude de ses remises de main.

L'emploi raisonné de ces divers dispositifs permet de tenir des chevaux tireurs avec des embouchures très douces qui ne les énervent pas comme le feraient des mors plus sévères.

Rênes allemandes. — Les rênes allemandes se fixent latéralement aux sangles sous les quartiers de la selle, passent dans les anneaux du mors et viennent à la main du cavalier ; leur action est très énergique pour combattre les résistances latérales et leur emploi très efficace avec certains chevaux dérobards (fig. 143).

Rênes à l'anneau de la martingale de chasse. — La martingale de chasse n'agit pas par elle-même comme martingale. Son seul but est d'empêcher la selle de glisser en

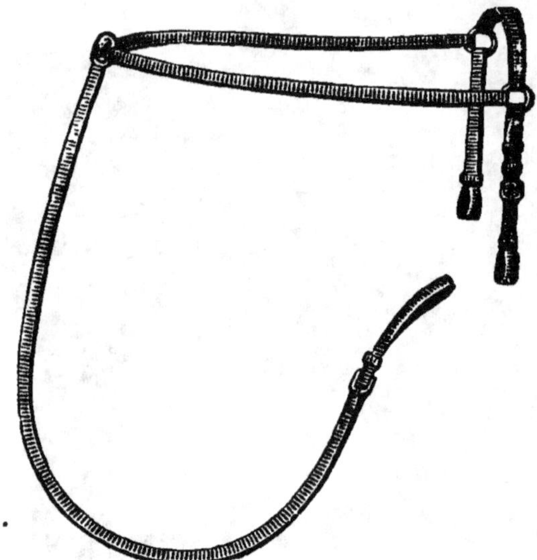

Fig. 144. — Martingale de chasse
(Cliché Bernard).

arrière dans les montées rapides ; elle se compose d'un collier formé de trois courroies réunies par trois anneaux, l'un au poitrail, les deux autres de chaque côté du garrot. La partie qui réunit ces deux derniers anneaux et passe sur le garrot est assez courte, les deux autres courroies sont d'égale longueur et embrassent l'encolure à sa base sur chacune de ses faces. Aux anneaux de garrot sont adaptées de petites courroies à boucles que l'on fixe dans les contre-sanglons de la selle ou dans de petits anneaux *ad hoc* placés sur l'arcade de la selle. Une courroie d'entre-jambe, dont on peut régler la longueur par une boucle, part de l'anneau de poitrail et va se fixer aux sangles sous le ventre à la façon d'une martingale (fig. 144).

Dans le dispositif que nous examinons, les rênes se fixent à l'anneau de poitrail d'une martingale de chasse, passent dans les anneaux du mors et vont à la main du cavalier.

Fig. 145. — Rênes à l'anneau de la martingale de chasse (cliché de l'auteur)

Elles agissent de la sorte, mais avec plus de puissance, comme une martingale à anneaux ajustée très courte. Elles conviennent aux chevaux portant au vent, tirant et ayant la bouche trop sensible pour supporter un mors de bride. Leur action est très énergique pour abaisser la tête, mais elles affaissent l'encolure. Leur emploi momentané rend de grands services avec certains chevaux (fig. 145).

Le *gag* ou filet releveur est un filet dont les anneaux sont remplacés par deux poulies glissant le long d'un cuir rond fixé au-dessus du filet à la têtière et prolongé en arrière de celui-ci par une paire de rènes. Le point fixe est à la nuque et l'action élévatrice de cette sorte d'embouchure est considérable (fig. 146).

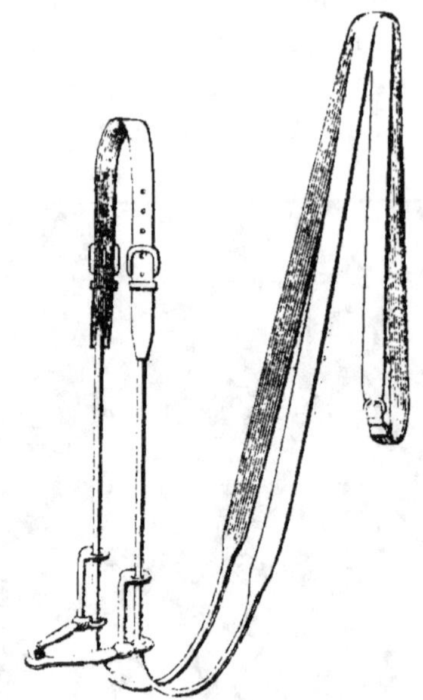

Fig. 146. — Gag (Alp. Camille).

La *rène Colbert* (fig. 147) procède sensiblement du même principe que la longe Barnum. Elle consiste en une longue rène sans porte-mors. On la passe par son milieu sur le dessus de l'encolure, puis dans les anneaux du filet, et ses extrémités réunies par une petite boucle sont dans la main du cavalier. Le point fixe est sur le dessus de l'encolure. Son action est à la fois élévatrice et flexionnante. On en fait varier l'effet suivant le point où on la maintient sur l'encolure ; plus elle est placée bas sur l'encolure, plus elle tend à fléchir la tête sur celle-ci ; plus elle est placée haut, plus elle est élévatrice. Mise à la nuque, elle agit à la façon d'un gag.

La *bride du lieutenant de la Beaume* est une combinaison du gag et de la rène Colbert ; son action est à peu près identique à celle de la longe Barnum. Des montants de bride passant dans les poulies d'un gag ou dans les anneaux d'un filet ordinaire sont terminés inférieurement par des anneaux dans lesquels passe une rène Colbert, de la même façon que dans les anneaux du filet (fig. 148).

Jockeys et enrênements. — D'une façon générale, l'emploi de ces instruments devrait être proscrit, car ils pro-

voquent le plus souvent la mauvaise flexion dont nous
avons parlé plus haut en assouplissant trop l'encolure et
pas assez le reste de la colonne vertébrale. Cependant,
dans de bonnes mains et dans certains cas particuliers,
ils peuvent exceptionnellement rendre des services

Fig. 147. — Rêne Colbert (cliché de l'auteur).

(fig. 149). Ils ont pour but d'habituer le jeune cheval au
contact du mors et surtout d'obtenir de lui, en peu de
temps, un port relevé d'encolure et de tête. On les emploie soit à l'écurie, ce qui est tout à fait défectueux,
puisque là l'encolure seule travaille, soit à la promenade
en mains, ce qui est déjà mieux, soit enfin au travail à la
longe, ce qui permet de donner au reste de la colonne

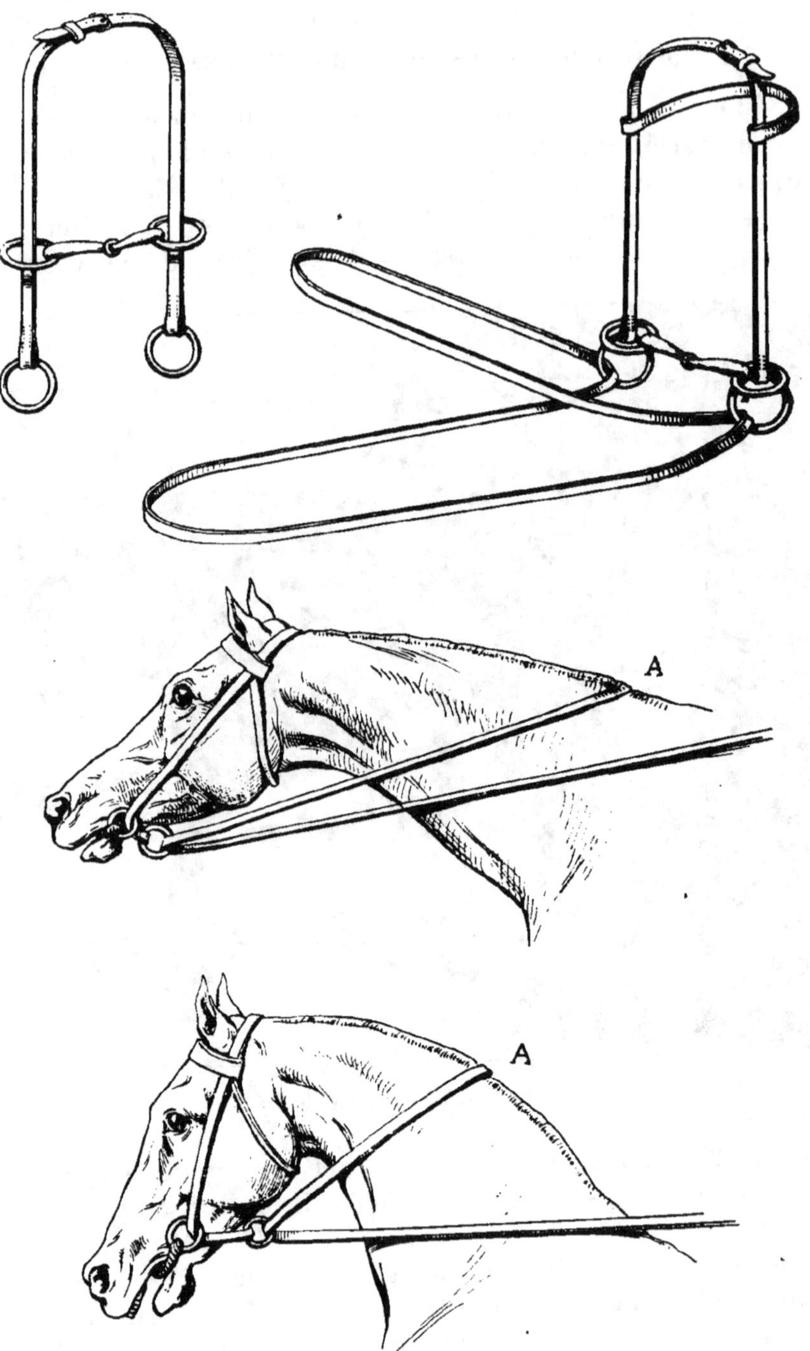

Fig. 148. — Rène de la Beaume (1).

(1) Figures extraites de *l'Acclimatation*, journal des éleveurs.

vertébrale une gymnastique qui combat en partie la localisation des assouplissements dans l'encolure. Les jockeys se font soit en bois, soit en fer recouvert de cuir avec des ressorts, soit en baleine et gutta-percha.

Le principe de tous ces appareils est le même : les rênes sont attachées non à des points fixes, mais à des

Fig. 149. — Cheval au ockey (cliché de l'auteur).

ressorts. Avec des rênes longues, ne comprimant pas le cheval, ceux-ci peuvent avoir leur raison d'être pour accoutumer un cheval à bouche timide au contact du mors. Mais, lorsqu'il s'agit de grandir un cheval, de lui donner un beau port et de la mobilité de mâchoires, les ressorts sont défectueux. En effet, lorsque le cheval veut sortir de la position qui lui est imposée, il tire sur ses rênes, les ressorts alors fléchissent et accompagnent ainsi la bouche du cheval, jusqu'à ce qu'ils aient atteint leur limite de flexion. A ce moment, les rênes ont en quelque sorte un point d'attache fixe, et il s'engage entre cette résistance et la bouche du cheval une lutte plus ou moins longue. Lorsque, enfin, le cheval cède et devrait être récompensé de sa soumission par une remise de rênes, les ressorts se détendent pour revenir à leur position primitive, raccourcissant les rênes d'autant, et imposant à ce moment même une nouvelle suggestion au cheval, qui, sentant ses rênes toujours tendues quoi qu'il fasse, prend souvent l'habitude de s'appesantir sur elles. C'est pourquoi, pour cet usage, nous conseillons vivement de rejeter les jockeys en baleine et en caoutchouc, et de se servir plutôt de jockeys ordinaires en bois ou en fer, dont on aura supprimé les ressorts. Le cheval, dans ces conditions, sent une résistance fixe dès ses premières velléités d'insoumission, puis lorsque, après avoir lutté, il cède, il se trouve récompensé *ipso facto* par la détente que sa cession donne aux rênes.

On peut toujours remplacer avantageusement les jockeys par un simple surfaix muni d'une croupière et portant quatre boucles, deux de chaque côté du garrot et deux autres plus bas. Aux premières on fixe les rênes d'un enrênement à panurges, destiné à assurer le relèvement de l'encolure ; aux secondes viennent se boucler des rênes directes, destinées à amener la bonne position de la tête. On peut aussi remplacer ces deux rênes par une seule rêne Colbert ou une bride de la Beaume.

S'il s'agit simplement d'habituer un poulain au contact du mors, on munit les rênes d'une portion élastique destinée à remplacer les ressorts du jockey. Un des dispositifs les plus pratiques est le suivant : chaque rêne est formée de deux pièces réunies par un anneau en caoutchouc, qui leur donne toute l'élasticité désirable (fig. 150).

Quel que soit le système employé, on doit toujours aller très progressivement, ne demander au cheval

qu'une attitude très voisine de celle qui lui est naturelle
afin que sa cession dans l'attitude qui lui est demandée
lui soit facile et plus agréable que la lutte contre l'enrênement, et ne lui demander une attitude plus contrainte
que lorsque celle précédemment exigée lui est devenue
presque naturelle.

Fig. 150. — Enrènement à intermédiaires élastiques (cliché de l'auteur).

On enrène généralement sur un mors de bridon,
souvent muni de jouettes.

Avec des chevaux très nerveux, battant à la main, la
craignant (encensant) et refusant de tomber dans celle-ci,
nous nous sommes fort bien trouvé d'enrêner sur un
mors de bride assez dur, en poussant énergiquement
avec la chambrière. Généralement, après quelques
défenses, le cheval tombait dans la main et, après deux ou
trois leçons, acceptait de rester ramené même monté.

Si l'on est obligé de recourir à ces assouplissements,

faute de pouvoir monter le cheval pour un motif quelconque, nous préférons le travail sur le cercle, avec la longe Barnum montée comme nous l'avons expliqué pour le travail à main gauche, et en sens inverse pour le travail à main droite, ou encore le système du capitaine Chervet, dans lequel la longe fixée à l'anneau droit du mors passe sur l'encolure, puis dans l'anneau gauche du mors, et ensuite dans un anneau fixé à la sous-gorge et, de là, va dans la main du dresseur (fig. 151).

Fig. 151. — Longe de M. le capitaine Chervet (1).

Ces deux derniers procédés ont sur les enrênements et jockeys le grand avantage de flexionner seulement la tête sur l'encolure, en laissant à celle-ci son jeu naturel, comme à tout le reste de la colonne vertébrale.

Des embouchures.

S'il est vrai de dire que la légèreté du cheval est le résultat beaucoup plus de son équilibre général que de la sensibilité plus ou moins grande de sa

(1) Figure empruntée à l'*Acclimatation*, journal des éleveurs, article de M. le comte de Comminges.

bouche, et que, par un dressage suffisant, on peut amener un cheval à se monter et se conduire agréablement,
même en filet, il n'en est pas moins certains cas où l'on
doit avoir recours à une embouchure plus puissante.
Celle-ci tantôt ne sera en quelque sorte qu'un frein de
sûreté, destiné à maîtriser momentanément les excès de
fougue, les déplacements de poids trop violents d'un
animal vigoureux, mais d'ailleurs suffisamment équilibré pour être mené couramment sur le filet ; tantôt, au
contraire, une embouchure sévère sera indispensable
pour pouvoir utiliser sûrement et agréablement un animal que l'on n'a pas le loisir de rééquilibrer complètement.

Pour quiconque n'a pas le temps de faire ou de
reprendre le dressage d'un cheval en entier, l'art de le
bien emboucher est un des plus gros appoints qu'il
puisse avoir pour la réussite et l'agrément de son emploi.

C'est pourquoi nous allons exposer les principes des
différentes embouchures les plus connues, laissant à
chacun le soin de se rendre compte de la bouche de son
cheval, pour lui choisir un mors convenable.

D'une façon générale, pour toute embouchure la
grosseur des canons, l'absence ou l'exiguïté de la liberté
de langue, la brièveté des branches sont autant de conditions qui en diminuent la dureté, qu'accroissent, au
contraire, les conditions inverses, auxquelles on peut
ajouter encore la cannelure des canons (fig. 152).

Les embouchures brisées (pelham, mors brisé) sont aussi
plus douces, mais elles donnent à ces sortes de mors, métis
de filet et de bride, un manque de fixité dans la bouche
souvent plus préjudiciable qu'utile. On peut adresser le
même reproche aux embouchures dites *à pompe*, qui
se déplacent pendant l'action et troublent ainsi souvent
inopinément le doigté du cavalier. On est tout de même
obligé de reconnaître que, par leur mobilité même, ces
sortes d'embouchures peuvent occasionner une certaine
décontraction factice de la mâchoire.

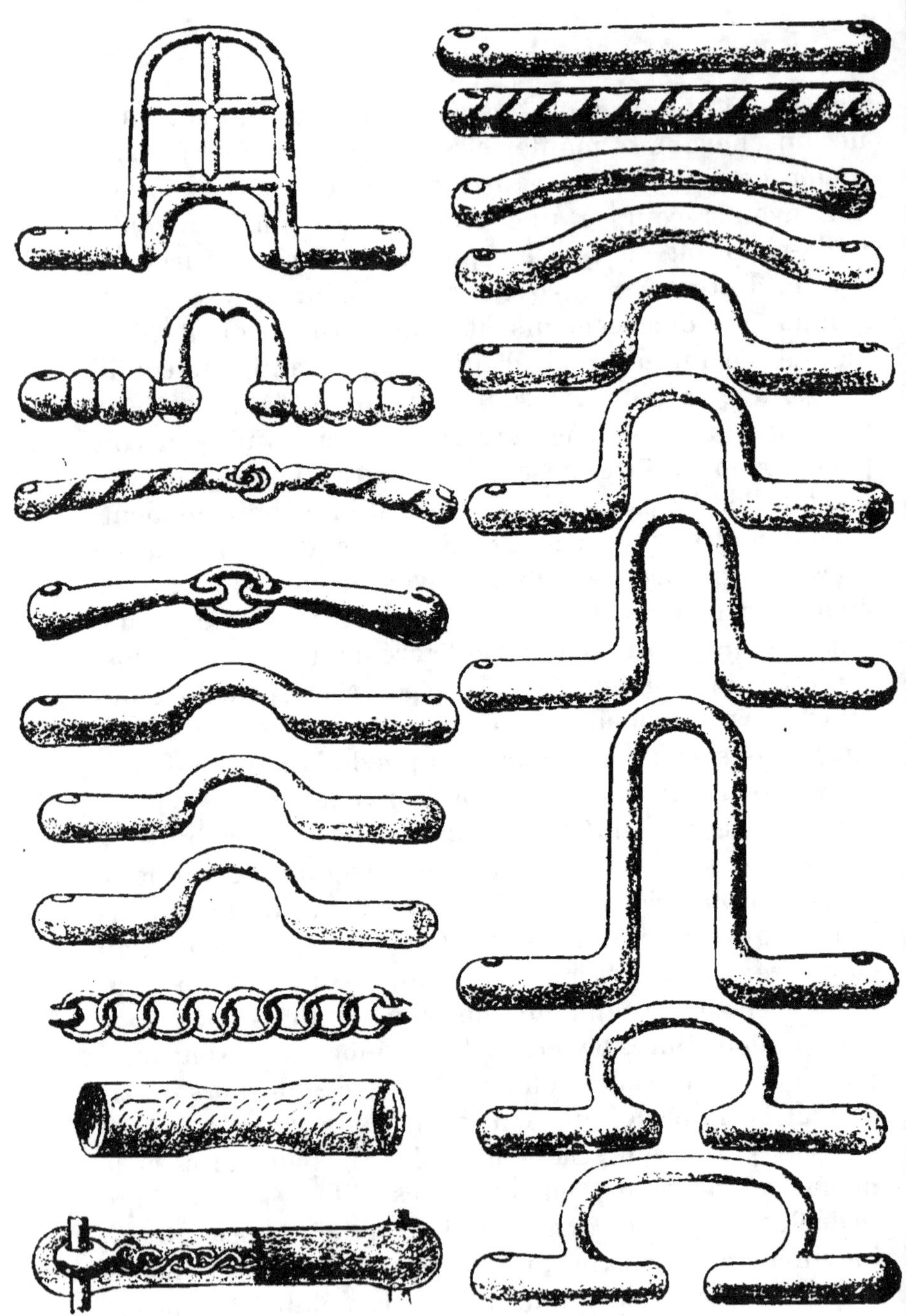

Fig. 172. — Différentes embouchures (1).

(1) Nous devons la communication de cette planche à M. E. Bernard.

Des branches longues, des canons gros, une gourmette assez lâche, tendent à abaisser le nez du cheval, mais aussi à le faire encenser, par suite du balan que possède forcément une telle embouchure.

Des branches courtes, une gourmette serrée assujettissent bien le mors et tendent au contraire à relever le port de tête. La compression souvent très douloureuse

Fig. 153. — Mors Thouvenin
(cliché Alp. Camille).

des barres entre le canon et la gourmette (surtout avec des branches supérieures courtes) est souvent une cause de contraction chez le cheval qui supporte beaucoup plus aisément et sans lutter une pression beaucoup plus forte sur ses barres, mais sans écrasement de celles-ci. C'est le principe du mors Thouvenin (fig. 153), couramment appelé *mors parleur*, qui, supprimant la gourmette, ayant des branches longues inférieurement, et même supérieurement, prend son point d'appui fixe sur la sous-barbe de la muserolle. On obtient un résultat analogue avec un mors ordinaire en relevant la gour-

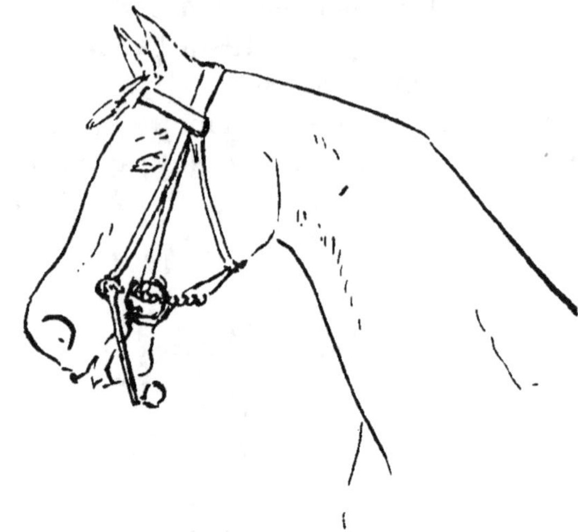

Fig. 154. — Gourmette relevée.

mette, soit après la muserolle, soit après la sous-gorge,
au moyen d'une petite lanière (fig. 154).

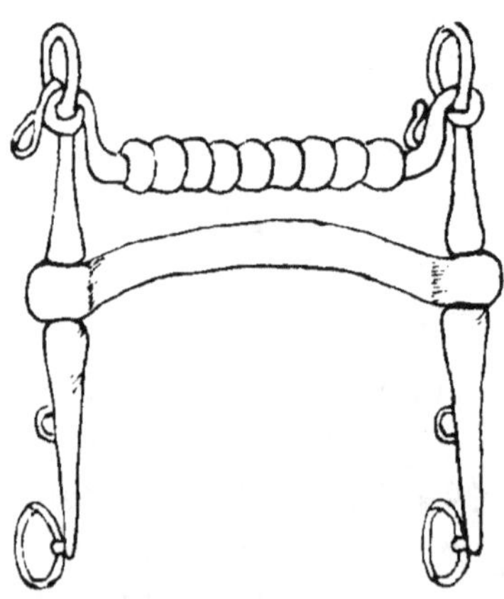

Fig. 155. — Mors Swales.

L'action du mors est d'autant plus puissante que celui-ci est placé plus bas dans la bouche. La partie inférieure des barres est, en effet, moins habituée au contact du mors, celui-ci remontant toujours dès que son emploi devient un peu énergique. De là la conception d'embouchures ayant pour effet de maintenir le canon dans une position fixe sur la partie inférieure des barres ; tels est le mors Swales, pièce qui peut s'ajouter à n'importe quel mors (fig. 155) et assure sa position basse dans la bouche, tel est également le mors à

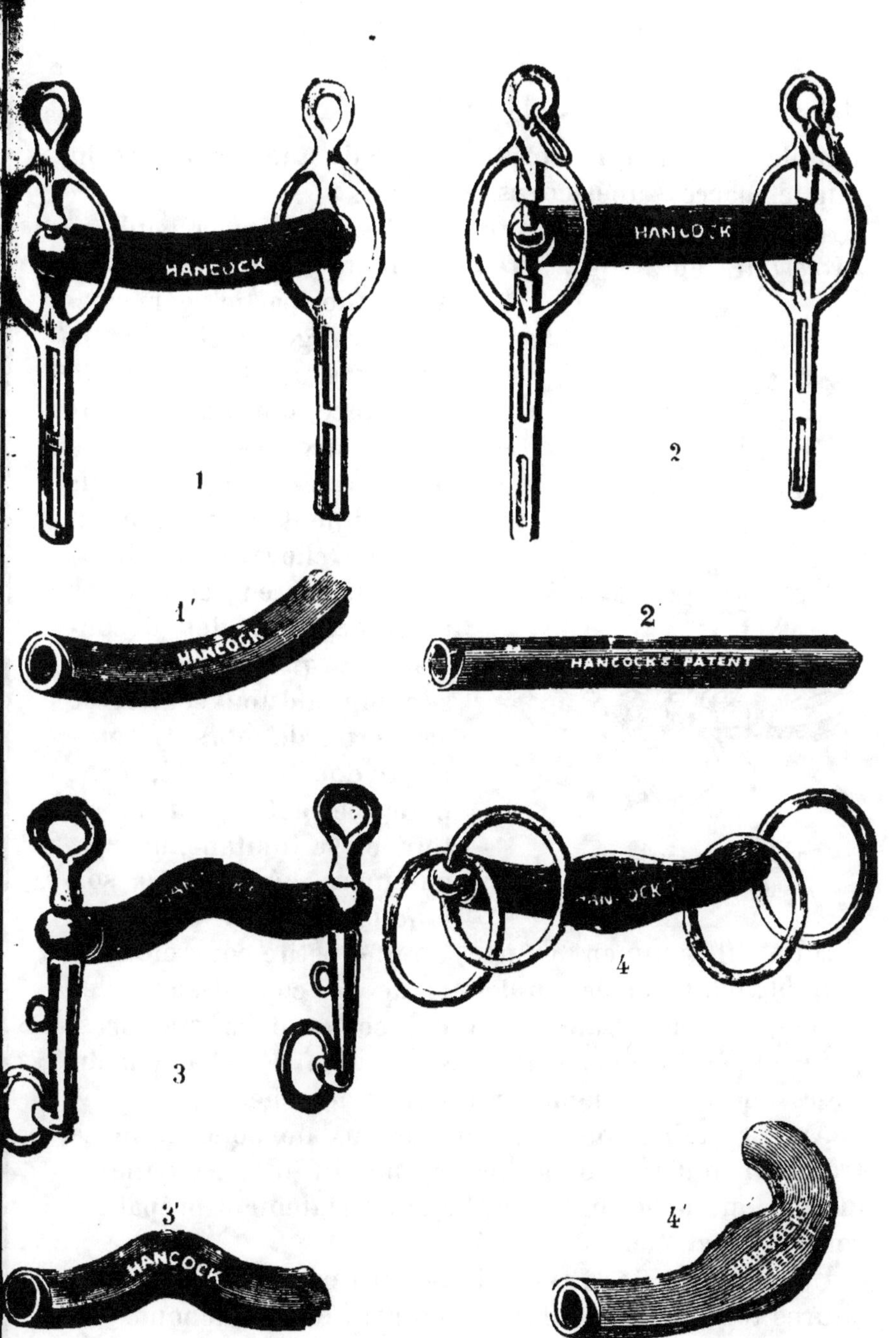

Fig. 156. — Enveloppes de caoutchouc pour différentes embouchures
(cliché E. Bernard).

1, 2, pour canon droit ; 3, pour canon à gorge ; 4, pour embouchure brisée ; 1', 2', 3', 4', en partie déroulée pour démontrer le principe.

doubles canons qui, en plus, possède une légère action sur les barres supérieures.

Enfin, il existe des mors (mors à **gorge**, à **boule**, à croissant, etc.) qui, prenant leur **point d'appui fixe** sur une partie généralement vierge et sensible, le palais, sont d'une grande puissance, tout en n'imprimant aux barres qu'une pression assez minime. Ils conviennent admirablement pour les chevaux qui tirent à la main en serrant les mâchoires. L'effet décontractant qu'ils **produisent** se comprend tout seul. Avec ces sortes de mors, la gourmette doit être ajustée lâche pour permettre au mors, tout en le limitant, un basculement **nécessaire** à son fonctionnement. Une **mu-**

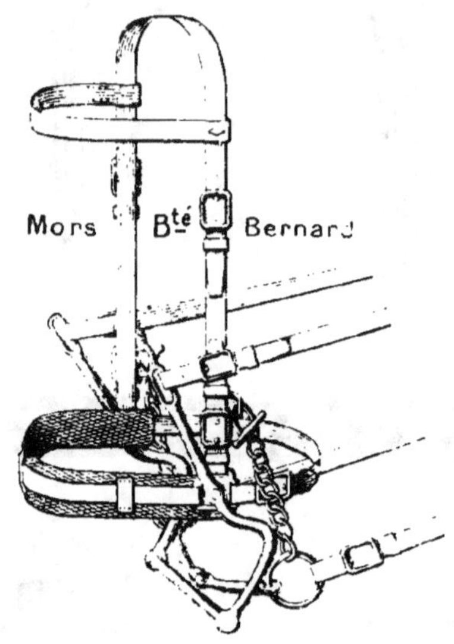

Fig. 157. — Mors Bernard
(cliché Alp. Camille.)

serolle suffisamment courte, ou une petite courroie convenablement serrée au-dessus de la commissure des lèvres, est nécessaire, avec ces sortes d'embouchures, pour empêcher le cheval de se soustraire à l'action du mors en ouvrant démesurément la bouche.

Avec certains chevaux très nerveux de bouche, on se trouve bien d'envelopper les canons du mors, ou même du bridon, avec du caoutchouc spécialement préparé à cet effet (fig. 156).

Enfin, il est des cas où il faut recourir à des embouchures tout à fait souples, en cuir ou en caoutchouc.

Avec certains chevaux qui refusent de se porter en avant, la bride Bernard, agissant sur les **barres supérieures**, peut donner de bons résultats (fig. 157.

III

DE L'ATTELAGE

Avant d'entreprendre l'étude de l'attelage et du dressage à la voiture, il convient de dire quelques mots des voitures et des harnais dont on a à faire usage.

Attelage à un cheval.

Voitures. — Pour le dressage, nous n'envisagerons que les voitures à deux roues, les seules qui soient pratiques pour cet usage.

Toute voiture à deux roues se compose d'un train formé par les brancards, l'essieu et les roues, et d'une caisse reposant sur cet ensemble et contenant le siège du conducteur. Divers dispositifs de ressorts placés entre l'essieu et les brancards ou la caisse permettent d'atténuer les réactions provenant des inégalités de la route d'une part et des allures du cheval d'autre part.

La figure 158 nous donne en plan la projection d'un train de tilbury. On y remarque les deux brancards *b*, *b* réunis par deux entretoises *e*, *e*, et reposant sur l'essieu E terminé à ses extrémités par les roues. Les brancards, ainsi qu'on peut s'en rendre compte sur le profil ci-contre (fig. 159), reposent sur l'essieu par l'intermédiaire de ressorts R fixés sur celui-ci par des étriers à boulons et reliés aux brancards par des pièces de fer appelées *mains m*, *m*, dans lesquels ils s'articulent directement en avant et par l'intermédiaire d'une petite pièce nommée *jumelle* en arrière. Ces ressorts s'appellent *ressorts d'essieu*;

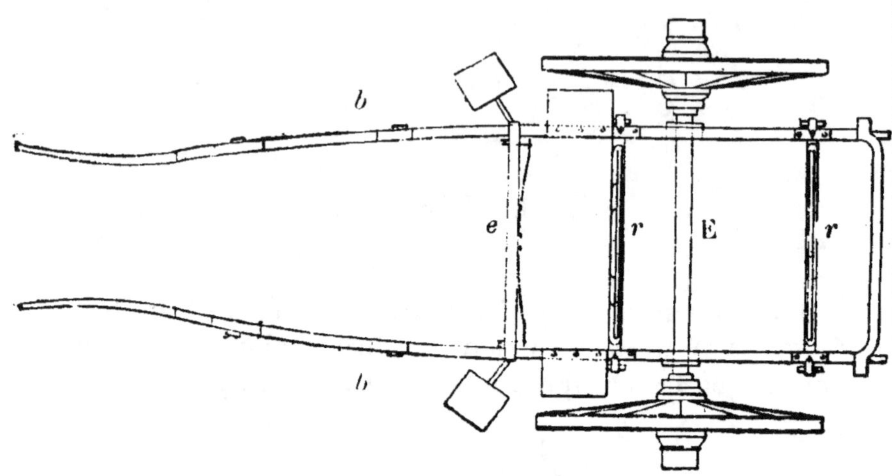

Fig. 158. — Projection d'un train de tilbury
(cliché Berger-Levrault, imprimeurs à Nancy).

ils servent surtout à atténuer les cahots provenant du sol. Sur la partie postérieure des brancards sont fixés, en *r*, *r*, des ressorts transversaux destinés à supporter la caisse

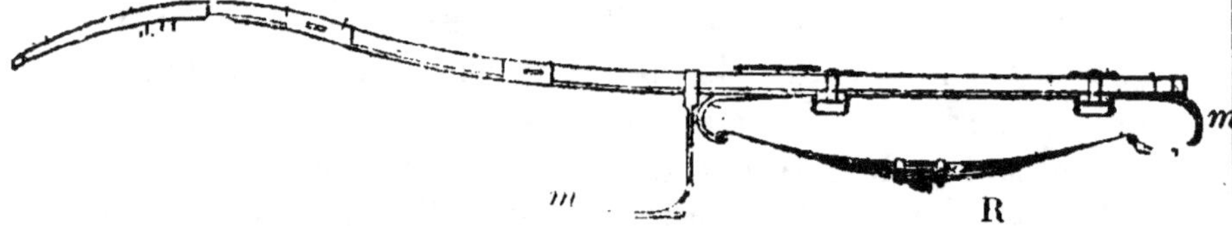

Fig. 159. — Brancard reposant sur l'essieu
(clichés Berger-Levrault, imprimeurs-éditeurs à Nancy).

pour lui donner une indépendance relative des brancards et amortir ainsi les réactions provenant de l'allure du cheval. Contre l'entretoise d'avant se trouve adapté, en arrière d'elle, un palonnier à ressorts terminé par deux tiges traversant l'entretoise et portant les œils pour y fixer les traits. C'est le meilleur mode d'attache de traction qui existe.

Parfois, ce palonnier à ressort est remplacé par un palonnier ordinaire en bois ou en fer fixé également à l'entretoise, mais en avant de celle-ci.

Parfois aussi il n'existe pas de palonniers, et les traits s'attachent alors à des œils fixés aux brancards.

Les brancards, dans leur partie antérieure, sont garnis de cuir sur divers points et portent des crampons destinés à fixer les bracelets de la rueuse, les courroies de reculement, puis des arrêts de dossière placés au sommet de la courbe de la partie cintrée nommée *crosse du brancard*. Avec les harnais de voiture à deux roues, il est indispensable que les arrêts de dossière soient fixés sur le côté du brancard.

L'essieu se termine à chacune de ses extrémités par une partie tronconique appelée *fusée* et autour de laquelle tourne la roue correspondante par l'intermédiaire d'une *boîte*, tube tronconique en fonte de dimension identique à la fusée et logé à forcement dans le moyeu de la roue. Entre le corps de l'essieu et chaque fusée se trouve un épaulement appelé *cuvette*, contre lequel frotte la partie postérieure de la boîte. Celle-ci est maintenue en avant sur la fusée par un écrou et une goupille s'il s'agit d'un essieu à graisse, par un ensemble composé d'une bague en bronze, d'un écrou et d'un contre-écrou du même métal et enfin d'une goupille, s'il s'agit d'un essieu à huile dit *essieu à patent*. Un chapeau vissé à l'extrémité de la boîte, et tournant par conséquent avec elle, recouvre cet ensemble, empêche l'huile de s'échapper et la poussière de s'introduire dans tout le système.

Une rondelle en cuir gras appuyée contre la cuvette joue le même rôle à la partie postérieure.

Les fusées ne sont pas exactement dans le prolongement de l'essieu, mais légèrement inclinées vers le sol, de façon que les roues embrassent ainsi la convexité donnée généralement aux routes. Cet angle de la fusée avec l'essieu constitue ce qu'on appelle le *carrossage*.

Les roues se composent d'une pièce centrale généralement faite en orme tortillard et appelée *moyeu*.

C'est dans le moyeu que se trouve logée la boîte ; c'est dans le moyeu que s'encastrent, à une de leurs extrémités, les rais, généralement en acacia. Le tour de la roue, appelé *jante*, reçoit les autres extrémités des rais. Les jantes sont faites en une ou plusieurs pièces. Celles en une ou deux pièces sont les plus estimées. Un cercle en fer posé à chaud autour de la jante enserre toute la roue, lui donne de la solidité et de la résistance à l'usure.

Les rais ne s'insèrent pas sur le moyeu perpendiculairement à celui-ci ; il en résulte que le plan des jantes est sensiblement en dehors de celui dans lequel les rayons sont enchâssés dans le moyeu. Cette direction oblique des rais s'appelle *écouanteur* : assez faible sur des roues neuves, elle devient très accentuée sur des roues ayant été rechâtrées plusieurs fois.

La caisse, de forme variable, se compose, pour le tilbury, d'un caisson supportant une corbeille où se trouve le siège, et d'une coquille, partie échancrée et avançant au-dessus de l'entretoise de devant, qui permet au conducteur d'arriver à son siège ; la coquille est surmontée en avant d'un garde-crotte.

Tel est, sommairement décrit, le tilbury, type de la voiture de dressage (fig. 160) ; mais toute voiture à deux roues, pourvu qu'elle soit solide, stable (c'est-à-dire munie de roues assez lourdes et convenablement écartées), qu'elle ait des brancards suffisamment élevés pour qu'en ruant le cheval ne risque pas de s'embarrer par-dessus et qu'enfin le conducteur se trouve placé assez haut pour dominer et conduire facilement son attelage, peut servir pour dresser des chevaux.

Les charrettes anglaises et les dog-carts diffèrent sensiblement des tilburys comme montage, en ce sens que c'est la caisse elle-même qui repose sur les ressorts d'essieu. Les brancards sont reliés à celle-ci soit directement en utilisant l'élasticité propre du bois, soit par divers agencements de ressorts (fig. 161).

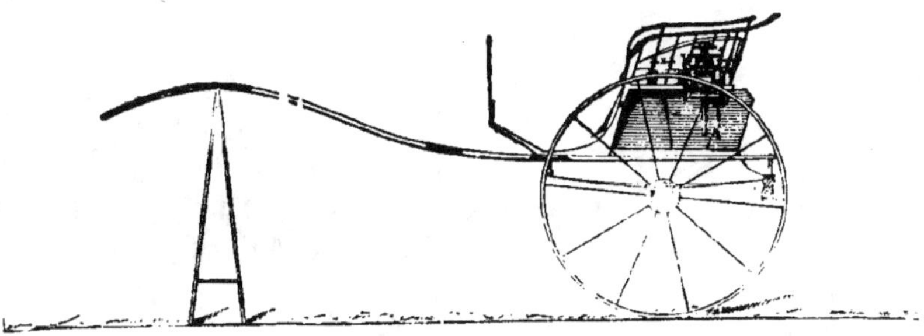

Fig. 160. — Tilbury
(cliché Alfred Belvallette).

Ces voitures sont également très bonnes pour le dressage, à condition d'être assez hautes et que le conducteur puisse se placer assez en avant.

Les voitures dites *montées cab*, dans lesquelles les

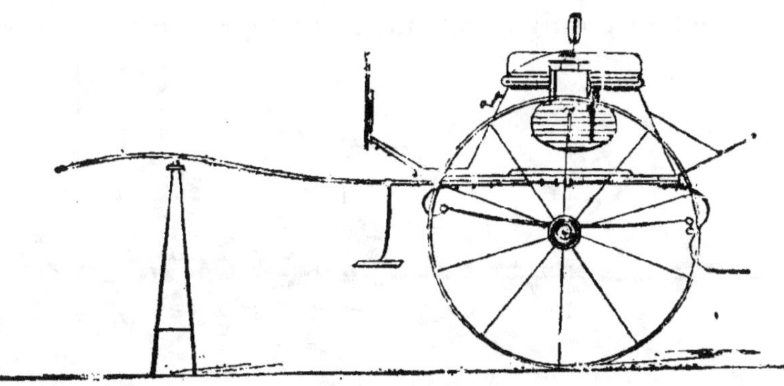

Fig. 161. — Dog-cart
(cliché Alfred Belvallette).

brancards, au lieu de se prolonger tout le long de la caisse comme dans les types que nous avons décrits ci-dessus, s'arrêtent en avant du garde-crotte et sont reliés à la voiture au moyen d'un ressort et de ferrements en forme de consoles, ne présentent ni une solidité ni une rigidité suffisantes pour le dressage ; de plus, elles sont en général trop basses pour cet usage.

Le kentucky breaking-cart, qui se construit en Amérique

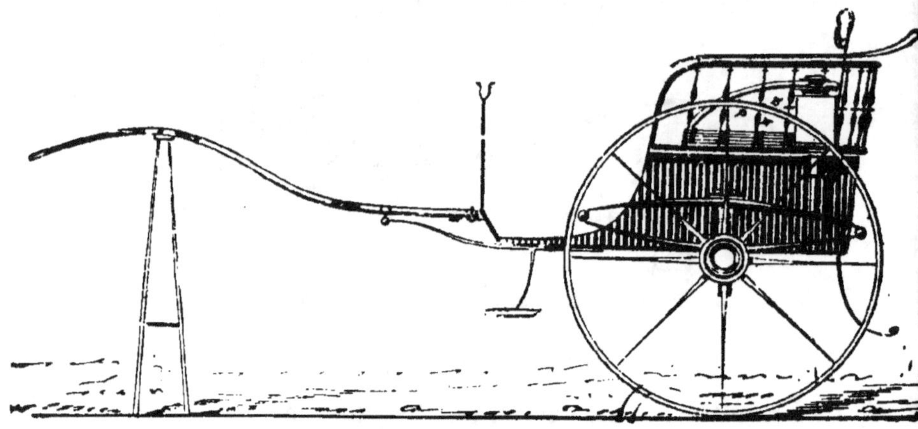

Fig. 162. — Voiture montée cab
(cliché Alfred Belvallette).

et dont nous donnons ici un croquis, peut être considéré comme l'idéal du genre pour le dressage. Il réunit toutes

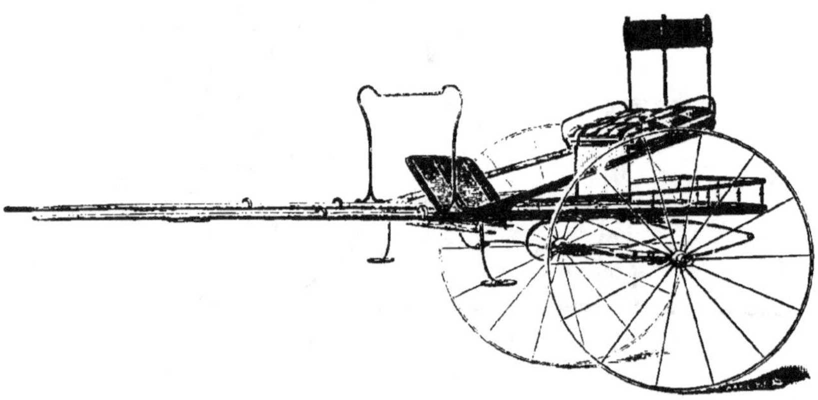

Fig. 163. — Kentucky breaking-cart.

les conditions désirables de légèreté, de solidité, de stabilité et de commodité (fig. 163).

Très pratique aussi est le « char » que nous avons

vu employer dans certaines écoles de dressage. Il se compose d'une plate-forme reposant sur des roues très basses, supportant en avant et sur les côtés une forte paroi sur laquelle sont montés solidement, à bonne hauteur, les brancards. Un siège élevé muni d'une coquille se trouve au centre de la plate-forme, supporté par quatre tiges de fer (fig. 164). Des aides peuvent se tenir debout sur la plate-forme à côté du siège du conducteur, descendre et monter facilement en marche.

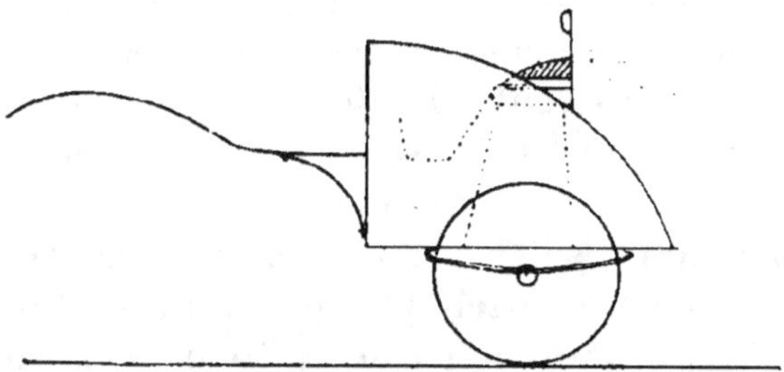

Fig. 164. — Char de dressage.

Mais, si l'on ne possède aucune de ces voitures ou si l'on ne veut pas se servir, pour le dressage, d'une voiture soignée qui risque toujours d'attraper quelque accident, le mieux est, à notre avis, de se construire soi-même à peu de frais, avec l'aide du premier maréchal venu, une voiture de dressage en procédant comme il suit.

On trouve toujours à acheter à bon compte (40 à 60 francs) chez un carrossier ou un charron un vieux train de tilbury ou de cabriolet. Sur la partie postérieure des brancards on adapte un plancher fait avec quelques lames de parquet supportant en avant, au moyen de deux équerres en fer, un garde-crotte, fait au besoin de la même façon, et, au point convenable pour l'équilibre, un banc ou un siège quelconque reposant sur ce plancher par l'intermédiaire de ferrements ou d'un bâti en bois très simple.

Quelle que soit la voiture employée, les proportions

suivantes sont celles qui nous paraissent le plus favorables pour des chevaux de taille moyenne (1^m,55 à 1^m,65) :

Hauteur des brancards au tirage.....	1^m,05 à 1^m,10
Hauteur des brancards à la crosse...	1^m,25 à 1^m,30
Longueur des arrêts de derrière au tirage	1^m,35
Hauteur du siège....................	1^m,55

Nous estimons que, même avec les chevaux rueurs, à condition que l'entretoise des brancards et le devant de la caisse soient suffisamment hauts pour que le cheval ne risque pas de les rencontrer avec ses jarrets en trottant (c'est-à-dire se trouvent à hauteur des fesses du cheval), il est préférable que le cheval soit attelé près de la voiture. De la sorte il est davantage sous la domination de son conducteur et, s'il vient à ruer, la ruade passe sous la voiture, tandis qu'attelé plus en avant le cheval peut, en ruant, frapper dans le garde-crotte ou s'embarrer sur un brancard.

Harnais — Le harnais se compose :

1º D'une bride supportant le mors auquel s'attachent les guides qui servent à diriger le cheval ;

2º D'un collier auquel sont fixés les traits qui servent à tirer le véhicule.

3º D'une sellette et de ses accessoires qui servent à supporter et à retenir la voiture.

La bride de voiture est analogue à la bride de selle, mais munie d'œillères et toujours à boucles.

Le collier se compose d'une partie rembourrée, reposant sur les épaules du cheval et appelée *mamelles*, d'une sorte de bourrelet placé en avant et appelé *verge*, et enfin des attelles, pièces métalliques embrassant la forme du collier et maintenues sur celui-ci en s'appuyant contre la verge. Les attelles sont réunies à leur partie inférieure par une pièce en fer appelée *coulant d'attelle* ou souvent *crapaud*, et à leur partie supérieure par une petite courroie dite *courroie d'attelles*.

Les attelles portent vers leur quart supérieur un anneau ou clef pour le passage des guides et vers leur tiers inférieur un système nommé *tirage*, auquel se fixe le trait. Il existe plusieurs modèles différents de tirages; les plus usités sont le tirage à anneaux, le tirage à crochet, le tirage à olive et le tirage à cran.

Les attelles se font en métal apparent ou recouvert de cuir.

Les traits doivent être solides; ils se terminent à leur autre extrémité par un boucleteau appelé *bout de trait* qui permet d'en régler la longueur. A l'extrémité du bout de trait se trouve une mortaise destinée à le fixer après le système de tirage de la voiture.

La sellette se compose du corps de sellette proprement dit, portant deux clefs pour le passage des guides et un crochet pour l'enrênement. La sellette se continue par les grands quartiers, ceux-ci par des contre-sanglons destinés à recevoir la sangle.

La dossière passe dans la sellette, en glissant dans une gouttière pratiquée à cet effet dans l'arçon; elle sort de la sellette en haut des grands quartiers, par une mortaise apparente (fig. 165) dans les harnais bon marché, cachée par un petit quartier dans les harnais plus soignés (fig. 167 et 168).

Pour les harnais de voiture à deux roues, la dossière doit glisser dans la sellette afin d'avoir du jeu et que les réactions du cheval se transmettent moins brusquement à la voiture. Dans les harnais de voiture à quatre roues, il est préférable que la dossière soit fixée dans la sellette afin d'assurer, sans que le cocher ait à y prendre garde, l'égalité de hauteur des deux brancards qui sont indépendants.

La dossière, pour un harnais de voiture à deux roues, est longue et fait tout le tour du cheval. Elle est percée de trous au niveau du milieu des grands quartiers de la sellette pour recevoir des bracelets à boucles dans lesquels on engage les brancards (fig. 166).

Pour les voitures à quatre roues, la dossière s'arrête au niveau du milieu des grands quartiers de la sellette et se boucle dans les porte-brancards, sorte de crochets en métal généralement recouverts de cuir, dans lesquels on abaisse les brancards que l'on y maintient par une cour-

Fig. 165. — Harnais pour voiture à quatre roues, sellette à mortaise, reculement à barre
(cliché E. Bernard.)

roie qui prolonge les porte-brancards et se fixe à la sous-ventrière.

Lorsque le harnais est établi pour pouvoir servir alternativement pour voitures à deux et à quatre roues, la dossière est mobile dans la sellette, mais courte, pour recevoir soit les porte-brancards pour voitures à quatre roues, soit les bracelets pour voiture à deux roues qui, dans ce cas, sont eux-mêmes prolongés par une courroie faisant suite à la dossière.

Inférieurement, la grande dossière ou les courroies qui prolongent les bracelets ou les porte-brancards se bouclent à la sous-ventrière qui est généralement reliée à la sangle par un passant.

Fig. 166. — Harnais pour voiture à deux roues
(cliché E. Bernard).

La sellette est maintenue en arrière par une croupière terminée par un culeron qui se place sous la queue du cheval.

C'est dans la croupière que passe la *plate-longe* appelée aussi *rueuse* ou *barre de ruade* ; elle vient se fixer aux brancards par l'intermédiaire de bracelets sur lesquels elle se boucle.

Élev. et dress. du cheval.   20

Parfois la plate-longe est percée d'une mortaise pour recevoir un reculement dit *à la russe*.

Souvent, surtout dans les harnais de voitures à quatre roues lourdes, la plate-longe est remplacée par la barre simple ou à fourche d'un reculement.

Fig. 167. — Harnais pour voiture à quatre roues avec reculement à fourche (cliché E. Bernard).

Le reculement est une pièce de cuir passant horizontalement sur les fesses du cheval, supportée par une barre spéciale simple ou à fourche, ou passant dans une plate-longe, et se terminant par des courroies que l'on fixe aux brancards. Le reculement sert au cheval à retenir la voiture dans les descentes (fig. 167 et 168).

Avec les chevaux rueurs, il est souvent pratique d'employer deux plates-longes semblables, mises en croix et se bouclant chacune dans des bracelets passés aux crampons de plate-longe sur un des brancards par une extrémité et par l'autre dans des bracelets passés dans les crampons de reculement à l'autre brancard.

Avec ces chevaux, on peut aussi très bien se contenter d'une seule plate-longe, mais il est nécessaire que la

Fig. 168. — Harnais pour voiture à quatre roues avec reculement à la russe (cliché E. Bernard).

croupière porte pour elle une passe spéciale très en arrière et presque à la naissance de la queue.

Quelquefois, surtout pour les voitures à deux roues, le collier est remplacé par une bricole. Cette pièce de harnachement se compose d'un *blanchet*, pièce de cuir semblable aux traits, prolongeant les traits et les réunissant l'un à l'autre par devant le poitrail. Ce blanchet repose sur une partie rembourrée appelée *feutre* et cet ensemble est supporté sur le garrot par une courroie munie d'anneaux pour le passage des guides et nommée *sur cou*.

Enfin, dans certains cas, le harnais est complété par un enrênement. Les deux systèmes d'enrênement les plus usuels sont l'*enrênement à la française* et l'*enrênement américain*.

Dans le premier, la rêne est fixée à la têtière, descend

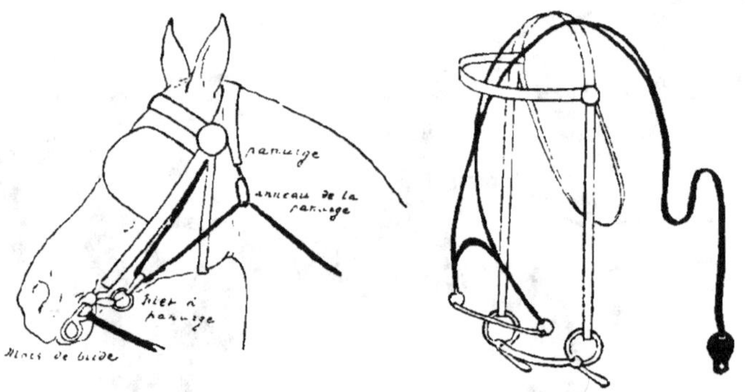

Fig. 169. — Enrênement ordinaire (1).   Fig. 170. — Enrênement américain (2).

le long des joues du cheval, passe dans la poulie d'un filet à panurge spécial pour cet usage, remonte le long de la joue, passe alors dans une panurge, sorte d'anneau fixé à la têtière au-dessus et en arrière de la sous-gorge, et enfin vient s'attacher au crochet de la sellette. Cet enrênement agit sur la commissure des lèvres (fig. 169).

L'*enrênement américain* se compose d'une seule rêne, fixée au crochet de la sellette, longeant l'encolure par son bord supérieur, passant sous la têtière et, là, se divisant en deux branches descendant de chaque côté du chanfrein pour se boucler aux anneaux d'un filet droit à

(1) Extrait de *l'Acclimatation*, journal des éleveurs.
(2) Extrait de *l'Acclimatation*, journal des éleveurs.

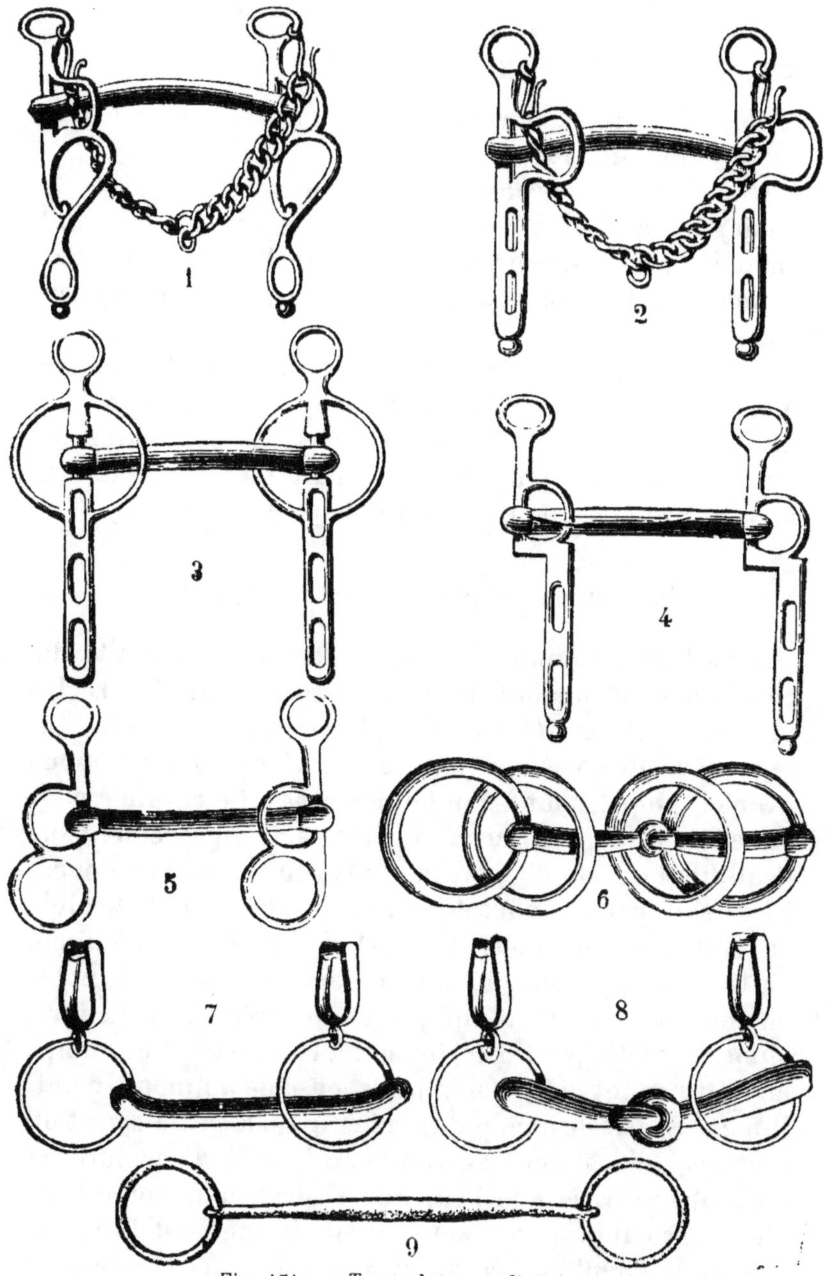

Fig. 171. — Types de mors d'attelage.

1, mors à lunette ; 2, mors à branches droites ; 3, mors à ballons ; 4, mors baïonnette ; 5, mors trotteur, dit *coup de poing* ; 6, mors à anneaux plats ; 7 et 8, filets d'enrènement à panurges ; 9, filets d'enrènement américain. Ces modèles sont dus à l'obligeance de M. E. Bernard.

20.

canon très mince, sans brisure et agissant sur les barres supérieures (fig. 170).

L'emploi des enrènements est aujourd'hui passé de mode, et, sauf dans certains cas exceptionnels, ils sont au moins inutiles, pour ne pas dire nuisibles. En revanche, la martingale fixée à la muserolle rend souvent des services.

La planche (p. 352) donne les diverses formes de mors les plus généralement employés à l'attelage. On les établit avec les différentes formes d'embouchures qui ont été décrites plus haut. Il faut tenir compte des mêmes principes pour en faire choix (fig. 171).

Principes généraux pour l'attelage.

A l'attelage comme à la selle, la bonne conduite du cheval dépend surtout du tact du cocher, et des règles précises sont peut-être encore plus difficiles à établir. On le comprendra aisément en se reportant à ce que nous avons expliqué pour l'emploi des rênes. Le cavalier peut en effet, jusqu'à un certain point, agir efficacement sur l'équilibre de son cheval en déplaçant le poids de l'encolure, soit par un effet de rêne contraire chassant celui-ci, soit par un effet d'ouverture de la rêne directe l'attirant dans le sens du mouvement sollicité ; ses jambes, en tout cas, viennent lui prêter un précieux concours, sinon en participant directement à la direction, du moins en entretenant l'impulsion indispensable au mouvement. Il n'en est pas de même du cocher qui n'a à sa disposition que ses guides dont l'action parallèle à l'encolure et d'avant en arrière ne peut que s'adresser au moral du cheval par une convention tout empirique ou déterminer mécaniquement un équilibre contraire au mouvement demandé, soit en produisant un effet de rêne contraire (flexion d'encolure et rejet du poids du côté opposé), soit tout simplement par son action rétrograde.

C'est pourquoi, chez le cheval de voiture plus encore que chez tout autre, la fermeté d'encolure (nous ne saurions trop le répéter) est une qualité de premier ordre : fermeté qui n'exclut pas, disons-le encore, un bon assouplissement de celle-ci dans le plan vertical, ayant comme conséquence un appui de la bouche sur la main bien franc, mais élastique et parfaitement égal des deux barres, et qui, accompagné d'une impulsion puissante et constante que le cocher n'aura qu'à diriger et à modérer, permettra seul un menage sûr. Une trop grande légèreté de bouche avec lâcher complet du mors peut parfois donner plus de brillant à l'allure et être, pour un cocher dilettante, la source de pures jouissances, mais d'une façon générale ne doit pas être recherchée, car elle est de nature à compromettre tout à la fois la franchise du cheval et la sûreté du menage.

« Mener un cheval, a dit, je crois, quelque part, le baron de Curnieu, n'est pas courir les rues de Paris avec un cheval quelconque, brûler le pavé, raser le trottoir avec plus ou moins de bonheur, accrocher peu ou point et amener son monde à destination ou à peu près.

« C'est : 1º Faire passer une voiture partout où elle peut, partout où elle doit passer, même avec des chevaux difficiles à conduire ;

« 2º Donner à son attelage une apparence brillante, un train ou un genre dont on ne l'aurait pas cru susceptible ;

« 3º Ménager ses chevaux de telle sorte que nul ne puisse leur faire exécuter avec moins de fatigue la même tâche, quelle qu'elle soit, et prolonger leur durée jusqu'aux dernières limites du possible ;

« 4º Imprimer à un équipage une marche si mesurée, si savante, si sûre, si égale en apparence, que les personnes enfermées dans la voiture ne se doutent ni du train qu'elles vont, ni des obstacles qui encombrent la route. »

Cette définition très colorée du bon menage, qui pourrait se résumer en ces termes : « le menage doit être juste, sûr, brillant au besoin, coulant, c'est-à-dire sans variations brusques dans la vitesse de l'attelage », semble à première vue viser surtout les qualités que doit posséder le bon cocher. Mais les qualités du cheval de voiture bien dressé en découlent tout naturellement et se trouvent contenues dans ces quatre mots : *franchise, justesse, perçant, brillant*, qualités ayant toutes leur source dans l'impulsion et ce qu'on est convenu d'appeler une *bonne bouche*.

L'impulsion est cette force instinctive ou acquise qui incite le cheval à se porter en avant, au maximum d'activité et de vitesse que comporte l'allure. C'est la cause initiale de tout mouvement; plus elle est franche, plus la direction en est facile.

A cheval, nous l'avons vu, les jambes du cavalier sont le grand agent de l'impulsion qu'elles font naître, distribuent et dont elles règlent pour ainsi dire l'emploi au gré de celui-ci.

A l'attelage, cette impulsion doit être constante. Les appels de langue, accentués par le fouet s'il est nécessaire, ne doivent que la stimuler si elle s'éteint. Le cheval a dû être préparé à y répondre sans hésitation par l'emploi de la chambrière à la longe et dans les grandes guides.

La *bonne bouche*, étant toujours dans un rapport élastique avec la main qui permet de régler et de diriger l'impulsion avec justesse et précision, résulte beaucoup moins d'un degré de sensibilité spéciale des barres que de l'équilibre du cheval et de son assouplissement. Avec une encolure contractée, des épaules peu ou mal assouplies, une colonne vertébrale raide, le cheval sera forcément lourd à la main si sa bouche est peu sensible, en arrière de la main si sa bouche est douée de quelque sensibilité, car les effets de guides trop sentis se répercuteront sans amortissement jusqu'au train postérieur, qui constitue le principal agent moteur, et éteindront l'impulsion.

Avec une *encolure trop souple*, la bouche sera fausse, et le cheval manquera de direction, les effets de main n'arrivant qu'à produire des tortillements d'encolure sans agir utilement sur les épaules, qui représentent le train directeur comme l'arrière-main représente le train propulseur.

Avec une *encolure ferme* et *assouplie*, commandant les épaules comme le timon d'une voiture commande son avant-train, avec des épaules mobiles autour des hanches et des hanches convenablement assouplies pour permettre l'engagement des postérieurs sous la masse, le cheval sera d'un menage agréable, juste, sûr et brillant.

La *franchise* est la qualité qui le fait s'employer à tirer le véhicule auquel il est attelé, malgré son poids et dans n'importe quel terrain. La franchise dérive de l'impulsion et, subsidiairement, d'une bonne bouche. Bien des chevaux, en effet, réputés froids des épaules, ne tirant pas, ne sont en réalité que des chevaux ayant une bouche trop sensible et rebutés par une main dure et maladroite. La franchise est la qualité primordiale du cheval d'attelage; c'est elle qu'il faut s'attacher à développer chez lui avant tout. La franchise obtenue, les autres qualités viendront peu à peu.

La *justesse* et le *perçant* sont le résultat d'une bonne bouche avec de l'impulsion. Ils s'acquièrent insensiblement, pour ainsi dire sans qu'on y prenne garde, les exigences du dresseur augmentant peu à peu à mesure des progrès de l'élève.

Le *brillant*, enfin, qui ne doit se demander que lorsque le cheval est bien confirmé dans ses autres qualités, est le résultat d'une forte impulsion reçue sur la main qui, par son opposition judicieuse, force l'action à se dépenser en hauteur, et le cheval à prendre dans son ensemble une attitude élevée et fière.

Les *guides* doivent agir sur la bouche seule, sans amener d'inflexion d'encolure ; c'est pourquoi l'action de la guide d'indication sera exercée par effets successifs et non continue, et le travail se fera surtout au pas pendant les premiers temps du dressage. C'est au pas, en effet, qu'on instruit le mieux le cheval, car son moral est plus calme à cette allure et son équilibre ne se trouve pas faussé par la vitesse acquise de sa propre masse et de celle de la voiture.

Les demi-arrêts, en amenant un reflux de poids en arrière sans éteindre l'action, sont d'un usage précieux dans la préparation des changements d'allure et de direction.

Progression du travail.

Connaissant d'une part les harnais et voitures, et d'autre part les principes généraux que nous venons d'énoncer, nous pouvons commencer l'exposé de la progression du dressage à l'attelage.

Si le travail à la longe et dans les grandes guides a été suffisant, le cheval sait maintenant se porter en avant sans hésitation à l'appel de langue, fuir le fouet sans brusquerie, obéir aux indications des guides pour arrêter, obliquer, changer de direction, reculer et même appuyer.

Il reste au cheval à apprendre à tirer, puis à supporter sans se tracasser le bruit de la voiture, le frôlement des brancards, la gêne qu'ils imposent dans les changements de direction. Il faudra ensuite reprendre tout le travail déjà exécuté dans les guides, mais à la voiture cette fois, au pas d'abord, puis au trot de plus en plus actif, et le dresseur exigeant de la part du cheval une justesse toujours plus grande.

Travail préparatoire. — Pour habituer le cheval à la traction, on complète le harnachement, déjà décrit pour le travail dans les grandes guides, par l'adjonction de deux cordes de 5 à 6 mètres, fixées au collier en guise de traits, et tenues en arrière du cheval par un

homme. Le dresseur tient les grandes guides à côté de
celui-ci (fig. 172). Il porte alors le cheval en avant, tout
en recommandant à l'homme qui tient les traits de les
laisser flottants au départ, et de ne les raidir très légèrement que peu à peu, quand le cheval est franchement en mouvement. S'il accepte la traction sur le

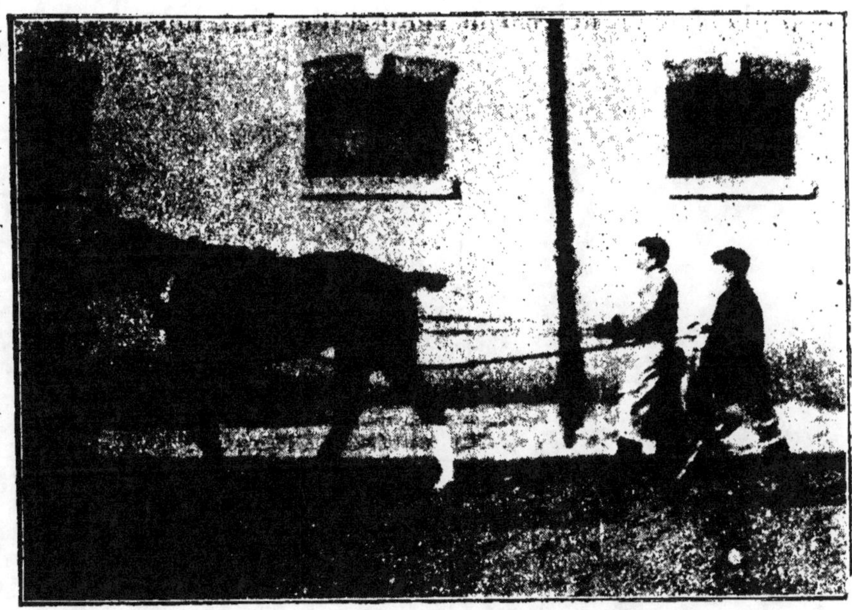

Fig. 172. — Travail dans les grandes guides et les traits (cliché de l'auteur).

collier sans se tracasser, il faut progressivement augmenter celle-ci, et la continuer tant que l'allure reste
franche et qu'il ne se manifeste aucun trouble chez
l'élève. Au premier signe d'énervement, à la première
hésitation dans l'allure, il faut diminuer la tension des
traits pour y revenir peu à peu, quand le calme a
reparu. Ce travail se fait d'abord autant que possible sur
des lignes droites ; on le poursuit ainsi jusqu'à ce que le
cheval supporte une assez forte traction d'une façon
continue.

Lorsque l'on aura à changer de direction, il faudra, les premières fois, détendre presque complètement les traits, surtout si on ne dispose pas d'un espace assez vaste et que le cheval se trouve obligé de tourner presque sur lui-même. Dans ce cas, l'homme qui tient les traits doit se déplacer en décrivant une courbe inverse de celle parcourue par le cheval, de façon à se trouver toujours dans le prolongement de l'axe de celui-ci (fig. 173). Lorsque le

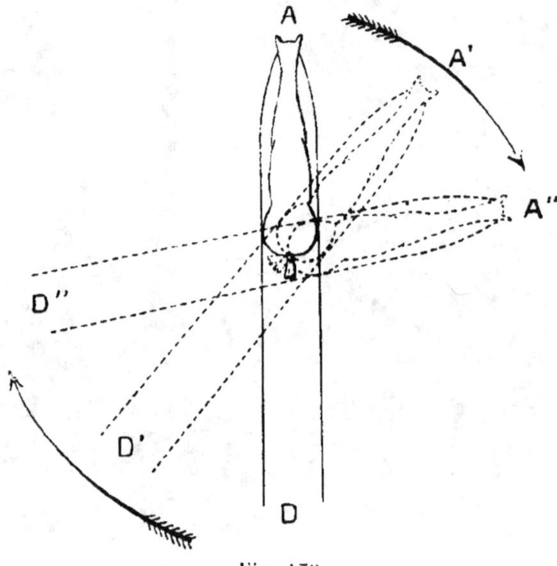

Fig. 173.

cheval exécutera facilement les tournants en supportant la tension des traits, l'homme diminuera peu à peu l'amplitude de la courbe qu'il parcourt, pour arriver progressivement à rester au pivot.

Lorsque le cheval exécutera couramment le travail qui vient d'être expliqué, avec correction et calme, il faudra lui apprendre à démarrer. Pour cela, on l'arrêtera et on le fera repartir, les traits légèrement tendus tout d'abord. S'il hésite, l'homme détendra immédiatement les traits, et on recommencera la leçon un peu plus loin, en proportionnant toujours ses exigences au degré de calme de l'animal. Le cheval doit démarrer les traits tendus, au pas et absolument tranquille. Lorsque les départs sont obtenus ainsi bien corrects avec une faible tension des traits, on doit demander d'autres départs sur une tension de traits de plus en plus forte, jusqu'à ce que le cheval supporte en démarrant une traction au moins égale, sinon supérieure, à celle qu'il accepte en marche.

Ce résultat obtenu, il faut habituer le cheval au bruit de la voiture, surtout s'il est nerveux et impressionnable. Pour cela, il est bon, tout en répétant les exercices précédents, de rouler par derrière soit une brouette chargée de ferrailles, soit une petite voiture à bras. Si le cheval s'effraie, on le caresse, et on continue l'exercice en maintenant la brouette à une distance un peu plus grande. A mesure que le cheval se montre plus calme, on rapproche la brouette de plus en plus, jusqu'à ce qu'il ne prête plus aucune attention au bruit qu'il entend tout près derrière lui.

Avant de *mettre le cheval dans les brancards*, il reste encore à l'habituer au frôlement de ceux-ci. On y arrive en le touchant le long des côtes et des cuisses avec des bâtons d'une certaine longueur que l'on attache au besoin le long des traits tout en recommençant le travail précédent.

Si la progression ci-dessus a été scrupuleusement suivie, le cheval est prêt à atteler à la voiture, et il y a gros à parier que cela se fera sans grandes difficultés.

Toutefois, avant de parler de la première leçon dans les brancards, examinons quelles sont les précautions à prendre pour garnir le cheval, lui ajuster le harnais et l'atteler. Ces précautions sont le plus souvent négligées, et c'est à tort, car on peut, en s'y prenant mal, s'exposer à un accident, ou rendre l'animal craintif et difficile à garnir.

Garnir le cheval et ajuster le harnais. — Pour garnir le cheval, le détacher et le tourner tête à queue s'il est en stalle : lui passer le collier par-dessus la tête, le côté le plus large en haut, et le retourner autour de la partie la plus mince de l'encolure, toujours dans le sens de la crinière, puis rattacher le cheval. Placer ensuite la sellette sur le dos, l'assujettir légèrement en bouclant la sangle, mettre la croupière en débouclant le culeron pour passer celui-ci sous la queue, et s'assurer qu'il n'y a pas de crins pris entre le culeron et la queue. ce qui risquerait de faire ruer le cheval. Finir ensuite de sangler la sellette. Puis brider comme il a été expliqué pour la selle, passer les guides à plat dans les clefs de la sellette et du collier, les boucler au mors et en ramasser l'extrémité libre dans la clef gauche de la sellette ou sous la croupière près de la sellette. Fixer enfin les traits aux attelles et les croiser sur le dos du cheval.

Lorsqu'on garnit pour la première fois un cheval avec un harnais, et que, par conséquent, celui-ci n'est pas ajusté à sa taille, il faut avoir soin de boucler sans engager les contre-sanglons dans les passants, les montants de bride et les porte-mors, la boucle principale de la croupière et les bouts de trait. De la sorte, il est facile d'ajuster rapidement le harnais sur le dos du cheval, en rallongeant ou raccourcissant ces parties sans l'énerver, comme on le ferait s'il fallait commencer par sortir les contre-sanglons des passants, ce qui est toujours assez long, et parfois même difficile. Une fois le harnais mis au point, on a soin d'engager tous les contre-sanglons libres dans leurs passants.

Pour être bien ajustée, la bride doit être assez courte pour que le mors ne pende pas sur les crochets, assez longue pour qu'il ne retrousse pas les lèvres à leur commissure. Les œillères doivent être bien appliquées contre les joues à leur partie postérieure et parallèles, sans se fermer sur les yeux ni s'ouvrir en dehors. On en règle l'écartement par la petite courroie qui boucle au dessus de tête.

Le collier doit bien embrasser le contour de l'encolure, surtout sur les côtés, et être assez long pour ne pas comprimer la trachée par en bas.

La bricole doit être placée assez haut pour ne pas porter sur la pointe des épaules, ce qui en gênerait le jeu et risquerait de les écorcher, et assez basse pour ne pas comprimer la trachée.

La sellette doit être placée assez en arrière pour ne pas porter sur le garrot, et assez en avant pour ne pas tirer sur la croupière, et s'appuyer contre les muscles qui garnissent le garrot latéralement en arrière.

Première leçon à la voiture. — Avant de donner la première leçon à la voiture, il sera bon, la plupart du temps, de bien détendre le cheval par un travail sérieux soit monté, soit à la longe; après quoi, on le garnira comme il a été dit. S'il présente quelque difficulté à brider, on pourra lui laisser sous la bride un licol en sangle muni de sa longe. Dans le cas contraire, et si l'on n'a pas lieu de se défier de la solidité de la bride et en particulier de la muserolle, il suffit de passer une longe dans celle-ci.

Le cheval, conduit par la longe, est alors amené par l'aide auprès de la voiture et placé à 2 mètres environ devant celle-ci par un oblique. La voiture, bien entendu, repose sur la chambrière ou les marchepieds de derrière, les brancards en l'air. L'aide qui tient le cheval se place immobile face à lui, le tenant toujours par la longe et, au besoin, par les montants de la bride. Sous *aucun* prétexte il ne devra toucher aux guides.

Le dresseur fait alors déplacer légèrement les hanches du cheval, qui se trouve ainsi placé dans le prolongement de la voiture (fig. 174). Il fait avancer celle-ci, les brancards toujours en l'air au-dessus du cheval, puis il abaisse ceux-ci doucement et en touche légèrement le cheval aux flancs. Si le travail préparatoire a été suffisant, le cheval ne devra manifester aucun trouble à cet attouchement. Si cependant il montrait quelque inquiétude, le dresseur relèverait aussitôt les brancards, laisserait le cheval se calmer en le caressant, et recommencerait de la même façon jusqu'à ce que l'élève ne bouge pas plus à l'approche des brancards que s'il était lui-même en bois.

Certains chevaux, par pure malice et sans énervement, se traversent de façon à ne pas se trouver sous les brancards ; l'emploi d'aides supplémentaires placés de chaque côté pour leur maintenir les hanches est pour eux nécessaire.

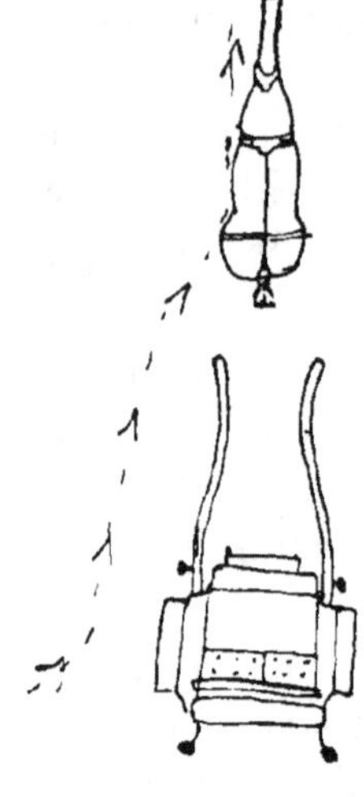

Fig. 174.

Lorsque l'immobilité à l'approche des brancards est obtenue, le dresseur engage ceux-ci dans les manchettes de la dossière (ou les porte-brancards) en continuant à avancer la voiture sur le cheval, puis *il boucle la sous-ventrière* en la serrant fortement de façon à éviter tout ballant. A mesure que le dressage avancera, on la serrera de moins en moins, car, lorsque le cheval est dressé, cette partie du harnachement doit être très lâche de façon à donner du jeu aux brancards, ce qui diminue d'autant les oscillations données à la voiture par le mouvement du cheval.

Dans aucun cas il ne faut faire reculer le cheval sous la voiture comme le font beaucoup de cochers paresseux. Le cheval, en effet, peut reculer plus vite et plus loin qu'il n'est nécessaire et venir ainsi se heurter dans la voiture, d'où blessures souvent, appréhension ensuite et, presque toujours, difficulté pour l'attelage postérieurement.

La *sous-ventrière étant fixée*, il faut accrocher les traits en les faisant passer par les bracelets de la rueuse et ne pas oublier de les fixer par le dard. En montant le harnais, on aura eu soin de boucler les bouts de traits à un point que l'on suppose convenable, mais sans engager l'extrémité libre dans les passants des boucleteaux, afin de pouvoir facilement les allonger ou les raccourcir en attelant.

On *boucle* ensuite la *barre de ruade* en lui donnant une longueur telle que l'on puisse passer deux doigts sur champ entre elle et la croupe ; enfin on *boucle les courroies du réculement*, s'il y en a un, en prenant le trait, mais seulement dans le tour le plus lâche. Pour qu'un *reculement* soit bien ajusté, il faut pouvoir passer la main de champ entre lui et les fesses du cheval lorsque celui-ci est sur traits.

Pour nous résumer, l'attelage s'effectue dans l'ordre suivant :

1º Engager les brancards dans les porte-brancards ;
2º Boucler la sous-ventrière ;
3º Fixer les traits ;
4º Fixer la barre de ruade ;
5º Fixer les courroies de reculement s'il y en a.

Le dresseur tourne alors autour de l'attelage en jetant un rapide coup d'œil pour s'assurer que tout est bien en place ; il saisit les guides qui sont ramassées à la clef gauche de la sellette, monte sur son siège, et ajuste ses guides sans les faire sentir à la bouche du cheval.

Démarrer. — Le dresseur, ayant ajusté ses guides, fait signe à l'homme, placé devant le cheval, de se déplacer sur sa droite en faisant demi-tour en arrière de façon à se trouver à la gauche du cheval un peu en avant de lui, la longe dans la main droite (fig. 175). A ce moment le dresseur rend la main et fait un appel de langue. L'homme à pied entraîne en même temps le cheval en avant par une légère traction sur la longe. Il faut avoir soin de donner cette première leçon sur un sol aussi plan que possible, ou même, de préférence, légèrement déclive, pour que l'effort au démarrage soit le plus faible possible. On fera bien également de choisir un emplacement présentant assez d'espace devant soi pour ne pas être obligé de tourner trop tôt. Si cependant on est obligé de partir en montant, ou si, pour toute autre cause, le dresseur le juge convenable, il pourra faire pousser la voiture par un homme au moment où il donne l'appel de langue, ce qui facilitera le départ.

Dans certains cas, et lorsque l'espace le permet, il pourra être bon de laisser le démarrage s'effectuer par un demi à droite ou un demi à gauche. L'homme

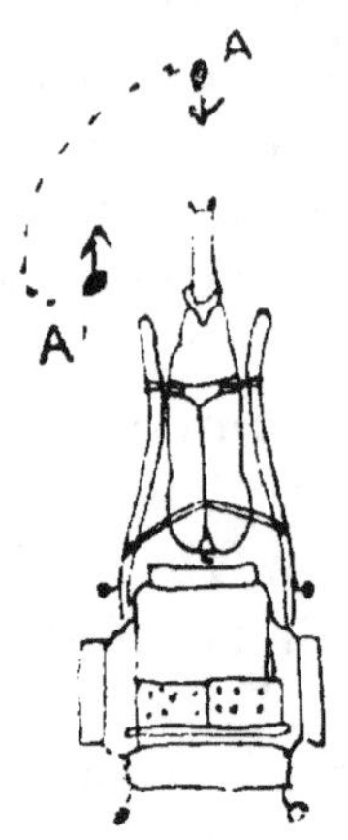

Fig. 175.

placé à la tête du cheval favorisera ce mouvement en tirant le brancard à lui ou en le poussant.

Dans aucun cas, pendant les premières leçons, il ne faut se servir du fouet ni des guides pour le démarrage.

Si, malgré ces précautions, le cheval refuse de partir, il ne faut pas hésiter à le dételer, ce qui se pratique dans l'ordre suivant :

1º Déboucler les courroies de reculement, et faire une boucle de chacune en engageant l'extrémité libre dans le passant ;

2º Déboucler la sous-ventrière et dégager les bracelets de la dossière des arrêts de dossière ;

3º Déboucler la barre de ruade ;

4º Décrocher les traits et les croiser sur le dos ;

5º Soulever les brancards et faire sortir le cheval.

On redonne alors au cheval la leçon de la traction artificielle, que l'on termine en attelant de nouveau le cheval. La progression décrite plus haut doit être minutieusement suivie avec toutes les précautions qu'elle comporte.

On pourra se trouver bien d'avoir fait mener à bras la voiture dans un endroit propice à quelque distance de l'écurie pendant le travail dans les traits, et de se contenter, pour la première leçon, de faire ramener la voiture à l'écurie par le cheval.

Si l'on a affaire à un cheval impatient et brutal, il peut être avantageux de recourir au caveçon, à une muserolle garnie intérieurement de fer ou à la longe Barnette, pour contenir l'animal pendant l'attelage jusqu'au moment du démarrage ; mais il faut du tact de la part de l'aide ; aussi le plus simple et le meilleur est-il, avec cette sorte de chevaux, de les atteler le nez devant un mur et de les maintenir ainsi quelque temps avant de les faire démarrer par un à droite ou un à gauche.

Si le cheval démarre en bondissant en avant, il faut se garder de le corriger ou de le reprendre brusquement sur les guides ; il en est de même s'il part au galop ou au grand trot. On doit se contenter de le diriger à peu près et de lui parler pour le calmer : au bout d'un temps plus ou moins long, il se mettra lui-même au pas et on devra terminer la leçon à cette allure. Le pas, d'abord précipité, s'allongera peu à peu, l'encolure haute se baissera et les oreilles inquiètes reprendront leur position normale, le cheval demandera à faire des descentes de main qu'on lui accordera : il est calme, un grand pas est fait dans son dressage. Peu à peu on demandera plusieurs démarrages dans la même leçon, jusqu'à ce que ceux-ci se produisent toujours avec calme. Le démarrage doit toujours s'effectuer au pas, même avec le cheval le mieux dressé et quelque pressé que l'on soit. La durée du temps de pas pourra être aussi courte que possible, une foulée par exemple ; mais il est indispensable que la mise en marche du véhicule se produise à cette allure, aussi bien dans l'intérêt du cheval et de la voiture que pour le bien-être des personnes qui sont dedans.

Nous avons dit que, dans les premières leçons, il fallait

avoir les guides tout à fait lâches au départ. Peu à peu on devra les ajuster, de façon à sentir le cheval légèrement sur la main, et accompagner la bouche en mollissant les poignets. Mais dans aucun cas il ne faut faire partir un cheval en lui tirant sur la bouche pour lui rendre tout de suite, comme le font tous les ignorants et les mauvais cochers.

La franchise étant, nous ne saurions trop le répéter, la qualité primordiale du cheval, le dresseur doit subordonner tout son travail à son obtention. Ce serait une grave erreur de sa part de vouloir, sous prétexte de gagner du temps, demander plusieurs démarrages dans la même leçon si le premier a présenté quelque difficulté. Lorsqu'il jugera le moment venu de pouvoir sans inconvénient arrêter le cheval pour le faire repartir ensuite afin de le confirmer dans ses départs, il fera bien, les premières fois, de se livrer à cet exercice au retour, le cheval se dirigeant sur l'écurie.

Marche directe. — La marche directe fait l'objet des mêmes leçons que le démarrage, dont elle est la suite et le complément. Ce qui a été dit pour le démarrage peut s'appliquer à la marche directe. Tant que le cheval ne témoigne pas nettement le désir de se porter en avant, tant qu'il manifeste de l'hésitation, du flottement, il ne faut pas chercher à le diriger par les guides, mais laisser ce soin à l'aide à pied qui tient la longe.

La marche directe au pas tranquillise le cheval, le met en confiance parce qu'il a le temps de réfléchir à ce qu'il fait, parce qu'à cette allure les objets qui pourraient l'effrayer lui apparaissent moins brusquement, parce que, la vitesse acquise par sa propre masse et par celle du véhicule auquel il est attelé étant à peu près nulle, il ne risque pas d'être entraîné par cette force hors du droit chemin à la première petite incartade qu'il commettra, parce que le bruit et la trépidation de la voiture, grande cause de frayeur et d'énervement pour le cheval en dressage, sont moins forts au pas qu'au trot, parce que, enfin, si un désordre se produit, le dresseur a presque toujours le temps d'y remédier avant qu'il s'ensuive un accident, ce qui n'est souvent pas le cas à une allure plus vive, le cheval s'effrayant de ses propres sottises et son effroi grandissant avec elles.

Le *pas* est la véritable clef du dressage.

Au pas, l'appui de la bouche sur la main ne doit jamais être considérable; le plus souvent on laisse le cheval marcher le pas les guides lâches, pour que la main ne contrarie pas l'extension de l'encolure qui facilite l'impulsion pendant le premier dressage, pour qu'il puisse étendre son encolure et se délasser lorsqu'il est dressé.

Peu à peu, on habitue cependant le cheval à supporter une légère tension des guides sans s'arrêter, pour le préparer à l'appui qu'on exigera de lui au trot.

Il faut être très sobre dans ses demandes d'appui au pas, car, l'impulsion étant faible à cette allure, on risque de la tuer et de faire perdre ainsi la franchise et le perçant.

Lorsque le cheval est suffisamment confirmé dans la marche directe au pas, lorsqu'il supporte sans inquiétude ni hésitation une légère tension des guides, il est temps de lui demander la marche directe au petit trot. Les leçons à la longe et dans les grandes guides lui ont appris à se porter en avant à la chambrière sans ruer ni se défendre; il devra donc accélérer l'allure à l'attouchement du fouet succédant à l'appel de langue.

Le dresseur, pour demander la marche directe au trot, ajuste ses guides, sent légèrement la bouche de son cheval, fait un appel de langue qu'il accentue avec le fouet, s'il est nécessaire. Le cheval étant parti au trot, il règle la vitesse de celui-ci, s'attachant à obtenir un trot régulier, lent et cadencé, le cheval constamment appuyé sur la main. Si le cheval cherche à perdre cet appui, il faut l'y ramener immédiatement par un appel de langue et même par le fouet s'il est nécessaire. Le degré et la nature de l'appui que le dresseur doit obtenir sont assez difficiles à définir. Nous dirons seulement que le dresseur doit éprouver au bout des doigts cette impression que, s'il desserrait légèrement ceux-ci, l'allure de son cheval s'accélérerait immédiatement dans la même proportion.

Quelque sage que soit le cheval, quelque régulier qu'il se montre dans ce travail au petit trot, jamais le dresseur, malgré la tentation très forte qu'il en éprouvera, ne devra se permettre de lui demander ou même simplement de lui laisser prendre le trot allongé avant que son dressage ne soit presque complètement terminé par ailleurs.

Combien de dressages en bonne voie ont été compromis et même manqués pour avoir négligé d'observer ce précepte. Au trot allongé, le cheval est moins sous la domination immédiate du dresseur, les occasions de fautes sont plus nombreuses et celles-ci plus violentes. C'est pourquoi il est capital de ne demander cette allure que lorsque le cheval sera parfaitement confirmé à tous les changements de direction au petit trot et que le dresseur aura constaté qu'il est bien maniable, pas sur l'œil, ni sujet aux écarts.

Logiquement et pratiquement, dans la plupart des cas la marche directe au pas doit précéder la marche directe au petit trot. Il arrive cependant que certains chevaux nerveux ne se mettent pas volontiers au pas, se tracassent, luttent contre la main, alors qu'ils sont relativement calmes si on les laisse aller au petit trot ralenti. Vouloir contraindre dans les premières leçons ces chevaux à aller au pas serait une faute grave. Le calme est ce que le dresseur recherche: si c'est au petit trot qu'il le trouve, qu'il le prenne à cette allure. Le cheval finira de lui-même par se mettre au pas, pour peu que son conducteur lui impose des temps prolongés de trot lent.

Le pas ainsi obtenu est ensuite travaillé et développé comme il a été dit plus haut.

Changements de direction. — Le travail des changements de direction réguliers ne doit être entrepris que lorsque le cheval est parfaitement confirmé dans la marche directe au pas et au trot ralenti. Dans la pratique, il est bien évident que, dès la première leçon, on se trouve dans l'obligation de changer de direction, soit pour faire demi-tour, soit pour prendre des chemins latéraux ramenant au point de départ ; mais il n'y a pas lieu de se préoccuper si ces premiers changements de direction ne sont pas obtenus par les aides ordinaires ; il n'y a *surtout* pas lieu d'insister pour les obtenir de la sorte, mais avoir recours à l'aide à pied qui, soit en tirant le cheval par la longe, soit, mieux, en poussant le brancard ou l'amenant à lui, permet au cheval de s'engager dans la nouvelle direction où il doit continuer son travail sur la ligne droite.

Le premier changement de direction que l'on demande comme dressage est l'oblique au pas, puis au petit trot. Pour l'obtenir, le dresseur, ayant ses guides ajustées et sentant légèrement la bouche de son cheval, tend un peu la guide du côté où il veut obliquer. Parfois, à cette indication de la guide, le cheval hésite et se ralentit ; il faut immédiatement lui faire sentir le fouet plus ou moins énergiquement du côté opposé. Généralement un simple appui de la monture sur les côtes est suffisant ; parfois il faut faire pousser le brancard par l'aide à pied.

Lorsque le cheval est devenu très juste aux indications d'oblique, lorsqu'il les exécute avec facilité et correction, on lui demande, toujours par les mêmes procédés, des changements de direction de plus en plus serrés : angles obtus, droits, aigus, demi-volte et enfin le demi-tour sur place, au pas d'abord, puis en passant du petit trot au pas au moment d'exécuter le mouvement et repartant au trot ensuite, enfin au petit trot.

Tous ces mouvements ont déjà été exécutés dans les grandes guides et, si le travail a été suffisant, aucune difficulté ne doit se produire lorsqu'on le répète le cheval attelé.

Plus le changement de direction est serré, plus il est nécessaire d'agir par indications successives. Il faut éviter à tout prix la torsion d'encolure consécutive à la tension constante de la guide indicatrice, torsion dont l'effet est de rejeter le poids de l'encolure à l'extérieur et d'entraver ainsi l'exécution du mouvement.

Tout mouvement de tourner doit être précédé d'un ralentissement progressif tel qu'au moment de tourner la vitesse acquise par l'attelage soit à peu près complètement éteinte, mais que le cheval conserve, en la dépensant presque sur place, toute son impulsion qu'on lui laisse de nouveau développer progressivement dans la nouvelle direction.

Les *demi-arrêts*, en amenant le reflux du poids en arrière sans éteindre l'allure, sont d'un usage précieux dans la préparation au tourner correct, lorsque le cheval est assez avancé dans son dressage pour évoluer au trot. L'utilité du demi-arrêt se fait d'autant plus sentir que l'allure est plus vive.

Dans les premiers temps, on évite de trop arrondir ses tournants, les prenant plutôt courts, ce qui est plus facile pour le cheval.

Arrêt. — L'arrêt se demande en augmentant progressivement la tension des guides, de manière à obtenir un ralentissement de plus en plus grand se terminant par l'immobilité. L'arrêt a déjà été appris dans les grandes guides ; on a eu soin de l'accompagner du mot *oho*. Le cheval est devenu bientôt aussi attentif et obéissant à cette indication de la voix qu'à la tension des guides ; on aura soin d'agir de la même façon à la voiture. L'obéissance à la voix peut éviter bien des accidents.

Reculer. — Comme à la selle, comme dans les grandes

guides, on évitera de demander le reculer de pied ferme. On le demandera en passant du mouvement en avant au pas à la marche rétrograde par un soutien plus énergique des guides en ayant soin de rendre légèrement la main dès qu'un pas en arrière se produit, puis en tendant presque immédiatement de nouveau les guides pour obtenir le pas suivant et ainsi de suite.

Ces alternances de remises et de reprises de guides doivent se faire sans que la marche rétrograde s'en trouve interrompue. La tension continue des guides pourrait provoquer un reculer précipité et l'acculement qu'il faut éviter à tout prix. A tout instant du reculer le cheval doit pouvoir se reporter en avant à la première indication de son conducteur. Pour la première fois on se contentera de deux ou trois pas en arrière et on remettra le cheval dans la marche en avant. On s'attachera à obtenir d'abord la marche rétrograde régulière rectiligne, en ne permettant pas au cheval de se déplacer ni à droite ni à gauche dans son mouvement en arrière. Si le cheval ne recule pas droit, c'est qu'il est acculé : il faut le reporter en avant pendant un ou deux pas et renouveler la demande de reculer en divisant au besoin les appuis, en serrant alternativement les doigts sur l'une et l'autre guide. Quand le cheval recule ainsi bien droit et qu'on peut le faire reculer à volonté, on peut lui apprendre à exécuter des obliques en arrière. Ce travail trouve son application immédiate dans le *remiser* et lorsqu'on se trouve obligé de louvoyer dans un encombrement, en particulier avec une voiture à quatre roues.

Si le cheval éprouve de trop grandes difficultés à reculer attelé, il peut être amené à se défendre, à pointer par exemple ; dans ce cas, il ne faut pas hésiter à le porter en avant coûte que coûte par une attaque du fouet au besoin vigoureuse en rendant la main.

Lorsque le dresseur constatera cette difficulté au reculer, il fera bien de travailler de nouveau le cheval au reculer soit sous l'homme, soit dans les grandes guides, mais en se conformant aux principes déjà énoncés : alléger et mobiliser l'arrière-main avant toute demande de reculer.

Le remiser est un reculer continu jusqu'au point où il est nécessaire d'arrêter la voiture. Le remiser, appelé aussi *retraite*. est direct, oblique ou circulaire suivant le cas.

La retraite directe n'est autre qu'un reculer ordinaire en conservant l'axe de la voiture toujours sur la même ligne droite.

« Le remiser oblique ou demi-retraite ou retraite oblique a lieu pour se rapprocher d'un point quelconque à droite ou à gauche, lorsque la place manque pour y arriver directement.

« Le remiser circulaire ou retraite circulaire ou bout pour bout a lieu pour tourner la voiture lorsque l'espace restreint ne permet pas d'avoir tout le développement nécessaire pour opérer le tourner direct.

« Ces deux sortes de retraites, oblique ou circulaire, se demandent en vertu de ce principe qu'en poussant en arrière une voiture dont le timon forme un angle avec l'axe de la voiture le train de derrière se porte, en décrivant une courbe, du même côté que l'extrémité du timon. Le rayon de cette courbe est d'autant plus court que l'angle formé par le timon et l'axe de la voiture se rapproche plus de l'angle droit. Lorsque cet angle est d'environ 45°, la roue de derrière du côté du timon reste en place pendant que l'autre roue de derrière et les roues de devant décrivent trois courbes parallèles autour de la première. Lorsque l'angle formé par le timon et la voiture est à peu près droit, les roues de derrière tournent ensemble autour du point milieu de leur essieu et les roues de devant tracent deux courbes parallèles autour du même point fixe de l'essieu de derrière. »

La demi-retraite (fig. 176) est le résultat de deux reculers

obliques successifs. Soit une voiture à amener de A
en A″; le mouvement à exécuter se décompose comme il
suit :

1° Placer le cheval en oblique à droite et le faire reculer, ce qui, en vertu du principe énoncé plus haut, amène

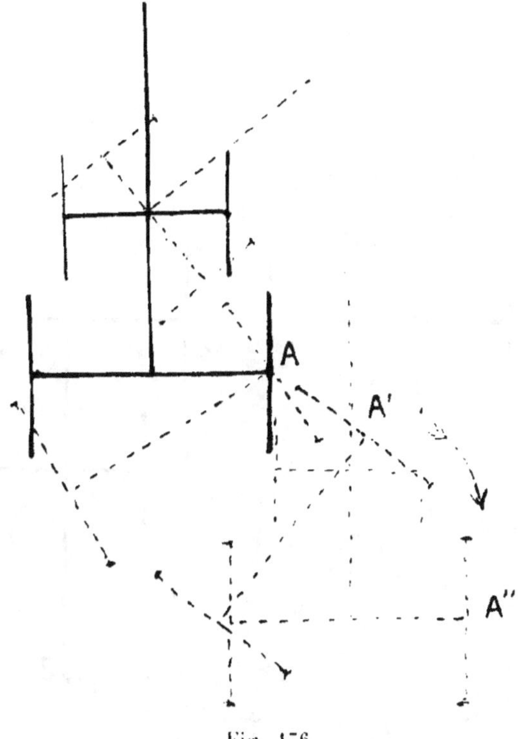

Fig. 176.

l'arrière-train obliquement dans une position voisine de A' ;

2° Placer le cheval en oblique à gauche et le faire reculer, ce qui redresse l'arrière-train et l'amène en A″ ;

3° Redresser le cheval.

Le bout pour bout (fig. 177) s'exécute de la façon suivante :

Placer le cheval en oblique à droite, puis, le faisant reculer sur un grand demi-cercle, on fait décrire à l'ar-

rière-train un demi-cercle plus petit ayant la roue droite
pour centre.

Lorsque l'arrière-train est arrivé dans la position désirée, il suffit de redresser le cheval et l'avant-train.

Fig. 177.

Le louvoyer est une succession de demi-retraites très
étroites, limitées par la position même qu'on occupe.

Tout ce travail ne doit se demander qu'avec des chevaux parfaitement confirmés au reculer et bien francs
dans le mouvement en avant.

Attelage et dressage à deux chevaux.

Véhicules. — Le type de la voiture de dressage à
deux chevaux est sans contredit le « diable » ou « sque-

lette » dont nous donnons ci-joint un croquis (fig. 178) (1).
C'est le rudiment de toute voiture à quatre roues ; il est
fait des mêmes pièces essentielles, le montage en est
le même.

Il se compose essentiellement d'un arrière-train A,

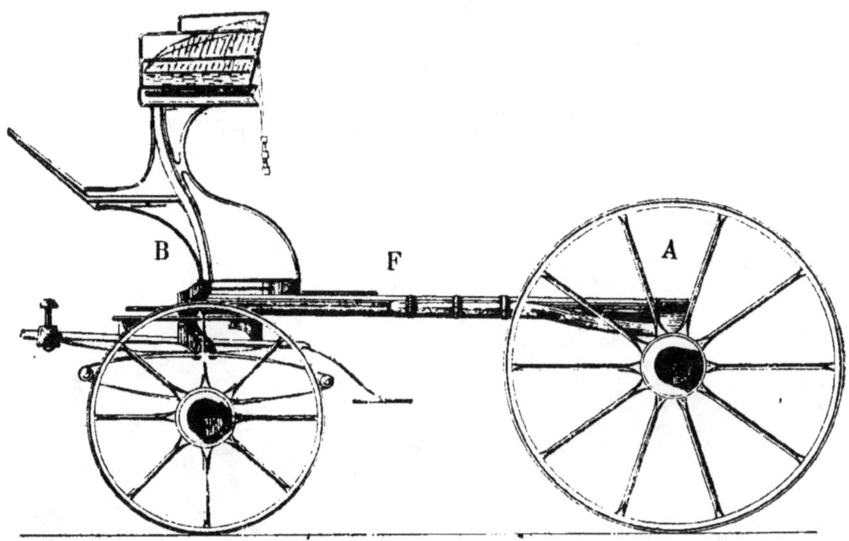

Fig. 178. — Squelette
(cliché Leborieux).

réuni à un avant-train B par la flèche F, et supportant en
avant un siège élevé.

L'avant-train B, auquel est fixé l'appareil de traction
et de direction (volée et timon) (fig. 179), est relié à l'arrière-train par la cheville ouvrière autour de laquelle
il est mobile.

Il se compose essentiellement de neuf pièces principales : la sellette, la cheville ouvrière, les deux armons,
la volée, le timon, l'essieu et les deux roues.

La sellette est une traverse en bois parallèle à l'essieu,
adaptée à celui-ci par l'intermédiaire des ressorts. Sché-

(1) Nous devons à l'obligeance de MM. Berger-Levrault la communication
des figures empruntées au livre de M. Lenoble du Theil.

matiquement, la sellette peut être représentée par un trapèze, dont la base supérieure est la plus petite. Elle sert de support au lisoir, pièce de bois analogue, mais

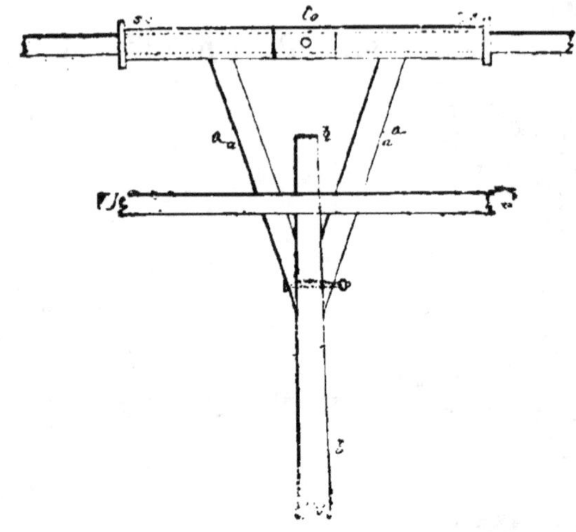

Fig. 179.
(Cliché Lenoble du Theil.)

tournée en sens inverse, et faisant corps avec la plate-forme supportant le siège (fig. 180).

Le lisoir et la sellette sont réunis par la cheville

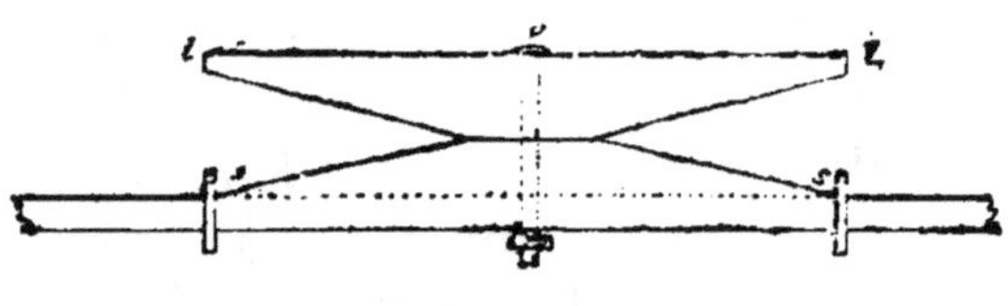

Fig. 180.
(Cliché Lenoble du Theil.)

ouvrière qui sert de pivot autour duquel la sellette peut tourner avec l'essieu et ses roues, sous le lisoir qui reste immobile contre la plate-forme.

On conçoit aisément que cette disposition du lisoir et de la sellette offrirait un équilibre bien instable à la plate-forme qui reposerait sur une base très étroite,

représentée par les faces inférieure du lisoir et supérieure
de la sellette.

Pour obvier à ce manque de stabilité sans augmenter
la surface de frottement, on a adapté au lisoir un cercle
en fer appelé *rond*. Ce rond, plat en dessous, convexe en
dessus, est placé horizontalement sous le lisoir, auquel il
est rivé par les deux extrémités de son diamètre transversal.

Il est fixé également par les deux extrémités de son
diamètre longitudinal à un support *pp.* perpendiculaire

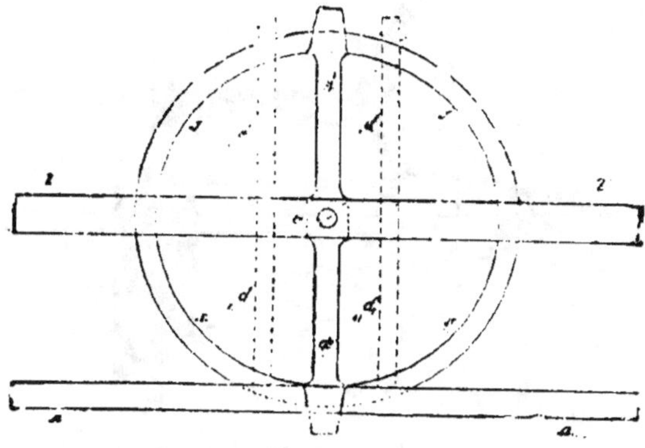

Fig. 181.
(Cliché Lenoble du Theil.)

au lisoir, et ce support est assemblé en arrière à une traverse *v*, appelée *traverse de support*, et en avant contre
une console en fer, qui le relie à la plate-forme. Le
support prend le nom de *fourchette*. Lorsque le rond est
de très grand diamètre, il est supporté par deux
fourchettes *p'*, *p'*.

La sellette porte également un cercle disposé de la
même façon que celui du lisoir. Ce cercle est attaché à
la sellette par les deux extrémités de son diamètre transversal. Il est fixé en avant et en arrière sur les armons,
qui à cet effet se prolongent en arrière de la sellette.

Pour diminuer la surface de frottement de ces deux

cercles, on a supprimé deux arcs latéraux du rond de
sellette, laissant seulement, en avant et en arrière, des
portions de ce rond, qui sont fixées sur les armons,
et qui prennent le nom de *jantes de rond*. Les bouts de
derrière des armons sont consolidés par des tringles de
fer qui les unissent à la sellette. Celle-ci est, de même,
unie à la volée *mm*, par le prolongement de ces tringles
qui s'appellent *tirants de volée* (fig. 182 et 183).

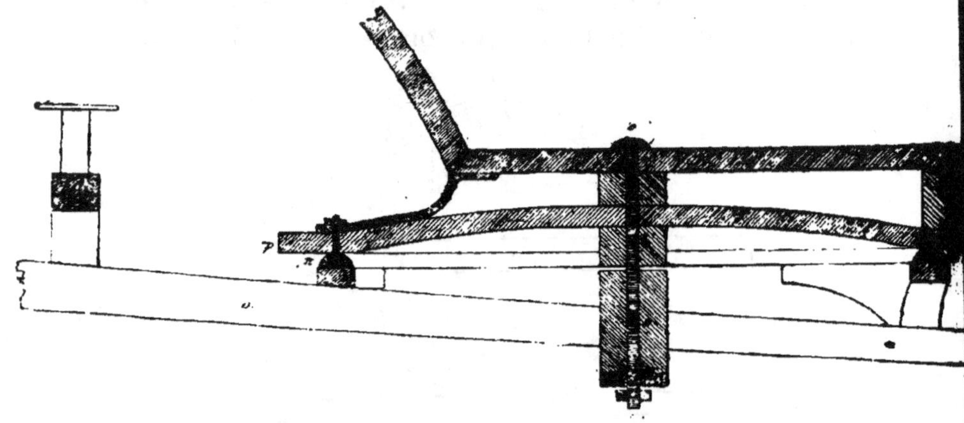

Fig. 182.
(Cliché Lenoble du Theil.)

Nous remarquerons que, dans une voiture bien
montée, le rond ne doit porter que sur les jantes de rond
et qu'il ne doit jamais reposer sur la sellette. Toutefois,
celle-ci est disposée pour pouvoir venir prêter son concours aux jantes de rond, mais seulement quand ces
parties sont affaiblies par le service.

Lorsque, ce qui est le cas de la plupart des voitures,
celles-ci sont montées pour pouvoir être attelées alternativement à un et à deux chevaux, les armons subissent
des modifications qui peuvent se ramener à deux
types.

Dans la première disposition, nous voyons que les
armons, au lieu de se rapprocher de l'axe de la voiture

pour emboîter le timon, s'écartent au contraire de cet axe, et se rapprochent des tirants de volée avec lesquels ils s'unissent en se prolongeant ensemble, parallèlement à l'axe de la voiture.

Les tirants de volée prennent alors le nom de *tirants d'armon*.

Dans la deuxième disposition, les armons sont ter-

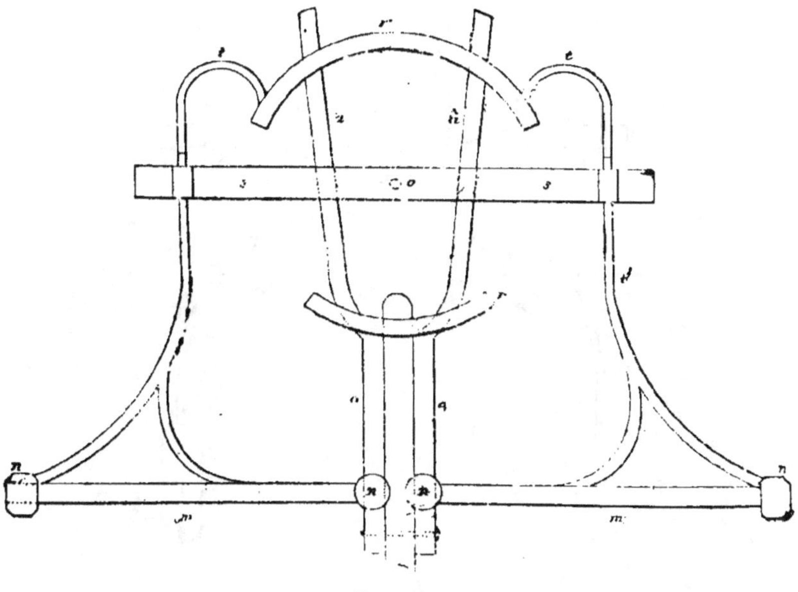

Fig. 183.

minés en avant des jantes antérieures de rond. Cette partie de chaque armon comprise entre les deux jantes s'appelle *fourchette* (fig. 184). Il y a toujours deux fourchettes qui sont le plus ordinairement en fer. Ces fourchettes sont réunies en avant à une tringle nommée *ceinture*, qui sert aussi à supporter la jante antérieure de rond.

La ceinture se prolonge de chaque côté pour rejoindre les tirants d'armon qui, à partir de leur jonction, prennent le nom de *bouts d'armons* ou simplement d'*armons*.

A leurs extrémités, les armons forment chacun une

gueule de loup qui sert à attacher chaque brancard ou la volée à la voiture. Dans ce cas, le timon passe dans un carré en fer qui s'appelle *collier de volée* et qui se trouve sous la volée. Le bout postérieur du timon s'emboîte dans une douille en fer placée au milieu de la sellette (fig. 185).

La volée *mm* est une traverse en bois assujettie sur

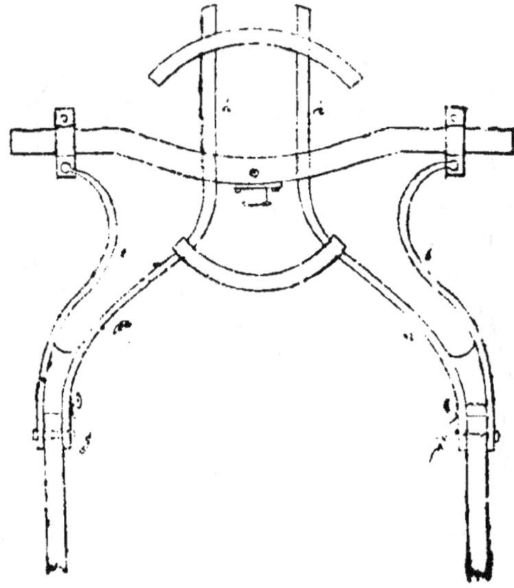

Fig. 184.

les bouts antérieurs des armons. Quatre paumelles ou poupées *n, n, n. n* servent à accrocher les traits à la voiture (fig. 186).

Ce mode de tirage est le plus généralement employé; mais il présente, surtout dans une voiture de dressage, un double inconvénient : 1° les chevaux tirent sur un point fixe, ce qui, dans le démarrage, peut, si les chevaux sont violents, leur taler les épaules, et par la suite leur ôter de la franchise, les rendre froids des épaules; 2° si les chevaux viennent à s'embarrer sur un trait, on se trouve

dans l'impossibilité de décrocher celui-ci et, par suite,
dans la nécessité de le couper pour dégager le cheval.

Le dispositif suivant présente les avantages inverses :

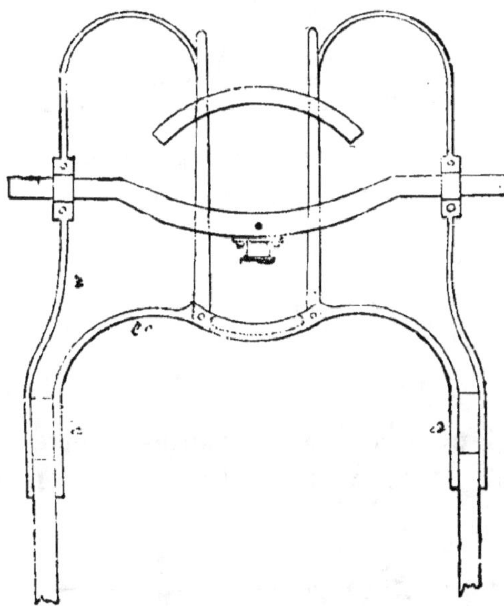

Fig. 185.

en arrière de la volée, on dispose pour chaque cheval
un palonnier à ressort semblable à celui décrit pour le
·tilbury, et dont les pitons porte-dards sont recourbés à

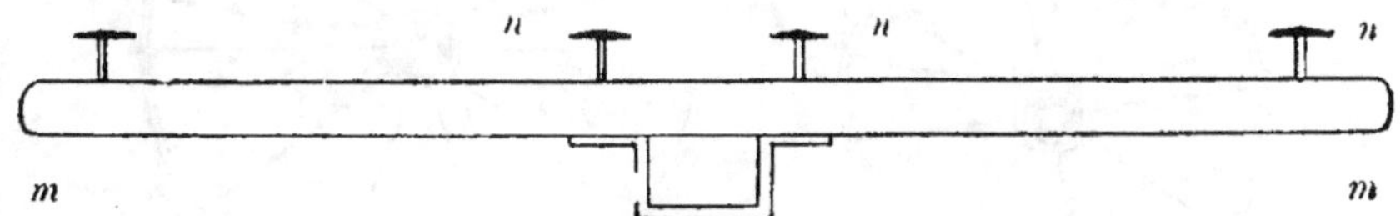

Fig. 186. — Volée à paumelles avec collier de volée, vue de face.

angle droit et ne présentent aucune saillie (fig. 187).
De la sorte, un cheval vient-il à s'embarrer, il suffit, le
dard enlevé, d'une simple poussée latérale pour dégager
le trait.

Le timon est une pièce de bois d'une longueur suffisante pour dépasser l'avant-main des chevaux et pour

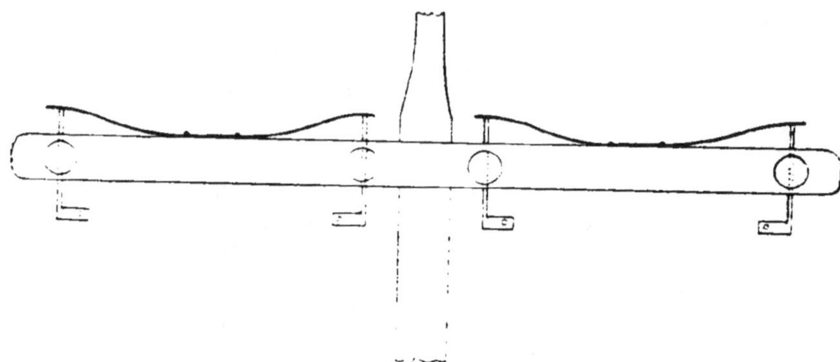

Fig. 187. — Volée avec tirage à ressort, vue d'en dessus.

que ceux-ci ne soient pas exposés à être touchés par
l'avant-train de la voiture. Le timon entre par son

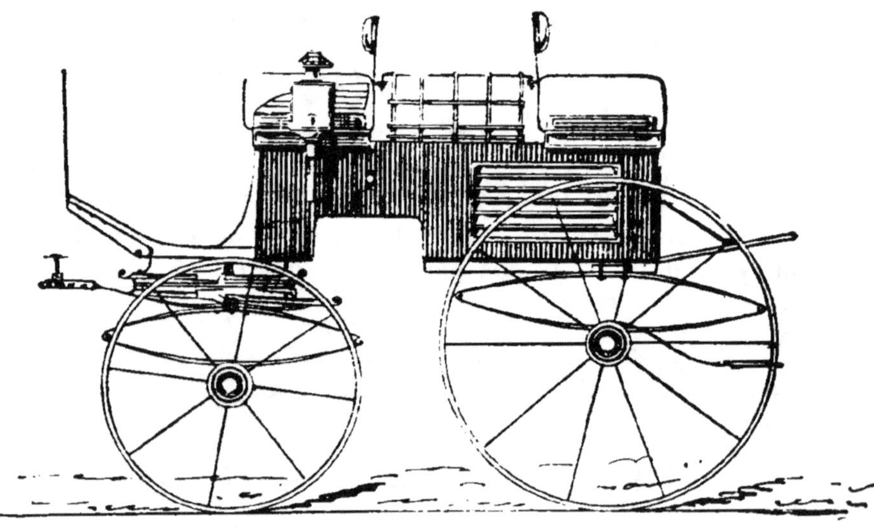

Fig. 188. — Mail-cart.
(Cliché A. Belvallette.)

extrémité postérieure entre les bouts des armons, s'appuie
en avant contre la jante antérieure de rond, de manière

à se soutenir de lui-même. Le bout antérieur du timon est muni d'une armature en fer appelée *crapaud* qui sert à fixer les chaînettes.

A défaut d'un squelette, n'importe quelle voiture à quatre roues et à deux chevaux, pourvu qu'elle soit peu fragile, stable et munie d'un siège élevé, pourra convenir pour le dressage en paire. Certains chariots à commissions, un phaéton élevé, un grand break, un mail-cart sont, parmi bien d'autres, des voitures parfaitement pratiques pour cet usage (fig. 188).

Fig. 189. — Harnais à deux.
(Cliché Bernard.)

Harnais. — Le harnais à deux se compose (fig. 189) :
1° D'une *bride* identique à celle du harnais à un. Souvent on évite de chiffrer l'œillère interne et de mettre une cocarde du même côté. Cette pratique a pour but

d'empêcher de mélanger les brides des deux harnais, d'éviter les rayures que les chevaux ne manquent pas de faire avec ces parties saillantes en se frottant l'un contre l'autre.

2° D'un *collier* identique au collier du harnais à un, avec, comme celui-ci, attelles, courroie d'attelles et coulant d'attelles. Dans ce dernier se trouve passé un anneau en fer destiné à recevoir la chaînette, forte courroie qui va s'attacher au crapaud de timon ;

3° De *traits* dont les boucleteaux sont, dans le cas le plus ordinaire, fixés aux attelles et d'une longueur telle que la boucle. placée en arrière, arrive au niveau du milieu du mantelet. Ces boucles portent deux œils. À l'œil supérieur se trouve fixé le boucleteau de courroie de mancelle ; à l'inférieur, le contre-sanglon de sous-ventrière. Les traits proprement dits se bouclent dans ces boucleteaux et se terminent à leur partie postérieure, soit par une ganse, soit par un coulant qui se fixent aux poupées ou paumelles de la volée, soit par une mortaise, si on adopte le dispositif de traction sur ressort décrit plus haut.

Dans certains harnais très légers, les traits sont fixés directement aux attelles ; ils sont alors supportés au mantelet par un simple passant, et portent le boucleteau à la partie postérieure. Cette sorte de harnais ne peut convenir qu'à des voitures très légères et munies de mécanique, car, dans les descentes, les chevaux ne retiennent que par le dessus de l'encolure.

4° D'un *mantelet*, sorte de sellette très légère destinée à supporter les traits au moyen des courroies de mancelle dans le premier cas, d'un long passant dans le second.

Au mantelet se trouve fixée la croupière terminée par le culeron. La mode règle le nombre et la disposition des boucles de celle-ci, ainsi que la forme et le volume des mantelets. Autrefois, cette partie du harnachement

était complétée par l'avaloir, longue bande de cuir
passant sous les fesses du cheval et venant se fixer
au boucleteau de trait. L'avaloir était supporté par le
surdos passant dans la croupière. L'usage en est aujour-
d'hui presque complètement abandonné, excepté pour les
harnais de poste.

5° Des *guides*. Celles-ci se composent de trois parties :
la guide proprement dite qui s'attache au côté extérieur
du mors; la croisière, courroie semblable à la guide,
mais sensiblement plus longue, fixée à celle-ci par une
boucle placée dans la partie de la guide comprise entre
la clef de mantelet et l'extrémité postérieure, et permettant de régler la longueur relative de la guide et de la
croisière ; enfin, la main de guide, qui est la partie des
guides comprise entre la boucle de la croisière et l'extrémité postérieure. La croisière, après avoir passé dans les
clefs intérieures du mantelet et du collier, va se fixer au
côté interne du mors de l'autre cheval. De la sorte,
l'action opérée par le conducteur sur la main de guide
se transmet identique aux deux chevaux simultanément.

La description qui précède s'applique aux harnais
ordinaires ou de luxe. Les harnais de poste en diffèrent
sur les points suivants (fig. 190) :

1° Les brides ne comportent pas de muserolle ; elles
sont accompagnées d'une grelottière et de queues de
renard ; le plus souvent, le frontal, comme la grelottière,
est garni de poils de blaireau ;

2° Les colliers sont remplacés par des bricoles, portant en leur milieu un dé pour les chaînettes et terminées par un anneau dans lequel viennent se fixer
simultanément la courroie de mancelle, la courroie d'avaloir, le trait et la sous-ventrière. Elles sont complétées
par de larges tabliers ou baudriers en cuir souple ;

3° Les mantelets sont tout à fait rudimentaires et sans
sangle ; les clefs de mantelet y sont remplacées par des
anneaux et le crochet de mantelet par un petit boucleteau ;

4° Les traits sont en cordes ; on en règle la longueur au moyen de nœuds ;

5° L'avaloir, au lieu d'être d'une seule pièce, se termine par des courroies d'avaloir analogues aux courroies de reculement.

Notons, en passant, que les harnais de poste se chiffrent

Fig. 190. — Harnais de poste.
(Cliché Camille.)

au moyen de lettres françaises majuscules séparées.

Avec le harnais de poste, les traits se fixent non pas directement à la volée d'attelage, mais à un palonnier en bois monté en avant de celle-ci.

Principes généraux.

Garnir. — « Prendre sur le bras droit toute la partie du harnais excédant le mantelet, que l'on place ensuite sur le même bras ; saisir des deux mains le collier, dont la partie large est dirigée en haut sur le porte-harnais ; le présenter de même à la tête du cheval ; le passer doucement, le retourner dans la partie la plus mince de l'encolure ; le faire descendre à l'épaule ; placer et étendre avec précaution le reste du harnais sur le dos du cheval ; passer le culeron, en évitant de prendre les crins sous la queue ; fixer la sangle et la sous-ventrière ; ramasser les traits sur le dos du cheval » ; brider le cheval ; fixer la guide extérieure au mors et la croisière à la muserolle, sans la boucler. La bride et le collier devront être ajustés d'après les mêmes principes que pour l'attelage à un. La longueur de la croupière sera réglée de telle façon que le mantelet se trouve placé au niveau de la boucle des boucleteaux de trait pour que les courroies de mancelle tombent verticalement.

Atteler. — Amener chaque cheval de son côté du timon obliquement d'arrière en avant par une demi-volte, de façon qu'il n'y ait plus qu'à redresser l'arrière-main pour qu'il soit en place. Cette manœuvre a pour but d'éviter de faire reculer le cheval qui pourrait toucher la volée avec son arrière-main et ruer. Mettre les chaînettes d'abord lâches pour fixer simplement chaque cheval au timon, accrocher ensuite les traits en commençant par celui du dehors, enfin resserrer les chaînettes et les fixer au point convenable. On défait alors les croisières des muserolles auxquelles on les avait provisoirement fixées, on les croise dans l'anneau de guide et on les boucle aux mors, puis on boucle les mains de guides et on les ramasse à la clef gauche du mantelet gauche.

« Il y a, dit le comte de Montigny, un dernier soin de propreté à donner, c'est-à-dire un coup de brosse aux crinières qui doivent être bien dégagées de dessous le mantelet, au toupet qui doit être lisse et passé sous le frontail. »

Enfin, avant de monter sur son siège, le cocher doit

s'assurer, d'un rapide coup d'œil, que tout est en place dans son attelage. Les trois points qui doivent plus particulièrement appeler son attention sont la longueur des traits, des chaînettes et des croisières.

« Les chevaux, dit Lenoble du Theil, doivent être aussi près que possible de l'avant-train de la voiture, eu égard cependant aux mouvements de l'arrière-main qui, en aucun cas, ne doit pouvoir être atteinte par la volée. L'expérience a en effet prouvé que le trait court est moins fatigant que le trait long. Les mouvements sont aussi plus justes, et l'ensemble de l'attelage présente un aspect plus harmonieux, les chevaux paraissant être et étant réellement plus dans la main du cocher.

« Les traits doivent être d'égale longueur pour que les forces déployées par les chevaux soient parallèles. Quelques personnes prétendent donner un cachet d'élégance à leur attelage en employant un trait plus court en dedans. Presque toujours, cette pratique provoque les chevaux à tirer à la chaînette en les mettant dans l'obligation de tirer sur l'épaule de dehors. »

Si, dans un attelage à deux, on a un cheval plus ardent que l'autre et que l'on veuille ménager, on peut l'atteler un trou plus long à chaque trait ; de la sorte il rencontre la main avant son compagnon de timon et, par suite, se met moins violemment dans ses traits.

« Les chaînettes doivent être assez libres pour ne pas gêner les chevaux, mais pas trop détendues, ce qui rendrait le timon flottant et nuirait à la régularité de la marche de l'équipage. Trop courtes, elles amènent les chevaux à tirer à la chaînette ou, si le timon est trop bas, au contraire, à se coucher sur celui-ci.

« La hauteur moyenne d'un timon doit être de 1^m,10 à 1^m,20 au crapaud.

« Les croisières devront être ajustées de telle sorte que chaque cheval conserve sa tête et son encolure dans l'axe du corps. Avec des croisières trop longues, les têtes des chevaux seraient amenées au dehors, ce qui provoquerait ces animaux à pousser sur le timon. Avec des croisières trop courtes, les têtes des chevaux seraient amenées en dedans, ce qui provoquerait ces animaux à tirer à la chaînette (1). »

Lorsque le cocher ne se trouve pas au milieu de son siège, mais à droite, comme c'est le cas général, les croisières droites et gauches doivent être différemment ajustées. La droite se bouclant au mors du cheval de gauche sera allongée d'un trou, tandis que la gauche sera au contraire raccourcie de la même quantité.

Pour dételer, on opère sensiblement dans l'ordre inverse :

Séparer les mains de guides et les ramasser chacune à la clef extérieure du mantelet correspondant.

Déboucler les porte-mors des croisières, et les rattacher à la muserolle du cheval qui porte la guide correspondante.

Desserrer les chaînettes pour pouvoir décrocher les traits en commençant par celui du dedans, et les croiser sur le dos du cheval.

Déboucler entièrement la chaînette et en faire rentrer l'extrémité dans le passant.

Porter les chevaux en avant, en évitant qu'ils ne rencontrent le timon avec leur croupe.

« Pour dégarnir : enlever la bride, dégager le culeron, déboucler la sous-ventrière et la sangle, soulever le harnais et le passer avec le mantelet sur le bras droit, amener le collier vers la partie la plus étroite de l'encolure, le retourner et le passer doucement. Porter tout le harnais au porte-harnais. »

Dressage à deux. — Le cheval, ayant été convenablement dressé à un comme il a été expliqué plus haut, est dans les meilleures conditions pour être mis au timon à côté d'un camarade et subir le dressage à deux.

(1) Lenoble du Theil, *Cours théorique d'équitation, de dressage et d'attelage*, 1889.

C'est ici qu'intervient l'emploi du « maître d'école » ou moniteur, cheval déjà dressé et sage que l'on attelle à côté de l'élève et qui, par sa franchise et son obéissance, détermine le départ de l'attelage et aide le jeune cheval dans les tournants qu'il sait déjà exécuter au tilbury, pour qu'il ne soit pas surpris et affolé par un exercice qui pourrait lui paraître pénible, même après l'avoir pratiqué seul. Le comte de Montigny nous donne le portrait suivant du bon « maître d'école » :

« Un bon maître d'école est un cheval précieux : il rend le dressage prompt et sûr, le met à l'abri d'une foule d'accidents et doit être choisi entre beaucoup d'autres pour remplir sa destination. Calme et franc au départ, il ne doit pas laisser d'hésitation à son écolier, le calmer lorsqu'il se presse, l'entraîner avec lui dans les tournants et le pousser lorsqu'il hésite à tourner du côté où il est attelé. Ce genre de cheval doit avoir des allures pour les développer dans le cheval qu'il dresse ; enfin, sans être chaud, il ne doit pas avoir besoin du fouet. Le dresseur ne doit avoir à s'occuper que du jeune cheval qu'il attelle. »

Un tel cheval est souvent difficile à rencontrer. Il est indispensable qu'il possède, au plus haut degré, toutes ces qualités lorsque l'on se sert du moniteur pour dresser des chevaux tout à fait neufs et n'ayant pas encore été dressés à un, comme cela se pratique malheureusement trop souvent dans les écoles de dressage qui sont souvent obligées de présenter attelés en paire des chevaux qu'elles n'ont pas le loisir de préparer plus longuement.

« C'est là, nous dit du Theil, qu'il faut un maître d'école bien spécial comme caractère, comme franchise, comme froideur et comme force. Bon gré mal gré, l'écolier doit obéir ; le moniteur, s'occupant peu de ce qui se passe autour de lui, emmène tout, voiture et camarade ; il tourne à droite, il tourne à gauche ; l'autre est forcé de le suivre, à moins qu'il ne se couche, et encore est-il traîné sur le sol où il s'écorche et se tare. Si le jeune cheval n'est pas trop nerveux, trop impressionnable, il finit par se soumettre et suivre son voisin. »

Mais, bien souvent, le cheval ainsi dressé n'apprend pas à travailler pour son compte et, le jour où il ne se trouve plus à côté du moniteur, on est tout surpris de constater qu'il n'est pas dressé. Veut-on ensuite l'atteler seul, c'est encore pis. Bien heureusement, il n'en est pas toujours ainsi et bon nombre de chevaux sont dressés de la sorte; mais il n'en demeure pas moins que c'est là un procédé purement empirique qui ne réussit qu'entre les mains d'un dresseur adroit et avec des chevaux pas trop malfaisants.

En ne dressant le cheval à deux que lorsqu'il est déjà confirmé à l'attelage seul, comme nous l'indiquons, on suit au contraire une progression rationnelle et on supprime cette grosse pierre d'achoppement : ce maître d'école parfait et si rare qui est la cheville ouvrière de ce dressage empirique.

Avec la progression que nous préconisons, au contraire, n'importe quel cheval dressé, sage et franc, peut jouer le rôle de maître d'école, ayant à donner l'exemple à son camarade plutôt qu'à l'entraîner.

Le dressage à deux devient alors la simple répétition du dressage à un, en tenant compte des observations spéciales suivantes que nous ne saurions mieux faire que d'emprunter encore à Lenoble du Theil :

« On attellera le jeune cheval à gauche du moniteur parce que l'aide du cocher sera plus à portée de lui pour intervenir rapidement lorsque le besoin s'en fera sentir ; il sera aussi mieux à sa main pour aider au départ, suivre le cheval en le flattant et remonter à sa place quand les choses se passent bien ou sont redevenues calmes. »

Certains dresseurs préfèrent mettre le jeune cheval à droite pour l'avoir ainsi devant eux et davantage sous le fouet; c'est là une question d'appréciation. Au surplus, au bout de quelques leçons il est bon de changer le jeune cheval de côté.

« Comme le jeune cheval a été préparé au tilbury, il n'a pas, dans le début, de préférence pour être attelé à gauche plutôt qu'à droite. Il ne faut pas, par conséquent, lui laisser prendre une trop longue habitude d'un côté ou de l'autre. Il conviendra donc, après quelques leçons pendant lesquelles il aura été familiarisé avec la nouvelle voiture et le contact d'un voisin d'attelage, d'alterner les leçons à droite et à gauche du maître d'école. Le menage deviendra plus juste et le cheval sera plus droit, parce qu'il n'aura pas eu le temps de se préparer à ces mauvaises habitudes de tirer sur la chaînette ou de pousser sur le timon qui proviennent des contractions d'encolure que la même position dans l'attelage a imprimées à cette partie.

« Les guides seront ajustées de telle façon que leur action soit équivalente sur les chevaux ; par conséquent, le moniteur aura les siennes plus bas que son élève qui bien souvent devra être embouché avec un simple filet. Ce moyen est préférable à celui d'attacher les guides à l'arc du banquet, car, dans ce cas, le mors est très remuant dans la bouche : il n'a aucune fixité et il provoque le cheval à encenser. » Avec les mors normands dits *coups de poing*, cet inconvénient est moindre.

Le jeune cheval sera attelé court de chaînette, afin d'être plus maintenu, moins flottant.

« Dans le principe, on veillera à faire les tournants du côté du jeune cheval plus larges que ceux exécutés sur le moniteur, ce qui veut dire que la circonférence du cercle parcourue devra avoir un rayon égal des deux côtés ; mais ces tournants ne seront jamais courts et ils seront exécutés au pas, jusqu'à ce que le cheval ait contracté l'habitude de bien rester sur les traits pendant tout le mouvement. Lorsque le tournant se fera de son côté, il faudra souvent l'appuyer pour le faire rentrer dans son collier qu'il a trop de tendance à quitter; en effet, la guide dirigeante le provoque à revenir un peu sur lui, surtout si le cocher n'observe pas cette prescription, que nous n'avons cessé de recommander, concernant la guide de dedans, laquelle ne doit jamais produire un effet de longue durée, mais doit agir par indications successives et répétées pour ainsi dire à chaque pas, et cela d'autant plus que le cheval a l'encolure moins ferme. »

L'importance capitale de ces intermittences dans la demande a été reconnue par tous les maîtres; voici ce qu'en dit de son côté le comte de Montigny :

« Il est important que le cocher sache bien qu'après chaque indication de sa guide pour tourner le jeune cheval il doit la relâcher momentanément pour le laisser se détendre, replacer son encolure droite et exécuter son mouvement sans contorsion d'encolure et presque de lui-même. Si j'insiste sur cette recommandation, c'est que j'ai vu la plupart des cochers et dresseurs, même intelligents, essayer de déterminer le tourner avec un pli d'encolure qui le rend impossible et insister sur leur effet de guide sans tenir compte des efforts de l'animal. Dans ce cas, le moniteur intelligent détermine quand même le tourner, mais le jeune cheval n'a rien appris. »

Lors du démarrage, le dresseur veillera à ce que l'élève prenne peu à peu l'habitude de partir en même temps que son voisin ; il en est de même pour les changements d'allure, ainsi que pour l'arrêt.

Dans le travail sur les obliques que nous avons déjà exposé pour le dressage à un, « on aura soin, en l'exécutant, de faire bien suivre le cheval du dehors et de rendre sensiblement la guide de ce côté pour que le mouvement oblique s'exécute sans hésitation. Le temps d'arrêt est indispensable pour rassembler les chevaux et leur permettre de déplacer la flèche au moment du mouvement oblique. Les jeunes chevaux, sur une indication de guide, plient généralement l'encolure et hésitent à déplacer l'avant-main, s'ils ne sont pas convenablement rassemblés dans ce moment ; le déplacement se fait alors lentement et avec une fausse position. En résumé, les obliques ont pour but de rendre les chevaux plus sensibles aux effets de guides, de les amener à se rassembler plus facilement et à se suivre dans les diverses directions qu'on leur donne » (comte de Montigny).

Lorsque le jeune cheval exécute bien à côté du maître

Fig. 191. — Attelage à deux chevaux bien ensemble.

d'école toute la progression qui a été indiquée pour le dressage au tilbury, on peut l'atteler à côté d'un autre cheval ayant subi le même dressage et étant au même point que lui. Le même travail est alors repris avec les deux jeunes chevaux attelés ensemble.

« Après un dressage, si intelligent qu'il soit, et les assouplissements dont il se compose, les jeunes chevaux deviennent incertains dans leurs allures, en un mot assez difficiles à conduire pour les cochers médiocres. Il faut donc porter remède à cet inconvénient en finissant le dressage par des exercices gradués sur la ligne droite aux allures franches et soutenues dont on augmente chaque jour la durée jusqu'à exiger le trot pendant deux lieues; c'est alors qu'on remarquera si les chevaux vraiment dressés conservent leur position, ne prennent pas de faux plis, tirent également et enfin sont véritablement accordés (fig. 191).

« Il arrive rarement que deux chevaux présentent des conditions identiques d'énergie, de souplesse et de soumission à la main. Ce n'est qu'après un trajet assez long qu'on apprécie bien la dissemblance et qu'on peut, avec intelligence, égaliser en quelque sorte des moyens inégaux, au moyen des embouchures ou de l'ajustage judicieux du harnais. »

Attelage à quatre ou « four in hand ».

L'attelage à quatre se compose essentiellement de deux paires de chevaux attelées l'une devant l'autre. Les chevaux de devant sont dits *chevaux de volée* ou *leaders*; ceux de derrière, *timoniers* ou *welers*.

Les leaders doivent avant tout être perçants, francs, pas peureux, légers dans leurs allures. On les choisira, autant que possible, plus près du sang que les welers, qui doivent être calmes, puissants et allants, sans être impressionnables.

Les accessoires indispensables à l'attelage à quatre sont une volée, composée d'un maître palonnier ou sommier et de deux palonniers. Ceux-ci sont terminés, soit par des pitons à dards qui s'engagent dans des mortaises au bout des traits des leaders, soit, ce qui est aujourd'hui plus usité, par des crochets à ressorts (fig. 192). Dans ce cas, les traits des chevaux de volée sont terminés par des mailles ou mousquetons fermés.

Pour recevoir cette volée, le crapaud de timon présente un dispositif spécial ; le plus usité est celui figuré ci-contre. L'anneau du sommier de la volée s'engage alors, soit dans le crochet supérieur appelé *trompe du crapaud*, soit dans le crochet inférieur appelé *crochet de sûreté*. Beaucoup de crapauds pour attelage ne présentent que l'un ou l'autre de ces deux dispositifs (fig. 193).

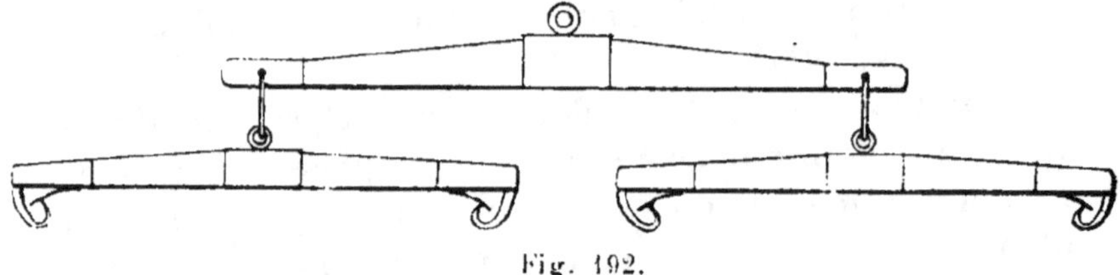

Fig. 192.

Les guides des leaders passent dans des clefs *ad hoc*, placées sur la bride des welers. Autrefois ces clefs étaient fixées au dessus de tête entre les deux oreilles. Maintenant on préfère les clefs sur les cocardes ou, mieux, aux sous-gorges, un peu au-dessous des passants.

La voiture type de l'attelage à quatre est le coach

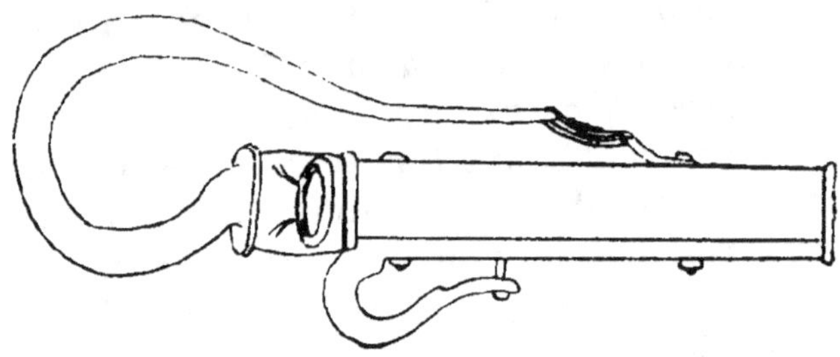

Fig. 193.

(fig. 194). Dans ce genre de voiture, la coquille du siège vient très en avant, de sorte que les timoniers sont en partie sous leur conducteur. Tout l'attelage se trouve par conséquent moins long en avant de celui-ci, ce qui facilite d'autant le menage. Dans les coachs, l'avant-train ne tourne que de 1/9 de circonférence, d'où la nécessité pour le coachman de bien engager ses tournants, qui, bien pris, se continuent sans difficulté, mais qui ne peuvent être rectifiés pendant l'exécution du mouvement. Enfin, le coach étant une voiture lourde, chacun des quatre che-

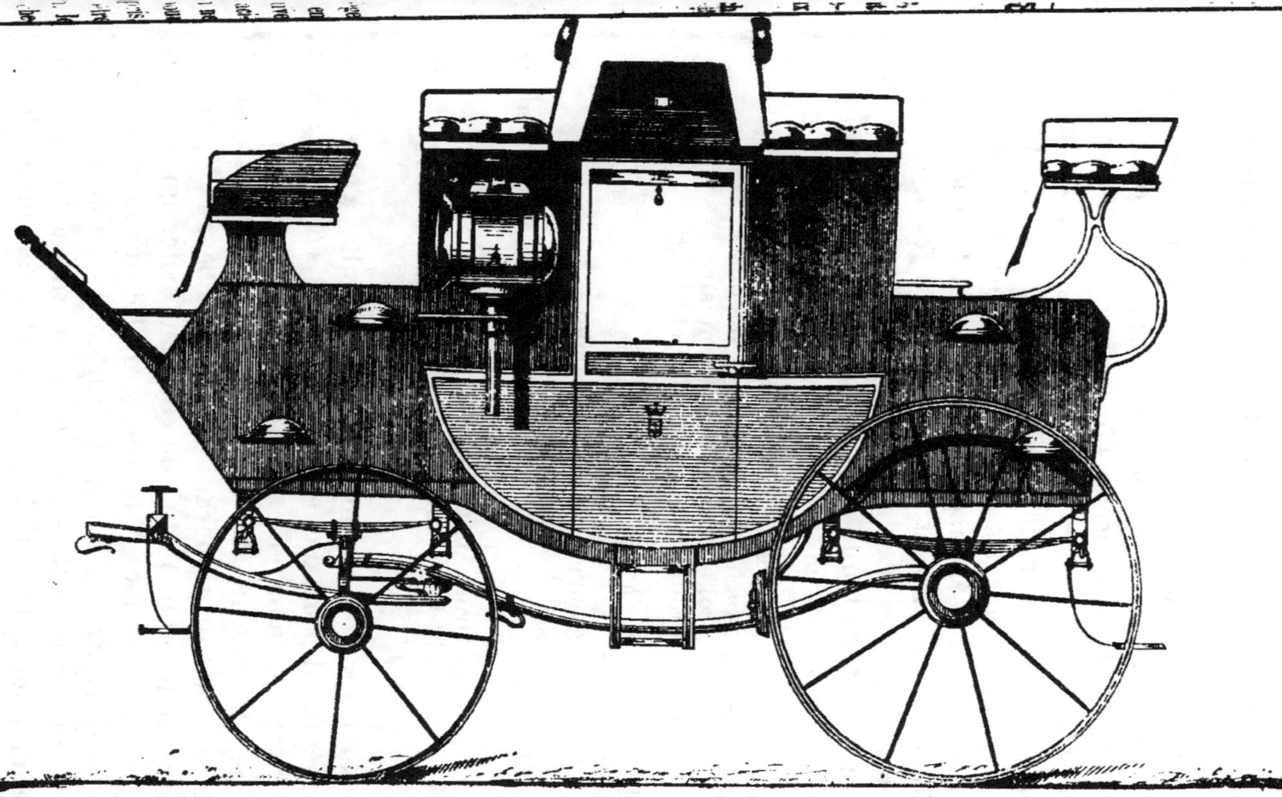

Fig. 194. — Mail-coach (A. Belvallette).

vaux doit coopérer à sa traction ; toute négligence de ce côté porte immédiatement atteinte à la régularité de l'attelage.

A défaut de coach, on peut atteler à quatre sur des breaks, mail-carts, etc. Dans ces sortes de voitures, le cocher est placé beaucoup plus en arrière, l'avant-train tourne complètement et le véhicule tout entier est beaucoup plus léger, ensemble de conditions qui présente pour le menage des avantages et des inconvénients inverses de ceux énoncés plus haut pour les coachs.

Tenue et maniement des guides et du fouet. — Deux tenues de guides sont généralement usitées pour le menage à quatre : tenue à la française ; tenue à l'anglaise.

Dans la tenue à la française :

> Guide gauche de volée sur l'index.
> Guide gauche de timon sur le médius.
> Guide droite de volée sur l'annulaire.
> Guide droite de timon sur le petit doigt.

Dans la tenue à l'anglaise :

> Guide gauche de volée sur l'index.
> Guide gauche de timon sur le médius.
> Guide droite de volée sur le médius et sur la guide gauche de timon.
> Guide droite de timon sur l'annulaire.
> Le petit doigt resté libre maintient fixement les quatre guides.

Quelle que soit la tenue adoptée, le résultat à obtenir est le même ; il peut, d'une façon générale, s'énoncer ainsi :

« Dans les mouvements obliques ou circulaires, il est nécessaire que le changement de direction soit entamé par les chevaux de devant et que les chevaux de timon parcourent le même terrain. On doit éviter que ces derniers ne cherchent à tourner trop tôt quand la volée a esquissé son mouvement. Il faut donc combiner l'action des guides de telle sorte qu'on indique le changement de direction à la volée, qu'on retienne en même temps

Fig. 195. — Attelage à quatre en poste. (Cliché Bernard.)

les chevaux de timon, qu'on laisse ensuite tourner ceux-ci ou qu'on les fasse tourner et qu'on règle la direction de la volée, qu'enfin on remette le timon dans la ligne droite qu'auront prise de nouveau les chevaux de devant. » (Lenoble du Teil) (1).

Dans la méthode française, ce résultat est obtenu au moyen de rallongements et de raccourcissements de guides, la main droite faisant successivement, suivant les besoins, sortir ou rentrer de la main gauche la longueur de guide nécessaire. Cette méthode qui, entre des mains habiles, peut permettre un menage très juste, est assez compliquée ; elle est presque complètement abandonnée.

Dans la méthode anglaise, les guides, une fois ajustées dans la main gauche, ne doivent plus bouger de celle-ci. Les raccourcissements se font au moyen de boucles ou « pelotons » faits par la main droite et maintenus pendant le temps convenable sous le pouce gauche. La main droite peut d'ailleurs doigter en avant de la gauche. La main droite peut même, serrant les quatre guides également entre ses doigts, et placée en avant de la gauche, prêter momentanément son concours à celle-ci et lui permettre de se reposer.

Les pelotons d'indication se font en repliant une portion de la guide de volée sous le pouce gauche, les pelotons de soutien ou d'opposition en enroulant une partie de la guide de timon autour de la paume du pouce gauche.

Le grand arrêt se fait en plaçant la main droite, les doigts écartés entre les guides, en avant de la main gauche que l'on remonte le long du corps, tandis que l'on baisse la main droite en sens inverse, en la glissant sur les guides. Cet arrêt est très puissant et peut se pratiquer dans quelque position que se trouve l'attelage, la position respective des guides ne se trouvant pas modifiée.

Le fouet est indispensable pour bien mener à quatre ;

(1) Lenoble du Teil, *Cours théorique d'équitation, de dressage et d'attelage*. (Berger-Levrault, Paris.)

aussi, en Angleterre, cette patrie du coaching, les mots *fouet* et *conducteur* sont-ils devenus synonymes; un bon « wip » signifie un bon « coachman ».

Le fouet de coach est à manche assez court et à lanière longue. La première chose à apprendre est de savoir déplier et replier rapidement le fouet sans bruit. C'est là un coup de main à attraper que donne surtout la pratique, mais qui se trouve fort bien expliqué, comme d'ailleurs tout ce qui touche au coaching, dans les *Leçons de guides* de Howlett.

Disons seulement ici que, pour être bien plié, le fouet doit présenter, comme sur la figure 196, une grande boucle

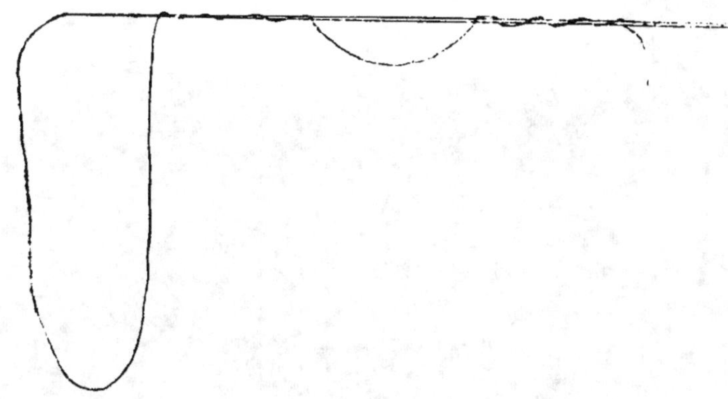

Fig. 196. — Fouet plié.

dans le haut, trois tours autour du manche, une petite boucle au milieu du manche et enfin trois tours en sens inverse près de la main du coachman. De cette façon, d'un seul coup de poignet rapide le fouet peut être déplié et se trouve cependant suffisamment enroulé pour ne pas se défaire à l'insu du conducteur.

Avec le coach, l'emploi du fouet est relativement aisé, étant donnée la position à la fois élevée et avancée de la coquille au-dessus des chevaux. Avec les autres voitures servant au *four in hand*, l'usage du fouet est beaucoup plus difficile et beaucoup moins juste.

Le fouet, dans tous les cas, s'emploie la mèche repliée pour les welers et la mèche déployée pour les leaders.

Départ. — Le départ doit s'effectuer les deux paires de chevaux démarrant ensemble. Ce résultat est parfois assez difficile à obtenir. On y parvient cependant en plaçant la main droite en avant de la gauche, sur les

Fig. 197. — Attelage à quatre.
(Cliché Diffloth.)

guides de la paire la plus ardente au départ, ou encore en ayant les guides de volée dans la main droite, celles de timon dans la gauche et en ne replaçant les guides de volée dans celle-ci qu'une fois le départ effectué. Si, malgré ces précautions, on ne peut obtenir un départ simultané des deux paires, il ne faut à aucun prix laisser démarrer les welers tant que les leaders ne se sont pas mobilisés. Si on a eu soin de demander le départ des leaders sur la main et sans qu'ils soient sur traits, le timon a le temps de démarrer lorsque les leaders commencent à se mettre en mouvement et avant qu'ils n'aient rencontré leurs traits. Si, au contraire, ceux-ci démarrent sur trait, ils donnent à l'attelage un à-coup dont la conséquence ordinaire est de faire tirer les welers à la chaînette et souvent de rompre les palonniers de la volée.

Si l'on a à quitter un trottoir, il faut demander le démarrage en donnant en même temps l'indication de l'oblique, que l'on cesse dès que l'attelage a atteint le milieu de la chaussée.

Angle droit à droite. — Pour le tournant à angle droit à droite, il faut commencer par marquer une opposition à gauche, sorte de demi-arrêt préparatoire qui s'obtient en renversant la main gauche qui tient les guides comme si l'on voulait boire. Puis, si la volée est trop sur traits, on la ramène en arrière par un raccourcissement des guides de 10 centimètres. Ce raccourcissement se fait en saisissant avec la main droite les guides de volée en arrière de la main gauche et en tirant ainsi à soi la longueur voulue.

Au moment où les chevaux de volée mettent leurs pieds de devant sur la ligne correspondant au bord de la route dans laquelle ils doivent s'engager, il faut faire avec la guide droite de volée un peloton, de dimension variable suivant la finesse des chevaux que l'on mène. Ce peloton est maintenu sous le pouce gauche jusqu'à ce que la volée soit engagée franchement dans la nouvelle direction.

Dès que le peloton est placé sous le pouce, la main droite doit se placer sur les guides de timon en avant de la main gauche, soit (ce qui est le cas le plus fréquent) pour soutenir les welers à l'extérieur et les empêcher de tourner trop tôt, soit pour les aider à tourner ; dans ce cas, il est préférable de rendre la guide gauche que de tirer sur la droite ; cette remise de guide se fait alors en baissant la main gauche.

23.

Si la deuxième partie du tournant est en pente, il y a lieu de maintenir l'opposition au timon un peu plus longtemps.

Notons en passant, pour ne pas avoir à y revenir, que, dans tous ces mouvements, la main gauche ne doit jamais s'avancer pour recevoir les pelotons, que la main droite ne doit jamais agir en se portant vers la gauche, mais au contraire en revenant à droite.

Angle droit à gauche. — Le tournant à angle droit à gauche se fait d'après les mêmes principes :

Soutenir à droite ;

Raccourcir la volée s'il y a lieu ;

Peloton sur la guide gauche de volée ;

Opposition ou action sur les welers ;

Rendre le peloton ;

Rendre les guides de timon.

Tournant à angle aigu à droite. — Dix mètres environ avant le tournant, il faut ramener la volée de 20 centimètres.

Au moment où la tête des chevaux de volée arrive au niveau du sommet de l'angle autour duquel on veut tourner, on forme autour du pouce gauche un peloton d'opposition de 15 centimètres environ avec la guide gauche des welers, puis un peloton d'indication de 20 centimètres environ avec la guide droite des leaders.

Lorsque ceux-ci sont bien dans la nouvelle direction, on laisse filer d'abord le peloton d'indication, puis celui d'opposition, et il est alors souvent nécessaire d'aider le timon à venir à droite avec la main droite.

Tournant à angle aigu à gauche. — Pour l'exécuter, on opère de la même façon, mais en employant les aides inverses. Raccourcir la volée. Peloton d'opposition sur la guide droite de timon, peloton d'indication sur la guide gauche de volée. Rendre le peloton d'indication, puis celui d'opposition, et enfin, s'il est nécessaire, aider le timon à achever son tournant à gauche, avec la main droite.

Petits obliques dans le mouvement. — Lorsque l'attelage commence à être bien mis et sensible aux indications des guides, on peut, lorsque les chevaux sont bien dans le mouvement en avant et attentifs sur la main, faire obliquer tout l'attelage, pour éviter un obstacle placé sur la route par exemple, par un simple mouvement du poignet gauche.

S'il s'agit de porter ainsi tout l'attelage à droite, on tourne le poignet gauche, le pouce dirigé vers la terre, et on l'amène sur le côté de la cuisse gauche. Pour déplacer l'attelage vers la gauche, il suffit de tourner le poignet gauche en dedans.

Arrêt le long d'un trottoir. — Pour exécuter l'arrêt le long d'un trottoir, il s'agit de faire obliquer la volée, puis le timon, de redresser l'attelage et enfin de l'arrêter: On y arrive de la façon suivante. Supposons le trottoir à droite. La main droite se place en avant de la gauche, le médium entre les deux guides droites, et pince la guide droite de volée qu'elle ramène d'environ 5 centimètres en arrière en glissant le long de la guide droite de timon, puis elle pince à son tour cette guide droite de timon sans abandonner celle de volée. Lorsque les leaders arrivent près du trottoir, on relâche la guide de volée, puis celle de timon lorsque les welers y sont à leur tour ; enfin, lorsque tout l'attelage est redressé, on l'arrête par un grand arrêt.

Retraite. — C'est avec l'attelage à quatre que la retraite est le plus souvent nécessaire, lorsque la place manque pour tourner un attelage aussi long. Pour l'effectuer, il faut au moins 7 mètres de largeur. Pour l'exécuter, l'attelage étant bien en ligne, la volée légèrement pendante, faire un peloton avec la guide gauche de volée et faire démarrer en amenant le plus possible les welers à gauche avec la main droite. Avancer ainsi le plus possible de manière à laisser au moins 3 mètres en arrière de la voiture. Lâcher alors le peloton, puis la guide gauche de timon. Saisir les deux guides droites dans la main droite et ramener vigoureusement les deux mains à soi. Ceci doit laisser la voiture arrêtée en travers de la route, l'avant-train tourné seul vers la droite.

Continuer l'effet indiqué pour faire reculer tout l'attelage, ce qui ramènera l'arrière-train de la voiture près du trottoir de droite, le nez penchant un peu à gauche. Cesser alors l'effet sur les guides droites ; faire peloton à gauche sur la volée, aider de la main droite les welers à venir à gauche et le demi-tour est exécuté. Ce qui vient d'être dit s'applique à la retraite à gauche ; pour la retraite à droite, le principe est le même, mais les moyens inverses.

Attelage en tandem.

Il nous reste, pour terminer, à parler du « tandem », attelage agréable et passionnant à mener et souvent

Fig. 198. — Attelage en tandem.

aussi bien pratique, quoi que l'on en dise, que l'on déplace deux chevaux par voie de terre, que l'on mène

Fig. 199. — Harnais de tandem. (Cliché Bernard.)

ainsi son hunter au rendez-vous ou simplement que l'on donne de cette façon un travail sérieux à son hack que, pour une raison quelconque, on ne peut monter. L'exercice qu'il prendra de la sorte lui sera bien autrement salutaire qu'une promenade en main ou quelques tours à la longe.

Un autre avantage du tandem, et pas des moindres, est de procurer à son conducteur les mêmes jouissances que le *four in hand*, tout en étant (quoique même d'une grande correction) à la portée de presque toutes les bourses. N'oublions pas en effet que le tandem est essentiellement un attelage de route et que le leader peut et doit être un cheval de selle (fig. 198).

Que faut-il, par suite, pour faire un tandem ? Une paire de grandes guides, une bricole très légère, deux panurges mobiles à la têtière du weler pour soutenir les guides du leader et deux coulants à ganse pour fixer les traits de celui-ci à ceux de celui-là.

Le leader a par suite pour tout harnachement la bricole légère dont il vient d'être parlé, la selle, les étriers relevés et la bride de selle dégarnie de ses rênes ou ayant celles-ci passées sous les étrivières. Cette façon d'atteler constitue le tandem « de chasse », le tandem type, à notre avis.

Si l'on possède deux harnais identiques comme coupe et comme bouclerie, on peut, en remplaçant à l'un d'eux ses traits par des traits plus longs et les manchettes porte-brancards par des boucleteaux porte-traits munis des mêmes boucles et passants, constituer ainsi un tandem dit « de ville » ou « de park » (fig. 199). Le même résultat s'obtient encore, quoique avec moins de correction, en mettant au leader un harnais à deux muni de traits plus longs. Mais ces tandems de ville, plus luxueux que le tandem de chasse, ne sont pas pour cela plus corrects que celui-ci, n'étant qu'une déviation, une déformation de l'idée première et rationnelle du tandem.

Il existe une autre façon de relier le leader au weler : elle consiste dans l'interposition d'une volée analogue à celle de l'attelage à quatre (fig. 200). Dans ce cas, les traits du leader n'ont pas besoin d'être aussi longs.

Cette volée se compose d'un petit palonnier de 60 centimètres environ, auquel se fixent les traits du leader ; il est relié par son milieu au milieu d'un maître palonnier d'environ 75 centimètres. La distance qui doit séparer le petit palonnier du sommier est d'environ 15 centimètres.

Le sommier est supporté par une chaînette d'une tren-

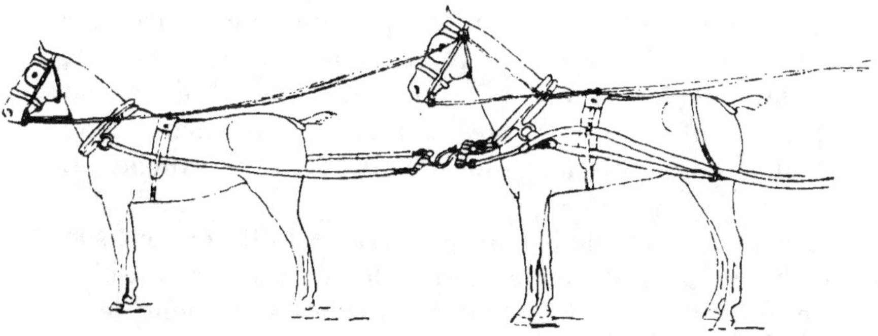

Fig. 200. — Autre mode d'attelage.

taine de centimètres, fixée dans le coulant d'attelles du weler, et relié aux traits de celui-ci par chacune de ses extrémités au moyen de tronçons de traits de 50 à 55 centimètres, terminés par des mousquetons s'accrochant dans les coulants à ganse des traits du weler dont il a été parlé pour l'autre mode d'attelage.

Tout cheval de selle, s'il est perçant et pas trop sujet aux tête à queue et à la ruade, peut, au bout de deux ou trois leçons au plus dans les grandes guides Mauléon, être mis en tandem. C'est même parfois, comme dressage à la voiture, un excellent exercice intermédiaire entre le travail dans les traits et la mise dans les brancards.

Le tandem se mène d'après les mêmes principes que l'attelage à quatre ; mais, la volée de tandem étant beaucoup plus légère que celle du *four in hand*, les indications doivent être moins fortes et plus moelleuses ; aussi préférons-nous aux pelotons la conduite par pincement et glissement dont nous allons exposer le maniement.

Supposons qu'il s'agisse de tourner à droite : les guides étant ajustées dans la main gauche, placer la main droite en avant à 20 ou 30 centimètres, les doigts entre chaque guide, et la ramener à soi en pinçant simultanément ou successivement celle des guides que l'on veut faire sentir, puis en cessant de la pincer et en glissant sur elle dès que l'on veut faire cesser, même momentanément, son action. Dans le cas présent, commencer par pincer la guide droite de volée et la gauche du weler. Lorsque le leader est suffisamment engagé dans son mouvement, desserrer les doigts qui tiennent cette guide droite, puis faire de même pour la gauche du weler.

Le leader semble-t-il ne pas fermer suffisamment son tournant, il suffit de resserrer les doigts sur la guide droite de volée tout en continuant le mouvement de la main vers le corps. Est-ce le weler qui reste trop sur l'indication de soutien, même après que celle-ci a cessé, un pincement de sa guide droite lui fera terminer le mouvement. C'est en alternant ces effets de pincement et de glissement pendant le trajet qu'accomplit la main droite le long des guides que l'on obtient des mouvements coulants et réguliers.

L'arrêt doit se faire progressivement et les deux chevaux ensemble. C'est toujours en doigtant de la même façon que l'on y parvient.

Dressage des chevaux de trait.

Le dressage des chevaux de trait ne demande pas un travail spécial, leur lymphatisme, leur manque d'influx nerveux permettant de les utiliser pour ainsi dire d'emblée aux travaux agricoles, en ayant soin toutefois d'en graduer la difficulté et la dureté proportionnellement aux progrès et aux forces de l'animal. Tous les cultivateurs le savent bien, et nous n'avons rien à leur apprendre à ce sujet. Aussi nous bornerons-nous à rappeler en quelques mots la progression généralement suivie par eux.

Vers l'âge de deux ans, le poulain est habitué au harnachement, puis attelé seul ou à côté d'un vieux cheval sage à une herse, dans une terre légère de préférence. S'il est attelé seul, il est conduit par la tête par un gamin. Il apprend ainsi à obéir à la voix à *hu* et à *dia* et aux indications du cordeau.

Un peu plus tard, il est attelé à la charrue en compagnie d'un ou deux chevaux d'âge, suivant la compacité de la terre à cultiver. En même temps, on lui fait prendre part aux charrois pour l'habituer à tout ce qu'il peut rencontrer sur la route. On a soin de le mettre en cheville dans un attelage d'au moins trois chevaux, c'est-à-dire entre le cheval de flèche qu'il n'a qu'à suivre et à imiter et le limonier à qui incombe la plus lourde charge, puisqu'il a tout à la fois à porter et à tirer ou retenir.

Plus tard enfin, lorsqu'il est assez sage et assez franc dans son collier, on peut le mettre en flèche. Mais ce n'est en général qu'un an ou dix-huit mois après, lorsqu'il est tout à fait confirmé et surtout lorsqu'il a acquis le développement et la force suffisants, qu'on l'emploie comme limonier. A partir de ce moment, son éducation est terminée.

APPENDICE

CONDITION ET ENTRAINEMENT

« La *condition*, dit M. Gobert, est l'aptitude au travail poussée en ses extrêmes limites. »

C'est la base essentielle de toute utilisation rationnelle et économique du cheval ; elle est fonction de la nourriture, de l'hygiène et du travail qui constituent l'entraînement en général. A toute adaptation du cheval correspond une condition spéciale qui permet d'en obtenir le plus grand rendement pour le minimum d'usure, condition qui s'obtient par un entraînement approprié. C'est ainsi qu'on distingue la condition de concours, de service, de chasse, de courses, etc. Le premier stade de la condition est l' « état », qui est une condition sommaire ; son expression la plus élevée est la condition de course.

« Le cheval en condition est une machine qui peut fournir son maximum de rendement sans fatigue ni surmenage. Il possède la plénitude de ses facultés, il est au summum de ses aptitudes. Tous ses organes ont acquis leur plus fort développement et leur plus grande puissance de fonctionnement. Son organisme s'est débarrassé des parties inutiles qui l'encrassaient et ne garde que les réserves nécessaires à la régénération des substances productrices de chaleur et de force brûlées pendant l'effort.

« Toutes les fonctions orientées vers un but unique, la production de l'effort, ont acquis leurs plus grandes aptitudes. Et, au-dessus de ce mécanisme si bien ordonné, règne en maître le système nerveux, parvenu, lui aussi, à la suprême limite de ses facultés : d'une part, il transmet aux muscles l'excitation, l'étincelle vitale qui provoque leur contraction et, d'autre part, il relie les fonctions entre elles, transmet aux autres la demande, les besoins de l'une d'elles, harmonise et règle tous ces admirables rouages du moteur animal (1). »

La condition se reconnaît à certains signes extérieurs non équivoques. Le cheval en condition respire la santé et la force. « Ce qui frappe le plus chez lui, c'est la sécheresse et la densité des tissus et notamment des muscles et le grand développement de ceux-ci. L'organisme a perdu la graisse inutile qui était déposée sous la peau, entre les muscles, entre les fibres musculaires.

« Par suite de la disparition de la graisse, les différents groupes musculaires sont saillants, en relief et séparés les uns des autres par de légers sillons très visibles notamment aux membres et à l'encolure (2). » Ces saillies musculaires se voient principalement en avant et au-dessus du coude, vers la partie inférieure de la fesse, et sur la croupe, au-dessus des hanches.

En même temps qu'ils se sont développés comme volume, les muscles sont devenus durs au toucher et la peau qui les recouvre et en laisse deviner le jeu a été rendue souple, fine, mobile par des suées abondantes qui ont éliminé la graisse. La robe est fine et brillante, le ventre réduit, mais plus ou moins suivant le service auquel est destiné le cheval et d'autant plus que l'effort qu'il aura à produire sera plus intense et de moins longue durée.

Mais ces signes extérieurs ne sont pas suffisants pour juger complètement de la condition d'un cheval; celle-ci ne peut être réellement déterminée qu'après le travail, par l'examen de l'état de la respiration, du degré de

(1) Gobert, *le Cheval*.
(2) Gobert, *le Cheval*.

sudation et de l'élévation de la température interne.

Pendant le travail, surtout s'il est rapide, les mouvements respiratoires sont normalement accélérés, mais, si le cheval est en condition, ils doivent reprendre leur rythme normal quelques instants après que le travail a cessé. Une respiration précipitée, l'œil congestionné, les naseaux dilatés, les flancs battant avec violence sont au contraire des signes certains d'un manque de condition.

Théoriquement, le cheval en condition ne sue pas ou sue peu, mais, la transpiration étant sous la domination immédiate du système nerveux, il en résulte que, même dans la condition la plus avancée, certains chevaux très impressionnables entrent en sueur, alors que des animaux plus froids restent secs quoique moins préparés. La nature de la sueur fournit une indication peut-être plus concluante. Épaisse, blanche, mousseuse sur le cheval trop gros et insuffisamment prêt, elle devient liquide et presque transparente sur le cheval voisin de sa condition.

Enfin, pour que le cheval soit bien en condition, il faut qu'après un travail sévère sa température rectale ne dépasse pas 38°,5.

L'*état*, c'est l'apparence du cheval ; trop maigre, il est dit *pauvre, bas d'état, sucé* ; trop gras, il est dit *soufflé, pléthorique, haut d'état*. Le bel état est l'apparence de la condition avec tous les signes de la santé et de la vigueur. Il est le résultat d'une bonne nourriture substantielle, mais plutôt rafraîchissante, et d'un travail modéré qui agit favorablement sur la nutrition générale, sans imposer au cheval de fatigue. Ce bel état est ce qu'on appelle la *condition de vente*, la seule qui n'exige pas d'entraînement.

Entraînement. — Tout entraînement poursuit trois buts :

1° Développer et fortifier le mécanisme du cheval, c'est-à-dire le muscler, pour le mettre à même de produire l'effort ;

2º Développer sa capacité respiratoire qui règle le jeu de la machine et lui permet de prolonger l'effort ;

3º Développer l'excitabilité du système nerveux qui commande les contractions musculaires, en permet la répétition et la fréquence et détermine la vitesse.

Le premier résultat s'acquiert par un travail lent au pas et au tout petit trot, de plus en plus long et prolongé. Par ce travail, en même temps que les muscles se développent, les membres et les articulations se fortifient et s'habituent progressivement à l'effort, sans avoir toutefois à supporter encore les chocs et les réactions d'amortissement que leur impose le travail en vitesse.

Le souffle ne s'obtient que par un travail assez vite, dont on augmente progressivement soit la durée, soit la vitesse.

L'excitabilité nerveuse s'acquiert seulement par le travail vite.

On voit que le même travail peut développer le souffle et l'excitabilité nerveuse, mais, ce travail vite étant très pénible pour tout l'organisme, il va sans dire qu'il ne faut y soumettre le cheval que lorsqu'il est à même de le supporter, c'est-à-dire lorsqu'il y a été progressivement préparé par le travail lent et prolongé.

On se trouve ici en présence de deux procédés : l'un, le plus généralement employé autrefois, consiste à donner au cheval des galops « demi-train », mais sur 2 000, 3 000 ou 4 000 mètres en une ou deux fois, avec ou sans canter préalable. Cette façon de faire nous a toujours paru la plus rationnelle lorsqu'il s'agit de la mise en condition d'un hack ou d'un cheval de chasse ; elle s'impose encore dans la préparation des chevaux de courses d'âge lorsque l'on n'a pas d'excellents terrains d'entraînement à sa disposition.

L'autre procédé, mis en honneur depuis quelques années surtout par les entraîneurs yankees, consiste à donner au cheval des galops espacés et courts, mais vites de

bout en bout. Ces galops ne doivent pas depasser 1 000 à
1 200 mètres.

« Ils développent extraordinairement le souffle du cheval, c'est-à-dire le jeu de ses grandes fonctions, poumon et cœur; ils augmentent considérablement l'excitabilité nerveuse, l'influx nerveux qui règle l'intensité de la contraction; en même temps ils assouplissent son mécanisme et lui font donner son plus fort rendement (1). »

Ce procédé, à la condition toutefois de posséder des pistes parfaites, est évidemment le meilleur pour la préparation de courses, surtout avec les jeunes chevaux qui n'ont pas encore leur classe et à qui il faut la faire acquérir.

« Les galops (surtout ces déboulés rapides) doivent être donnés sous le plus petit poids possible. A ces vitesses exagérées, en effet, les réactions sont très violentes, et l'appareil amortisseur est surmené. On s'efforcera, en allégeant le cheval le plus possible, en diminuant sa masse, d'atténuer cet effet réactionnel et, par conséquent, la fatigue des agents amortisseurs et en particulier des tendons.

« Quelle que soit la vitesse du galop que l'on se propose de donner, celui-ci devra toujours être régulier sans à-coups de train ni emballages.

« Si on sent le cheval peiner par fatigue musculaire ou manque de souffle à la fin d'un galop, on l'arrêtera aussitôt. C'est surtout à ce moment qu'il claque (2). »

Contrairement à ce qu'on pourrait croire, « un cheval ainsi entraîné et arrivé en bonne condition de courses est parfaitement capable de faire un long parcours, un raid, une chasse dure. En un mot ce cheval, accoutumé à donner un violent effort vite et court, peut très bien donner un effort aussi violent, mais plus lent et plus long. Les raids militaires effectués en ces dernières

(1) GOBERT, le Cheval.
(2) GOBERT, le Cheval.

années ont montré que c'étaient les chevaux de militarys, ceux qui étaient entraînés en vue des courses, qui supportaient le plus facilement ces dures et longues épreuves et qui les gagnaient souvent. Est-il besoin de rappeler à ce sujet le cas de *Vulcain*, au lieutenant Deremetz, arrivé deuxième dans Bruxelles-Ostende ; de *Iss·iry*, au lieutenant Goin, arrivé deuxième dans Paris-Deauville ; et l'exemple de cet extraordinaire *Negro*, au capitaine Deremetz, arrivé deuxième dans Lyon-Vichy et qui, le dimanche suivant, gagnait un military de première série ».

Quel que soit l'entraînement que subisse le cheval, son travail doit être réglé par deux directrices qu'il ne faut pas perdre de vue : l'état général et l'état des membres.

Si, malgré une bonne ration alimentaire, le cheval soumis à un fort travail maigrit, baisse d'état, a l'air triste et somnolent, s'il mange mal, c'est que le travail a été exagéré, et il convient de le diminuer. Il en est de même si les membres manifestent des traces de fatigue, engorgements, apparition de tares molles ou dures, chauffage, etc.

C'est pourquoi il ne faut pas passer de jour sans visiter les mangeoires de ses chevaux et explorer leurs membres : « Examinez chaque jour votre cheval ; son état, l'état de ses membres en sont les véritables régulateurs du travail. Si votre cheval présente de la fatigue, baisse d'état, s'il boite, si un de ses tendons devient chaud, etc., diminuez ou arrêtez le travail. Au contraire, si le cheval reste en état, gai, si ses membres ne portent pas trace de fatigue, continuez la progression de travail que vous avez fixée. »

Les deux écueils de l'entraînement sont, on le voit, l'inappétence, d'une part, les accidents des membres, d'autre part ; aussi est-on souvent obligé de modifier, suivant les circonstances, le travail normal de l'entraînement, et d'avoir recours à des artifices, à des pratiques accessoires, pour obtenir le résultat désiré. Parmi celles-ci, citons, comme les plus courantes, les purgations, les suées, l'attelage, la natation, le galop en main et enfin le doping.

Les purgations ont pour but de maintenir la liberté du ventre, d'empêcher l'encrassement du tube digestif, de stimuler l'appétit et de favoriser la diminution du volume des organes abdominaux.

Les suées se donnent en faisant prendre au cheval un travail modéré, mais sous plusieurs épaisses couvertures superposées. Elles ont pour but d'alléger les chevaux trop gros de corps, lorsque l'état des membres de ceux-ci ne permet pas d'arriver à ce résultat par un travail suffisant. Les suées sont très affaiblissantes. Elles étaient très en honneur autrefois dans l'entraînement des chevaux de courses ; aujourd'hui, leur emploi tend de plus en plus à disparaître, et n'est plus réservé qu'à quelques cas spéciaux. En revanche, elles sont tout indiquées pour la mise en état de chevaux de vente ou de concours trop gras, qu'il s'agit de préparer en peu de temps et en leur conservant une intégrité parfaite de membres.

Les longs trottings, allant jusqu'à 12 ou 15 kilomètres de suite, attelé à une voiture légère, sont excellents pour la mise en condition de toute espèce de chevaux de service, des chevaux de chasse et même de certains vieux chevaux de courses. Ils fatiguent moins les membres que ne le ferait le même exercice donné monté ; ils fortifient les tendons délicats ; mais ils éprouvent souvent les articulations, en particulier les boulets, et déterminent fréquemment des mollettes.

Les galops en main à côté d'un autre cheval, très préconisés par le capitaine Beausil, peuvent également donner d'excellents résultats. Ils n'ont que le défaut d'exiger à la fois un personnel, des chevaux de relais comme leaders et un terrain dont on ne dispose pas toujours.

La natation convient admirablement à la préparation de tous les chevaux à membres délicats ou sensibles. Elle permet de leur imposer un travail sévère, grâce à l'effort musculaire et respiratoire considérable qu'elle exige, tout en ménageant les membres, qui non seulement n'éprouvent aucune fatigue, mais bénéficient au

Fig. 201. — Entraînement à la nage.

contraire de tous les effets thérapeutiques bienfaisants de l'eau froide (fig. 201).

Les premières séances de nage ne doivent pas excéder sept à dix minutes, sans faire reprendre pied au cheval, que cet exercice impressionne généralement beaucoup au commencement, et à qui la crainte fait faire des efforts inutiles. Les temps de nage peuvent ensuite être portés progressivement à vingt-cinq ou trente minutes. Certains chevaux supportent même, avec un entraînement suffisant, des nages de quarante-cinq minutes.

Ces nages se donnent généralement en faisant suivre le cheval à la longe derrière un bateau, ou en l'accompagnant toujours à la longe d'à terre, si la nature et l'escarpement des rives le permet.

Le seul danger de ce mode d'entraînement est les atteintes que le cheval est sujet à se faire en nageant; aussi est-il parfois nécessaire de le guêtrer spécialement pour cet exercice.

Le doping, enfin, permet, par l'administration, soit buccale, soit sous-cutanée, de certains alcaloïdes réagissant sur le système nerveux, d'obtenir l'excitabilité nerveuse qui peut manquer au cheval, soit par tempérament, soit par défaut d'entraînement. Ce procédé est aujourd'hui formellement interdit par les règlements de courses, car, d'une part, il peut présenter un caractère frauduleux et, d'autre part, il est dangereux pour l'organisme, en lui imposant une dépense d'énergie qu'il n'est pas naturellement en état de fournir, et qui se traduit toujours après l'effort par un état de dépression considérable.

Il ne faut toutefois pas confondre le doping, qui s'administre au moment d'une épreuve donnée, avec certains médicaments agissant sur le système nerveux comme fortifiants ou comme aliments de la cellule nerveuse, et que l'on peut employer utilement et régulièrement pendant la période d'entraînement. Ces médicaments agissent comme accumulateurs ou restituteurs d'énergie, tandis que le doping agit comme dépensateur d'énergie.

Nous ne parlerons pas de la pratique de l'entraînement, qui est une question trop spéciale et d'expérience pour trouver utilement sa place ici.

Soins aux membres. — Nous avons dit plus haut toute

l'importance que présente l'examen quotidien des membres au point de vue de la distribution du travail du cheval. Il n'entre pas dans notre cadre de décrire les différentes lésions dont peuvent souffrir les membres ; leur diagnostic et leur traitement relèvent de l'art vétérinaire, ou sont le fruit d'une expérience toujours, hélas ! acquise à ses dépens. Mais nous croyons devoir énoncer ici les symptômes communs à ces différentes affections, qui doivent attirer l'attention de tout homme de cheval, et exposer les premiers traitements à instituer, en attendant la venue du vétérinaire.

Tout accident à un membre, ou même tout excès de fatigue, se traduit par les symptômes suivants : engorgement, chaleur, sensibilité et presque toujours boiterie. En examinant le membre malade, en le palpant, on peut se rendre compte du siège du mal et, avec de l'habitude, de son intensité. Parfois, l'engorgement est si considérable qu'il est tout à fait impossible de distinguer la lésion. Aussi, dans tous les cas, la première chose à faire est-elle de combattre l'inflammation aiguë et l'engorgement qui en résulte.

Pour parvenir à ce résultat, on peut recourir à trois procédés différents, dont le choix dépend évidemment des conditions où l'on se trouve pour la facilité de leur exécution. Ce sont : l'eau chaude, l'eau froide et les astringents, la compression.

Eau chaude. — L'eau chaude agit en décongestionnant la partie malade, en favorisant la vascularisation. On l'emploie de la façon suivante.

Le membre malade est placé dans un seau contenant de l'eau à 60° ou 70°, dans laquelle plonge un tampon d'ouate hydrophile, ou mieux une bande en flanelle ou en tissu jersey.

On commence par fomenter, à l'aide d'une éponge, la partie malade pendant un quart d'heure environ, puis on l'enveloppe avec le tampon d'ouate ou la bande imbibée d'eau chaude que l'on recouvre, soit d'une bande mince en caoutchouc, soit d'une feuille de toile gommée; enfin, on assujettit le tout au moyen d'une bande d'écurie ordinaire. La chaleur ainsi emmagasinée se conserve longtemps, et c'est ce qui rend le pansement précieux pour la nuit.

L'eau froide agit d'abord par la contraction vasculaire et le ralentissement de la circulation capillaire qui en résulte, d'où ralentissement dans la nutrition des éléments anatomiques, abaissement de température, diminution de sensibilité. Puis, quand l'application cesse, la réaction se produit avec dilatation des vaisseaux, circulation plus active et sensation de chaleur.

L'eau froide s'emploie en bains prolongés de plusieurs heures, dans l'eau courante de préférence ; en irrigation continue au moyen d'un réservoir donnant l'eau sous pression et d'un tuyau de caoutchouc la distribuant sans cesse à la partie atteinte; en douches. Celles-ci se donnent en pluie et longues (un quart d'heure environ), ou en jet et courtes (trois minutes). Dans le cas d'inflammation aiguë, les douches en pluie doivent seules être employées et renouvelées fréquemment dans la journée. Les douches en jet, à cause de leurs effets réactionnels intenses, sont réservées aux cas où il s'agit de réveiller la vitalité des tissus.

Les astringents agissent comme sédatifs, en resserrant les tissus et en ralentissant par suite la circulation capillaire ; on les emploie soit en solution, dont on imbibe des bandes que l'on met autour du membre malade, soit en pâtes claires que l'on étend sur celui-ci, et qu'on y laisse sécher. Ces dernières sont d'un emploi plus à la portée de tout le monde que les bandes imprégnées de solutions astringentes. Celles-ci demandent un certain doigté pour être bien posées. Les solutions astringentes les plus couramment employées sont l'eau alunée à 4 p. 100, l'eau blanche, la solution de sulfate de fer à

4 p. 100, enfin la solution de poudre de *Knaup* à satura-
tion dans du vinaigre.

Les pâtes les plus usuelles sont : le blanc d'Espagne
dissous dans du vinaigre, la terre glaise avec de l'eau
ordinaire ou, mieux, avec de l'eau blanche ou du sulfate de
fer, enfin la poudre du Pin très à la mode en ce moment.

La compression élastique, que l'on doit autant que possible toujours employer, même sur un membre sain
comme préventif, s'oppose en partie à l'infiltration des
tissus et favorise la résorption des liquides extravasés
lorsque l'infiltration s'est produite; la compression
s'obtient au moyen de bandes, généralement en flanelle
ou en jersey. Les meilleures pour cet usage sont sans
contredit les bandes en tricotyle de laine de chez Châne,
ou les bandes Sandow en molleton et jersey. Ces
bandes sont laissées deux ou trois heures au moins et
souvent toute la nuit. Elles doivent être enlevées pour le
pansage et replacées ensuite. On les met en partant du
genou ou du jarret, puis en descendant, par spires égales
et peu serrées, jusqu'au paturon, en ayant soin de bien
envelopper le boulet sans faire de plis, et en remontant,
par spires plus obliques et plus serrées, jusqu'au genou,
au-dessous duquel on les attache au moyen des cordons
qui les terminent. Les bandes doivent être progressivement plus serrées au-dessus du boulet, à l'endroit où
sortent les mollettes. Les cordons qui les attachent
doivent être mis bien à plat. Il faut commencer par
enrouler deux ou trois fois autour de la jambe le cordon
qui prolonge la bande, dans le même sens que celle-ci,
puis enrouler en sens inverse l'autre cordon, nouer
ceux-ci ensemble, et en rentrer les extrémités sous les
tours précédents. Cette façon de fixer les flanelles a le
grand avantage de les assujettir très bien, tout en serrant relativement peu les cordons, résultat auquel on ne
parvient que difficilement en enroulant simultanément

les deux cordons en sens inverse et en les croisant à chaque tour.

Les bandes sont excellentes pour les membres des chevaux, mais elles demandent à être bien mises, sans plis, assez serrées, mais pas trop. Mal mises, elles sont plus nuisibles qu'utiles et, dans ce cas, nous préférons de beaucoup, même à titre préventif, l'emploi d'une pâte astringente.

Les bandes dites *d'exercice*, que l'on met pour le travail afin de soutenir le tendon, se placent comme les bandes d'écurie, mais beaucoup plus serrées, et en n'enveloppant que la partie supérieure du boulet. C'est surtout pour les bandes d'exercice qu'il est nécessaire de se conformer aux prescriptions données plus haut pour la façon de les fixer par les cordons. Les meilleures bandes d'exercice sont en flanelle croisée anglaise, en drap ou en tissu spécial de caoutchouc. Souvent, pour les tendons sensibles, afin d'adoucir et d'égaliser la pression des bandes, on place une feuille d'ouate sous celles-ci.

Il est très bon de faire précéder l'application des bandes d'écurie par un massage (fig. 202). Celui-ci se pratique de la façon suivante. Étant accroupi devant le membre à masser, on saisit celui-ci entre les paumes des deux mains, que l'on glisse en remontant le long du membre en le serrant fortement. Arrivé en haut de la partie à masser, on desserre les mains, et on recommence. Toutes les deux ou trois passes, on fait une passe en descendant, mais légère, et seulement pour relisser un peu le poil.

Le massage fait à sec irrite beaucoup la peau ; aussi est-il recommandé d'oindre la partie à masser d'un corps gras, d'huile camphrée par exemple.

L'effet du massage est double : d'une part, il favorise la résorption des liquides extravasés, et d'autre part il active la circulation par la réaction qu'il provoque ; son effet est tout à fait analogue à celui de l'eau froide.

Si l'on se trouve en présence d'un excès de fatigue ou
d'une lésion tout à fait bénigne, deux ou trois jours de
repos, avec les soins que nous venons d'indiquer, suffisent
en général pour rendre au membre toute sa netteté. Dans

Fig. 202. — Massage (1).

le cas contraire, on a affaire à une lésion plus grave ou à
une tare naissante et il convient de recourir au vétérinaire
qui prescrira généralement une friction fondante ou les
pointes de feu, si le cas est plus grave.

Bien souvent aussi ces phénomènes de chaleur, sensibilité et engorgement sont dus à des atteintes vives ou

(1) Figure empruntée au livre de M. Goubaux, vétérinaire militaire : *le Cheval.*

sourdes que le cheval se donne avec ses autres membres ; en connaître la cause, c'est pouvoir y remédier par un guêtrage approprié. Les modèles de guêtres sont nombreux, mais reposent tous sur l'un ou l'autre de deux principes différents. Tantôt l'amortissement des chocs est obtenu au moyen de rembourrage souple et épais, tantôt, au contraire, au moyen de protecteurs rigides en cuir raide, souvent même doublé de tôle. Les guêtres souples, généralement en feutre, sont faciles à faire et à ajuster, mais elles sont lourdes à l'œil ; les guêtres à protecteur rigide sont plus efficaces, plus élégantes, mais demandent à être faites par des spécialistes et parfaitement ajustées au cheval.

Lorsque les atteintes n'intéressent que le boulet, on peut utiliser généralement avec succès la guêtre dite *à la marchande* formée d'un carré de molleton que l'on fixe par son milieu juste au-dessus du boulet par un cordon et dont on rabat ensuite la partie supérieure pour recouvrir le tout.

Les crevasses sont une autre affection bénigne, mais toujours douloureuse et souvent tenace, qui siège dans le pli du paturon. La nature de la boue, une prédisposition particulière de la peau de cette région peuvent en favoriser l'apparition qui, neuf fois sur dix, est due à la négligence de l'homme qui soigne les chevaux. Les paturons doivent toujours être lavés avec soin et sans ménager l'eau, de façon à enlever tous les fragments de boue, tous les petits graviers qui pourraient rester dans les poils ; puis ils doivent être essuyés au torchon, à la main dans le sens du poil et non pas en travers par un mouvement de va-et-vient imprimé au torchon roulé en long, comme on le voit faire trop souvent. Si le cheval est plus particulièrement sujet aux crevasses, au lieu d'essuyer le paturon avec un torchon, on le sèche simplement avec quelques poignées de son.

Un bon moyen préventif contre les crevasses consiste

à ne pas tondre les jambes pendant l'hiver, la boue reste alors à la pointe du poil qui protège ainsi la peau du paturon contre son action érosive.

Les crevasses ne font pas toujours boiter le cheval au point de lui interdire tout service, cependant leur guérison rapide exige le repos absolu. Les médicaments préconisés pour la guérison des crevasses sont nombreux ; adoucissants de toute sorte, pommades avec ou sans astringents, cautérisants, desséchants, etc. D'une façon générale, les corps gras ne sont pas à préconiser, ils rancissent souvent et fixent à leur surface une quantité de poussières et de saletés. L'emploi des solutions antiseptiques non irritantes (liqueur de Van Swieten, lusoforme, etc.) en lavage ou en pansements humides, en cataplasmes, avec du son même au besoin si l'inflammation est très grande, puis l'enveloppement avec de la ouate hydrophile, sont de beaucoup préférables. Lorsque l'inflammation a disparu et que la place est bien détergée, on peut, pour hâter la cicatrisation, recourir à des badigeonnages d'acide chromique, de teinture d'aloès, de glycérine iodée, ou à des saupoudrages de salol ou d'iodoforme. Dans tous les cas, la plaie doit toujours être tenue à l'abri de l'air au moyen de pansements ouatés. Enfin, les corps gras, et, parmi ceux-ci, l'onguent mercuriel de préférence, ne seront employés qu'après fermeture complète de la plaie et formation des galons dont ils hâteront la chute, ils assoupliront la peau que l'usage des cicatrisants pourrait avoir trop desséchée, ce qui la prédisposerait à de nouvelles crevasses.

La ferrure.

Une bonne ferrure rationnelle bien adaptée aux circonstances est aussi nécessaire pour la bonne utilisation du cheval que pour sa présentation avantageuse. Nous ne voulons pas faire ici un cours de maréchalerie, ce qui serait infiniment trop long, mais seulement donner quelques conseils pour le choix d'une ferrure appropriée aux besoins du cheval et au service qu'on attend de lui.

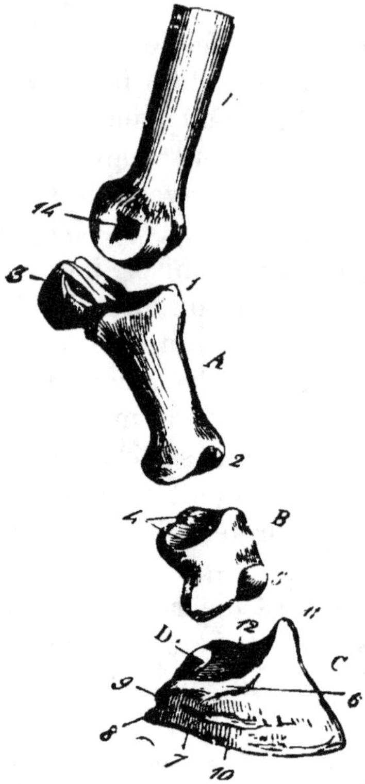

Anatomie et physiologie du pied. — Mais, auparavant, rappelons sommairement la constitution anatomique du pied et son rôle physiologique.

L'extrémité inférieure de la colonne osseuse (troisième phalange avec ses cartilages de prolongation, petit sésamoïde, partie de la deuxième phalange), avec les tendons et les ligaments qui ont leurs points d'insertion sur ces os, repose sur un matelas élastique, le coussinet plantaire, et est entourée d'une enveloppe charnue abondamment pourvue de vaisseaux sanguins et de filets nerveux. Le tout est renfermé dans une boîte cornée appelée *sabot*.

Fig. 203. — Os du pied du cheval.

A, os du paturon ; B, os de la couronne ; C, os du pied ; D, petit sésamoïde ; E, grands sésamoïdes ; F, os du canon.

La partie supérieure du sabot, son point de jonction avec le paturon à la couronne, est le bourrelet. Toute la partie du sabot visible lorsque le pied est à terre se nomme *paroi* ou *muraille* ; elle se replie en arrière pour venir de chaque côté de la fourchette former les barres ou arcs-boutants.

Sa partie supérieure est creusée intérieurement d'une

sorte de gouttière destinée à loger le bourrelet et est
recouverte d'une corne plus molle, sorte de vernis appelé
périople. Son bord inférieur est intimement lié à la sole.

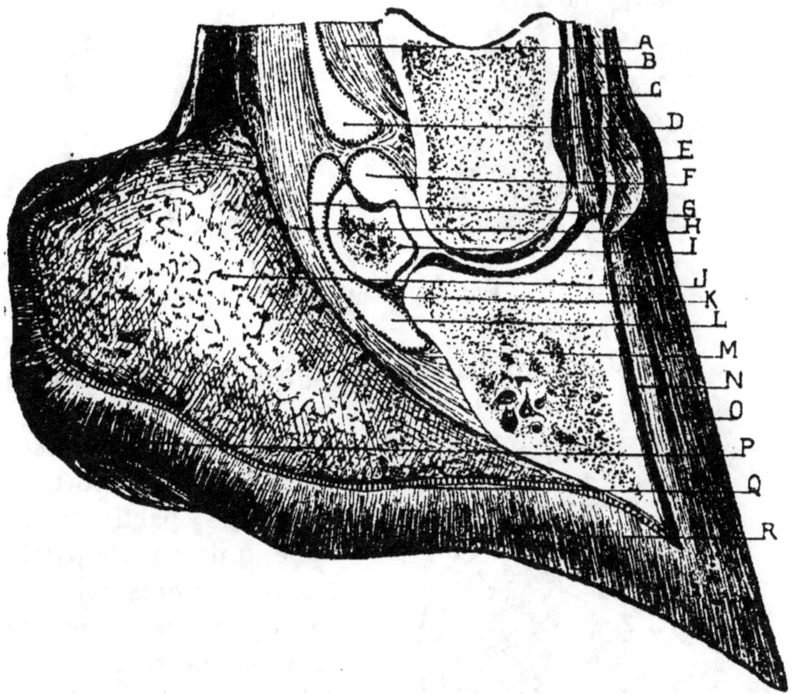

Fig. 204. — Coupe antéro-postérieure du pied.

A, bourrelet complémentaire de la 2e et 3e phalange ; B, peau ; C, extenseur
antérieur des phalanges ; D, cul-de-sac inférieur de la synoviale grande
sésamoïde ; E, bourrelet ; F, cul-de-sac postérieur de la synoviale articulaire du pied ; G, cul-de-sac supérieur de la synoviale petite sésamoïdienne ; H, aponévrose plantaire ; I, petit sésamoïde ; J, coussinet plantaire ; K, ligament sésamoïdien interosseux ; L, cul-de-sac inférieur de la
synoviale petite sésamoïdienne ; M, 3e phalange ; N, tissu podophylleux ;
O, paroi ; P, fourchette ; Q, tissu velouté ; R, sole. (Montané.)

Sa face interne est constituée par une infinité de petites
lamelles cornées appelées *tissu kéraphylleux*, qui, par
leur imbrication avec les lamelles correspondantes de
l'enveloppe charnue appelées *tissu podophylleux*, déterminent l'adhérence du sabot avec le pied.

La partie antérieure de la paroi se nomme la *pince*, la partie postérieure *talon*: les parties intermédiaires en

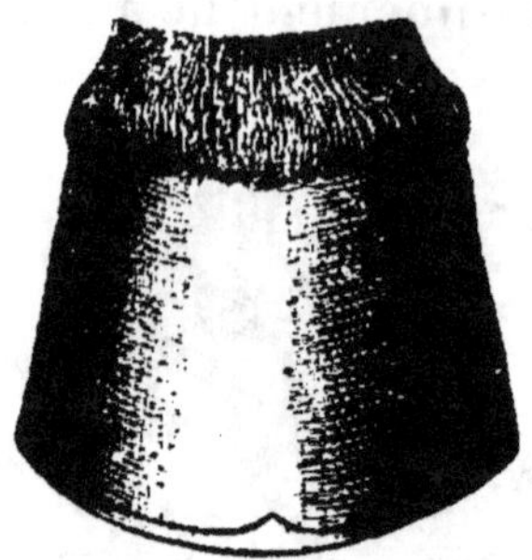

Fig. 205. — Pied vu de face.

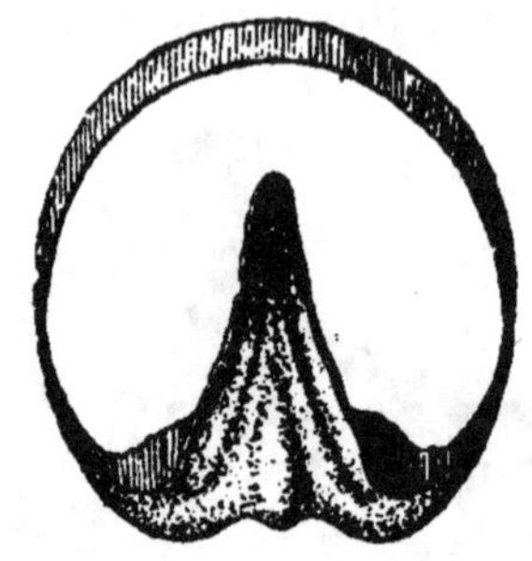

Fig. 206. — Fourchette et périople.

allant de la pince aux talons sont appelées *mamelles*, puis *quartiers*.

La partie inférieure du sabot, celle qui est en contact avec le sol, est formée de trois parties : la sole, qui est cette partie plus ou moins concave occupant tout l'espace compris entre les barres et le pourtour de la paroi ; les barres, dont on distingue nettement les arêtes à l'extérieur des deux lacunes latérales ; la fourchette, sorte de coin triangulaire en corne molle partant des talons, la

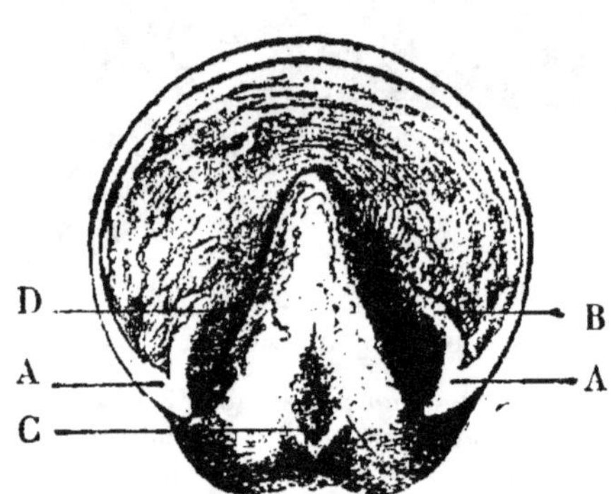

Fig. 207. — Pied vu d'en dessous.

AA, arcs-boutants ; B, barre ; C, lacune médiane ; D, lacune latérale.

pointe dirigée vers la pince, logée entre les barres dont elle est séparée par les lacunes latérales et portant en son milieu une cavité appelée *lacune médiane*.

La partie de l'enveloppe charnue en contact avec la

sole et la fourchette se nomme *tissu velouté* ; il présente une infinité de petites villosités adhérentes à des dépressions correspondantes de la corne.

La corne est sécrétée par l'enveloppe charnue, au bourrelet pour la paroi, par le tissu podophylleux pour la corne blanche qui constitue le tissu kéraphylleux et se soude intimement à la partie interne de la paroi, par le tissu velouté pour la sole et la fourchette.

Le pied a dans la locomotion un rôle d'amortissement considérable à remplir. Ce résultat est obtenu surtout par la compression entre le sol et la face plantaire de la troisième phalange de la fourchette et du coussinet plantaire et par l'épanouissement latéral de ces deux organes entraînant lors de l'appui une certaine ouverture du pied en talons.

A l'état naturel, le pied non ferré prenant appui sur un sol mou, celui-ci se moule exactement sur toute la face interne du sabot ; la réaction du sol se trouve alors normalement répartie et concourt aussi directement, par la pression qu'elle opère dans les lacunes sur les barres, à la dilatation du sabot.

Cette élasticité du pied est indispensable à la conservation de la beauté et de l'étendue des allures, ainsi qu'à l'intégrité des articulations. Vient-elle à cesser, le cheval souffre, craint le terrain et finit par boiter.

La ferrure et le travail sur un terrain dur sont assurément défavorables à la conservation de cette élasticité, les points de contact du sabot avec le sol se trouvant forcément réduits ; mais, si c'est là un mal inévitable, il est du moins possible de l'atténuer dans une certaine mesure en parant convenablement le pied et en y adaptant une ferrure en rapport avec le travail exigé du cheval.

Ferrure. — La ferrure idéale devrait protéger le pied contre l'usure tout en lui conservant son aplomb et son élasticité.

Malheureusement, ces qualités s'excluent partiellement

les unes les autres. C'est donc d'après la nature du pied, d'après le genre de travail exigé, que l'on devra se guider pour faire choix d'une ferrure remplissant surtout telle ou telle condition.

Dans tout fer on distingue (fig. 208) une face inférieure en contact avec le sol et une face supérieure en contact avec le pied. La partie antérieure du fer se nomme la *pince*; celle-ci se continue de chaque côté par les branches qui se terminent au niveau des talons par les éponges. Le contour extérieur du fer s'appelle *rive externe*; son contour intérieur *rive interne*.

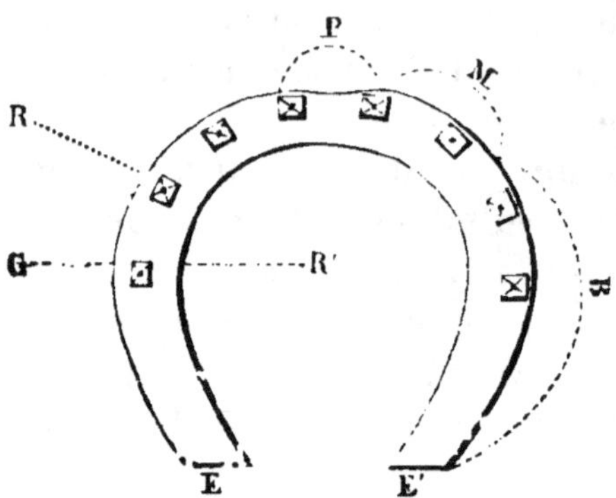

Fig. 208. — Fer ordinaire. Fer droit de devant, face inférieure.

P. pince; M. mamelle; B, branche; E. éponges; R. rive externe; R'. rive interne.

A la face inférieure on remarque des cavités en forme de tronc de pyramide nommées *étampures* et destinées à recevoir le collet des clous. La face supérieure est percée de trous correspondant aux étampures et appelés *contre-perçures*. Ils servent à donner passage à la lame des clous.

Dans la ferrure anglaise, les étampures sont réunies par une rainure qui ne paraît pas avoir d'autre utilité que de donner de la légèreté et de l'élégance au fer.

La partie du fer qui déborde le pied se nomme *garniture*. On appelle *ajusture* une certaine inclinaison que l'on donne à la face supérieure du fer dans le but d'éviter son contact avec la sole. Dans la ferrure française, l'ajusture s'obtient en inclinant tout le fer en pince et en mamelles, ce qui ne fait porter celui-ci sur le sol, lorsqu'il est neuf en pince et en mamelles, que par la rive interne de la face inférieure. Dans la ferrure anglaise, l'ajusture est obtenue au détriment de l'épaisseur du fer à sa rive interne supérieure. L'ajusture ne doit jamais exister en talons.

On appelle *pinçon* une saillie du fer de forme triangulaire que l'on incruste dans la paroi pour donner plus de solidité au fer. On appelle *crampon* ou *grappe* un reploiement des éponges à la face inférieure destiné à donner plus d'élévation au fer en talon et à le faire mordre davantage sur le sol.

Les fers les plus en usage sont : le fer français ordinaire, le fer anglais ordinaire, le fer à planche dans lequel les deux éponges sont réunies par une partie transversale : la planche (fig. 209) ; le fer Lafosse ou à lunette ou à branche tronquée au niveau des quartiers ; le fer Porret ou à éponges amincies ;
le fer Charlier, très étroit et très mince, incrusté dans la corne à la soudure de la paroi avec la sole, et à

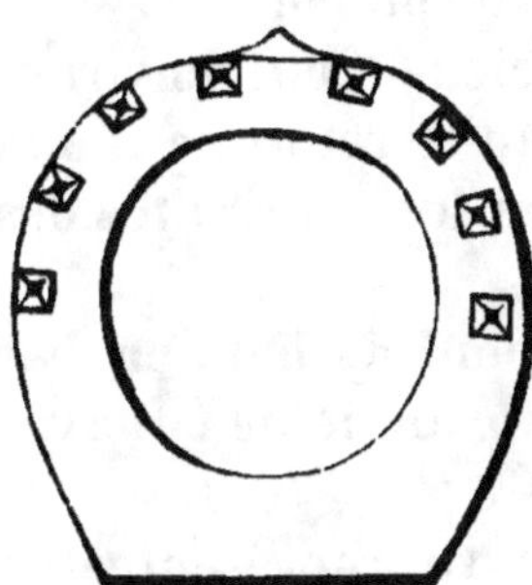
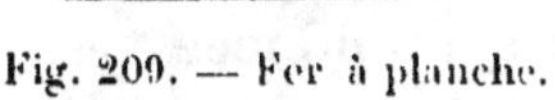

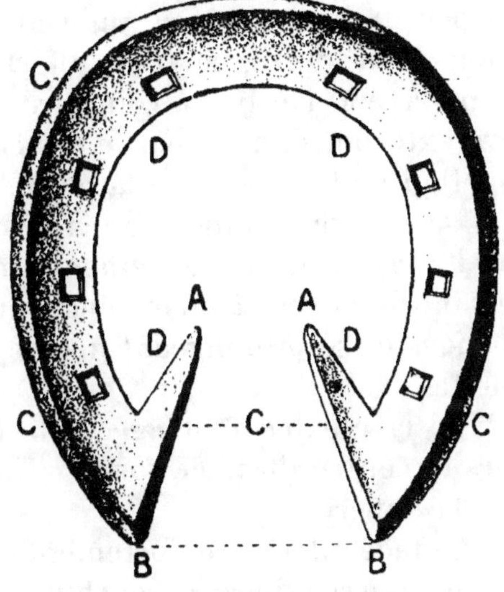

Fig. 209. — Fer à planche.   Fig. 210. — Fer Husson vu de dessous.

peu près abandonné aujourd'hui à cause de la difficulté de son emploi ; le fer à pantoufle et à demi-pantoufle, dans lequel les branches présentent à leur partie supéro-postérieure une forte inclinaison de dedans en dehors destinée à favoriser l'écartement des talons : le fer à oreille de chat, dans lequel les éponges présentent deux sortes d'oreilles inclinées qui s'engagent dans les lacunes latérales ; le fer Husson, malheureusement peu connu et qui mérite une description un peu plus détaillée que nous laissons faire à son inventeur (fig. 210 et 211) :

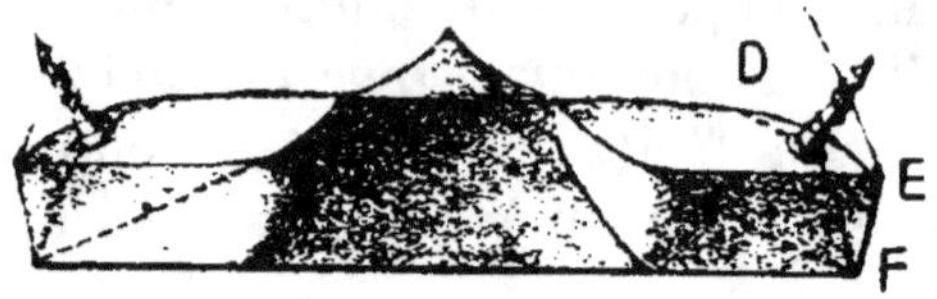

Fig. 211. — Fer Husson vu de derrière.

« Vu d'ensemble, il représente le fer habituel dont les éponges se prolongent à l'intérieur par deux appendices convergents que j'appelle les *ailettes*.

« En coupe transversale. la face supérieure, sur toute son étendue, forme un talus incliné vers la périphérie, un peu moins en pince. un peu plus en quartiers et en talons ; en outre, ce talus affecte une convexité allant d'une rive à l'autre, à courbure plus prononcée vers la rive externe. dans la partie qui correspond à la ligne de jonction de la sole et de la paroi. Un relief en goutte de suif se trouve en pince pour fournir un pinçon.

« La rive interne, fortement amincie, $0^m,001$ environ, se continue avec la même épaisseur en se retournant aux éponges et se prolongeant jusque vers les extrémités des ailettes.

La rive externe, dirigée obliquement de haut en bas vers le centre du pied, forme ainsi un angle de 90° avec la face supérieure.

« La face inférieure. fortement concave, représente une parabole irrégulière à courbure très prononcée vers le tiers périphérique, en talons comme sous les ailettes ; elle se retourne et se poursuit avec le même profil.

« Les éponges, pointues à l'extrémité, s'avancent en s'élargissant vers le sommet de la fourchette ; les ailettes, qui en sont le prolongement. croissent progressivement

en hauteur, sont ensuite amincies et rétrécies pour se
terminer en sifflet, tourné en haut et en avant.

« Les étampures, circulaires ou quadrangulaires à
volonté, sont percées fort à gras pour les deux branches
à quelques millimètres seulement de la rive interne ;
elles doivent être fortement contre-percées et débouchées,
sans quoi la lame du clou ordinaire serait seule à y pénétrer et, en raison de sa minceur, elle ne tarderait pas à
être cisaillée.

« Pour faire porter le fer à chaud, il importe de le
présenter d'abord très bas et de le faire ensuite remonter
en glissant sur la corne par petits coups successifs des
tenailles sur la région du pinçon.

« Le brochage s'effectue en dirigeant les clous directement vers le point où ils doivent sortir de la muraille,
d'une façon telle qu'ils en émergent le plus perpendiculairement possible et à peu près à la hauteur habituelle.

« En somme, cette ferrure bien exécutée devra présenter les caractères suivants :

« Le fer ne fournira pas de garniture, notamment dans
la région des éponges.

« La rive interne du fer et des ailettes ne perdra
jamais son contact avec la corne de la sole et ne devra y
pénétrer en aucun point.

« La fourchette, autant que possible, affleurera la nervure des ailettes pour atteindre le sol et participer à
l'appui.

« La nervure du fer, lorsqu'elle repose sur un sol rigide
et dressé, régnera sur toute sa longueur dans le même
plan.

« En résumé, les avantages de cette ferrure sont les
suivants :

« Très grande prise du fer sur le sol, évitant les glissades ;

« Très grande facilité dans le brochage des clous qui

ne demande aucune éducation ni aucune pratique spéciale ;

« Conservation et augmentation de l'élasticité du pied, répartition de l'appui et, par suite, soulagement de la paroi ;

« Atténuation des réactions, grâce à l'angle d'incidence des surfaces en contact tant avec le pied qu'avec le sol. »

Un fer épais, même un peu lourd, amortit les réactions par sa propre masse, en vertu du principe d'inertie ; mais il éloigne la surface plantaire du sol et, par cela même, nuit au fonctionnement naturel du pied. Un fer couvert protège la sole. Ils conviennent tous deux aux chevaux travaillant sur des terrains durs et raboteux.

Un fer à éponges tronquées et noyées (fer Lafosse) ou à éponges amincies (fer Porret) favorise le jeu des organes postérieurs du pied, s'oppose au resserrement des talons, mais protège peu ceux-ci s'ils sont sensibles et prédisposés aux bleimes ; de plus, il fausse les aplombs naturels du pied en allongeant la pince au détriment des talons, ce qui impose une surcharge considérable aux tendons ; ces fers ne sont donc pas recommandables d'une façon courante pour les chevaux travaillant aux allures vives ou les sauteurs. A condition que les talons soient assez forts, le fer Lafosse à éponges tronquées et noyées est préférable pour ces chevaux au fer Porret, surtout si, comme c'est le cas général, ils travaillent sur un terrain doux.

Un fer mince et léger est celui qui laisse au pied le plus de liberté, mais il amortit peu les chocs, s'use vite, se fausse et ne peut convenir qu'aux chevaux travaillant en terrain doux et lisse.

L'ajusture avec un pied normalement conformé n'est pas nécessaire en pince et en mamelles ; elle est toujours nuisible en quartiers et surtout en talons.

La garniture soulage la partie du pied sous laquelle elle est appliquée.

Les fers à pantoufle, à demi-pantoufle, à oreille de chat, par la pente de dedans en dehors donnée à leur face supérieure en éponges, luttent contre le resserrement des talons, mais ils demandent à être très bien faits et à bien porter sous le pied aux endroits voulus ; ils ont fréquemment le défaut de n'agir que sur la partie postérieure des talons au lieu de donner appui à une bonne partie des barres et occasionnent fréquemment des bleimes.

Les fers à planche et à éponge réunies protègent la fourchette et lui donnent un appui très favorable à son fonctionnement ; mais ils exposent la fourchette à la pourriture en la privant d'air et éloignent les barres de l'appui.

Le fer Husson, d'un usage trop peu répandu et dont la difficulté d'emploi réside seulement dans ce fait que, étant peu connu des maréchaux, ceux-ci ne savent souvent pas en modifier la tournure, semble être le fer le plus rationnel dans la plupart des cas ; il laisse la fourchette à l'air et fournit aux barres et à la sole un appui qui se rapproche autant que possible de leur appui naturel ; de plus, en terrain glissant, il donne beaucoup de prise au pied. Son défaut est de s'user vite sur les routes.

Ferrures spéciales. — De ce que nous venons de dire découlent tout naturellement les règles à appliquer dans les principaux cas particuliers de vices d'aplombs ou de maladies du pied.

Pieds panards. — Le propre des pieds panards est le développement considérable du quartier externe par rapport au quartier interne. Il semble donc logique, pour redresser ce vice d'aplomb, d'abattre le quartier externe le plus possible et de placer un fer à branche externe mince et à branche interne nourrie avec le pinçon légèrement en dedans. Cette façon de faire est excellente pour dissimuler, pour pallier le vice d'aplomb ; mais elle substitue à l'aplomb naturel un aplomb artificiel qui impose à certains ligaments des articulations du pied et du boulet des tiraillements pour lesquels ils ne sont pas faits et les expose ainsi à des efforts et à des boiteries. De plus, le principal défaut des chevaux panards est de se couper ou de se toucher. Or, pour éviter cet inconvénient, il est indiqué de diminuer autant que possible la paroi interne, de la rendre aussi verticale que possible, parfois même de supprimer complètement la branche interne du fer à partir des quartiers. Ces conditions sont, on le voit, diamétralement inverses de celles indiquées pour la ferrure palliative. Il en résulte donc qu'il existe pour les chevaux panards deux ferrures tout à fait différentes à appliquer, suivant qu'on envisage l'utilisation de ces chevaux ou simplement leur présentation et leur vente.

Chevaux cagneux. — Ces chevaux se touchent plus rarement que les chevaux panards ; la ferrure d'utilisation devra donc se borner à respecter à peu près l'aplomb naturel du pied pour ne pas occasionner de tiraillements ligamenteux. La ferrure palliative abaissera les quartiers internes, utilisera des fers à branches externes épaisses et à pinçons légèrement en dehors.

Bleimes. — Les bleimes sont une contusion de la chair du pied avec infiltration et extravasement sanguin et parfois purulent dans la corne. Les bleimes résident en talons entre la paroi et l'arc-boutant. Sur les pieds plats à talons ouverts, elles sont dues souvent aux chocs du pied contre le sol ou contre la branche du fer.

Dans les pieds à talons serrés, elles peuvent être occasionnées par le pincement de la chair entre la paroi et l'arc-boutant ; enfin elles peuvent provenir d'atteintes sourdes que le cheval se fait en arrière des talons, dans la région des glômes, avec ses pieds postérieurs. Dans tous les cas, il faut dégager la bleime, c'est-à-dire amincir la corne à la rénette au-dessus de la bleime, en respectant autant que possible l'arc-boutant et amincissant de préférence le côté de la paroi. On applique ensuite un fer à éponges couvertes, un fer à planche ou un fer Husson. Le fer à planche est surtout indiqué lorsque, pour dégager la bleime, on a été obligé de trop attaquer l'arc-boutant.

Les cataplasmes émollients, la bouse de vache, la cornière, l'huile de foie de morue sont de précieux adjuvants dans le traitement de la bleime.

Pour les chevaux qui se font venir des bleimes par atteintes, le guêtrage des talons est nécessaire. Les cloches en caoutchouc épais sont, sinon ce qu'il y a de plus élégant, du moins ce qui est le plus pratique et le plus efficace.

Seimes. — Les seimes sont des fentes longitudinales de la paroi allant de la couronne vers le bas du pied ; elles se manifestent généralement en pince ou en quartiers (seimes quartes). Elles occasionnent généralement la boiterie par pincement du tissu podophylleux. On peut rapprocher les bords de la seime au moyen de rivets transversaux ou d'agrafes spéciales vendues pour cet usage, ou bien se contenter d'amincir les bords de la seime et de serrer le pied dans une bande en tresse de fil. Dans tous les cas, de fréquentes applications d'huile de foie de morue ou de cornière à la couronne hâteront la fermeture de la seime en activant la repousse de la corne.

La ferrure doit se proposer de diminuer autant que possible l'appui dans la région de la seime. Un trait de scie transversal allant jusqu'au tissu kéraphylleux, au-dessous de la seime, empêche celle-ci de descendre et donne une certaine élasticité verticale à la paroi qui amortit les réactions que celle-ci transmet au bourrelet ; une entaille en sifflet dans la paroi à son bord plantaire au niveau de la seime, l'emploi du fer à planche ou du fer Husson est indiqué dans ce cas.

Encastelure. — L'encastelure provient du resserrement des talons qui, dans ce cas, se montrent généralement hauts et forts, tandis que la fourchette est remontée, atrophiée et resserrée.

Cette infirmité est en général l'apanage de beaucoup de chevaux du Midi, ainsi que des chevaux qui travaillent insuffisamment et sur un terrain dur et sec. Une ferrure et des soins appropriés peuvent le plus souvent prévenir ce mal qui entraîne toujours une grande sensibilité du pied très fréquemment accompagnée de boiterie plus ou moins accusée.

Le remède le plus radical, le plus certain quand on peut se passer des services du cheval pendant un temps suffisant, consiste à oublier le cheval pendant deux ou trois mois dans un pré humide et marécageux après avoir abattu les talons autant que possible et avoir aminci la paroi à la râpe dans cette région.

Si l'on ne peut pas se priver du cheval, il faut recourir à des moyens artificiels d'expansion du sabot, dont le choix doit être guidé par les circonstances.

Si le cheval a les talons hauts et forts et est appelé à faire un service dans un terrain relativement doux, on se trouve bien

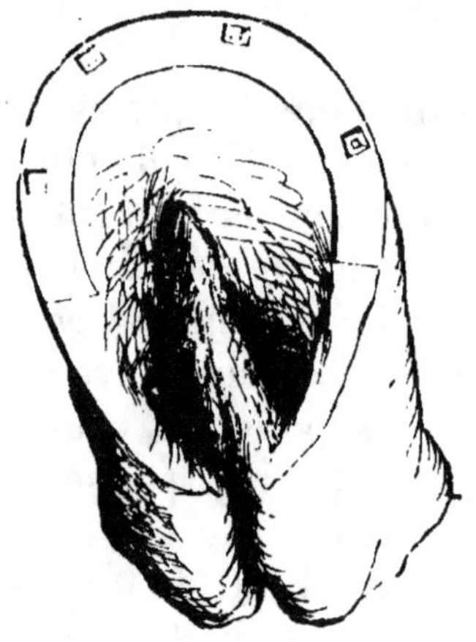

Fig. 212. — Pied encastelé avec fer Lafosse ou à lunette.

de l'emploi du fer à lunette encastré qui protège le sabot en pince et en mamelles et laisse l'appui se faire à nu en talons au niveau du fer (fig. 212).

Si le cheval doit travailler sur un terrain dur et usant, faut renoncer à ce système et employer le fer Porret ou, mieux, le fer Husson. Le fer Porret peut convenir aux chevaux travaillant aux allures lentes, mais doit être proscrit pour les chevaux travaillant aux allures vives, car il surcharge beaucoup les tendons par l'allongement qu'il donne à la pince par rapport aux talons.

Si l'arc-boutant est faible et remonté, le fer à pantoufle donne de bons résultats.

Si l'encastelure est extrême, on peut essayer de la dilatation mécanique au moyen d'un fer à oreille de chat et d'un étau dilatateur ou simplement d'une clef anglaise en ouvrant chaque jour le fer de $0^{mm},5$ ou 1 millimètre sur le pied du cheval. Mais ce procédé n'ouvre le sabot que par en bas et, par suite, n'agit pas comme les autres d'une façon aussi favorable sur la pousse de la nouvelle corne.

Si l'encastelure se produit avec des talons bas et un pied relativement plat, le fer à lunette ne peut être employé, le fer Porret exagère le défaut d'aplomb du pied ; le fer Husson ou un fer ordinaire avec une fausse sole en caoutchouc laissant la fourchette à l'air, mais se moulant dans les lacunes et sur les arcs-boutants, donnent de bons résultats.

Dans tous les cas, on se trouve bien d'aider la dilatation du pied en pratiquant des rainures verticales assez profondes dans la paroi en talons ou en amincissant celle-ci à la râpe dans cette région, et en stimulant la pousse de la corne par l'emploi fréquent de badigeonnages à l'huile de foie de morue, à la cornière et, au besoin, à l'onguent vésicatoire sur la couronne.

Chevaux qui forgent. — Le défaut de forger est souvent dû simplement à de la faiblesse de la part du cheval et disparaît avec l'âge et l'exercice. Souvent aussi il existe chez des chevaux adultes. La seule ferrure qui convienne à ces sortes de chevaux consiste dans l'emploi aux membres postérieurs de fers tronqués en pince et encastrés dans la pince même du sabot. Ces fers portent alors deux pinçons en mamelles.

Chevaux qui se coupent. — Les chevaux qui se coupent le font par faiblesse, par mauvaise ferrure ou par défauts d'aplombs. Dans le premier cas, une nourriture plus substantielle et moins de travail font disparaître ce défaut ;

dans le second, une modification de la ferrure s'impose. Il est extrêmement rare, même avec les chevaux panards, que le cheval s'atteigne par les éponges du fer; presque toujours il se touche par les mamelles ou les quartiers. Il faut donc le ferrer très juste dans cette partie et abattre verticalement la paroi dans cette région à la râpe.

Lorsque les atteintes proviennent d'un vice d'aplomb, et c'est le cas le plus fréquent, il faut se reporter à ce que nous avons dit plus haut à ce sujet, en se rappelant que, dans ce cas, la ferrure palliative du vice d'aplomb tend généralement à exagérer les atteintes.

Pour reconnaître la partie du pied qui occasionne l'atteinte, on peut enduire la région touchée avec du blanc d'Espagne et faire marcher le cheval; au bout de quelques pas, on remarque des traces de blanc sur la partie du pied qui rencontre le membre opposé pendant la marche.

Quelle que soit la cause des atteintes, quelle que soit la modification qu'on ait apportée dans la ferrure, il est indispensable, si les atteintes sont vives et entourées d'engorgement, de guêtrer le cheval jusqu'à guérison de celles-ci, car l'engorgement prédispose à de nouvelles atteintes qui empêchent la cicatrisation de celles déjà existantes.

La toilette.

La toilette est l'opération qui a pour but de donner au cheval tout le cachet dont il est susceptible. Elle n'ajoute rien à sa qualité, mais le met en valeur et peut parfois changer son prix commercial du simple au double. Quelle jouissance sans pareille pour un homme de cheval de découvrir un cheval ayant du chic dans l'animal hirsute attelé à une charrue, à une carriole ou rencontré sur la foire, de deviner ce qu'il sera une fois maquillé, et, de retour chez soi, après l'avoir acheté, de le voir se transformer en quelques instants par quelques coups de ton-

Fig. 213. — Jument sortant de l'herbe.

Fig. 214. — La même trois semaines après.

deuse et de ciseaux, et de voir sortir, comme sous le coup d'une baguette magique, un animal plein de genre, d'un cheval quelques minutes plus tôt commun et sans aucun cachet (fig. 213 et 214)!

La toilette est indispensable pour la mise en valeur d'un cheval quelconque et elle impressionne toujours favorablement, même les plus sceptiques. Pour ceux-là, il faut faire une toilette qui n'ait pas l'air d'être faite.

Pour bien toiletter un cheval, il faut tout d'abord se bien rendre compte du type auquel il appartient, afin de choisir pour lui la toilette la mieux appropriée, celle qui lui donnera le plus de genre; il faut ensuite **savoir opérer proprement**, car, autant une toilette bien faite **flatte** un animal, autant, mal faite, elle le dépare.

D'une façon générale, l'allégement du système pileux donne au cheval de la race et de la distinction. On *allège la crinière* et *la queue* au moyen de griffes en fer spécialement faites pour cet usage ou, mieux, tout simplement à la main. Pour exécuter cette opération, on saisit une mèche avec la main gauche et l'on en pince fortement l'extrémité entre le pouce et l'index, puis, avec les deux mêmes doigts de la main droite, on rebrousse vers la racine tous les crins plus courts qui ne se trouvent pas serrés dans la main gauche. On arrache alors les crins qui restent dans la main gauche, soit par un coup sec de l'index droit reployé, soit en enroulant l'extrémité de la mèche à arracher autour de la grosse dent d'un peigne. On opère ainsi de proche en proche et on recommence jusqu'à ce que le raccourcissement et l'allégement voulus soient obtenus. Avec certains chevaux à tissus fins, peu chargés de crins, il peut arriver que la crinière soit très allégée avant d'être suffisamment raccourcie. On lui donne alors la longueur et l'alignement voulus en cassant les crins contre le tranchant d'une lame de couteau. Pour être bien faite, une crinière doit toujours avoir son bord inférieur parallèle au bord supérieur de l'encolure et plutôt creuser légèrement dans son milieu. C'est une grossière erreur de donner à la crinière une courbe arrondie dans son milieu, car cette disposition fait paraître l'encolure plus courte et la tête moins bien attachée.

Il arrive souvent que, soit que la crinière ait été jadis tondue, soit qu'elle soit naturellement trop fournie ou trop crépue, on éprouve une grande difficulté à la faire tomber comme il faut. On vend à cet effet des appareils spéciaux de différents systèmes appelés « couche-crinières » qui ne sont pas bien pratiques. Par leur poids ils tirent sur la crinière, agacent par suite le cheval qui se gratte pour s'en débarrasser, ce à quoi il parvient souvent, mais en laissant une partie de sa chevelure dans l'appareil. Il est de beaucoup préférable de faire avec la crinière une série de nattes aussi fines et aussi rapprochées que possible. On prend souvent dans ces nattes du rafia qui, par sa raideur, les maintient en place. Souvent aussi on se contente de natter la crinière simplement avec du gros fil, destiné à arrêter la natte et à la serrer fortement à son extrémité que l'on entoure ensuite d'un fil de plomb roulé en spirale autour d'elle.

Il ne faut pas laisser la crinière nattée trop longtemps de suite, car elle s'encrasse, le cheval se gratte et arrache ou use sa crinière à la racine. Les nattes doivent être refaites au moins tous les huit jours, et la crinière soigneusement lavée et brossée auparavant.

Lorsque la crinière commence à tomber suffisamment bien pour qu'il ne soit plus nécessaire de la natter, un homme d'écurie soigneux doit avoir toujours sous la main un vase contenant de l'eau sucrée et lisser la crinière avec une brosse imbibée de ce liquide, chaque fois qu'il entre dans son écurie.

Pour certaines exhibitions (concours par exemple) où l'on peut avoir intérêt à alléger l'encolure au maximum, sans cependant vouloir ou pouvoir recourir à la tonte complète, on peut employer le nattage complet ou partiel.

Ce dernier se pratique à la nuque pour dégager l'attache de la tête, surtout pour les chevaux qui n'ont pas eu de crins arrachés ou coupés dans cette région. On fait alors deux ou trois petites nattes généralement avec de la tresse aux couleurs de l'écurie. Lorsqu'on effectue au contraire le nattage complet, ce qui se fait surtout pour les chevaux de selle, l'emploi de tresses de couleur est de mauvais goût. Les nattes sont faites avec du fil assorti, et un peu moins rapprochées que lorsqu'il s'agit de coucher la crinière, puis leurs extrémités sont repliées par en dessous et attachées contre la base de la natte pour former catogan, ou bien alors nouées deux fois sur elles-mêmes pour former un macaron à l'extrémité de chaque natte, ce qui est le comble du genre.

La tonte complète de la crinière allonge beaucoup l'encolure et est très à la mode aujourd'hui avec certains types de chevaux. Autrefois réservée aux poneys et aux cobs, elle s'est étendue aux chevaux de chasse et même, depuis quelques années, aux pur sang. Lorsque la crinière est rasée, elle doit l'être toujours de près.

Quelle que soit la forme que l'on veuille donner à la queue, on doit toujours arracher beaucoup de crins à la base de celle-ci, ce qui la fait paraître mieux portée et fait ressortir l'ampleur de l'arrière-main.

L'arrachage à la queue doit toujours se faire par en dessous, de façon à diminuer autant que possible sa largeur et son épaisseur tout en laissant intacts les crins du dessus que l'on raccourcit ensuite aux ciseaux pour donner à la queue la forme voulue.

Pour les chevaux de service, la mode est aux queues très courtes coupées légèrement en biseau à leur extrémité. Pour les chevaux de pur sang et les chevaux de selle très près du sang, on laisse la queue longue et coupée en carré à un travers de main au-dessus des jarrets.

Pour bien faire une queue, on se trouve généralement bien de mettre un morceau de gingembre dans l'anus du cheval, ce qui lui fait porter la queue dans une position voisine de celle qu'il a en action.

Une opération qui donne d'excellents résultats avec les chevaux qui portent insuffisamment la queue est le « nicquetage », qui nécessite l'intervention du vétérinaire et consiste dans l'ablation, sur une longueur de 3 à 4 centimètres, de tronçons des muscles abaisseurs de la queue. Pendant tout le temps de la cicatrisation, la queue doit être maintenue relevée au moyen d'une fourche fixée au surfaix, ou d'une corde avec contrepoids passant sur une poulie reliée elle-même à une seconde poulie glissant sur une tringle horizontale fixée au plafond en arrière du cheval et perpendiculairement à l'axe de celui-ci. La plus-value donnée ainsi au cheval par un beau port de queue est hors de proportion avec les frais, d'ailleurs minimes, de l'opération et l'ennui des soins consécutifs à celle-ci.

La *toilette de la tête* consiste dans l'ablation des poils souvent longs qui garnissent les ganaches, l'auge et le nez. Opération à faire soit à la tondeuse, soit au brûloir.

La *toilette des oreilles* se fait aux ciseaux en ébarbant tout le tour du cornet et en débarrassant plus ou moins celui-ci des poils qui l'encombrent et ressortent au dehors.

La *toilette des membres* est de beaucoup la partie la plus délicate. Depuis un certain nombre d'années, il est de mode, pendant l'hiver, de toiletter les chevaux « en chasse », c'est-à-dire en ne tondant que le corps, à l'exclusion de l'emplacement de la selle. Les membres sont alors laissés garnis de tout leur poil. Les chevaux ainsi toilettés ont les membres mieux protégés, par leur fourrure souvent abondante, contre la boue et les piqûres des épines et des ajoncs qu'ils peuvent rencontrer en chasse. La seule difficulté de cette toilette réside dans la netteté et la direction de la ligne de démarcation des « bas ». Ceux-ci doivent être limités, aux *membres antérieurs*, au sillon musculaire qui s'étend obliquement d'avant en arrière, du sommet de l'avant-bras en avant à la pointe du coude en arrière; et, aux membres postérieurs, de la rotule au rentrant de la fesse.

En été, ou lorsque les chevaux ne sont pas tondus ainsi, la toilette des membres doit se pratiquer par un épluchage savant, fait au couteau ou à l'aide du peigne fin et des ciseaux, de toute la partie postérieure du paturon, du boulet et du canon jusqu'à son tiers supérieur. Les raccords des parties ainsi épluchées avec celles qui ne le sont pas doivent être absolument invisibles. Il faut à tout prix éviter de dégarnir le dessous du genou, ce qui fait paraître le canon étranglé et souvent le cheval brassicourt ou arqué. Si le genou est abondamment pourvu de poils très longs en arrière, on se montrera très sobre dans leur arrachage. On pourra les raccourcir davantage, mais toujours avec prudence si le cheval a les genoux renvoyés.

La *toilette des membres postérieurs* est analogue à celle des membres antérieurs; il faut avoir soin de faire le raccord assez bas pour qu'il ne se trouve pas à hauteur du jardon, ce qui risquerait de faire croire à l'existence d'un jardon absent ou d'exagérer la grosseur d'un jardon existant, que l'on peut au contraire atténuer légèrement à l'œil en diminuant adroitement l'épaisseur des poils dans cette région.

Nous ne faisons pas rentrer dans la toilette le martelage et le picotement des éparvins pratiqués par quelques maquignons peu scrupuleux pour dissimuler cette tare au moyen du léger œdème environnant que ces opérations occasionnent.

En général, les chevaux d'élevage (pouliches, poulains chevaux présentés dans les concours de dressage ou de majoration, chevaux de remonte, etc.) doivent paraître moins toilettés, moins grattés que les chevaux de service, dans une bonne écurie.

Ces chevaux d'élevage doivent sembler presqu'à tous crins, alors qu'en réalité ils ont été toilettés à fond, sans en avoir l'air, ce qui est une grosse difficulté qui réclame tout l'art du toiletteur. Les poils de ganaches seront faits avec soin, les oreilles légèrement dégagées par leurs bords, mais en laissant en partie les poils de l'intérieur, et en ne coupant de ceux-ci que la partie qui dépasse les bords du cornet ; la crinière sera allégée autant que possible, et égalisée par un bon arrachage, mais elle ne sera pas raccourcie à plus d'une bonne main du sommet de l'encolure. Il en sera de même pour la queue qu'il faudra alléger surtout à sa base. Enfin, et c'est là le plus difficile, les paturons et les boulets devront être épluchés d'aussi près que possible, mais ce travail ne devra laisser de traces à aucun prix.

Dans une écurie de service bien tenue, la toilette est de rigueur, et peut être faite d'une façon moins discrète. La toilette de la tête sera faite de la même façon, celle des oreilles plus complète, en débarrassant le cornet de tous les poils qui l'encombrent et en parant bien le bord de l'oreille ; la crinière, si elle n'est pas rasée, devra être allégée au dernier point, et raccourcie à trois travers de doigt environ, bien égalisée, et former une frange rigoureusement parallèle au bord supérieur de l'encolure. Elle sera complètement supprimée par la tonte ou, mieux, par un arrachage complet à la nuque sur une longueur de 5 à 6 centimètres au passage de la têtière. Si la crinière est rasée, elle devra l'être souvent, pour paraître toujours faite de frais. Quelle que soit la forme de la queue, elle doit être soigneusement peignée et souvent rafraîchie aux ciseaux. La toilette des boulets et des paturons sera faite comme il a été dit, mais jamais à la tondeuse, ce qui est tout à fait inélégant et prédispose le cheval aux crevasses.

Enfin, dans tous les cas, la toilette sera terminée par un léger coup de brûloir aux fesses, sur le devant de l'encolure et sous le ventre, afin d'aviver les contours du cheval en le débarrassant des poils follets qui souvent encombrent ces régions.

De la présentation. — Comme la toilette, une bonne

présentation impressionne toujours favorablement l'acheteur ou le juge. Le cheval étant bien toiletté comme il a été dit, au moment de le sortir l'homme devra lui passer rapidement un coup de bouchon sur tout le corps, suivi d'un coup de torchon ou d'époussette, au besoin très légèrement humectée de pétrole, puis il graissera les pieds, introduira dans l'anus du cheval, aussi profondément que possible avec le doigt, un morceau de racine de gingembre préalablement mâché, bridonnera le cheval ou lui mettra le licol de présentation en sangle blanche ou aux couleurs de la maison ; avec la brosse mouillée, il lissera la crinière et le toupet.

Le cheval sera ensuite sorti de son écurie et amené de profil devant les personnes chargées de l'examiner. On aura soin de le placer en montant, et autant que possible du côté opposé à la crinière, et, s'il y a moyen, le long d'un mur pour que sa silhouette se détache davantage. On veillera à ce que le cheval s'appuie bien sur ses jambes, celles de devant bien plantées sur le sol dans un aplomb régulier et presque sur la même ligne, celles de derrière légèrement en arrière de leur aplomb régulier, celle du côté des spectateurs légèrement plus en arrière que l'autre, position qui avantage la ligne de la hanche et de la croupe. On devra donner au cheval une attitude campée du derrière d'autant plus accusée, et le présenter sur un terrain d'autant plus en pente, qu'il a l'arrière-main plus proéminente et l'attache du sacrum plus saillante.

L'homme qui tient le cheval se place face à celui-ci à $1^m,50$ environ, et se tient immobile, les talons joints et sans tirer sur les rênes ou la longe ; pendant ce temps, le propriétaire du cheval peut, en se plaçant à quelque distance, exciter son cheval par la vue du fouet, d'un mouchoir ou de tout autre objet susceptible de lui donner de la physionomie en lui faisant relever la tête et pointer les oreilles.

Le cheval est ensuite mis en mouvement, l'homme qui le tient faisant un grand pas à droite, puis demi-tour pour se trouver à côté et à gauche de celui-ci ; il est présenté alors au pas, aller et retour, pendant une trentaine de mètres, puis au petit trot, et enfin au grand trot. Pendant tout ce temps, l'homme ne doit jamais tirer sur les rênes ou sur la longe, le cheval doit se présenter dans le vide, et n'être maintenu que par des vibrations de longe ou de. rênes qui le rassoient sans éteindre son action. L'homme, en marchant ou en courant, ne doit jamais précéder le cheval, mais, au contraire, l'accompagner en paraissant plutôt se faire légèrement entraîner par lui. Pendant ce temps, le propriétaire peut faire usage, mais sobrement, de claquements de fouet ou autre bruit destiné à exciter le cheval et à le mettre dans son action. Nous connaissons une école de dressage où la présentation était pratiquée avec un art consommé. Dès qu'un acheteur arrivait, un des palefreniers se déguisait rapidement en ouvrier zingueur et grimpait sur les toits ; de là, sans en avoir l'air, tout en paraissant accomplir paisiblement son métier, il donnait, par ses battements de marteau, l'excitation voulue aux chevaux, tandis que le directeur semblait ne pas prendre la peine d'exciter un animal naturellement énergique.

Quelques répétitions préalables donnent assez vite au cheval l'habitude de se présenter comme il faut. C'est en avançant et reculant le cheval plus ou moins qu'on parvient à lui donner l'attitude voulue.

TABLE DES MATIÈRES

I. — ÉCONOMIE GÉNÉRALE DE L'ÉLEVAGE

I. — TYPES DE CHEVAUX

II. — LES HARAS

III. — LA REMONTE

IV. — LES COURSES

V. — LES CONCOURS HIPPIQUES

VI. — LES DÉBOUCHÉS............. 148

II. — DRESSAGE

I. — PRINCIPES FONDAMENTAUX........ 156

II. — EXTÉRIEUR

III. — PREMIÈRE ÉDUCATION DU POULAIN. — APPRIVOISEMENT................. 201

IV. — DRESSAGE A LA SELLE

V. — DE L'ATTELAGE

III. — APPENDICE

FIN DE LA TABLE DES MATIÈRES

1521-07. — CORBEIL. Imprimerie Éd. CRÉTÉ.